普通高等院校电子信息与通信工程专业面向应用

电子实训工艺技术教程
——现代 SMT PCB 及 SMT 贴片工艺

主　编　沈月荣
副主编　申继伟　程　婧　张　晨
主　审　孟迎军　蒋立平

北京理工大学出版社
BEIJING INSTITUTE OF TECHNOLOGY PRESS

内 容 简 介

本书包括基本实践技能训练、收音机实践训练、模拟电路实践训练、数字电路实践训练和单片机实践训练。注重体现实践技能培养，有理论，有实践，如常用电子元器件的认知与测量知识，印制电路板的设计、绘制与PCB板的雕刻、焊接装配技术与贴装技术。本书是编者在累积的多年教学实践经验的基础上，参考现代电子企业的生产技术文件编写而成，可作为高等院校电子信息工程及相关专业的电子实训教材，也可供从事相关工作的科技人员及各类自学人员学习参考。

版权专有　侵权必究

图书在版编目（CIP）数据

电子实训工艺技术教程：现代SMT PCB及SMT贴片工艺/沈月荣主编. —北京：北京理工大学出版社，2017.6（2017.7重印）

ISBN 978-7-5682-4269-1

Ⅰ.①电… Ⅱ.①沈… Ⅲ.①电子技术-教材 Ⅳ.①TN

中国版本图书馆CIP数据核字（2017）第185568号

出版发行 / 北京理工大学出版社有限责任公司
社　　址 / 北京市海淀区中关村南大街5号
邮　　编 / 100081
电　　话 /（010）68914775（总编室）
　　　　　（010）82562903（教材售后服务热线）
　　　　　（010）68948351（其他图书服务热线）
网　　址 / http://www.bitpress.com.cn
经　　销 / 全国各地新华书店
印　　刷 / 三河市华骏印务包装有限公司
开　　本 / 787毫米×1092毫米　1/16
印　　张 / 23　　　　　　　　　　　　　　　责任编辑 / 封　雪
字　　数 / 544千字　　　　　　　　　　　　 文案编辑 / 张鑫星
版　　次 / 2017年6月第1版　2017年7月第2次印刷　责任校对 / 周瑞红
定　　价 / 48.00元　　　　　　　　　　　　　责任印制 / 李志强

图书出现印装质量问题，请拨打售后服务热线，本社负责调换

前　言

本书对各种常用元器件做了简要介绍，在其作用、性能、认知和检测方面进行了较多的介绍。学习电子电路离不开对元器件的识别、检测以及应用。本书内容通俗易懂，将常用元器件和 SMT 元器件结合在一起介绍，知识丰富，内容新颖易懂，具有很强的实用性，是不可多得的工具类书籍，同时，可作为教材使用。SMT 反映了新一代电子组装技术，经过 20 世纪 80 年代和 90 年代的迅速发展，已进入成熟期。SMT 涉及面广，内容丰富，是跨多学科的综合性高新技术。目前，SMT 进入了新的高速发展期，已经成为电子组装技术的主流。进行 SMT 的 PCB 设计有助于激发学生学习理论知识的兴趣，调动学生学习的积极性；电子实习有利于培养学生的团队协作能力；基于 SMT PCB 设计可培养学生的科技创新能力，促使软件设计与现代制作工艺有机结合。本书的第 1 章结合教学步骤介绍了常用仪器仪表的使用和元器件的测量、分类、测量、选用等，为后续学习打下了夯实的基础。Altium Designer 电路设计，利用绘图软件 Altium Designer 10 为平台，介绍了电路设计的基本方法和技巧。

本书内容包括 Altium Designer 10 概述、原理图设计和后续处理、层次化原理图设计、印制电路板设计及后期处理、创建元件库及元件封装、信号完整性分析、电路仿真系统、可编程逻辑器件设计和综合实例等，由浅入深，从易到难，各章相对独立，且前后关联。作者根据自己多年的经验及学习者的需求，对各方面知识进行了总结和提示。通过学习，学生可快速掌握所学知识。全书解说翔实，图文并茂，语言简洁，思路清晰。Altium Designer 10 电路设计可以作为初学者的入门，也可供相关行业工程技术人员以及各院校相关专业师生学习与参考。SMT 焊装介绍了 Altium Designer 10 软件设计电路的方法，雕刻机与 SMT PCB 印制电路板的方法，相应的 SMT 焊接装配技术与 SMT 贴装技术的应用。本书选编了多个实践项目，题材丰富多样、生动有趣，将软件设计与硬件雕刻技术融为一体，即将电路 PCB 板设计、雕刻机制备电路板工艺、焊接装配与 SMT 贴装技术、电路调试、修理、检验等一整套流水技术融为一体。设计电路包括模拟电子实践、数字电路实践等。随书配套有扫二维码观看实例操作过程视频，读者可以通过扫一扫二维码，既方便又直观地学习本书内容。

本课程为 280 课时，各章的参考教学课时分配如下：

章节	课程内容	课时分配	
		讲授	实践训练
第 1 章	常用仪器仪表	8	16
第 2 章	AD 10 使用教程	16	48

续表

章节	课程内容	课时分配	
		讲授	实践训练
第3章	SMT焊装简介	22	90
第4章	SMT表面贴装设备	8	24
第5章	实践与创新	8	40
课时总计：280		62	218

感谢北京七星天禹电子有限公司提供的SMT流水线设备资料以及实际操作设备和环境支持。感谢无锡华文默克有限公司的大力支持，感谢南京理工大学紫金学院院领导，感谢电光院领导，感谢主审孟迎军、蒋立平，感谢副主编申继伟、程婧、张晨，感谢参考文献作者们，感谢编写团队，感谢学生们对本书编写实验给予大力支持。

由于编者水平有限，书中存在的不妥之处，恳请读者、专家、同行批评指正。

编　者

目　　录

安全用电常识 ··· 1
第1章　常用仪器仪表 ··· 2
　1.1　MF47型指针式万用表 ··· 2
　　1.1.1　MF47型万用表的使用注意事项 ·· 2
　　1.1.2　MF47型万用表的基本功能与使用方法 ··································· 3
　　1.1.3　直流电流测量 ··· 5
　　1.1.4　交流电流、电压的测量 ·· 5
　　1.1.5　直流电压的测量 ··· 6
　　1.1.6　电阻挡测量 ·· 6
　　1.1.7　音频电平的测量 ··· 6
　　1.1.8　MF47型万用表的常见故障与解决方法 ··································· 8
　1.2　DT830型数字万用表的测量 ·· 9
　　1.2.1　DT830型数字万用表的注意事项 ·· 9
　　1.2.2　DT830型数字万用表的技术特性 ·· 9
　1.3　6502型双踪示波器 ·· 12
　　1.3.1　各旋钮功能 ··· 12
　1.4　DS1000型数字示波器 ··· 16
　　1.4.1　探头补偿 ·· 17
　　1.4.2　数字示波器前面板的操作简介 ·· 18
　　1.4.3　DS1000系列数字示波器显示界面说明 ································· 20
　　1.4.4　数字示波器的使用要领和注意事项 ······································ 21
　　1.4.5　数字示波器的高级应用 ·· 22
　　1.4.6　数字示波器测量实例 ··· 31
　1.5　EE1641B型函数信号发生器/计数器 ··· 34
　1.6　频率计 ··· 35
　　1.6.1　测量参数 ·· 35
　　1.6.2　面板上按键、旋钮名称及功能说明 ······································ 35
　　1.6.3　后面板说明 ··· 37
　1.7　YB2172型交流毫伏表 ·· 37
　　1.7.1　按键、旋钮及功能 ·· 38

1.7.2　交流毫伏表的使用 38
1.8　DF1731SC 直流稳压电源 39
　1.8.1　主要技术参数 39
　1.8.2　使用方法 39

第 2 章　AD10 使用教程 40
2.1　印制电路板简介 40
　2.1.1　印制电路板的分类 40
　2.1.2　印制电路板的组成 42
　2.1.3　贴片元件封装 44
　2.1.4　印制电路板设计流程 45
2.2　建立集成库 46
　2.2.1　创建集成库 47
　2.2.2　原理图库的创建 47
　2.2.3　PCB 库的创建简介 54
　2.2.4　生成集成库 62
2.3　印制电路板设计 64
　2.3.1　原理图设计 65
　2.3.2　PCB 设计 74

第 3 章　SMT 焊装简介 82
3.1　SMT 的贴装技术特点 82
　3.1.1　SMT 及 SMT 工艺技术的基本内容 82
　3.1.2　表面贴装元器件 83
　3.1.3　表面贴装元器件的特点和种类 83
3.2　表面贴装电阻器 84
　3.2.1　表面贴装电阻器的阻值读识 84
　3.2.2　表面贴装电阻器的尺寸 85
　3.2.3　表面贴装电阻器的相关参数 85
　3.2.4　排阻 87
3.3　表面组装电容器 88
　3.3.1　表面贴装电容器的分类 88
　3.3.2　表面贴装电容器的主要参数 88
3.4　表面组装电感器 91
　3.4.1　电感器的尺寸 91
　3.4.2　电感器量 91
　3.4.3　电感器的频率特性 91
　3.4.4　电感器的误差 91
　3.4.5　贴片电感器的特点 93
3.5　表面贴装二极管 94

3.5.1 二极管（DIODE） ……………………………………………………… 94
  3.5.2 发光二极管（LED） …………………………………………………… 95
 3.6 表面贴装三极管 ……………………………………………………………… 95
  3.6.1 万用表欧姆挡判断三极管管型 ………………………………………… 96
  3.6.2 判别集电极c和发射极e ……………………………………………… 96
 3.7 表面组装集成电路 …………………………………………………………… 97
 3.8 三端稳压器 …………………………………………………………………… 98
 3.9 手机液晶屏与触控屏（Touch panel） …………………………………… 99
  3.9.1 触摸屏的分类 …………………………………………………………… 99
 3.10 表面组装器件的规格 ……………………………………………………… 102
 3.11 SMT元器件的要求与发展 ………………………………………………… 102
  3.11.1 SMT工艺组装分类 …………………………………………………… 102
  3.11.2 表面组装元器件的包装选择与使用 ………………………………… 103
  3.11.3 SMT等元器件的尺寸发展 …………………………………………… 104
 3.12 表面组装工艺材料 ………………………………………………………… 105
  3.12.1 焊膏的分类、组成 …………………………………………………… 105
  3.12.2 焊膏的选择依据及管理使用 ………………………………………… 107
  3.12.3 SMT贴片胶 …………………………………………………………… 109
  3.12.4 助焊剂 ………………………………………………………………… 110
  3.12.5 清洗剂与其他材料 …………………………………………………… 110
  3.12.6 表面组装涂敷与贴装技术 …………………………………………… 111
  3.12.7 贴片工艺和贴片机 …………………………………………………… 111
  3.12.8 焊接原理与表面组装焊接特点 ……………………………………… 112
  3.12.9 SMT教学实践生产线 ………………………………………………… 115
  3.12.10 防静电工作区的管理与维护 ………………………………………… 115
  3.12.11 SMT元器件的手工焊接与返修 ……………………………………… 115

第4章 SMT表面贴装设备 ……………………………………………………… 117
 4.1 TYS550半自动印刷机 ……………………………………………………… 117
  4.1.1 机器印刷规格 ………………………………………………………… 117
  4.1.2 机器安装要求 ………………………………………………………… 118
  4.1.3 电气操作面板 ………………………………………………………… 118
  4.1.4 印刷机的网板 ………………………………………………………… 120
  4.1.5 设备的主要配件 ……………………………………………………… 121
  4.1.6 设备简易故障的排除 ………………………………………………… 122
  4.1.7 设备的保养 …………………………………………………………… 123
 4.2 SMT贴片机 ………………………………………………………………… 123
  4.2.1 XP-480M自动贴片机 ………………………………………………… 124
  4.2.2 贴片机软件应用 ……………………………………………………… 125

4.2.3	贴片机的使用	128
4.2.4	供料架设置	131
4.2.5	创建一个"贴装设置"列表	133
4.2.6	线路板组	135
4.2.7	计算机视觉对中系统	137
4.2.8	自动换头系统	140
4.2.9	软件编程	141
4.2.10	如何装贴 IC	141
4.2.11	设定料盘的参数	142
4.2.12	贴装元件	143
4.2.13	Gerber 加工文件和 NC drill 钻孔文件的生成	147
4.2.14	做一个新的贴装程序	154
4.2.15	设置线路板原点	156
4.2.16	做 MARK 定位点	157
4.2.17	寻找所有要贴装元件的中心坐标	160
4.2.18	选择吸嘴号	160
4.2.19	设备的保养与维护	161
4.3	热风回流焊机	162
4.3.1	基本操作环境	163
4.3.2	操作前准备	163
4.3.3	故障分析与排除	164
4.3.4	设备使用注意事项	165
4.3.5	维护与保养	166
4.3.6	控制软件报警分析与排除	167
4.3.7	典型故障分析与排除	168
4.3.8	软件操作说明	168
4.3.9	Software specification 软件说明	169
4.3.10	打印当前显示的曲线	172
4.3.11	语言转换界面	173
4.4	TA-60 自动光学检测设备	173
4.4.1	焊膏印刷检测	174
4.4.2	PCB 空板的检查	175
4.4.3	设备的主要用途与适用范围	176
4.4.4	AOI 的实施目标	176
4.4.5	产品工作条件	176
4.4.6	主要结构和工作原理	178
4.4.7	设备的安装和调试	179
4.4.8	设备调整	180

4.4.9 设备的使用和操作 ·· 182
4.4.10 界面功能介绍 ··· 183
4.4.11 新建一个程序 ··· 184
4.4.12 制作回流焊后（炉后）程序检测 ·· 187
4.4.13 权值图像 ··· 189
4.4.14 IC 短路（主要用于 IC 短路检测）··· 192
4.4.15 元件体检测的相似性 ·· 193
4.4.16 颜色提取（主要针对电阻电容焊点检测）··· 195
4.4.17 通路检测 ··· 198
4.4.18 OCR/OCV ·· 199
4.4.19 常见标准注册举例 ··· 204
4.4.20 IC 桥接分析 ··· 210
4.4.21 元件的标准命名规则 ·· 213
4.4.22 CAD 数据导入编辑程序 ··· 214
4.4.23 调试技巧 ··· 216
4.4.24 颜色提取调试 ··· 218
4.4.25 元件标准修改 ··· 220
4.4.26 共用库使用的两种方式 ··· 223
4.4.27 拼板的复制与粘贴及屏蔽测试 ··· 226
4.4.28 系统参数 ··· 231
4.4.29 相机高度的调节 ·· 233
4.4.30 系统的安装及恢复 ··· 234
4.4.31 设备维修保养 ··· 236
4.4.32 各部件的详细检测过程 ··· 237
4.4.33 设备常见故障及排除方法 ·· 239
4.4.34 运输和储存的注意事项 ··· 241

4.5 TY-BF300 待检测接驳台 ·· 241
  4.5.1 待检测接驳台旋钮功能介绍 ·· 241
  4.5.2 电路图简介 ··· 242
  4.5.3 注意事项 ·· 243
  4.5.4 维护保养与主要零配件型号 ·· 244

4.6 TYE200 接驳台 ·· 244
  4.6.1 操作 ·· 244
  4.6.2 电路图解介 ··· 245
  4.6.3 注意事项 ·· 246
  4.6.4 维护保养与主要零配件型号 ·· 246

第5章 实践与创新 248

5.1 MF47型万用表的安装与调试 248
5.1.1 实验目的 248
5.1.2 实验器材 249
5.1.3 元器件清单 249
5.1.4 指针式万用表的基本工作原理 250
5.1.5 元器件识别与检测 253
5.1.6 整机装配 253
5.1.7 万用表整机的调试与检修 255
5.1.8 实验报告 258

5.2 DT9205A数字万用表的安装与调试 258
5.2.1 实验目的 258
5.2.2 实验器材 258
5.2.3 元器件清单 260
5.2.4 各种器件识别 261
5.2.5 整机装配 263
5.2.6 测试、校准及故障维修 267
5.2.7 实验报告 270

5.3 HX108-2七管半导体收音机组装与调试 270
5.3.1 实习目的 270
5.3.2 实验器材 270
5.3.3 元器件清单 271
5.3.4 收音机原理图 271
5.3.5 整机装配 273
5.3.6 整机调试工艺 275
5.3.7 实验要求 275
5.3.8 实验报告 276

5.4 ZX620调频调幅收音机制作与调试 276
5.4.1 实验目的 276
5.4.2 实验器材 277
5.4.3 元器件清单 277
5.4.4 收音机电路原理图 277
5.4.5 印刷电路板及四联电容器 279
5.4.6 集成芯片 279
5.4.7 ZX620收音机的调试 281
5.4.8 实验报告 281

5.5 ZX2031收音机的贴装与安装 282
5.5.1 SMT简介 282

- 5.5.2 SMT 主要特点 ·········· 283
- 5.5.3 SMT 工艺 ·········· 283
- 5.5.4 SMT 元器件及设备 ·········· 284
- 5.5.5 小型 SMT 设备 ·········· 287
- 5.5.6 再流焊设备 ·········· 288
- 5.5.7 FM 微型（电调谐）收音机 ·········· 291
- 5.5.8 安装前的检查 ·········· 294
- 5.5.9 贴片与焊接 ·········· 295
- 5.5.10 调试与安装 ·········· 296
- 5.5.11 实验报告 ·········· 298
- 5.6 频率显示器的设计与制作 ·········· 298
  - 5.6.1 实验目的 ·········· 299
  - 5.6.2 实验设备及器材 ·········· 299
  - 5.6.3 频率显示器工作原理 ·········· 300
  - 5.6.4 电源的制作与电路的仿真验证 ·········· 300
  - 5.6.5 思考题 ·········· 300
  - 5.6.6 实验报告 ·········· 300
- 5.7 LED 数码管显示电路 ·········· 302
  - 5.7.1 实验目的 ·········· 303
  - 5.7.2 实践设备及器材 ·········· 303
  - 5.7.3 元器件清单 ·········· 303
  - 5.7.4 LED 数码管显示电路原理图 ·········· 303
  - 5.7.5 实验报告 ·········· 305
- 5.8 手机信号探测电路 ·········· 305
  - 5.8.1 实验目的 ·········· 305
  - 5.8.2 实验设备及器材 ·········· 305
  - 5.8.3 元器件清单 ·········· 305
  - 5.8.4 电路原理图 ·········· 305
  - 5.8.5 PCB 板图 ·········· 307
  - 5.8.6 元器件的识别 ·········· 307
  - 5.8.7 实验报告 ·········· 307
- 5.9 超声波测距 ·········· 307
  - 5.9.1 实验目的 ·········· 307
  - 5.9.2 实验设备及器材 ·········· 308
  - 5.9.3 元器件清单 ·········· 308
  - 5.9.4 原理图设计 ·········· 308
  - 5.9.5 结构方框图 ·········· 310
  - 5.9.6 元件实物 ·········· 310

5.9.7	焊接、调试	312
5.9.8	实验报告	312
5.10	开关电源电路	312
5.10.1	实验目的	313
5.10.2	实验设备及器材	313
5.10.3	元器件清单	313
5.10.4	电路原理图	313
5.10.5	PCB 板图	313
5.10.6	元器件的识别	313
5.10.7	实验报告	314
5.11	基于 LM317 稳压器的设计与制作	315
5.11.1	设计要求	315
5.11.2	设计用到的设备和软件	315
5.11.3	电路原理图	315
5.11.4	实验报告	316
5.12	金属传感器	316
5.12.1	电路原理图	316
5.12.2	PCB 板图	318
5.12.3	元器件清单	318
5.12.4	实验设备及器材	318
5.12.5	调试数据记录	319
5.12.6	实验报告	319
5.13	彩灯控制电路 1	319
5.13.1	实验目的	319
5.13.2	实验要求、内容与进度安排	319
5.13.3	实验仪器及器件	319
5.13.4	实验原理	320
5.13.5	实验内容	322
5.14	彩灯控制电路 2	322
5.14.1	实验目的	322
5.14.2	实验要求、内容与进度安排	323
5.14.3	实验仪器及器件	323
5.14.5	实验内容与注意事项	324
5.15	基于 555 声光报警电路	326
5.15.1	实验目的	326
5.15.2	实验设备和工具及软件	326
5.14.3	元器件清单	326
5.15.4	555 定时器声光报警电路	326

  5.15.5 555 定时器工作原理 ……………………………………………………………… 327
  5.15.6 蜂鸣器与发光二极管 ……………………………………………………………… 329
  5.15.7 电路板调试 ………………………………………………………………………… 330
  5.15.8 思考题 …………………………………………………………………………… 331
  5.15.9 实验报告 ………………………………………………………………………… 331
附录 ……………………………………………………………………………………………… 332
 附录 1 电子实习规章制度 …………………………………………………………………… 332
 附录 2 常用贴片电阻阻值和表示方法速查表 …………………………………………… 332
 附录 3 英汉对照 ……………………………………………………………………………… 336
 附录 4 SMT—表面组装技术常用语 ……………………………………………………… 340
 附录 5 表面组装技术术语分类 ……………………………………………………………… 340
 附录 6 本书专业英语词汇 …………………………………………………………………… 348
参考文献 ………………………………………………………………………………………… 352

安全用电常识

实验室在用电操作时需注意的几个问题：

（1）在安装、检修、更换仪器设备时，首先要切断电源进行无电操作，同时，在电源总开关前应有人监护，防止其他人误操作合上电闸而造成触电事故。

（2）在必须带电实验时，要牢记：脚下先踩一块干燥的木板，手只能触摸一根电线，在任何情况下，两手不能同时触摸两根电线。暂时不用的裸露线头，都要用绝缘胶布包好，防止发生短路和触电事故。

（3）在接电源插头时，一定要防止两个插片上的接线头碰在一起，中间要用绝缘胶布隔开。在电源插座上接仪器设备前，先用万用表测一下插头两个金属插片间的直流电阻，防止短路现象的发生。

（4）实验室的仪器设备都应该接上一根地线。在实验室设置的三孔插座里，要将地线接好。地线可用铜、铁、铝等金属板、棒做成，将其埋入1.5 m以下的土中，引出一根连接导线接到实验室的电源插座的接地端子上。

（5）为了防止电气设备损坏后再造成其他事故，在电源线路上都要加装熔丝（也叫保险丝）。熔丝的粗细不一样，熔断电流也不一样。当熔丝熔断以后，千万不能用铜丝、铝丝、铁丝等代替使用。

常用熔丝是一种熔点很低的铅锡合金，铅的质量分数为95%，锡的质量分数为5%。这种熔丝的直径与额定工作电流之间的关系如下：

熔丝直径/mm	0.5	0.6	0.7	0.8	0.9	1.2	1.6
额定工作电流/A	2.0	2.5	3.2	4.0	4.6	7.0	10

（6）交流电的使用参数叫安全电压。当变压器把市电变为36 V以下的低电压负载供电时，称为安全供电。36 V电压称为安全电压。但是，也要注意安全用电。

（7）双手出汗或湿润时，禁止触摸开关及实验设备。

（8）实验结束，关好电闸和门窗。

第 1 章

常用仪器仪表

1.1 MF47 型指针式万用表

人们在生活中离不开用电,所以每个人都必须掌握一定的用电知识及电工操作技能。通过电子实习,学生可以学会一些常用电工工具、仪表、开关元件等的使用方法及工作原理。学生在接触电学知识后,可用理论知识联系实际电路,为后续课程的学习打下一定的基础。

万用表是最常用的电工仪表之一。通过这次实习,学生应该在了解其基本工作原理的基础上,学会安装、调试、使用,并学会排除一些常见故障。

MF47 型万用表是一种高灵敏度、多量程的便携式整流系仪表,能完成交直流电压、直流电流、直流电阻等基本项目的测量,还能估测电容器的性能等。

有些万用表还可测量电容、电感、功率、音频电平、晶体管及其共射极直流放大系数 h_{FE}。指针式万用表主要由指示部分、测量电路、转换装置三部分组成。

下面简单介绍机械表的基本工作原理和使用方法,以供大家学习与参考。

1.1.1 MF47 型万用表的使用注意事项

学生进入实验室必须遵守实验室的安全规章制度进行操作,万用表虽然有双重保护装置,但为了避免意外发生、烧坏仪表,要按下列要求规范操作。

(1) 测量高压或大电流时,为避免烧坏开关,应在切断电源情况下,变换量程。

(2) 测量未知量的电压或电流时,应先选择最高数,待第一次读取数值后方可逐渐转至适当位置,以取得较准确的读数,并避免烧坏电路。

(3) 发生因过载而烧断熔丝时,可打开表盒盖,换上相同型号的熔丝(0.5 A/250 V)后,才可使用。

(4) 测量高压时,要站在干燥绝缘板上,只用一只手操作,防止发生意外事故。

(5) 电阻各挡用的干电池需要定期检查、更换,以保证测量精度。平时不用万用表应将挡位盘打到交流 1 000 V 挡;如长期不用应取出电池,以防止电液溢出腐蚀损坏其他零件。

(6) 每次测量时,须进行机械调零,否则测量结果不准确,测量电阻时每换一次挡位必须要进行欧姆挡调零。

(7) 使用万用表时，应将万用表水平放置在桌子上，读数时眼睛的视线应与指针垂直，以防读数出现误差。

1.1.2　MF47 型万用表的基本功能与使用方法

MF47 型万用表的面板如图 1.1.1 所示。MF47 型万用表表头如图 1.1.2 所示。

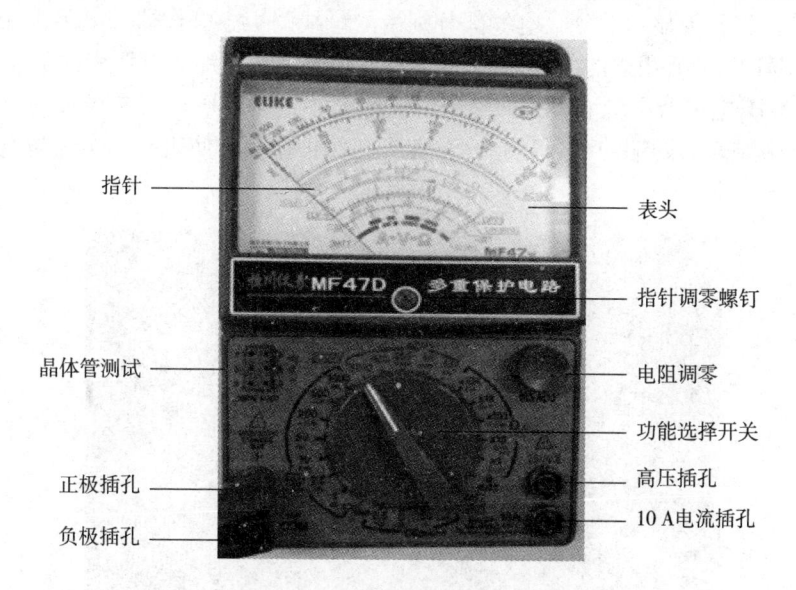

图 1.1.1　MF47 型万用表的面板

图 1.1.2　MF47 型万用表表头

MF47 型万用表是磁电整流系便携式多量程万用电表，其设计新颖、使用方便，可用来测量直流电流、交直流电压、直流电阻等，具有 26 个基本量程和电平、电容、电感、晶体管直流参数等 7 个附加参考量程。万用表采用磁电式高灵敏度表头，工作性能稳定；整个测试线路可靠、耐磨且维修方便；测量机构采用的是硅二极管保护，在过载时不损坏表头，线路设有 0.5 A 熔丝防止误操作时烧坏电路；具有湿度和频率补偿功能；低电阻挡选用 2 号干电池，整机容量大、寿命长；配有晶体管静态直流放大系数检测装置；表盘标度尺刻度线与挡位开关旋钮指示盘均为红、绿、黑三色，分别按交流红色、晶体管绿色，其余黑色对应制成，共有 6 条专用刻度线，刻度分开，便于读数；配有反光铝膜，消除视差，提高读数的精准度。除交直流2 500 V和直流5 A分别有单独的插座外，其余只需转动选择开关，使用方便；提手把装置，便于携带，必要时可作倾斜支撑，便于读数。

1. 指针式万用表的组成

万用表由机械部分、显示部分和电气部分三大部分组成。机械部分包括外壳、挡位开关旋钮及电刷等，表头为显示部分，电气部分则由测量线路板、电位器、电阻、二极管、电容等部分组成。MF47型万用表的PCB实物如图1.1.3所示。指针式万用表的显示表头是一个直流μA表，WH_2电位器可调节表头回路中的电流大小，D_3、D_4两个二极管反向并联后与电容并联，用于限制表头两端的电压过载，对表头起保护作用，使表头不会因为电压、电流过大而烧坏。

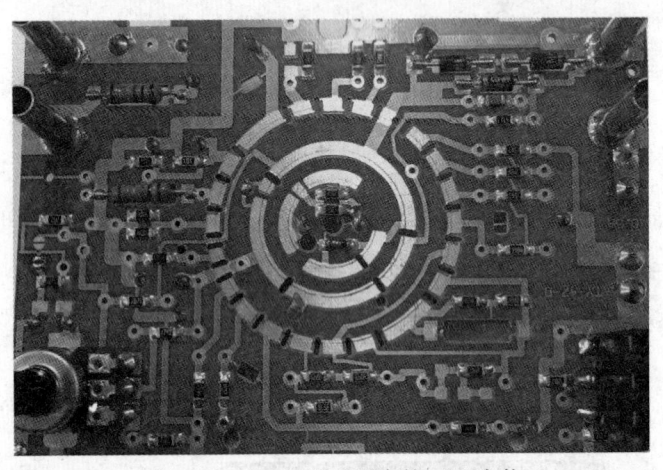

图1.1.3　MF47型万用表的PCB实物

万用表的其他组成部分为公共显示部分、直流电流部分、直流电压部分、交流电压部分、电阻部分。原理图每个挡位的结构分布如图1.1.4所示：交流电压挡，直流电压挡，直流mA挡，电阻挡（电阻挡分为×1 Ω、×10 Ω、×100 Ω、×1 kΩ、×10 kΩ 5个量程）当转换开关拨到某一个量程时，与某一个电阻形成回路，使表头偏转，即可测出该电阻的阻值大小。当转换开关拨到直流电流挡时，可分别与5个接触点接通，可测量500 mA、50 mA、5 mA和500 μA、50 μA量程的直流电流；当转换开关拨到直流电压挡时，可分别测量0.25 V、1 V、2.5 V、10 V、50 V、250 V、500 V、1 000 V量程的直流电压；当转换开关拨到交流电压挡时，可分别测量10 V、50 V、250 V、500 V、1 000 V量程的交流电压。

2. 电阻和交流电压使用前的准备与测量

万用表在测量前，应注意水平放置，一定要使表头指针处于交直流挡标尺的零刻度线上，否则读数会有较大的误差。若不在零位，应通过机械调零的方法（即使用小螺钉旋具调整表头下方指针调零螺钉）使指针回到零位，调节好的万用表指针如图1.1.2所示。

将测试棒红黑表笔插头分别插入"＋""－"插座中，如测量交流、直流2 500 V或直流5 A时，红插头则应分别插到标有"2 500 V"或"5 A"的插座中。

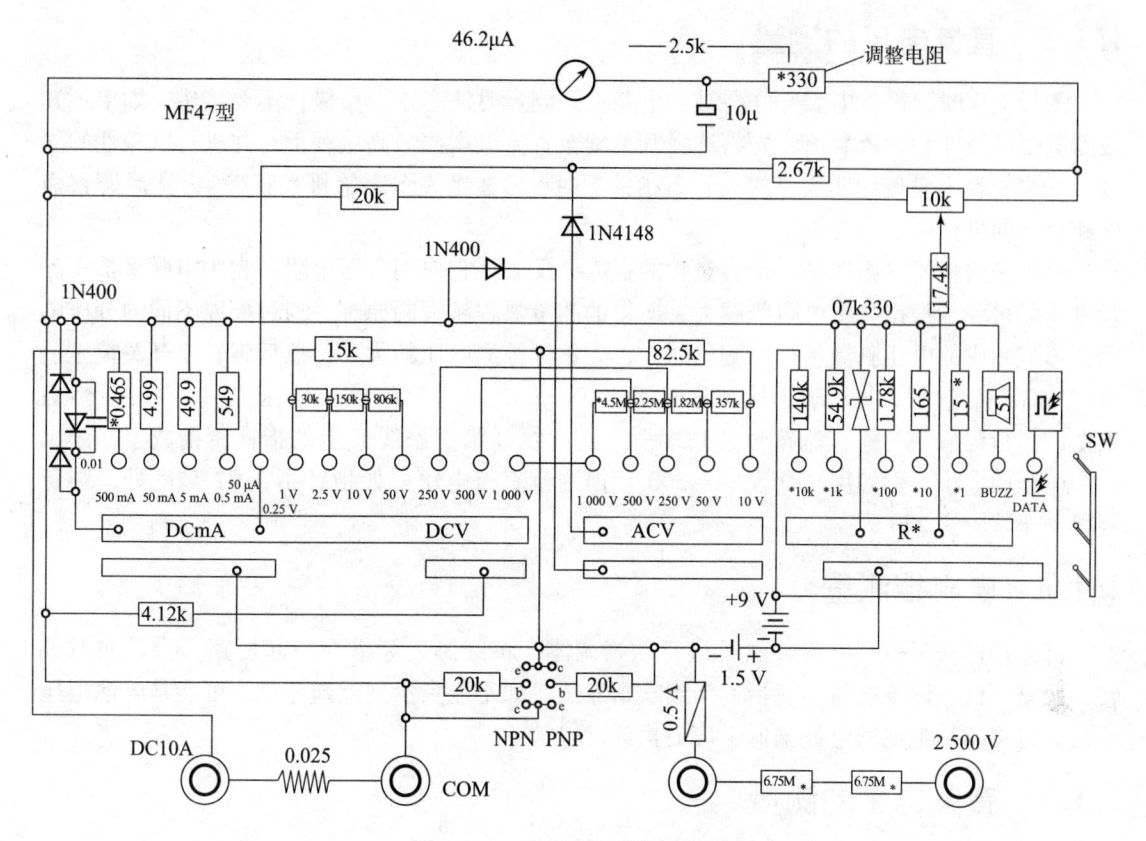

图 1.1.4　MF47 型万用表原理图

1.1.3　直流电流测量

万用表的直流电流挡，实质上是一个多量程的磁电式直流电流表，它采用分流电阻与表头并联以达到扩大测量的电流量程。根据分流电阻值越小，所得的测量量程越大的原理，配以不同的分流电阻，构成相应的测量量程。在电路中，各分流电阻彼此串联，然后与表头并联，形成一个闭合环路，当转换开关置于不同位置时，表头所用的分流电阻不同，就构成了不同量程的挡位。

1.1.4　交流电流、电压的测量

磁电式仪表本身只能测量直流电流和电压。测量交流电压和电流时，要采用整流电路将输入的交流变成直流，实现对交流的测量。其整流电路有半波整流和全波整流，其整流元件采用晶体二极管。万用表测量的交流电压只能是正弦波。

测交流电压的方法与测量直流电压相似，所不同的是因交流电没有正、负之分，所以测量交流时，表笔不需要分正、负极。首先估计一下被测电压的大小，然后将转换开关拨至适当的"ACV～"量程（交流挡），需要注意的是，测量交流电压时必须选择"交流电压挡"（在测量前必须确认已选择交流电压挡后，才可以进行测量）。读数方法与上述测量直流电压读法一样，只是数字应看标有交流符号"ACV～"的刻度线上的指针位置。

1.1.5 直流电压的测量

测量电压时，需将电表并联在被测电路上，测量时注意正、负极性不要接错。如果不知被测电压的极性和大致数值，先将选择开关旋至直流电压挡最高量程上，并进行试探性的测量（如果指针不动则说明表笔接反；若指针顺时旋转，则表示表笔极性正确），然后调整极性和合适的量程。

万用表的直流电压挡是一个多量程的直流电压表，它应用分压电阻与表头串联来扩大测量电压的量程，根据分压电阻值越大，所得的测量量程越大的原理，通过配以不同的分压电阻，形成相应的电压测量量程。测量时，首先估计被测电压的大小，然后将转换开关拨至适当"DCV—"量程，将正表笔接被测电压"+"端，负表笔接被测电压"−"端。然后根据该挡量程数字与标直流符号"DCV—"刻度线（第二条线）上的指针所指数字，读出被测电压的大小。例如用"DCV—"500 V 挡测量直流电压，如指针指在 22 刻度处，则所测得电压就应为 220 V。

1.1.6 电阻挡测量

首先选择一只被测电阻，然后进行欧姆调零，将红黑表笔搭在一起短路，指针向右偏转，调整"Ω"调零旋钮，使指针指到欧姆零位，如不能指示到欧姆零位，可能是电池电压不足，也可能是电池的电流偏低，应更换新的电池。

1.1.7 音频电平的测量

（1）万用表 dB 挡的使用。万用表表盘上有一条 dB 刻度线，使用说明书上写的是测量音频电平的。电平是表示电功率和电压大小的一个参数或者电量，需要用相对值来表示。dB 是分贝的字母符号。电平挡测量出的读数则表示被测电压或功率与所标值经过相比较后的大小值。

按照国际通行规定，在 600 Ω 万用表 dB 挡的使用：加 1 mW 的功率，负载上的电压值为零电平。按公式可以求得 0 dB 时负载上的交流电压为 0.775 V，此时，万用表上的电压和分贝的刻度就可以一一对应。也就是说，测量音频电平就是测量交流电压。所以，测量音频电平时，万用表的转换开关实际上就是要拨到交流电压挡，但是，表笔要插在"dB"的插孔中。因为在万用表的"dB"插孔中，被串接了一只电容器，用来隔断被测电路中的直流分量。

（2）测量音频电平的读数可以用分贝标尺，也可以用交流电压标尺。

交流电压的量程有好几个挡，要看万用表的交流电压 10 V 挡的标尺上 0.775 V 对应处为 0 dB，因为分贝刻度是按交流电压挡 10 V 计算的。如：7.75 V 则对应 20 dB，0.45 V 对应的是 −10 dB，从万用表上可以看出电压读数和分贝读数不呈正比的，在测试过程中，只看标尺读数就可以了。因为，万用表是按（电平）概念定义它的大小与电压或功率比值的对数值呈正比的。

（3）万用表的零电平标准是 600 Ω、1 mW，或 500 Ω、6 mW，万用表的刻度盘上都有注明。也可根据万用表的零分贝刻度线的位置来区分。以 600 Ω、1 mW 为零电平标准的万用表，零分贝刻度线在 0.775 V 处。而以 500 Ω、6 mW 为零电平标准的万用表，零分贝刻度线在 1.732 V 处。

万用表的电平值是以交流电 10 V 挡为基准刻度进行标示，在 10 V 这一点的电平值是 +22 dB。如指示值大于 +22 dB 时，可在大于 10 V 以上其他各交流电压挡测量电平值，其示值可用修正值修正。如 MF47 型万用表（根据说明书）在 50 V 以上量程测量时，其示值修正值如表 1.1.1 所示。

表 1.1.1 万用表 50 V 以上各量程测量修正值

量程/V	按电平刻度值增加值/dB	电平的测量范围/dB
10	/	-10~22
50	14	4~36
250	28	18~50
500	34	2~56

（4）被测电路中带有直流成分时，可在"+"插座中串接一个耐压差不多的 0.1 μF 的隔直电容器进行测量。

（5）数显式万用表头是电阻阻抗型，与机械动圈式万用表头（感性阻抗）略有区别，可根据其说明书参照上述原理测量使用。

但是，有时测量负载不是 600 Ω，当对应的功率较大，负载小于 600 Ω 时，读分贝标尺时，也要加上一个附加值作为校正。如万用表不带校正表，可以到电子手册中查询。

（6）测量带有直流分量的信号。

音频电平被用来测量放大级的增益和线路输送中的损耗。测量音频时，旋钮调到 2.5 V 挡上，然后测量音频输出端，如果幅度太小，再把挡位旋到 mV 挡，就可以测出音频电平的幅度。用万用表测 dB 值，使用万用表交流挡的最低量程，在测量带有直流分量的信号时，应串联一个大容量的隔直电容。dB 挡音频电平的测量电路如图 1.1.5 所示。

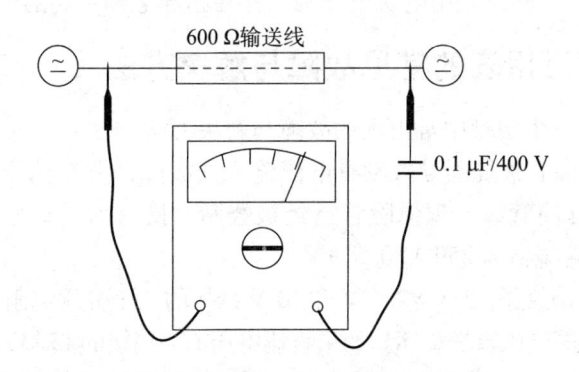

图 1.1.5 dB 挡音频电平的测量电路

特别提示：标准音频电平的测量，应将万用表串联一个大于 0.1 μF，而且大于被测电压，如大于 400 V 的电容并在标准阻抗为 600 Ω 的输送线两端进行测量。600 Ω 输送线两端的电压：0 dB 对应 1 mW，0.775 V。

(7) 在测量信号时,如果电表设置在 ACV 10 V 挡时,所读的 dB 数×1,即 dB 读数就是其测量结果。在表头上,满挡的 dB 为 22 dB 左右,这是有效电压 10 V(满挡交流电压),经过 600 Ω 内部电阻产生的 dB 数:$10 \times \log(1\,000 \times 10^2/600) = 22.2$(dB)。不同量程下的数值修正值如表 1.1.1 所示。测量方法与交流电压基本相似,转动开关至相应的交流电压挡,并使指针有较大的偏转。如被测电路中带有直流电压成分时,可在"+"插座中串接一个 0.1 μF 的隔离电容器,如图 1.1.4 所示。

音频电平测量,在一定的负荷阻抗上用以测量放大极的增益和线路输送的损耗,测量单位以分贝表示,音频电平与功率电压的关系式

$$N\mathrm{dB} = 10\log 10 \frac{P_2}{P_1} = 20\log 10 \frac{V_2}{V_1}$$

音频电平的刻度系数按 0 dB = 1 mW,600 Ω 输送线标准设计。

即 $V_1 = (PZ)^{\frac{1}{2}} = (0.001 \times 600)^{\frac{1}{2}} = 0.775$(V)

P_2、V_2 分别为被测功率、被测电压。

音频电平是以交流 10 V 为基准刻度,如指示值大于 22 dB 时可以在 50 V 以上各量程测量,其示值可按表 1.1.2 修正量程。FM47 型万用表音频电平测量值如表 1.1.2 所示。

表 1.1.2 音频电平测量值

量程/V	电平的测量范围/dB	按电平刻度增加值/dB
10	−10 ~ 22	0
50	14 ~ 36	14
250	18 ~ 50	28
500	24 ~ 56	34

音频电平测试时,严格遵守用电安全守则,并在指导老师在场的情况下进行测试。

1.1.8 MF47 型万用表的常见故障与解决方法

MF47 型万用表在学生实验中常出现的故障与解决方法。

故障 1:0.5 A 保险管被烧断导致没有电流输入的故障,所有挡位都无法测量。将万用表拆开以后测量输入保险管,发现保险管已经被烧断。换一个同型号、同规格保险管修复(MF47 型万用表保险管规格为 250 V/0.5 A)。

故障 2:直流电压挡故障,1 V、2.5 V 和 10 V 挡接的三个分压电阻 R_5、R_6、R_7(15 kΩ、30 kΩ、150 kΩ)误测高电压容易烧坏。如果直流电压 1 V 挡接的 15 kΩ,2.5 V 挡接的 30 kΩ,10 V 挡接的 150 kΩ 如果有烧坏或开路现象,则可能出现直流电压挡其他挡位测量不准。如果直流电压挡中阻值为 2.69 kΩ 的 R_{22} 电阻开路或者烧坏则直流电压挡全部失效。

故障 3:直流电流挡故障,几只分流电阻烧坏。R_1、R_2、R_3 这三个电阻,如果误用这几个挡测量大电流或大电压就容易烧分流电阻。由于分流电阻阻值很小很容易被烧坏,所以直流电流 500 mA 挡设计压敏电阻作过压保护,以防止用电流挡测电压时烧坏表头。

1.2　DT830型数字万用表的测量

DT830型数字万用表是三位半液晶显示的小型数字万用表,可以测量交直流电压、交直流电流、电阻、电容、三极管β值、二极管导通电压和电路短接等,由旋转波段开关改变测量的功能和量程,共有30挡。DT830型数字万用表最大显示值为±1 999,可自动显示"0"和极性,过载时显示"1"或"-1",电池电压过低时,显示"←"标志,短路检查用蜂鸣器。

1.2.1　DT830型数字万用表的注意事项

（1）正确选择量程及红表笔插孔。

对未知量进行测量时,应首先把量程调到最大,然后从大向小调,直到合适为止。若显示"1",表示过载,应加大量程。

（2）不测量时,应随手关断电源。

（3）改变量程时,表笔应与被测点断开。

（4）测量电流时,切忌过载。

（5）不允许用电阻挡和电流挡测电压。

1.2.2　DT830型数字万用表的技术特性

1. 测量范围

（1）交直流电压（交流频率为45~500 Hz）；量程分别为2 000 mV、200 mV、2 V、20 V和1 000 V五挡,直流精度为±（读数的0.8% +2个字）,交流精度为±（读数的1% +5个字）；输入阻抗,直流挡为10 MΩ,交流挡为10 MΩ、100 pF。

（2）交直流电流量程分别为200 μA、2 000 μA、2 mA、200 mA和10 A五挡,直流精度为±（读数的1.2% +2个字）,交流精度为±（读数的2.0% +5个字）,最大电压负荷为250 mV（交流有效值）。

（3）电阻：量程分别为200 Ω、2 kΩ、200 kΩ、2 MΩ和20 MΩ五挡。精度为±（读数的2.0% +3个字）。

（4）二极管导通电压：量程为0~1.5 V,测试电流为1 mA±0.5 mA。

（5）三极管β值检测：测试条件为$U = 2.8$ V,$I_B = 10$ μA。

（6）短路检测：①测试电路电阻<20 Ω±10 Ω；②采样时间：$T_S = 0.4$ s。

2. 面板及操作说明

DT830B数字万用表面板如图1.2.1所示。

（1）显示器：三位半数字液晶显示屏。

（2）电源开关：按下则接通电源,不用时应随手关断。

（3）电容测量插座：测量电容时,将电容引脚插入插座中。

（4）功能量程开关：选择不同的测量功能和量程。

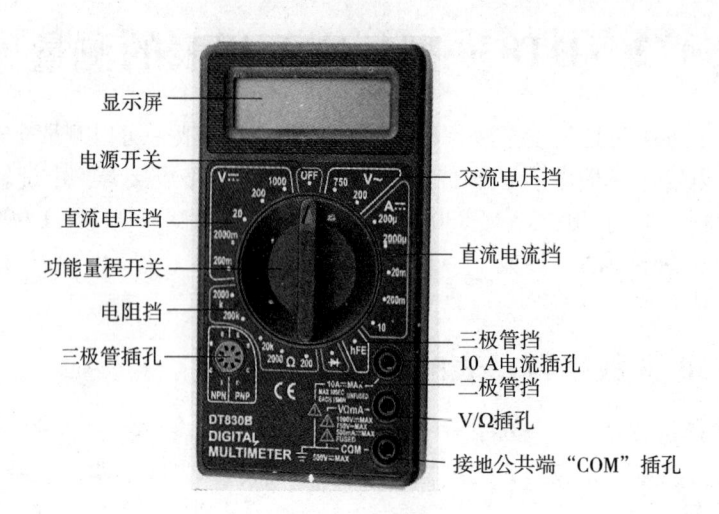

图 1.2.1　DT830B 数字万用表面板

（5）10 A 电流插孔：不能测量大于 10 A 的电流。当测量大于 200 mA，小于 10 A 的交直流电流时，红表笔应插入 10 A 电流插孔。

（6）电流插孔：当测量小于 200 mA 的交直流电流时，红表笔应插入此电流插孔。

（7）V/Ω 插孔。当测量交直流电压、电阻、二极管导通电压和短路检测时，红表笔应插入此 V/Ω 插孔。

（8）接地公共端"COM"插孔：黑表笔始终插入此接地插孔中。

（9）三极管插孔：将被测三极管的集电极、基极和发射极分别插入"C""B""E"插孔内，同时注意区分三极管是 NPN 型还是 PNP 型。

3. 使用方法

（1）按下电源开关，观察液晶显示是否正常，是否有电池缺电标志出现，若有则要先更换电池。

（2）交直流电流的测量。根据测量电流的大小选择适当的电流测量量程和红表笔的插入孔，测量直流时，红表笔接触电压高的一端，黑表笔接触电压低的一端，正向电流从红表笔流入万用表，再从黑表笔流出，当要测量的电流大小未知时，先用最大的量程来测量，然后逐渐减小量程来精确测量。

（3）交直流电压的测量。红表笔插入"V/Ω"插孔中，根据电压的大小选择适当的电压测量量程，黑表笔接触电路"地"端，红表笔接触电路中待测点。特别要注意，数字万用表测量交流电压的频率很低（45～500 Hz），中高频率信号的电压幅度应采用交流毫伏表来测量。

（4）电阻测量。红表笔插入"V/Ω"插孔中，根据电阻的大小选择适当的电阻测量量程，红黑两表笔分别接触电阻两端，观察读数即可。测量在路电阻时（指在电路板上的电阻），应先把电路的电源关断，以免引起读数抖动。

（5）禁止用电阻挡测量电流或电压（特别是交流 220 V 电压），否则容易损坏万用表。

（6）利用电阻挡还可以定性判断电容的好坏。先将电容两极短路，用一支表笔同时接触两极，使电容放电。然后将万用表的两支表笔分别接触电容的两个极，观察显示的电阻读数。若一开始时显示的电阻读数很小（相当于短路），然后电容开始充电，显示的电阻读数逐渐增大，最后显示的电阻读数变为"1"（相当于开路），则说明该电容是好的。若按上述步骤操作，显示的电阻读数始终不变，则说明该电容已损坏（开路或短路）。

（7）测量时要根据电容的大小选择合适的电阻量程，例如 47 μF 用 200 k 挡，而 4.7 μF 则要用 2M 挡等。

（8）二极管导通电压的检测。在这个挡位，红表笔接万用表内部正电源，黑表笔接万用表内部负电源。两表笔与二极管的接法如图 1.2.2 所示。若按图 1.2.2（a）接法测量，则被测二极管正向导通，万用表显示二极管的正向导通电压，单位为 mV。好的硅二极管正向导通电压应为 500~800 mV，好的锗二极管正向导通电压应为 200~300 mV。假若显示"000"，则说明二极管击穿短路，假若显示"1"，则说明二极管正向不通。若按图 1.2.2（b）接法测量，应显示"1"，说明该二极管反向截止；若显示"000"或其他值，则说明二极管已反向击穿。

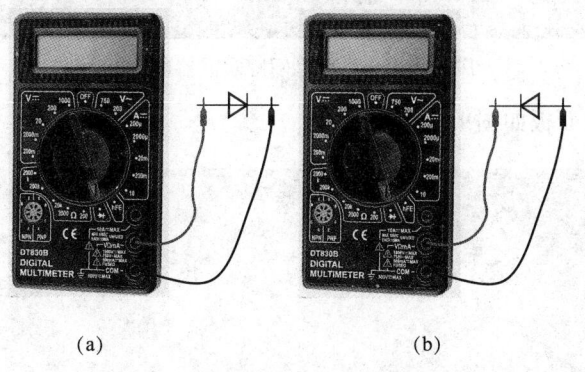

图 1.2.2　两表笔与二极管的接法
（a）二极管正向导通；（b）二极管反向截止

此挡也可以用来判断三极管的好坏以及管脚的识别。测量时，先将一表笔接在某一认定的管脚上，另外一表笔则先后接到其余两个管脚上，如果测得两次均导通或均不导通，然后对换两表笔再测，两次均不导通或均导通，则可以确定该三极管是好的，同时，确定此次测量的管脚就是三极管的基极。若用红表笔接在基极，黑表笔分别接在另外两极均导通，则说明该三极管是 NPN 型，反之，则为 PNP 型。

（9）比较两个 PN 结正向导通电压的大小，读数较大的是 be 结，读数较小的是 bc 结。

（10）三极管 β 值测量，首先要确定待测三极管是 NPN 型还是 PNP 型，然后将其管脚正确地插入对应类型的测试插孔中，功能量程开关转到 β 挡，即可以直接从显示屏上读取 β 值，若显示"000"，则说明三极管已坏。

（11）短路检测，将功能量程开关转到"•)))"位置，两表笔分别测试，若有短路，则蜂鸣器会响。

1.3　6502型双踪示波器

6502型双踪示波器不仅可以进行单踪显示，也可以在屏幕上同时显示两个不同电信号的瞬时过程，还可以显示两个信号叠加后的波形。该仪器具有频带宽（DC-20 MHZ），灵敏度高（最高偏转系数1 mV/div），显示屏幕大，采用特别内标度，波形无视差，自动聚焦交替触发等特点。6502型双踪示波器前面板如图1.3.1所示。

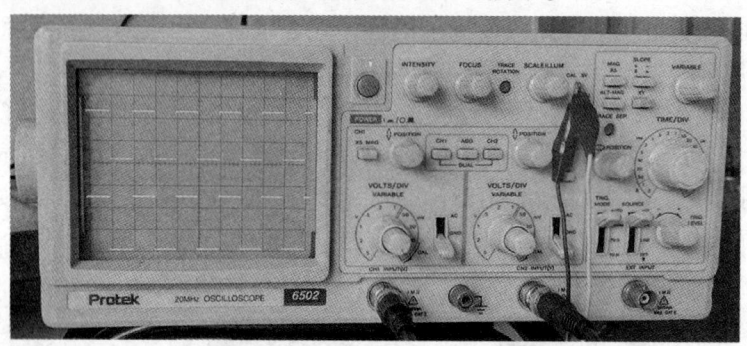

图1.3.1　6502型双踪示波器前面板

6502型示波器后面板如图1.3.2所示。

图1.3.2　6502型示波器后面板

1.3.1　各旋钮功能

把电源插入交流插座，送入规定的电压到电压转换器。检查在电压选择器上指示的额定电压，并用相应的熔丝保护。

（1）电源开关（ON/OFF）。电源开关是按钮开关，若开关按下，电源接通；若开关松开，则电源关闭。

（2）电源指示。当电源接通，指示灯亮。

（3）亮度旋钮（INTENSITY）。若顺时针转，亮度增亮；反之则逐渐变暗，在接电源前应逆时针旋转到底。

（4）聚焦旋钮（FOCUS）。操作亮度旋钮，把亮度调到适当的水平，调聚焦旋钮直至光迹线最清晰。

（5）光标转动调节器（TRACE/ROTATION）。由于地磁场的影响使光迹线与水平标度线呈倾斜现象，此旋钮用来调整使两者相互平行。

（6）刻度亮度旋钮（SCAIEILIUME）。此旋钮若顺时针转，亮度增加；反之下降。

（7）熔丝座电源转换器（后面板）（NOMINAL）。选择供示波器的电源。

（8）交流插座（后面板）（VOLTAGEE）。交流插座是电源线连接器。

2. 垂直轴部分

（1）CH1 输入端。外输入信号通过 CH1 插座作用于示波器。

（2）CH2 输入端。同 CH1、外输入信号通过 CH2 插座作用于示波器。

（3）AC、GND、DC 开关。其用于选择包括输入信号和垂直放大器的组合系统。

①AC：通过电容器连接，输入信号中的直流分量被隔断，仅显示交流部分。

②GND：垂直轴放大器的输入是接地的，主要用于测试直流电平时的参考。

③DC：输入示波器的信号既包含交流分量也包含直流分量。

（4）电压灵敏度旋钮（VOLTS/DIV）。转换垂直偏转系数，根据输入信号的大小转换量程，使信号幅度便于观测。

（5）电压微调旋钮（VARIABLE）。其用来微调垂直轴（Y 轴）方向的幅度变化，通常该旋钮处于顺时针旋转到底的矫正位置。

（6）×5MAG 垂直扩展键。按下 ×5MAG 开关，垂直增益扩大 5 倍。

（7）垂直位移（↑↓POSITION）旋钮。用来使扫描线在屏上垂直方向位移。

（8）反相按键（INVERT）。反相工作方式到 CH2 的信号被反相极性显示。

（9）CH1/CH2 通道按键。单一通道工作方式时可选择 CH1 或 CH2；双通道工作方式时，则可用来选择内触发信号源 CH1 或 CH2。按键弹出为 CH1，按入为 CH2，在垂直方式选择 ALT，触发方式选择 ALT 时，该键不具备选择功能，示波器处于交替触发工作方式，用以观测两个没有时间关系的信号。

（10）ADD 按键。加到 CH1 和 CH2 的信号以大约 250 kHz 的固定频率切换，断续地显示在屏幕上。

同时按下，示波器工作在 ADD 方式，显示 CH1 和 CH2 信号的代数和或代数差。

3. 水平轴部分

（1）TIME/DIV 转换开关。用来改变扫描时间 0.1 μs/div ~ 0.2 s/div（20 挡位）。

（2）XY 方式键。按下此键扫描停止，由外输入信号到 X、Y 轴，此时仪器用作 X、Y 示波器（用于观察李沙育图形时，X 信号加到 CH1，Y 信号加到 CH2），分别由各自的输入插座所对应的调节钮来调整其偏转灵敏度 VOLTS/DIV 及垂直位移。

（3）水平方向位移（←→POSITION）。其用来使扫描线在屏上水平方向位移。

（4）×5MAG。信号周期扩大 5 倍，实际周期为 1/5。

（5）双显示（ALT，MAG）。交替扩展时，每个通道非扩展×1 扫线与扩展×5 扫线同时显示在屏幕上。

（6）TRACE SEP 扫线分离旋钮。仅在 ALT，MAG 方式用于调节扩展 ×5 扫线对非扩展 ×1 扫线的垂直位置，使得两者分离。

4. 触发

（1）触发源选择开关（SOURCE）。INT：内触发方式；ALT：交替触发；LINE：电源触发；EXT：外触发。

（2）外触发输入连接器。

（3）触发电平旋钮（TRIG/LEVEL）。与触发斜率选择开关共同使用，以调节触发脉冲在信号波形上形成的部位。

（4）触发斜率选择开关（SLOPE）。开关按下为"－"斜率，抬起为"＋"斜率。

（5）触发方式选择开关（TRIG/MODE）。

AUTO（自动）：当无触发信号时自动连续扫描，一旦有触发信号则立即转入触发扫描状态。

NORM（常态）：仅当输入信号被触发时，才会出现扫线。

TV—H（行）：TV 行频作为同步信号。

TV—V（帧）：TV 帧频作为扫描同步信号。

注：TV—V 和 TV—H 只有当同步信号是"－"时，才被同步。

（7）CAL（校正）0.5 V 端。这是一个校准用 1 kHz，0.5 V 矩形波输出端，用来校正探头。

（8）GND 端。GND 端是一个接地端。

5. 使用说明

（1）扫描线产生。若要产生扫描线，相应旋钮的位置如表 1.3.1 所示。

表 1.3.1 产生扫描线时相应旋钮的位置

旋钮	位置
Power	Off
Intensity	反时针转到底
Focus	中心
AC—GND—DC	GND
△position	中心［×5MAG 旋钮关于（⊥）位置］
▽position	
Mode	CH1
Trig mode	Auto
Trig source	INT
Trig level	中心
Time/div	0.5 ms/div
△▽Position	中心（×10MAG）（×5MAG）旋钮关于（⊥）

（2）一般检查。

①观察1波形时。若需同时观察2波形或除X—Y运用之外，用CH1或CH2，当用CH1时，开关按下列设置。

垂直轴（Y轴）方式开关：CH1；

触发方式开关：AUTO；

触发源开关：INT。

若上述已设置完成，多数高于频率25 Hz的信号加到CH1，并由触发器电平调整成同步。由于水平轴方式是在自动（Auto）位置，甚至当没有信号时或当AC—GND—DC开关放到GND时，也有扫描线出现，也可检查直流电压。若把低于25 Hz的低频信号加到CH1时，要求做下列转换。

Trig方式开关：Norm，这种设置用电平旋钮调节同步是有效的。

若只用CH2设置，则垂直方式开关：CH2；Trig Some开关：CH2。

②当观察2波形时。把垂直方式开关放到Dual，很容易观察2个波形，若TIME/DIV量程改变，系统自动地调到ALT或CHOP。若测量相位差，超前相位的信号必须对测量同步。

③当波形用作XY系统观察时。若XY键按下，系统将用作X—Y示波器输入的X轴信号（水平信号）加到CH1输入端，Y轴信号（垂直信号）加到CH2输入端。此时保持垂直轴（×5MAG）开关在按出状态，X轴MAG×5开关呈按出状态。

④ADD的使用。若垂直开关放在ADD，可观察到2个波形叠加。

6. 测量方法

测量前，把亮度和聚焦调到最佳状态，以利于读出，波形显示尽可能大以减少时间误差；若用探头，要检查电容校正。

（1）直流电压的测量。把AC—GND—DC开关放到GND，位置处于零电平以利于在屏上观察，这个位置不一定在屏的中心。

VOLTS/DIV放在适当电平，把AC—GND—DC开关放到DC，此时，由于扫描线只在直流电压线上移动，直流电压信号可用VOLTS/DIV值乘移动宽度来取得。若VOLTS/DIV是50 mV/div，计算结果为50 mV/div×4.2 div＝210 mV。但若用探头（10∶1）实际情况值应乘10倍，即50 mV/div×4.2div×10－2 100 mV＝2.1 V。

（2）交流电压的测量。同直流电压测量一样，零电平可放到便于检查的任何处。

若VOLTS/DIV是1V/div，计算式：1V/div×5＝5V_{P-P}，但若用探头（10∶1）实际值是50 V_{P-P}。

此外，若小振幅值信号叠加在直流电压上，为便于观察而放大信号，AC—GND—DC开关可放在AC处，不通过直流电流，可提高观察的灵敏度。

（3）频率和周期的测量。信号周期是以A点列B点，在屏上是2格。扫描时间假定为1 ms/div，周期是1 ms/div×2.0 div＝2.0 ms。因而频率是1/2.0 ms＝500 Hz，但若使用×10 MAG（×5 MAG），扫描被放大，TIME/DIV必须转换到1/10（1/5）的指示值。

（4）时差的测量。为测量2个信号时间差，把一信号放到同步信号上，有一信号A。若同步信号源放在CH1，同步信号源加到CH2，此处请详见说明书。因此，为了确定CH1信号对CH2信号延迟时间，把同步信号源加到CH1，反之一样。

换句话说，选择一个相位超前的信号作为同步信号源，若为相反情况，所要测试的部分可能不显示在屏上。如果发生这种情况，可测显示在屏上的两信号幅度50%点之间的量，两信号幅度可以重叠。

注意：由于脉冲波含有大量高频成分（谐波），操作时要慎重考虑，测量谐波信号时，用探头或同轴电缆时使接地线尽可能短。

（5）测量上升（下降）时间。当测量脉冲上升时间时，应注意测量误差，要测量的波形的上升时间T_{rx}、示波器的上升时间T_{rs}和屏上显示的上升时间T_{ro}之间存在下列关系：

$$T_{ro} = \sqrt{T_{rx}^2 + T_{rs}^2}$$

如果被测脉冲的上升时间远大于示波器的上升时间，产生的测量误差与示波器上升时间的关系可以忽略不计。如果两者上升时间相近，将发生测量误差。

实际上升时间为$\sqrt{T_{rx}^2 + T_{rs}^2}$。另外，在没有波形失真时，频带和上升之间存在以下关系：

$$f_c \times t_r = 0.35$$

式中　f_c——频带，Hz；

　　　t_r——上升时间，s。

（6）复合波形的同步。若不同幅度交替出现，波形是否出现重叠，取决于设置的电平。若触发电平选为Y线，A、B、C、D、E、F…从A开始而E、F、G、H、J…从E开始，交替出现，因为线是重叠的，同步不能实现，此时，若把电平顺时针转到Y′线的触发电平，在屏上显示的波形为B、C、D、E、F…从B开始交替出现，同步可实现。

（7）用两个通道测量时的波形协调。

①如CH1和CH2信号同步，或两个信号频率具有一定的时间关系，如固定的比例关系，则把TRIG信号源开关放到INT，反之放到CH2。

②假如被观察的信号没有同步的相互关系，可将TRIG信号源开关放到INT，同步信号随系统交替变换，因此每个通道的波形都是稳定同步的。

如果一个正弦波被送到CH1及CH2，要扩大同步电平范围，把CH2轴输入耦合放到AC耦合。此外若显示信号的幅度较小时，可切换VOLTS/DIV转换开关，以增大幅度。

1.4　DS1000型数字示波器

数字示波器前面板各通道标志、旋钮和按键的位置及操作方法与传统示波器相似，我们以DS1000型数字示波器为例予以说明。数字示波器与模拟示波器的区别在于数字示波器具有很多测量参数，如上升时间、下降时间、峰－峰值、幅值等，而模拟示波器却没有任何测量参数。数字示波器不仅具有多重波形显示、分析和数学运算功能，还有波形、设置、CSV和位图文件存储功能，自动光标跟踪测量功能，波形录制和回放功能等，还支持即插即用USB存储设备和打印机，并可通过USB存储设备进行软件升级等。

本节介绍如何使用示波器的各种按键和旋钮进行操作，包括对探头补偿、快速帮助、自动设置、垂直系统、水平系统、触发系统、菜单系统和运行控制区域的操作。

1.4.1 探头补偿

当首次将探头连接至任一输入通道时，需要进行探头补偿调节，使探头与输入通道相匹配，以防止测量误差或错误。以通道 1 为例，探头补偿调节的步骤如下：

(1) 将探头衰减系数及探头上的衰减开关设定为 10，如图 1.4.1 所示，并将示波器探头与通道 1 连接。将探头钩形头端部与探头补偿器的信号输出连接端（D）相连，基准导线夹与探头补偿器的地线连接端（⊥）相连，打开通道 1，然后按 Auto 键。

(2) 检查显示波形的形状。

按需要重复上述步骤，直到显示的波形形状达到标准。

(3) 调整探头上的可变电容，如图 1.4.2 所示，直到屏幕显示的波形如图 1.4.3（a）所示，即频率为 1 kHz，$3V_{P-P}$ 方波输出。数字存储示波器对波形显示具有自动调整的功能。根据输入的信号，自动调整每个通道的垂直、水平以及触发控制到优化的波形显示。应用自动控制要求被测信号是一个重复的波形，频率至少为 50 Hz。补偿波形如图 1.4.3 所示。

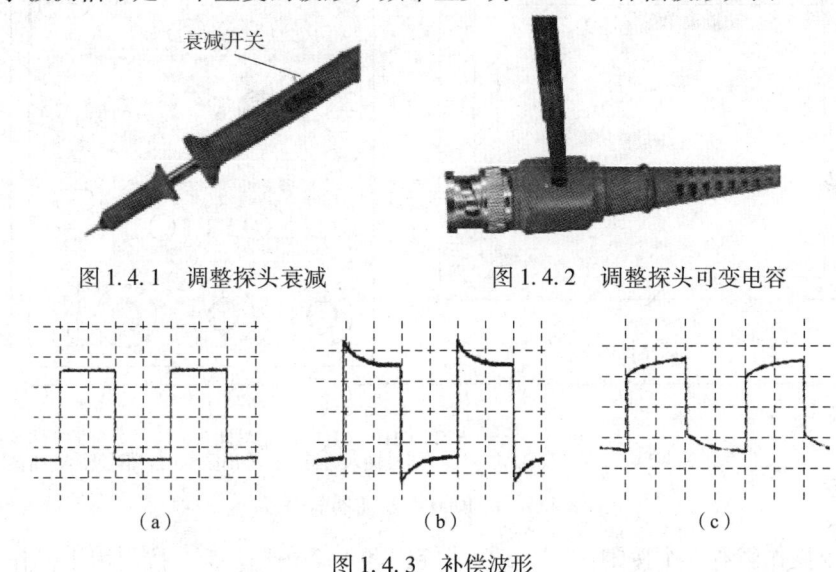

图 1.4.1 调整探头衰减　　图 1.4.2 调整探头可变电容

图 1.4.3 补偿波形
(a) 补偿正确；(b) 补偿过度；(c) 补偿不足

(4) 调整探头比例。

为了配合探头的衰减系数 1∶1、10∶1、100∶1、1 000∶1，需要在相应的输入通道操作菜单中选择探头衰减比例系数 1×、10×、100×、1 000×。如探头衰减系数为 10∶1，示波器输入通道的探头衰减比例系数也应设置为 10×，使探头与输入通道相匹配，显示正确的垂直挡位信息和测量数据。

图 1.4.4 中所示为应用 1∶1 探头时的设置及垂直挡位显示。将探头的衰减开关拨到 1×

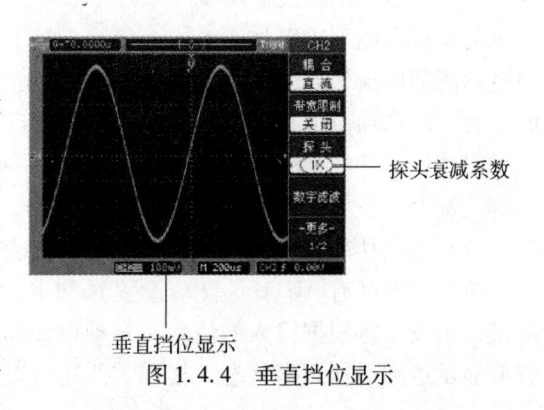

图 1.4.4 垂直挡位显示

处，同时按 CH2 下的探头键，选择探头衰减比例系数为 1×，这时测出的数据是正确的。如果探头的衰减系数和输入通道操作菜单中选择的探头衰减比例系数不匹配，垂直挡位的显示信息会随着菜单中显示的探头衰减比例系数同时扩大（或缩小）相同的比例，实际的垂直挡位值应缩小（或扩大）相同的比例。

1.4.2 数字示波器前面板的操作简介

DS1000 型数字示波器前面板如图 1.4.5 所示，按其功能前面板可分为 8 大区，液晶显示区、功能菜单操作区、常用菜单区、执行按键区、垂直控制区、水平控制区、触发控制区、信号输入/输出区等。

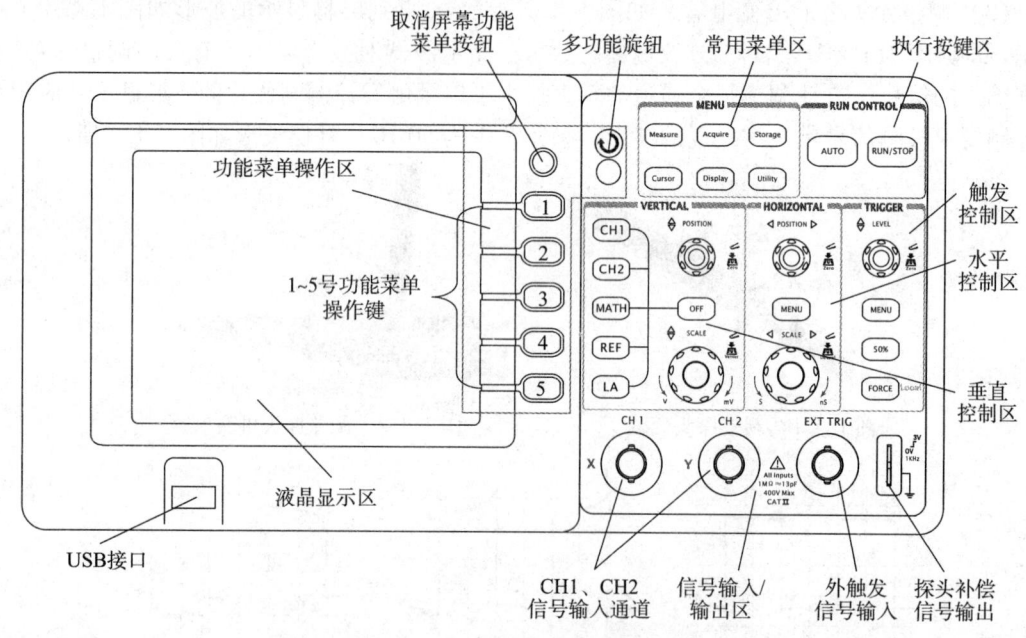

图 1.4.5 DS1000 型示波器前面板

功能菜单操作区有 5 个按键，1 个多功能旋钮和 1 个按钮。5 个按键用于操作屏幕右侧的功能菜单及子菜单；多功能旋钮用于选择和确认功能菜单中下拉菜单的选项等；按钮用于取消屏幕上显示的功能菜单。

前面板常用菜单区如图 1.4.6 所示。按下任一按键，屏幕右侧会出现相应的功能菜单。通过功能菜单操作区的 5 个按键，可选定功能菜单的选项。功能菜单选项中有"◁"符号的，表明该选项有下拉菜单。下拉菜单打开后，可转动多功能旋钮，选择相应的项目并按下予以确认。功能菜单上、下有"▲""▼"符号，表明功能菜单一页未显示完，可操作按键上、下翻页。功能菜单中有↻符号，表明该项参数可转动多功能旋钮进行设置调整。按下取消功能菜单按钮，显示屏上的功能菜单会立即消失。

执行按键区有 AUTO（自动设置）和 RUN/STOP（运行/停止）两个按键。按下 AUTO 按键，示波器将根据输入的信号，自动设置和调整垂直、水平及触发方式等各项控制值，使波形显示达到最佳观察状态，根据需要还可以进行手动调整。按下 AUTO 键后，功能菜单及作用如图1.4.7所示。RUN/STOP键为运行/停止波形采样按键。运行（波形采样）状态时，是黄色按键；按一下按键，停止波形采样且按键变为红色，有利于绘制波形并可在一定范围内调整波形的垂直衰减和水平；再按一下，恢复波形采样状态。注意：应用自动设置功能时，要求被测信号的频率大于或等于50 Hz，占空比大于1%。

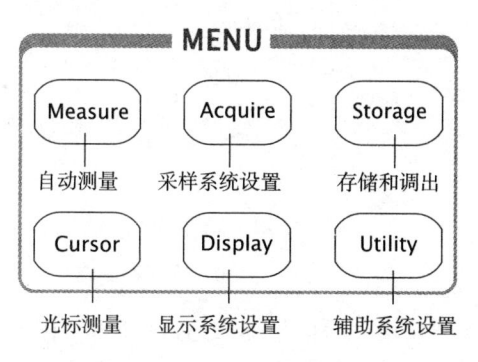

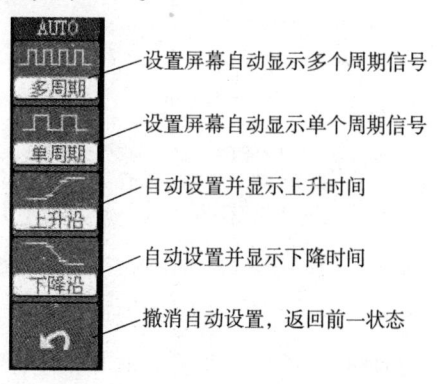

图1.4.6　前面板常用菜单区　　　　图1.4.7　AUTO按键功能菜单及作用

垂直控制区如图1.4.8所示。垂直位置⊙POSITION旋钮可设置所选通道波形的垂直显示位置。转动该旋钮不但显示的波形会上下移动，且所选通道的"地"（GND）标识也会随波形上下移动并显示于屏幕左状态栏，移动值则显示于屏幕左下方；按下垂直⊙POSITION旋钮，垂直显示位置快速恢复到零点（即显示屏水平中心位置）处。垂直衰减⊙SCALE旋钮调整所选通道波形的显示幅度。转动该旋钮改变"Volt/div（伏/格）"垂直挡位，同时状态栏对应通道显示的幅值也会发生变化。CH1、CH2、MATH、REF为通道或方式按键，按下某按键屏幕将显示其功能菜单、标志、波形和挡位状态等信息。OFF键用于关闭当前选择的通道。

水平控制区如图1.4.9所示，主要用于设置水平时基。水平位置⊙POSITION旋钮调整信号波形在显示屏上的水平位置，转动该旋钮不但波形随旋钮水平移动，且触发位移标志"T"也在显示屏上部随之移动，移动值则显示在屏幕左下角；按下此旋钮触发位移恢复到水平零点（即显示屏垂直中心线置）处。水平衰减⊙SCALE旋钮，用于改变水平时基挡位设置。转动该旋钮可改变"s/div（秒/格）"水平挡位，其下状态栏Time后显示的主时基值也会发生相应的变化。水平扫描速度为20 ns～50 s，以1-2-5的形式步进。按动水平⊙SCALE旋钮可快速打开或关闭延迟扫描功能。按水平功能菜单键MENU，显示TIME功能菜单，在此菜单下，可开启/关闭延迟扫描，切换Y（电压）-T（时间）、X（电压）-Y（电压）和ROLL（滚动）模式，设置水平触发位移复位等。

触发控制区如图1.4.10所示，主要用于触发系统的设置。转动⊙LEVEL触发电平调节旋钮，屏幕上会出现一条上下移动的水平黑色触发线及触发标志，且左下角和上状态栏最右端触发电平的数值也随之发生变化。停止转动⊙LEVEL旋钮，触发线、触发标志及左下角触发电平的数值约5 s后会消失。按下⊙LEVEL旋钮触发电平快速恢复到零点。按MENU键可调出触发功能菜单，改变触发设置。50%按钮，设定触发电平在触发信号幅值的垂直中点。按FORCE键，强制产生一触发信号，主要用于触发方式中的"普通"和"单次"模式。

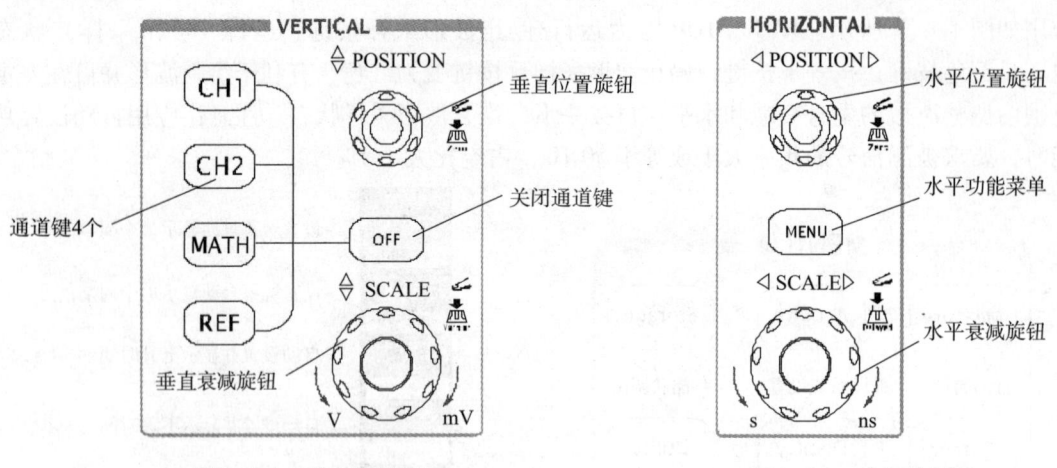

图1.4.8 垂直控制区

图1.4.9 水平控制区

信号输入/输出区如图1.4.11所示,"CH1"和"CH2"为信号输入通道,EXT TRIG 为外触发信号输入端,最右侧为示波器校正信号输出端(输出频率1 kHz、幅值3 V的方波信号)。

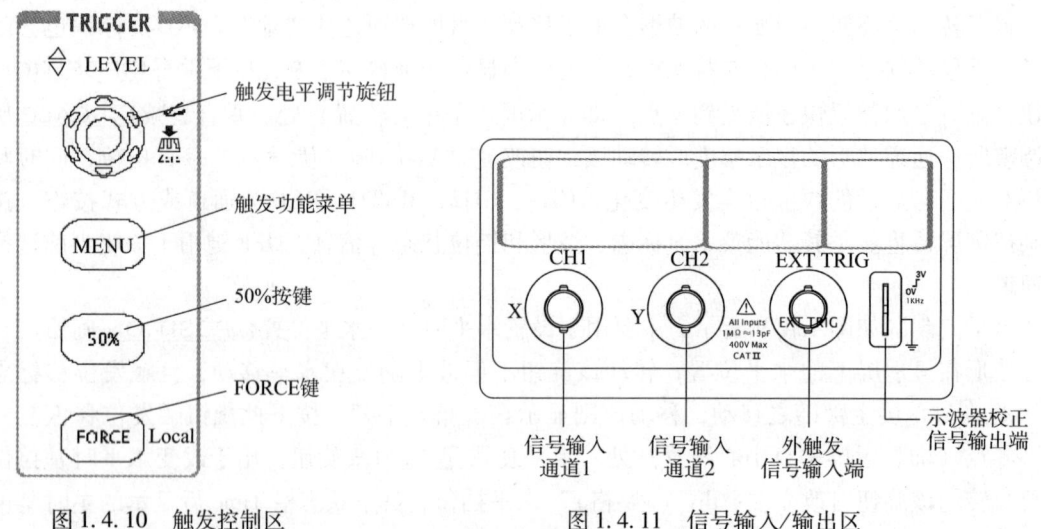

图1.4.10 触发控制区

图1.4.11 信号输入/输出区

1.4.3 DS1000 型数字示波器显示界面说明

DS1000型数字示波器显示界面如图1.4.12所示,它主要包括波形显示区和状态显示栏。液晶屏边框线以内为波形显示区,用于显示信号波形、测量数据、水平位移、垂直位移和触发电平值等。位移值和触发电平值在转动旋钮时显示,停止转动5 s后则消失。显示屏边框线以外为上、下、左3个状态显示栏。下状态显示栏通道标志为黑底的是当前选定通道,操作示波器面板上的按键或旋钮只对当前选定通道有效,按下通道按键则可选定被按通道。状态显示栏显示的标志位置及数值随面板相应按键或旋钮的操作而变化。

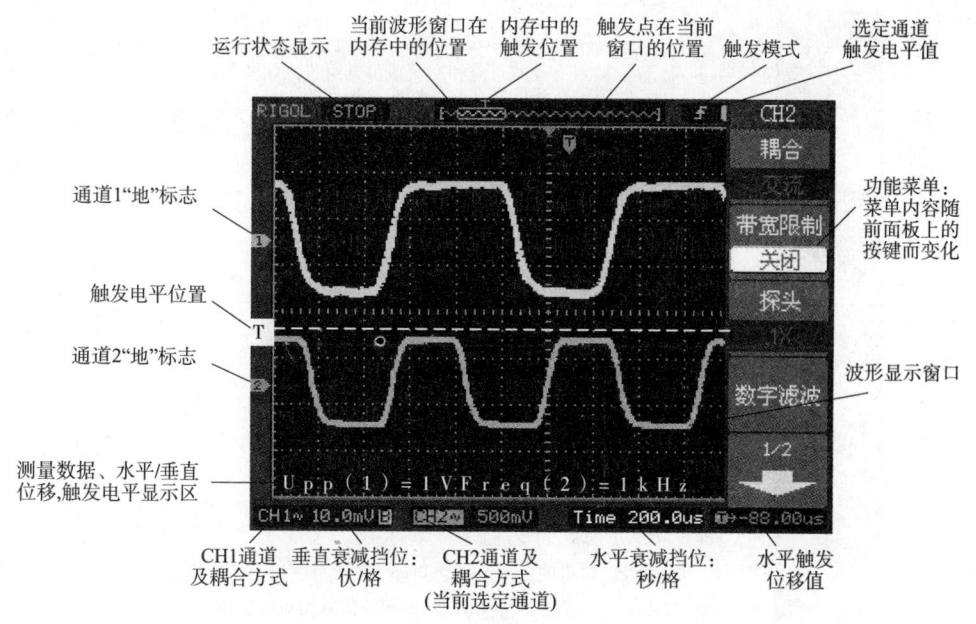

图 1.4.12　DS1000 型数字示波器显示界面

思考题：
1. 探头补偿调节步骤？
2. 如何设置通道带宽限制？
3. 如何做波形反相设置，并画出波形未反相图和反相的波形图？

1.4.4　数字示波器的使用要领和注意事项

（1）信号接入方法。以 CH1 通道为例介绍信号接入方法。

①将探头上的开关设定为 10×，将探头连接器上的插槽对准 CH1 插口并插入，然后向右旋转拧紧。

②设定示波器探头衰减系数。探头衰减系数改变仪器的垂直挡位比例，因而直接关系测量结果的正确与否。默认的探头衰减系数为 1×，设定时必须使探头上的黄色开关的设定值与输入通道"探头"菜单的衰减系数一致。衰减系数设置方法是：按 CH1 键，显示通道 1 的功能菜单，按图 1.4.13 中与探头项目平行的 3 号功能菜单操作键，转动◔旋钮，选择与探头同比例的衰减系数，并按下◔旋钮，予以确认。此时应选择并设定为 10×。

③把探头端部和接地夹接到函数信号发生器或示波器校正信号输出端。按 AUTO（自动设置）键，几秒钟后，在波形显示区即可看到输入函数信号或示波器校正信号的波形。

用同样的方法检查后，向 CH2 通道接入信号。

（2）为了加速调整，便于测量，当被测信号接入通道时，可直接按 AUTO 键以便立即获得合适的波形显示和挡位设置等。

（3）示波器的所有操作，只对当前选定（打开）通道有效。通道选定（打开）方法是：按 CH1 或 CH2 按钮即可选定（打开）相应通道，并且状态栏的通道标志变为黑底。关闭通道的方法是：按 OFF 键或再次按下通道按钮当前选定通道即被关闭。

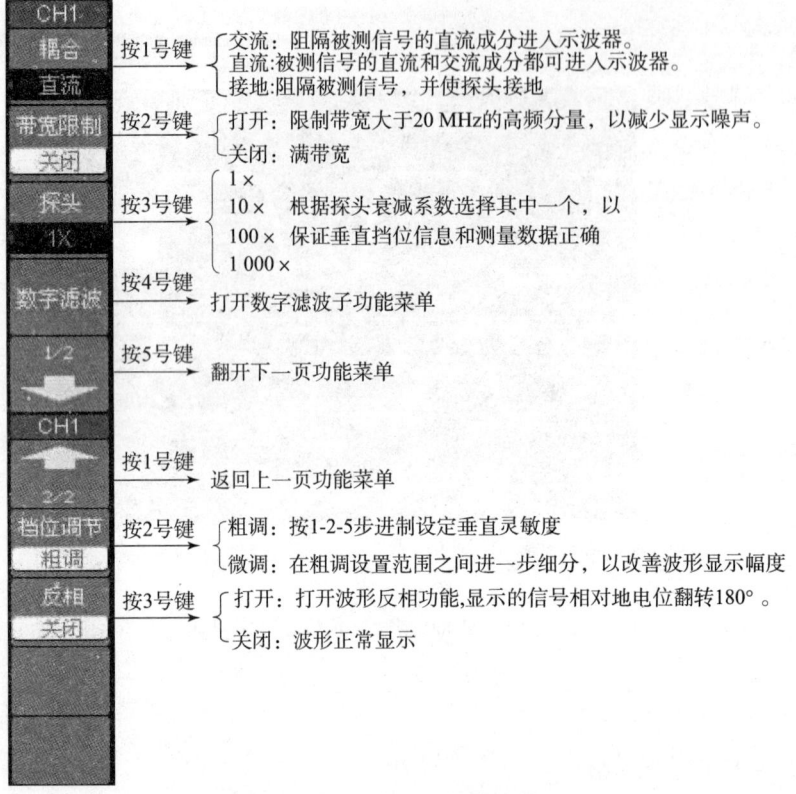

图 1.4.13 通道功能菜单及说明

菜单说明（按钮对应功能）：

- 按1号键 耦合：
  - 交流：阻隔被测信号的直流成分进入示波器。
  - 直流：被测信号的直流和交流成分都可进入示波器。
  - 接地：阻隔被测信号，并使探头接地。
- 按2号键 带宽限制：
  - 打开：限制带宽大于20 MHz的高频分量，以减少显示噪声。
  - 关闭：满带宽。
- 按3号键 探头：
  - 1×
  - 10×   根据探头衰减系数选择其中一个，以
  - 100×   保证垂直挡位信息和测量数据正确
  - 1 000×
- 按4号键 数字滤波 → 打开数字滤波子功能菜单
- 按5号键 1/2 → 翻开下一页功能菜单
- 按1号键 CH1 → 返回上一页功能菜单
- 按2号键 挡位调节：
  - 粗调：按1-2-5步进制设定垂直灵敏度
  - 微调：在粗调设置范围之间进一步细分，以改善波形显示幅度
- 按3号键 反相：
  - 打开：打开波形反相功能，显示的信号相对地电位翻转180°。
  - 关闭：波形正常显示

（4）数字示波器的操作方法分为三个层次。

第一层次：按下前面板上的功能键即进入不同的功能菜单或直接获得特定的功能应用。

第二层次：通过5个功能菜单操作键，选定屏幕右侧对应的功能项目或打开子菜单或转动多功能旋钮↻，调整项目参数。

第三层次：转动多功能旋钮↻，选择下拉菜单中的项目并按下↻，对所选项目予以确认。

（5）使用时应熟悉并通过观察上、下、左状态栏来确定示波器设置的变化和状态。

1.4.5 数字示波器的高级应用

1. 垂直系统的高级应用

（1）通道设置。示波器 CH1 和 CH2 通道的垂直菜单是独立的，每个项目都要按不同的通道进行单独设置，但两个通道功能菜单的项目及操作方法则完全相同。现以 CH1 通道为例予以说明。

按 CH1 键，屏幕右侧显示 CH1 通道的功能菜单如图 1.4.13 所示。

①设置通道耦合方式。如被测信号是一个含有直流偏移的正弦信号，其设置方法是：按 CH1→耦合→交流/直流/接地，分别设置为交流、直流和接地耦合方式，注意观察波形显示及下状态栏通道耦合方式符号的变化。

②设置通道带宽限制。假设被测信号是一个含有高频振荡的脉冲信号。其设置方法是：

按 CH1→带宽限制→关闭/打开，分别设置带宽限制为关闭/打开状态。前者允许被测信号含有的高频分量通过，后者则是阻止并隔离大于 20 MHz 的高频分量。注意观察波形显示及下状态栏，垂直衰减挡位之后带宽限制符号的变化。

③调节探头比例。为了配合探头衰减系数，需要在通道功能菜单调整探头衰减比例。如探头衰减系数为 10∶1，示波器输入通道探头的比例也应设置成 10×，以免显示的挡位信息和测量的数据发生错误。探头衰减系数与通道"探头"菜单设置如表 1.4.1 所示。

表 1.4.1　探头衰减系数与通道"探头"菜单设置

探头衰减系数	通道"探头"菜单设置
1∶1	1×
10∶1	10×
100∶1	100×
1 000∶1	1 000×

④垂直挡位调节设置。垂直灵敏度调节范围为 2 mV/div～5 V/div。挡位调节分为粗调和微调两种模式。粗调以 2 mV/div、5 mV/div、10 mV/div、20 mV/div、…、5 V/div 的步进方式调节垂直挡位灵敏度。微调指在当前垂直挡位下进一步细调。如果输入的波形幅度在当前挡位略大于满刻度而应用下一挡位波形显示幅度稍低，可用微调改善波形显示幅度，以利于观察信号的细节。

⑤波形反相设置。波形反相关闭，显示正常被测信号波形；波形反相打开，显示的被测信号波形相对于地电位翻转了 180°。

⑥数字滤波设置。按数字滤波对应的"4 号"功能菜单操作键，打开 Filter（数字滤波）子功能菜单，如图 1.4.14 所示。可选择滤波类型，如表 1.4.2 所示；转动多功能旋钮，可调节频率上限和下限；设置滤波器的带宽范围等。

图 1.4.14　Filter 子功能菜单

（2）MATH（数学运算）按键功能。数学运算（MATH）功能菜单及说明如图 1.4.15 和表 1.4.3 所示。它可显示 CH1、CH2 通道波形相加、相减、相乘以及 FFT（傅立叶变换）运算的结果。数学运算结果同样可以通过栅格或光标进行测量。

表 1.4.2　数字滤波子菜单说明

功能菜单	设定	说明
数字滤波	关闭	关闭数字滤波器
	打开	打开数字滤波器
滤波类型	⨆→f	设置为低通滤波器
	⨅→f	设置为高通滤波器
	⨆→f	设置为带通滤波器
	⨅→f	设置为带阻滤波器
频率上限	↻（上限频率）	转动多功能旋钮↻设置频率上限
频率下限	↻（下限频率）	转动多功能旋钮↻设置频率下限
↰		返回上一级菜单

图 1.4.15　功能菜单

（3）REF（参考）按键功能。在有电路工作点参考波形的条件下，通过 REF 按键的菜单，可以把被测波形和参考波形样板进行比较，以判断故障原因。

表 1.4.3　MATH 功能菜单说明

功能菜单	设定	说明
操作	A＋B	信源 A 与信源 B 相加
	A－B	信源 A 与信源 B 相减
	A×B	信源 A 与信源 B 相乘
	FFT	FFT（傅立叶）数学运算
信源 A	CH1	设置信源 A 为 CH1 通道波形
	CH2	设置信源 A 为 CH2 通道波形
信源 B	CH1	设置信源 B 为 CH1 通道波形
	CH2	设置信源 B 为 CH2 通道波形
反相	打开	打开数字运算波形反相功能
	关闭	关闭数字运算波形反相功能

（4）垂直 ⊙POSITION 和 ⊙SCALE 旋钮。

①垂直 ⊙POSITION 旋钮调整所有通道（含 MATH 和 REF）波形的垂直位置。该旋钮的解析度根据垂直挡位而变化，按下此旋钮选定通道的位移，立即回零即显示屏的水平中心线。

②垂直 ⊙SCALE 旋钮调整所有通道（含 MATH 和 REF）波形的垂直显示幅度。粗调以 1－2－5 步进方式确定垂直挡位灵敏度。顺时针增大显示幅度，逆时针减小显示幅度。细调是在当前挡位进一步调节波形的显示幅度。按下垂直 ⊙SCALE 旋钮，可在粗调、微调之间切换。调整通道波形的垂直位置时，屏幕左下角会显示垂直位置信息。

2. 水平系统的高级应用

（1）水平 ⊙POSITION 和 ⊙SCALE 旋钮的使用。

① 转动水平 ⊙POSITION 旋钮，可调节通道波形的水平位置。按下此旋钮触发位置立即回到屏幕中心位置。

② 转动水平 ⊙SCALE 旋钮，可调节主时基，即秒/格（s/div）；当延迟扫描打开时，转动水平 ⊙SCALE 旋钮可改变延迟扫描时基以改变窗口宽度。

（2）水平 MENU 键。按下水平 MENU 键，显示水平功能菜单，如图 1.4.16 所示。在 X—Y 方式下，自动测量模式、光标测量模式、REF 和 MATH、延迟扫描、矢量显示类型、水平 ⊙POSITION 旋钮、触发控制等均不起作用。

延迟扫描用来放大某一段波形，以便观测波形的细节。在延迟扫描状态下，波形被分成上、下两个显示区，如图 1.4.17 所示。上半部分显示的是原波形，中间黑色覆盖区域是被水平扩展的波形部分。此区域可通过转动水平 ⊙POSITION 旋钮左右移动或转动水平 ⊙SCALE 旋钮扩大和缩小。下半部分是对上半部分选定区域波形的水平扩展（即放大）。由于整个下半部分显示的波形对应于上半部分选定的区域，因此转动水平 ⊙SCALE 旋钮减小选择区域可以提高延迟时基，即提高波形的水平扩展倍数。可见，延迟时基相对于主时基提高了分辨率。

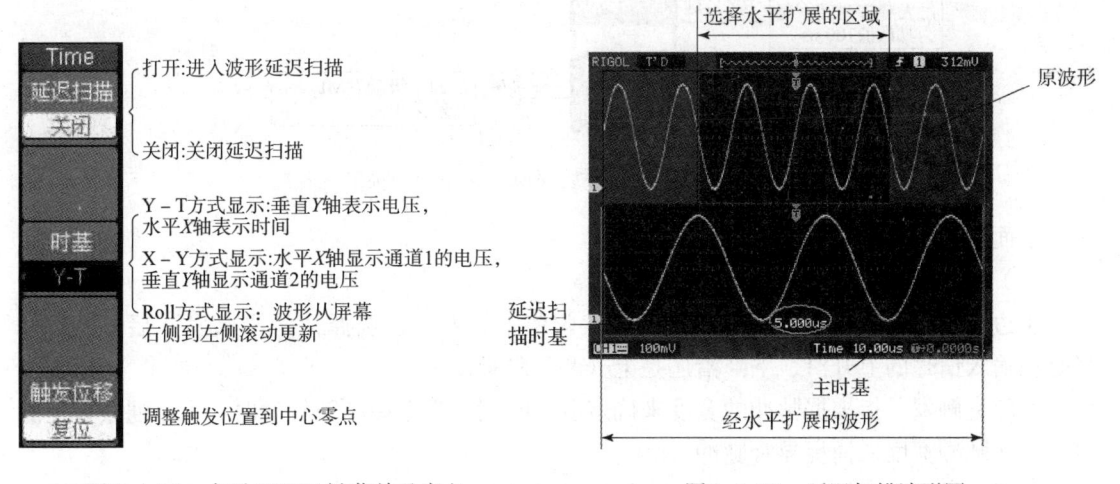

图 1.4.16　水平 MENU 键菜单及意义　　　　图 1.4.17　延迟扫描波形图

按下水平 ⊙SCALE 旋钮可快速退出延迟扫描状态。

3. 触发系统的高级应用

触发控制区包括触发电平调节旋钮 ⊙LEVEL、触发菜单按键 MENU、50% 按键和强制按键 FORCE。

触发电平调节旋钮 ⊙LEVEL：设定触发点对应的信号电压，按下此旋钮可使触发电平立即回零。

50% 按键：按下触发电平设定在触发信号幅值的垂直中点。

FORCE 按键：按下强制产生一触发信号，主要用于触发方式中的"普通"和"单次"模式。

MENU 按键为触发系统菜单设置键。其功能菜单、下拉菜单及子菜单如图 1.4.18 所示。

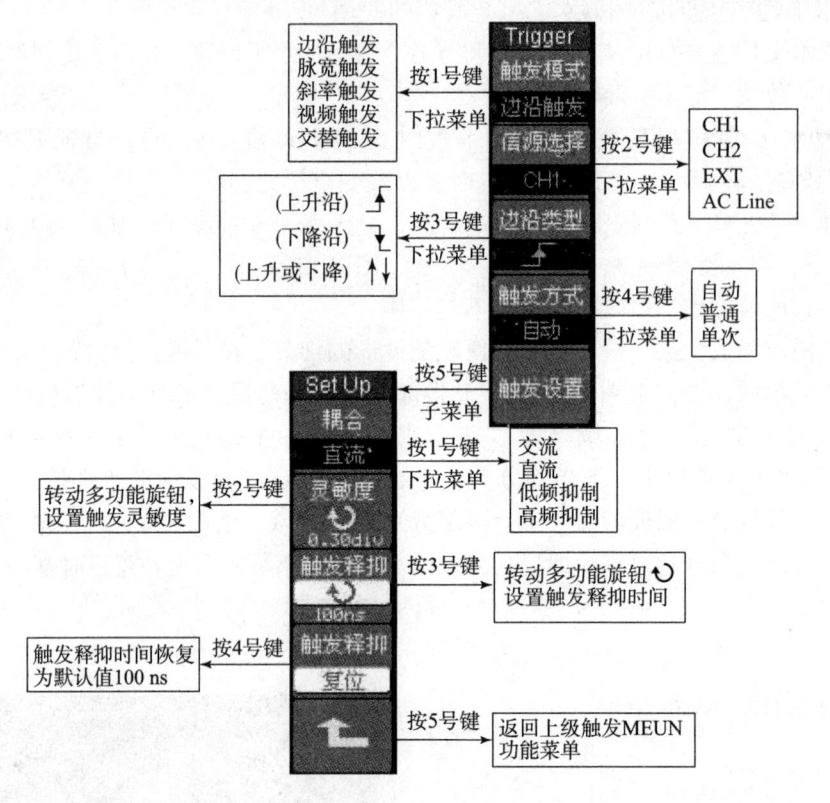

图 1.4.18　触发系统 MEUN 菜单及子菜单

下面对主要触发菜单予以说明。

（1）触发模式。

①边沿触发：指在输入信号边沿的触发阈值上触发。在选择"边沿触发"后，还应选择是在输入信号的上升沿、下降沿还是上升和下降触发。

②脉宽触发：指根据脉冲的宽度来确定触发时刻。当选择脉宽触发时，可以通过设定脉宽条件和脉冲宽度来捕捉异常脉冲。

③斜率触发：指把示波器设置为对指定时间的正斜率或负斜率触发。选择斜率触发时，还应设置斜率条件、斜率时间等，还可选择 ◎LEVEL 钮调节 LEVEL A、LEVEL B 或同时调节 LEVEL A 和 LEVEL B。

④交替触发：在交替触发时，触发信号来自两个垂直通道，此方式适用于同时观察两路不相关信号。在交替触发菜单中，可为两个垂直通道选择不同的触发方式、触发类型等。在交替触发方式下，两通道的触发电平等信息会显示在屏幕右上角状态栏。

⑤视频触发：选择视频触发后，可在 NTSC、PAL 或 SECAM 标准视频信号的场或行上触发。视频触发时触发耦合应设置为直流。

（2）触发方式。触发方式有三种：自动、普通和单次。

①自动：自动触发方式下，示波器即使没有检测到触发条件也能采样波形。示波器在一

定等待时间（该时间由时基设置决定）内没有触发条件发生时，将进行强制触发。当强制触发无效时，示波器虽显示波形，但不能使波形同步，即显示的波形不稳定。当有效触发发生时，显示的波形将稳定。

②普通：普通触发方式下，示波器只有当触发条件满足时才能采样到波形。在没有触发时，示波器将显示原有波形而等待触发。

③单次：在单次触发方式下，按一次"运行"按钮，示波器等待触发，当示波器检测到一次触发时，采样并显示一个波形，然后采样停止。

（3）触发设置。在 MEUN 功能菜单下，按 5 号键进入触发设置子菜单，可对与触发相关的选项进行设置。触发模式、触发方式、触发类型不同，可设置的触发选项也有所不同。

4. 采样系统的高级应用

在常用 MENU 控制区按 ACQUIRE 键，弹出采样系统功能菜单。其选项和设置方法如图 1.4.19 所示。

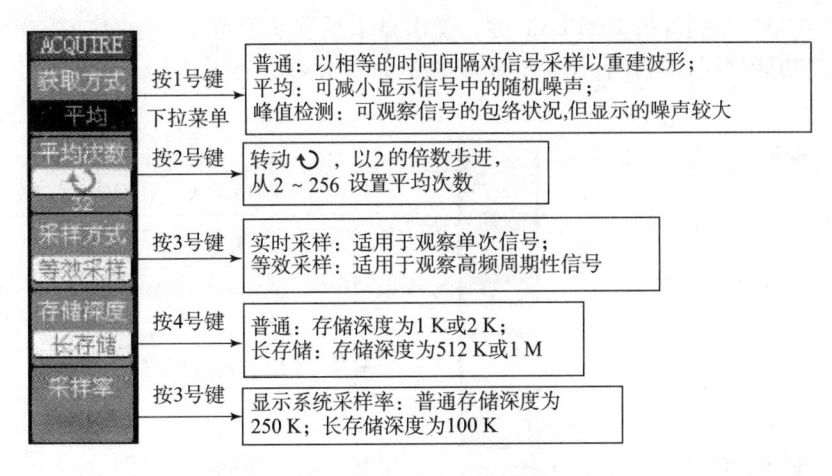

图 1.4.19 采样系统的选项和设置方法

5. 存储和调出功能的高级应用

用 MENU 控制区按 STORAGE 键，弹出存储和调出功能菜单，如图 1.4.20 所示。通过该菜单及相应的下拉菜单和子菜单可对示波器内部存储区和 USB 存储设备上的波形和设置文件等进行保存、调出、删除操作，操作的文件名称支持中、英文输入。

存储类型选择"波形存储"时，其文件格式为 wfm，只能在示波器中打开；存储类型选择"位图存储"和"CSV 存储"时，还可以选择是否以同一文件名保存示波器参数文件（文本文件），"位图存储"文件格式是 bmp，可用图片软件在计算机中打开，"CSV 存储"文件为表格，Excel 可打开，并可用其"图表导向"工具转换成需要的图形。

"外部存储"只有在 USB 存储设备插入时，才能被激活进行存储文件的各种操作。

6. 辅助系统功能的高级应用

常用 MENU 控制区的 UTILITY 为辅助系统功能按键。在 UTILITY 按键弹出的功能菜单中，可以进行接口设置、打印设置、屏幕保护设置等，可以打开或关闭示波器按键声、频率计等，可以选择显示的语言文字、波特率值等，还可以进行波形的录制与回放等。

电子实训工艺技术教程——现代SMT PCB及SMT贴片工艺

STORAGE
存储类型
设置存储

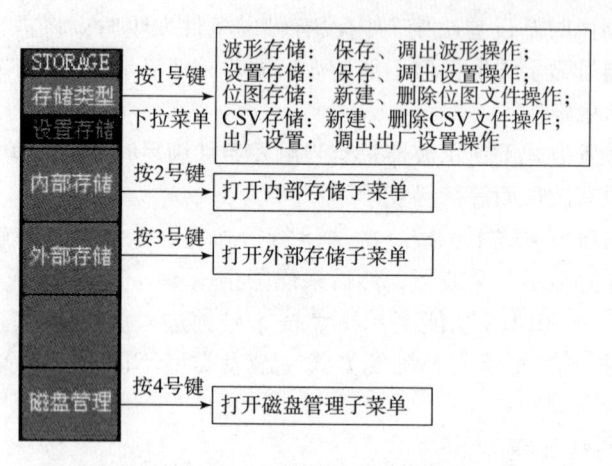

按1号键
下拉菜单 → 波形存储：保存、调出波形操作；
设置存储：保存、调出设置操作；
位图存储：新建、删除位图文件操作；
CSV存储：新建、删除CSV文件操作；
出厂设置：调出出厂设置操作

内部存储 按2号键 → 打开内部存储子菜单

外部存储 按3号键 → 打开外部存储子菜单

磁盘管理 按4号键 → 打开磁盘管理子菜单

图1.4.20 存储与调出功能菜单

7. 显示系统的高级应用

在常用 MENU 控制区按 DISPLAY 键，弹出显示系统功能菜单。通过功能菜单控制区的 5 个按键及多功能旋钮↻可设置调整显示系统，如图 1.4.21 所示。

第一页功能菜单

DISPLAY
显示类型
矢量

按1号键 → 点：直接显示采样点；
矢量：采样点之间通过连线方式显示，适用于实时采样且时基 > 50 ns才有效

清除显示 按2号键 → 清除屏幕上显示的所有波形

波形保持
关闭
按3号键 → 关闭：记录点以高刷新率变化；
无限：记录点一直保持至保持功能关闭

波形亮度
55%
按4号键 → 转动↻,调节波形亮度

1/2 按5号键 → 打开第二页功能菜单

返回第一页功能菜单

第二页功能菜单

DISPLAY
2/2
屏幕网格

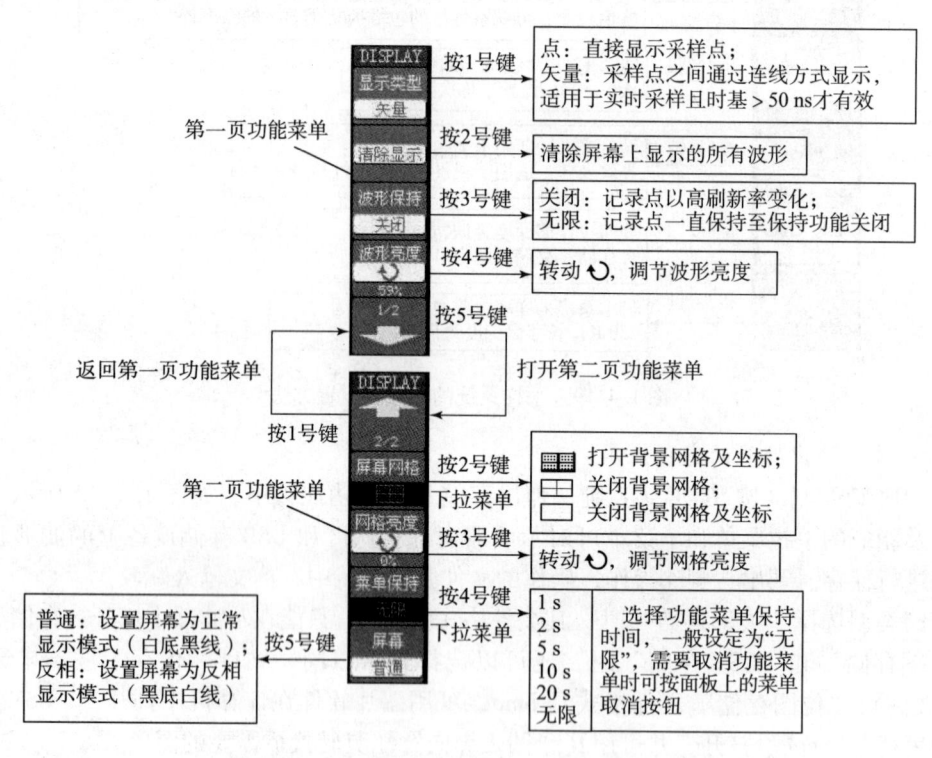

按1号键

按2号键
下拉菜单 → ▦ 打开背景网格及坐标；
▤ 关闭背景网格；
□ 关闭背景网格及坐标

网格亮度
0%
按3号键 → 转动↻,调节网格亮度

菜单保持
无限
按4号键
下拉菜单 → 1 s / 2 s / 5 s / 10 s / 20 s / 无限 — 选择功能菜单保持时间，一般设定为"无限"，需要取消功能菜单时可按面板上的菜单取消按钮

普通：设置屏幕为正常显示模式（白底黑线）；
反相：设置屏幕为反相显示模式（黑底白线）

按5号键

屏幕
普通

图1.4.21 显示系统功能菜单、子菜单及设置选择

8. 自动测量功能的高级应用

在常用 MENU 控制区按 MEASURE（自动测量）键，弹出自动测量功能菜单，如图 1.4.22 所示。其中电压测量参数有：峰 – 峰值（波形最高点至最低点的电压值）、最大值

(波形最高点至 GND 的电压值)、最小值（波形最低点至 GND 的电压值）、幅值（波形顶端至底端的电压值）、顶端值（波形平顶至 GND 的电压值）、底端值（波形平底至 GND 的电压值）、过冲（波形最高点与顶端值之差与幅值的比值）、预冲（波形最低点与底端值之差与幅值的比值）、平均值（1 个周期内信号的平均幅值）、均方根值（有效值）共 10 种；时间测量参数有频率、周期、上升时间（波形幅度从 10% 上升至 90% 所经历的时间）、下降时间（波形幅度从 90% 下降至 10% 所经历的时间）、正脉宽（正脉冲在 50% 幅度时的脉冲宽度）、负脉宽（负脉冲在 50% 幅度时的脉冲宽度）、延迟 1→2↑（通道 1、2 相对于上升沿的延时）、延迟 1→2↓（通道 1、2 相对于下降沿的延时）、正占空比（正脉宽与周期的比值）、负占空比（负脉宽与周期的比值）共 10 种。

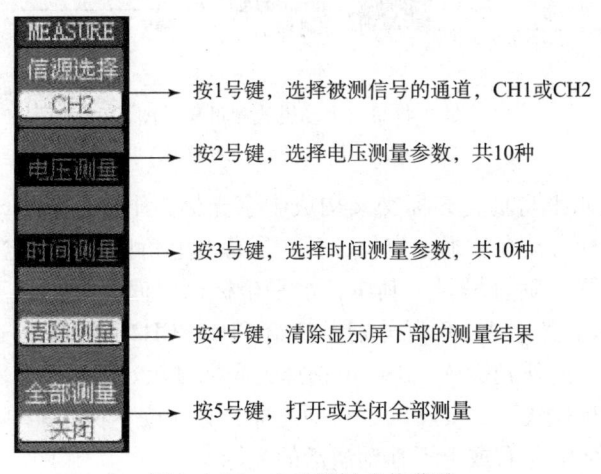

图 1.4.22　自动测量功能菜单

自动测量方法如下：

（1）选择被测信号通道。根据信号输入通道不同，选择 CH1 或 CH2。按键顺序为：MEASURE→信源选择→CH1 或 CH2。

（2）获得全部测量数值。按键顺序为：MEASURE→信源选择→CH1 或 CH2→"5 号"菜单操作键，设置"全部测量"为打开状态。18 种测量参数值显示于屏幕下方。

（3）选择参数测量。按键顺序为：MEASURE→信源选择→CH1 或 CH2→"2 号"或"3 号"菜单操作键选择测量类型，转◡旋钮查找下拉菜单中感兴趣的参数并按下◡旋钮予以确认，所选参数的测量结果将显示在屏幕下方。

（4）清除测量数值。在 MEASURE 菜单下，按"4 号"功能菜单操作键选择清除测量。此时，屏幕下方所有测量值即消失。

9. 光标测量功能的高级应用

按下常用 MENU 控制区 CURSOR 键，弹出光标测量功能菜单。光标测量有手动、追踪和自动测量三种模式。

（1）手动模式：光标 A 或 B 成对出现，并可手动调整两个光标间的距离，显示的读数即为测量的电压值或时间值，如图 1.4.23 所示。

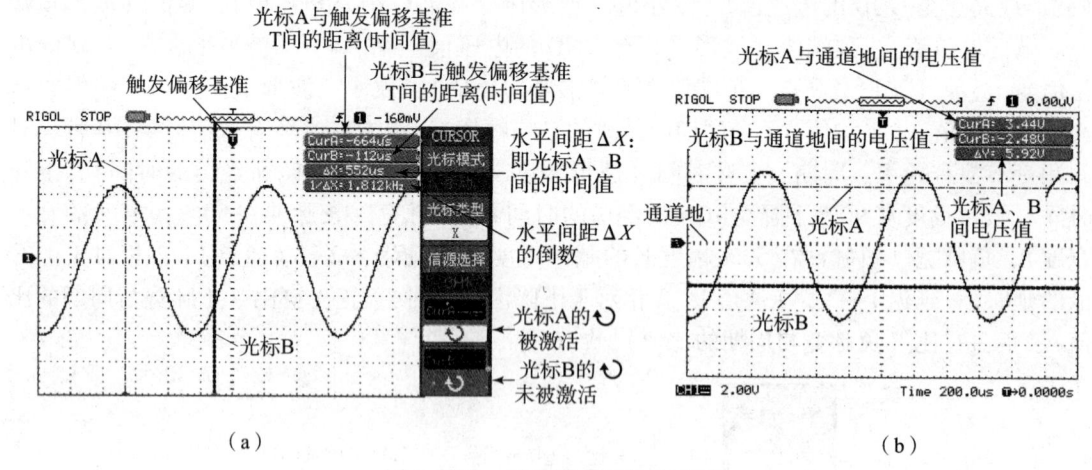

图 1.4.23　手动模式测量显示图
（a）光标类型 X；（b）光标类型 Y

（2）追踪模式：水平与垂直光标交叉构成十字光标，十字光标自动定位在波形上，转动多功能旋钮↻，光标自动在波形上定位，并在屏幕右上角显示当前定位点的水平、垂直坐标和两个光标间的水平、垂直增量。其中，水平坐标以时间值显示，垂直坐标以电压值显示，如图 1.4.24 所示。光标 A、B 可分别设定给 CH1、CH2 两个不同通道的信号，也可设定给同一通道的信号，此外光标 A、B 也可选择无光标显示。

在手动和追踪光标模式下，要转动↻移动光标，必须按下功能菜单项目对应的按键激活↻，使↻底色变白，才能左右或上下移动激活的光标。

（3）自动测量模式：在自动测量模式下，屏幕上会自动显示对应的电压或时间光标，以揭示测量的物理意义，同时系统还会根据信号的变化，自动调整光标位置，并计算相应的参数值，如图 1.4.25 所示。光标自动测量模式显示当前自动测量参数所应用的光标。若没有在 MEASURE 菜单下选择任何自动测量参数，将没有光标显示。

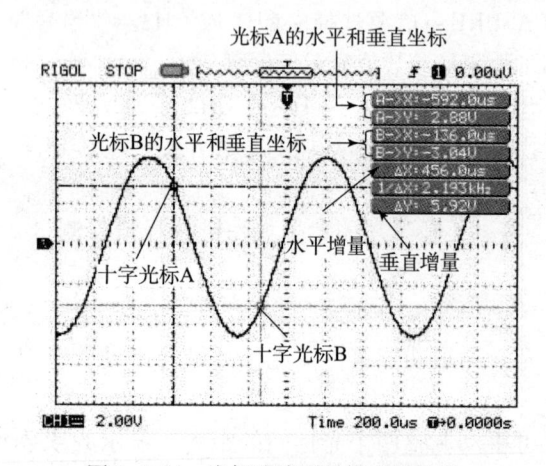

图 1.4.24　光标追踪测量模式显示图 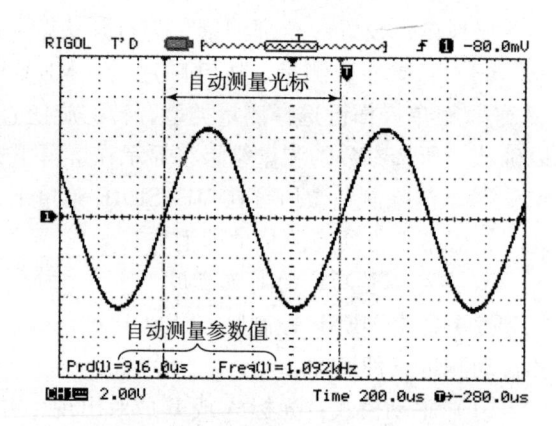　　图 1.4.25　周期、频率自动测量光标显示图

1.4.6 数字示波器测量实例

数字示波器在测量前,都要将 CH1、CH2 探头衰减系数和探头上的开关衰减系数设置一致。CH1、CH2 探头上的开关衰减系数设置,可参考说明书探头补偿操作说明。

1. 测量简单信号

测量简单信号具体的操作方法如下:

(1) 正确捕捉并显示信号波形。

①将 CH1 或 CH2 的探头连接到电路被测点。

②按 AUTO 自动设置键,示波器将自动设置使波形显示达到最佳。在此基础上,可以进一步调节垂直、水平挡位,直至波形显示符合要求。

示波器使用介绍

(2) 进行自动测量。示波器可对大多数显示信号进行自动测量,如测量信号的峰-峰频率值。

①测量峰-峰值。按 MEASURE 键,显示自动测量功能菜单,按 1 号功能菜单操作键,选择 CH1 或 CH2,按 2 号菜单操作键,选择电压测量,并转动多功能旋钮↻,在下拉菜单中选择峰-峰值,然后按下↻。这时,屏幕下方会显示出被测信号的峰-峰值。

②测量频率。按"3 号"功能菜单操作键,选择测量类型为时间测量,转动多功能旋钮↻,在时间测量下拉菜单中选择频率,按下↻。屏幕下方显示峰-峰值后,会显示被测信号的频率。

测量过程中,当被测信号变化时,测量结果也会跟随改变。当信号变化太大,波形不能正常显示时,可再次按 AUTO 键,搜索波形至最佳显示状态。测量参数等于"※※※※",表示被测通道关闭或信号过大,示波器未采集到。此时,打开关闭的通道或按下 AUTO 键,采集信号到示波器。

2. 观测正弦信号通过电路产生的延迟和畸变

(1) 显示输入、输出信号。

①将电路的信号输入端接于 CH1,输出端接于 CH2。

②按下 AUTO(自动设置)键,仪器自动搜索被测信号并显示在显示屏上。

③调整水平、垂直系统旋钮直至波形显示符合测试要求,如图 1.4.26 所示。

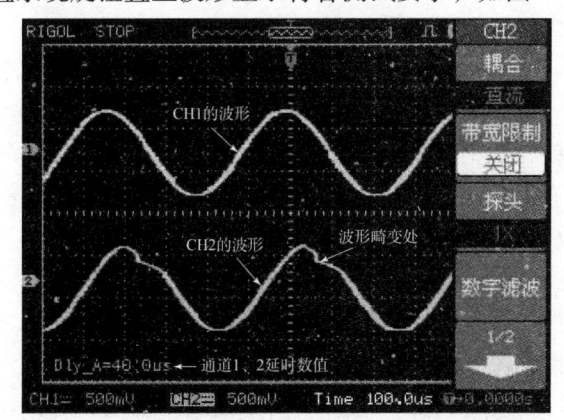

图 1.4.26 正弦信号通过电路产生的延迟和畸变

(2) 测量并观察正弦信号通过电路产生的延时和波形畸变。按 MEASURE 键以显示自动测量菜单→按"1号"菜单操作键选择信源 CH1→按"3号"菜单键选择时间测量→在时间测量下拉菜单中,选择延迟 1→2↑。这时,屏幕下方会显示出通道 1、2 在上升沿的延时数值,波形的畸变如图 1.4.27 所示。

3. 捕捉单次信号

用数字示波器可以快速方便地捕捉脉冲、突发性毛刺等非周期性的信号。要捕捉一个单次信号,先要对信号有一定的了解,便于正确地设置触发电平和触发沿。如果脉冲是 TTL 电平的逻辑信号,触发电平应设置为 2 V,触发沿应设置成上升沿。如果对信号的情况不确定,通过自动或普通触发方式先对信号进行观察,以确定触发电平和触发沿。

捕捉单次信号的操作步骤如下:

(1) 按触发 (TRIGGER) 控制区 MENU 键,在触发系统功能菜单下分别按"1~5号"菜单操作键设置触发类型为边沿触发、边沿类型为上升沿、信源选择为 CH1 或 CH2、触发方式为单次、触发设置→耦合为直流。

(2) 调整水平时基和垂直衰减挡位至适合的范围。

(3) 旋转触发 (TRIGGER) 控制区 ⊙LEVEL 旋钮,调整适合的触发电平。

(4) 按 RUN/STOP 执行钮,等待符合触发条件的信号出现。如果某一信号达到设定的触发电平,即采样一次,并显示在屏幕上。

(5) 旋转水平控制区 (HORIZONTAL) ⊙POSITION 旋钮,改变水平触发位置,以获得不同的负延迟触发,需要认真观察毛刺发生之前的波形。

4. 应用光标测量

应用光标测量 Sinc 函数 $\left(\text{Sinc}x = \dfrac{\sin x}{x}\right)$ 信号波形。

示波器自动测量的 20 种参数都可以通过光标进行测量。现以 Sinc 函数信号波形测量为例,说明光标测量方法。

(1) 测量 Sinc 函数信号第一个波峰的频率。

①按 CURSOR 键以显示光标测量功能菜单。

②按"1号"菜单操作键设置光标模式为手动。

③按"2号"菜单操作键设置光标类型为 X。

④如图 1.4.27 所示,按"4号"菜单操作键,激活光标 CurA,转动⊙旋钮,将光标 A 移动到 Sinc 波形的第一个峰值处。

⑤按 5 号菜单操作键,激活光标 CurB,转动⊙旋钮,将光标 B 移动到 Sinc 波形的第二个峰值处。此时,屏幕右上角显示出光标 A、B 处的时间值、时间增量和 Sinc 波形的频率。

(2) 测量 Sinc 函数信号第一个波峰的峰–峰值。

按 CURSOR 键可显示光标测量功能菜单。

①按"1号"菜单操作键设置光标模式为手动。

②按"2号"菜单操作键设置光标类型为 Y。

③分别按"4、5号"菜单操作键,激活光标 CurA、CurB,转动⊙旋钮,将光标 A、B 移动到 Sinc 波形的第一、第二个峰值处。屏幕右上角显示出光标 A、B 处的电压值和电压增

量，即 Sinc 函数信号波形的峰-峰值，如图 1.4.28 所示。

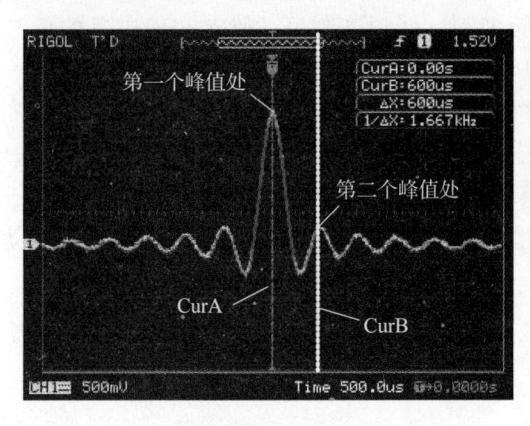

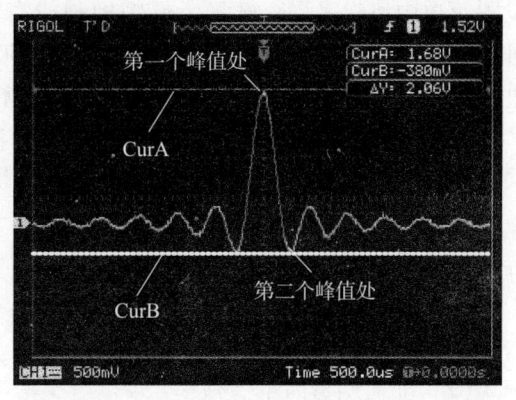

图 1.4.27　测量 Sinc 信号第一个波峰的频率　　图 1.4.28　测量 Sinc 信号第一个波峰的峰-峰值

5. 使用光标测定 FFT 波形参数

使用光标可测定 FFT 波形的幅度（以 Vrms 或 dBVrms 为单位）和频率（以 Hz 为单位），如图 1.4.29 所示，具体操作方法如下：

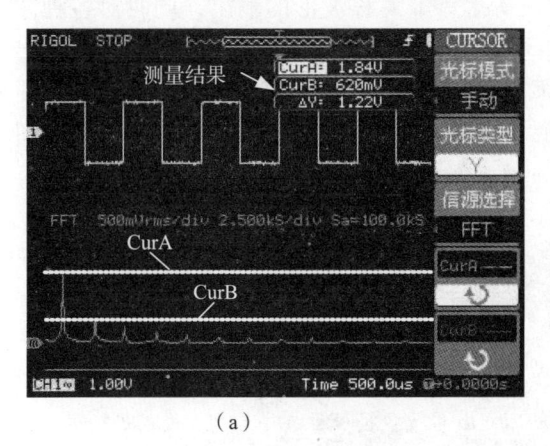

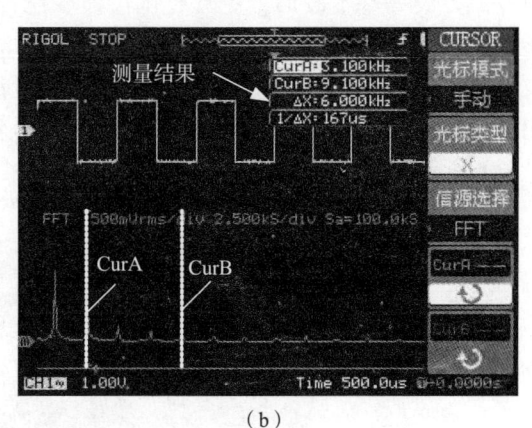

(a)　　　　　　　　　　　　　　　(b)

图 1.4.29　光标测量 FFT 波形的幅值和频率
(a) 测量 FFT 波形的幅值；(b) 测量 FFT 波形的频率

（1）按 MATH 键，弹出 MATH 功能菜单。按"1 号"键打开"操作"下拉菜单，转动◯旋钮选择 FFT，并按下◯键确认。此时，FFT 波形会出现在显示屏上。

（2）按 CURSOR 键显示光标测量功能菜单。按"1 号"键打开"光标模式"下拉菜单，并选择"手动"类型。

（3）按"2 号"菜单操作键，选择光标类型为 X 或 Y。

（4）按"3 号"菜单操作键，选择信源为 FFT，菜单将转移到 FFT 窗口。

（5）转动多功能旋钮◯，移动光标至波形位置，测量结果显示于屏幕右上角。

6. 减少信号随机噪声

如果被测信号上叠加了随机噪声，可以通过调整示波器的设置，滤除和减小噪声，避免在测量中对本体信号的干扰，具体方法如下：

(1) 设置触发耦合改变触发。按下触发（TRIGGER）控制区 MENU 键，在弹出的触发设置菜单中将触发耦合选择为低频抑制或高频抑制。低频抑制可滤除 8 kHz 以下的低频信号，允许高频信号通过；高频抑制可滤除 150 kHz 以上的高频信号，允许低频信号通过。通过设置低频抑制或高频抑制可以分别抑制低频或高频噪声，以得到稳定的触发。

(2) 设置采样方式和调整波形亮度减少显示噪声：按常用 MENU 区 ACQUIRE 键，显示采样设置菜单。按"1 号"菜单操作键设置获取方式为平均，然后按"2 号"菜单操作键调整平均次数，依次由 2~256 以 2 倍数步进，直至波形的显示满足观察和测试要求。转动◎旋钮，降低波形亮度以减少显示噪声。

7. 思考题

(1) 如何调探头比例？

(2) 如何测量简单信号？

1.5 EE1641B 型函数信号发生器/计数器

EE1641B 型函数信号发生器是一种多功能宽频带信号发生器，它不仅具有正弦波、三角波、方波等基本波形，更具有锯齿波、脉冲波等多种非对称波形的输出，同时对各种波形均可实现扫描功能。其中的频率计可用于测试本机产生和外接信号的频率，所有输出波形和外测信号的频率与电压均由六位数码管 LED 直接显示，由于这些功能，使得它使用灵活、方便，在数模电实验中主要用作号源和测频。EE1641B 型函数信号发生器如图 1.5.1 所示。

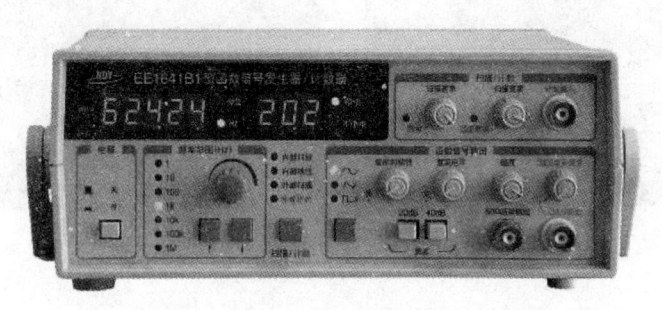

图 1.5.1　EE1641B 型函数信号发生器

函数信号发生器/计数器的主要性能如下：

1. 供电系统

电压范围（220±10%）V，频率（50±5%）Hz，功率≤30 V·A。

2. 输出量

(1) 波形：正弦波、三角波、方波（对称或非对称波形输出），TTL/CMOS 电平脉冲波，其中方波上升时间≤100 ns；TTL 方波的"0"电平≤0.8 V，"1"电平≥1 V，CMOS 电平：$3V_{P-P}$~$15 V_{P-P}$。

(2) 阻抗：函数输出 50 Ω，TTL 同步输出 600 Ω。

(3) 幅度：函数输出：$1 V_{P-P}$~$10 V_{P-P}$，10% 连续可调；TTL/CMOS 同步输出：$3 V_{P-P}$~$10 V_{P-P}$。

(4) 衰减：20 dB、40 dB、60 dB（叠加）。

(5) 频率范围：0.3 Hz～3 MHz 共分七挡，并连续可调，数字 LED 直接读出。

1.6 频率计

1.6.1 测量参数

(1) 测量范围：0.2 Hz～20 000 kHz（可扩展到 0.2 Hz～59 999 kHz）。

(2) 输入阻抗：500 kΩ/30 pF。

(3) 输入电压范围（衰减度为 0 dB）：100 mV～2 V（0.2～10 Hz）；50 mV～2 V（10 Hz～20 000 kHz）；100 mV～2 V（20 000 kHz～59 999 kHz）。

1.6.2 面板上按键、旋钮名称及功能说明

EEl641B 型函数信号发生器/计数器的前面板布局如图 1.6.1 所示。

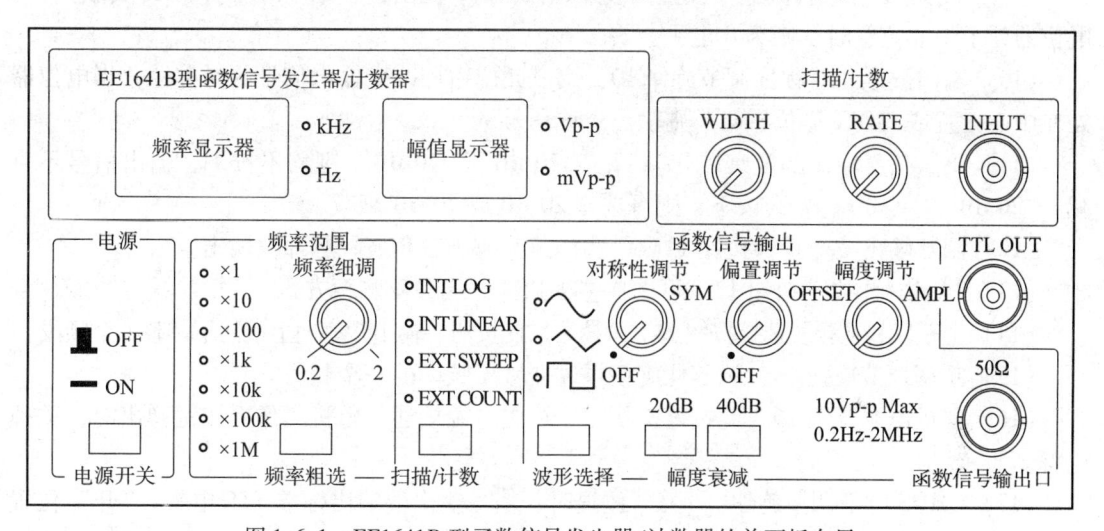

图 1.6.1 EEl641B 型函数信号发生器/计数器的前面板布局

EEl641B 型函数信号发生器/计数器前面板如图 1.6.2 所示。

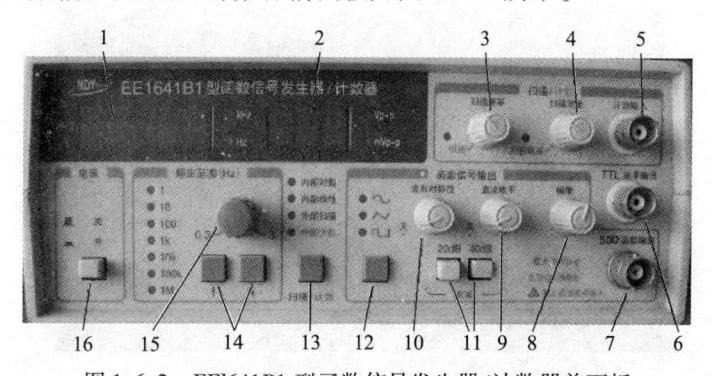

图 1.6.2 EEl641B1 型函数信号发生器/计数器前面板

（1）频率显示窗口 1。频率显示窗口显示输出信号的频率或外测信号的频率。

（2）幅度显示窗口 2。显示函数输出信号的幅度读数，其读数为峰－峰值。

（3）扫描速率调节旋钮 3。调节此电位器可以改变内扫描的时间长短。在外测频时，逆时针旋到底（绿灯亮），外输入测量信号经过低通开关进入测量系统。

（4）宽度调节旋钮 4。调节此电位器可调节扫频输出的扫频范围。在外测频时，逆时针旋到底（绿灯亮），外输入测量信号衰减"20 dB"后进入测量系统。

（5）外部输入插座 5。当"扫描/计数"键选择在外扫描状态或外测频功能时，外扫描控制信号或外测频信号由此输入。

（6）TTL/CMOS 信号输出端 6。输出标准的 TTL 电平和幅度为 $3V_{P-P} \sim 15V_{P-P}$ 的 CMOS 电平，输出阻抗为 600 Ω。

（7）函数信号输出端 7。输出多种波形受控的函数信号，输出幅度为 20 V_{P-P}（1 MΩ 负载），10 V_{P-P}（50 Ω 负载）。

（8）函数信号输出幅度调节旋钮 8。其调节范围 20 dB。

（9）函数输出信号直流电平预置调节旋钮 9。调节范围：$-5 \sim +5$ V（50 Ω 负载），当电位器处于中心位置时，则为 0 电平。

（10）输出波形和对称性调节旋钮 10。调节此旋钮可改变输出信号的对称性，当电位器处在中心位置或"OFF"位置时，则输出对称信号。

（11）函数信号输出幅度衰减开关 11。"20 dB""40 dB"键均不按下，输出信号不衰减；"20 dB""40 dB"分别按下，则可选择 20 dB 或 40 dB 衰减。

（12）函数输出波形选择按钮 12。可选择正弦波、三角波、脉冲波输出。

（13）"扫描/计数"按钮 13。可选择多种扫描方式和外测频方式。

（14）上频段和下频段选择按钮 14。每按一次此按钮，输出频率向上或向下调整 1 个频段。

（15）频率调节旋钮 15。调节此旋钮可改变输出频率的一个频程。

（16）整机电源开关 16。此按键按下时，机内电源接通，整机工作；按键弹出时，关掉电源。

（17）CMOS 电平调节旋钮。"关"位置时，信号输出端输出标准 TTL 电平；"开"位置时，CMOS 电平调节范围 3 $V_{P-P} \sim 15$ V_{P-P}。

EEl641B1 型函数信号发生器/计数器后面板如图 1.6.3 所示。

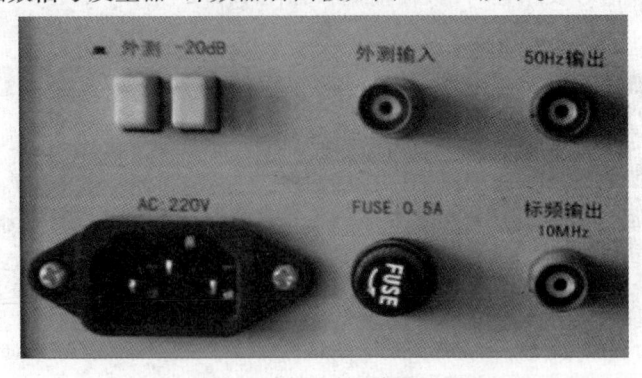

图 1.6.3　后面板图

1.6.3　后面板说明

（1）电源插座（AC 220 V）。交流市电 220 V 插入插座。
（2）电源熔断器（FUSE 0.5 A）。交流市电 220 V 进熔丝管座，座内熔丝容量为 0.5 A。
（3）函数信号输出。

①50Ω 主函数信号输出。

a. 以终端连接 50 Ω 匹配器的测试电缆，由前面板插座函数信号输出端 7 输出函数信号。

b. 由频率选择按钮 14 选定输出函数信号的频段，由频率调节旋钮 16 调整输出信号频率，直到到达所需的工作频率值。

c. 由波形选择按钮 12 选定输出函数的波形，分别获得三角波、正弦波、方波。

d. 由函数信号输出幅度衰减开关 11 和调节旋钮 8 选定和调节输出信号的幅度。

e. 由函数输出信号直流电平设定器 9 选定输出信号所携带的直流电平。

f. 输出波形和对称性调节器 10 可改变输出脉冲信号占空比，与此类似，输出波形为三角或正弦波时，可使三角波调变为锯齿波，正弦波正与负周分别调变为不同角频率的正弦波形，且可移相 180°。

②TTL/CMOS 信号输出。

a. 输出信号电平。TTL 标准电平，CMOS 电平为：$3V_{P-P} \sim 15V_{P-P}$。

b. 以测试电缆（终端不加 50 Ω 匹配器）由信号输出端 6 输出 TTL/CMOS 方波，CMOS 电平调节旋钮调节 CMOS 电平输出幅度。

③内扫描/扫频信号输出。

a. "扫描/计数"按钮 13 选定为内扫描方式。

b. 分别调节扫描速率调节旋钮 3 和扫描宽度调节旋钮 4 获得所需的扫描信号输出。

c. 函数信号输出端 7、TTL/CMOS 信号输出端 6 均输出相应的内扫描的扫频信号。

④外扫描/扫频信号输出。

a. "扫描/计数"按钮 13 选定为"外扫描方式"。

b. 由外部输入插座 5 输入相应的控制信号，即可得到相应的受控扫描信号。

⑤外测频功能检查。

a. "扫描/计数"按钮 13 选定为"外计数方式"。

b. 用本机提供的测试电缆，将函数信号引入外部输入插座 5，观察显示频率应与"内"测量时相同。

1.7　YB2172 型交流毫伏表

YB2172 型交流毫伏表是高灵敏度、宽频带的电压测量仪器，本仪器具有较高的灵敏度和稳定度，输入阻抗较高。YB2172 型交流毫伏表可测量频率 5 Hz～2 MHz 交流正弦波，测量电压从 100 μV～300 V，表头指示为正弦波有效值，其精度为 ±3%。

1.7.1 按键、旋钮及功能

为提高测量精度，交流毫伏表使用时应垂直放置，YB2172型交流毫伏表如图1.7.1所示。

图1.7.1 YB2172型交流毫伏表

（1）电源（POWER）开关。按下电源开关，接通电源。

（2）显示窗口。表头指示输入信号的幅度。

（3）零点调节。开机前，如表头指针不在机械零点处，用相应工具（小号螺钉旋具）将指针调至零点。

（4）量程旋钮。开机前，应将量程旋钮调至最大量程处，然后当输入信号送至输入端后，调节量程旋钮，使表头指针指示在表头的适当位置。

（5）输入（INPUT）端。输入信号由此端口输入。

（6）输出（OUTPUT）端口。输出信号由此端口输出。

1.7.2 交流毫伏表的使用

打开电源开关，表头机械零点调至零处，测量前先估计被测电压的大小，选择"测量开关范围"至适当挡位（应略大于被测电压）。若不知被测电压的范围，应将量程开关置于最大挡，再根据被测电压的大小逐步将开关调整到合适量程位置，为减小测量误差，在读取测量数据时，应使表头的指针指在电表满刻度上的1/3以上区域为好。根据挡位选择对应的表盘刻度线指示。如选用3 V的挡位，读数时看表头满刻盘为3的表盘刻度线，当指针指示在1上，则实际测量电压为有效值1 V；当选用0.3 V的挡位，读数时仍看表头中满刻度为3的表盘刻度线，当指针在1上，则实际电压为有效值0.1 V；其他3×10^n（n为正或负整数）的挡位也都同理。当选用1×10^n电压挡位时，读数时则看表头中满刻度为1的表盘刻度线。

特别提示：

（1）电表指示刻度为正弦波有效值，用该表测量失真波形时，其读数无意义。

（2）使用时，测试线上夹子接在被测信号两端，但表与被测线路必须"共地"。

（3）交流毫伏表在小量程挡位，小于1 V时，打开电源开关后，输入端不允许开路，以免外界干扰电压造成打指针的现象。

（4）测量交流电压中包含直流分量时，其直流分量不得大于 300 V，否则会损坏仪表。

（5）在使用完毕将仪表复位时，应将量程开关放至 300 V 挡，测试线两夹子短接，并将表垂直放。

1.8 DF1731SC 型直流稳压电源

DF1731SC 型直流稳压电源如图 1.8.1 所示。

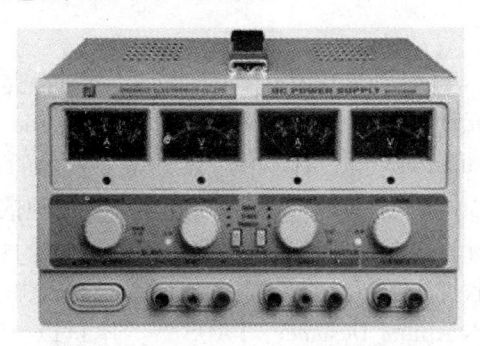

图 1.8.1 DF1731SC 型直流稳压电源

1.8.1 主要技术参数

（1）输出电压组数：可调电压两组，固定 5 V 电压一组。
（2）额定输出电压：0~30 V 连续可调。
（3）额定输出电流：0~30 A 连续可调。
（4）波纹：不大于 1.0 mV。
（5）保护：电流限制保护。

1.8.2 使用方法

DF1731SC 型直流稳压电源的按键使用如表 1.8.1 所示。

表 1.8.1 DF1731SC 型直流稳压电源的按键使用

左按键	右按键	作用
弹起	弹起	两路电源独立
按下	弹起	两路电源串联，电压联调
按下	按下	两路电源并联，电压联调

第 2 章

AD10 使用教程

电路设计自动化 EDA（Electronic Design Automation）指的就是将电路设计中各种工作交由计算机来协助完成，如元件库的制作、电路原理图（Schematic）的绘制、印刷电路板文件的制作、电路仿真（Simulation）等设计工作。随着电子技术的不断发展和新型器件的不断诞生，电路功能越来越强大，电路设计变得越来越复杂，单纯依靠手工已经很难完成电路设计工作，这时必须依靠计算机辅助工具进行电路设计。时至今日，越来越多的设计人员使用快捷、高效的电路设计软件来进行电路原理图、印制电路板图的设计，常见的软件有 Cadence、Protel 及其升级版本 Altium Designer、PADS 等。本章以 Altium Designer 10 (AD10) 为例介绍印制电路板的设计流程和设计方法。

2.1 印制电路板简介

印制电路板简称为 PCB（Printed Circuit Board），是电子元器件安装固定和实现相互连接的基板，PCB 是现代电子产品组成的核心部分，本节主要介绍与印制电路板相关的一些基本知识。

2.1.1 印制电路板的分类

印制电路板种类很多，根据布线层次可分为单面电路板（简称单面板）、双面电路板（简称双面板）和多层电路板，目前单面板和双面板的应用最为广泛。

1. 单面板

单面板又称单层板（Single Layer PCB），是只有一个面敷铜，另一面没有敷铜的电路板。元器件一般是放置在没有敷铜的一面，敷铜的一面用于布线和元件焊接，如图 2.1.1 所示。早期的电路板和当前简单的电子产品用单面板制作。单面板结构简单，制作方便，但是单面板多为纸质板，受力后容易断裂。如果在边缘连线或装贴元器件等会受到各种不同程度的噪声和辐射影响，所以，通常用于低频电路中。

2. 双面板

双面板又称双层板（Double Layer PCB），是一种双面敷铜的电路板，如图 2.1.2 所示。双面板通常用机械性好的 FR-4 材料制作，顶层（Top Layer）和底层（Bottom Layer）都可以走线，顶层一般为放置元器件面，上下两层之间的连接是通过金属化过孔（Via）来实现的。双面板主要用于性能要求较高的通信电子设备、高级仪器仪表以及电子计算机等。

(a)　　　　　　　　　　　　　　　(b)

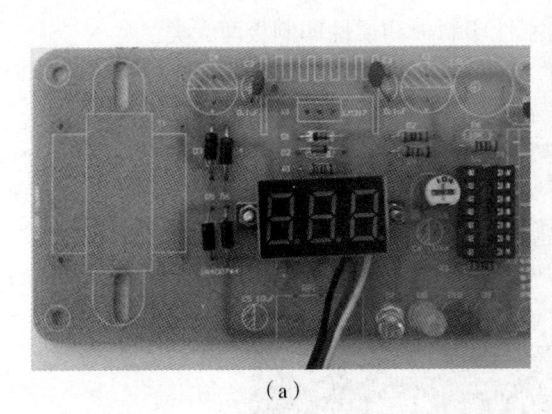

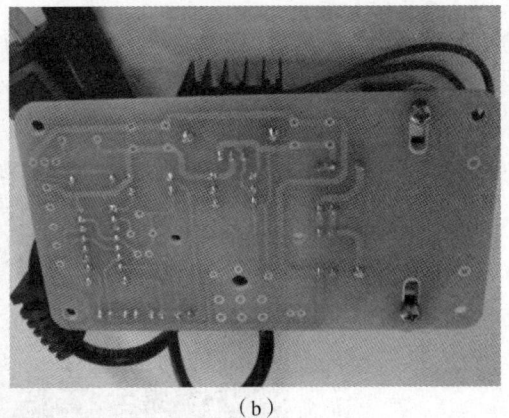

图 2.1.1　单面 PCB 板
(a) 正面；(b) 背面

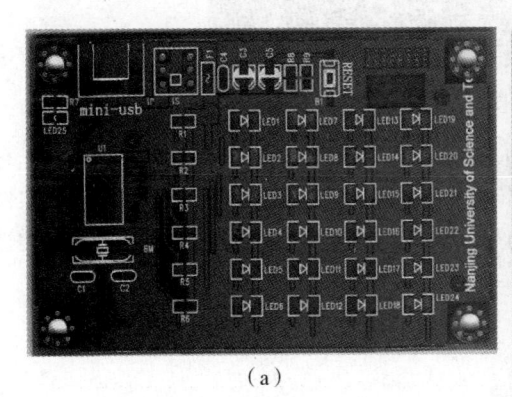

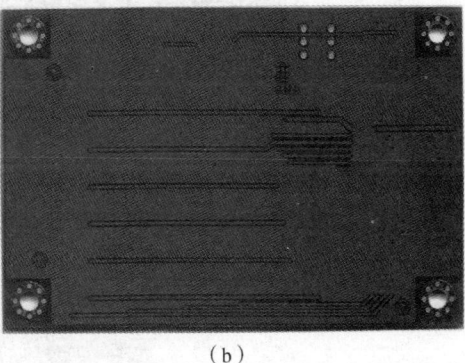

(a)　　　　　　　　　　　　　　　(b)

图 2.1.2　双面 PCB 板
(a) 正面；(b) 背面

3. 多面板

多面板即多层板（Multi Layer PCB），就是包括多个工作层面的电路板，除了顶层（Top Layer）和底层（Bottom Layer）之外还有中间层，顶层和底层与双层面板一样，中间层可以是导线层、信号层、电源层或接地层，层与层之间是相互绝缘的，层与层之间的连接需要通过孔来实现，6 层 PCB 板的结构如图 2.1.3 所示。

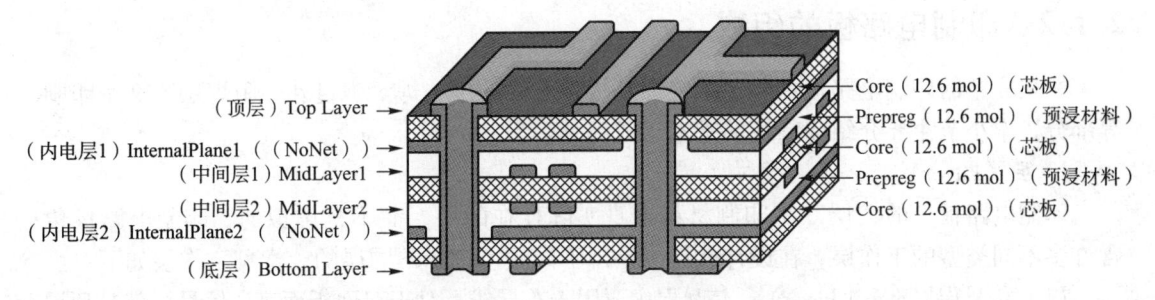

图 2.1.3　6 层 PCB 板的结构

4. 按基材分类

印制电路板按基材的性质不同，又可分为刚性印制板和柔性印制板两大类。

（1）刚性印制板。刚性印制板具有一定的机械强度，用它装成的部件具有一定的抗弯能力，在使用时处于平展状态，如图2.1.4所示，一般电子设备中使用的都是刚性印制板。

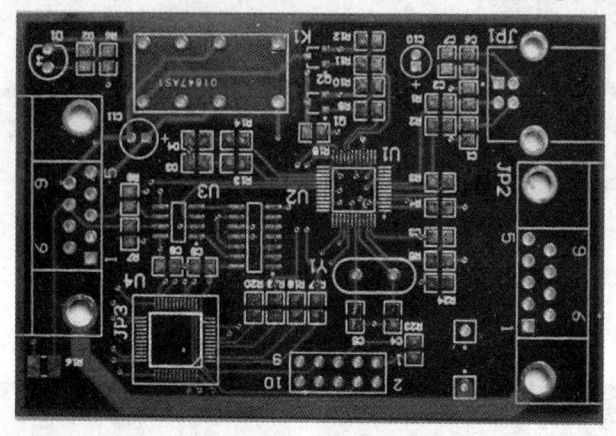

图 2.1.4　刚性印制板

（2）柔性印制板。柔性印制板是以软层状塑料或其他软质绝缘材料为基材制成。它所制成的部件可以弯曲和伸缩，在使用时可根据安装要求将其弯曲，如图2.1.5所示。柔性印制板一般用于特殊场合，如某些数字万用表的显示屏是可以旋转的，其内部往往采用柔性印制板。

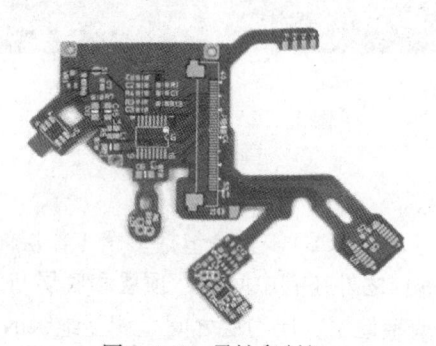

图 2.1.5　柔性印制板

2.1.2　印制电路板的组成

一块完整的印制电路板主要包括绝缘基板、不同的层、焊盘、过孔、阻焊层、文字印刷等部分，本小节主要介绍印制板的基本组成部分。

1. 层（Layer）

印制电路板上的"层"是印制材料本身实际存在的层，而不是虚拟的。印制电路板包含许多不同类型的工作层，在设计软件中是用不同颜色表示不同层的。常见工作层如下：

（1）信号层（Signal Layer）。信号层主要用于布导线。对于双面板而言，信号层就是顶层（Top Layer）和底层（Bottom Layer）。Altium Designer 10 中系统默认顶层为红色，底层为蓝色。

(2) 丝印层 (Silkscreen)。丝印层主要用于绘制电子元器件外形的轮廓线和说明文字，方便用户焊接和读板，丝印层上做的标示和文字都是用绝缘材料印制到电路板上的，不具有导电性。Altium Designer 10 提供了顶丝印层（Top Overlayer）和底丝印层（Bottom Overlayer），颜色通常为白色。

(3) 机械层 (Mechanical Layer)。机械层主要用于放置标注和说明等，例如尺寸标记、过孔信息、数据资料、装配说明等，Altium Designer 10 提供了 16 个机械层 Mechanical 1 ~ Mechanical 16。

(4) 阻焊层和锡膏防护层 (Mask Layers)。阻焊层主要用于放置阻焊剂，防止焊接时由于焊锡扩张引起短路，Altium Designer 10 提供了顶阻焊层（Top Solder）和底阻焊层（Bottom Solder）两个阻焊层。

锡膏防护层主要用于安装表面粘贴元件（SMT），Altium Designer 10 提供了顶防护层（Top Paste）和底防护层（Bottom Paste）两个锡膏防护层。

(5) 禁止布线层。禁止布线层在 Altium Designer 中用 Keep – Out Layer 表示，软件自动布线时，只能在禁止布线层指定的区域内布线。

2. 焊盘

焊盘用于将元件管脚焊接固定在印制板上，完成电气连接。它可以单独放在一层或多层上，对于表面安装的元件来说，焊盘需要放置在顶层或底层单独放置一层（对于针插式元件来说焊盘应是处于多层）。表面粘贴式焊盘无须钻孔，焊盘的形状有以下几种，即圆形（Round）、矩形（Rectangle）、正八边形（Octagonal）和圆角矩形（Rounded Rectangle），如图 2.1.6 所示。

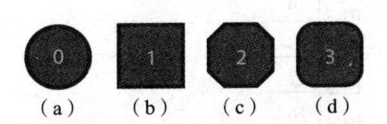

图 2.1.6 焊盘的形状
(a) 圆形；(b) 矩形；(c) 正八边形；(d) 圆角矩形

3. 过孔（Via）

过孔也称金属化孔。在双面板和多面板中，为连通各层之间的印制导线，在各层需要连通导线的交汇处钻上一个公共孔，即过孔。过孔用于连接不同板层之间的导线，其内侧壁一般都由金属连通。过孔的形状类似于圆形焊盘，分为多层过孔、盲孔和埋孔 3 种类型。

(1) 多层过孔：从顶层直接通到底层，允许连接所有的内部信号层。

(2) 盲孔：从表层连到内层。

(3) 埋孔：从一个内层连接到另一个内层。

过孔示意图如图 2.1.7 所示，过孔的参数主要有孔的外径和钻孔尺寸。

4. 导线（Track）

导线就是铜膜走线，用于连接各个焊盘，是印制电路板最重要的部分。

在 Altium Designer 软件中与导线有关的另外一种线，称为预拉线，如图 2.1.8 所示。预拉线是导入网络表后，系统根据规则生成的，用来指引布线的一种连线。

图2.1.7 过孔示意图 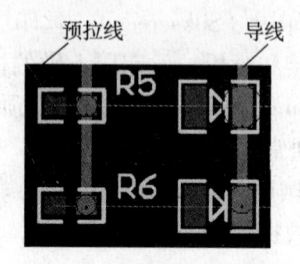　　　　　　　图2.1.8 导线及预拉线

导线和预拉线有着本质的区别，预拉线只是一种在形式上表示出各个焊盘间的连接关系，没有电气的连接意义。导线则是根据飞线指示的焊盘间的连接关系而布置的，是具有电气连接意义的连接线路。

2.1.3 贴片元件封装

1. 基本概念

元件符号、元件实物和元件封装是三个概念，应加以区分。

元件符号是指在画电路原理图时元件的表示图形，是电路图中代表元件的一种符号，如AT89C2051的元件符号如图2.1.9所示。

元件实物是指组装电路时所用的实实在在元件，AT89C2051的贴片元件如图2.1.10所示。

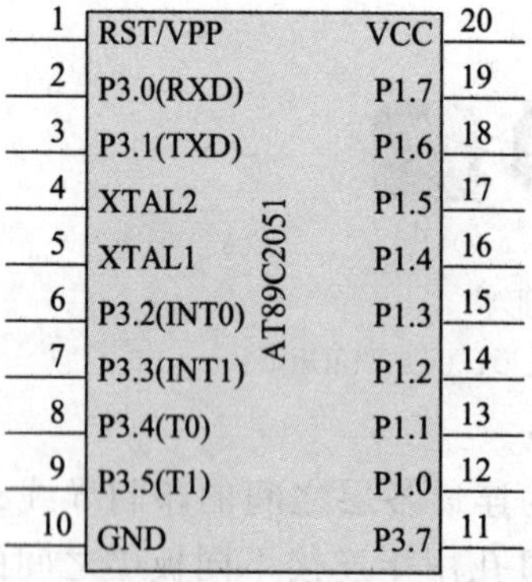

图2.1.9 AT89C2051的元件符号 　　　　　图2.1.10 AT89C2051贴片元件

元件封装是指实际元件焊接到印刷电路板时的焊接位置与占用空间大小，包括了实际元件的外形尺寸、所占空间位置以及各管脚之间的间距等。元件封装和元件实物之间有密切的联系，在制作元件封装库时一定要根据元件封装尺寸进行制作，否则制作的元件封装库不达标，极有可能影响后期电路板的焊接。AT89C2051的封装尺寸和软件中制作的封装库如图2.1.11所示。

元件封装是一个空间的概念，对于不同的元件可以有相同的封装，同样一种封装可以用于不同的元件。例如0805的封装如图2.1.12所示，该封装既可用于0805的电容，也可以用于0805的电阻。

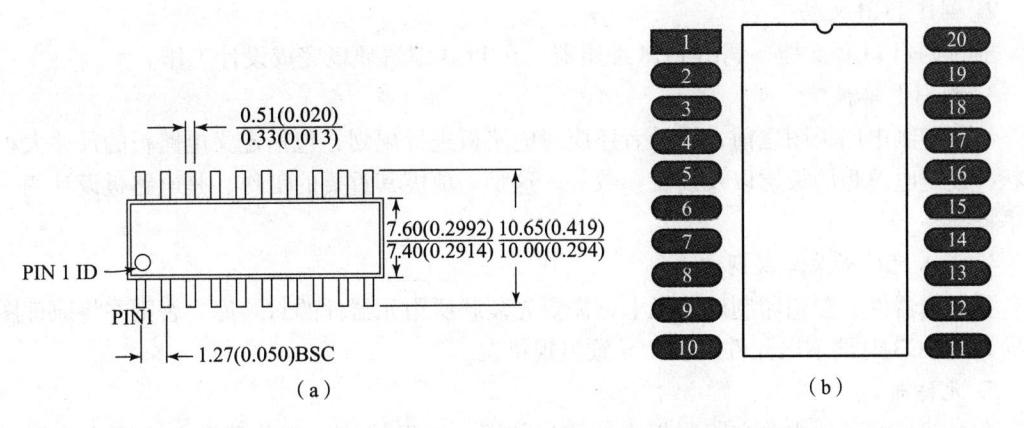

图 2.1.11　AT89C2051 的封装尺寸和软件中制作的封装库
（a）封装尺寸；（b）封装库

2.1.4　印制电路板设计流程

利用 Altium Designer 10 设计印制电路板的流程如图 2.1.13 所示。

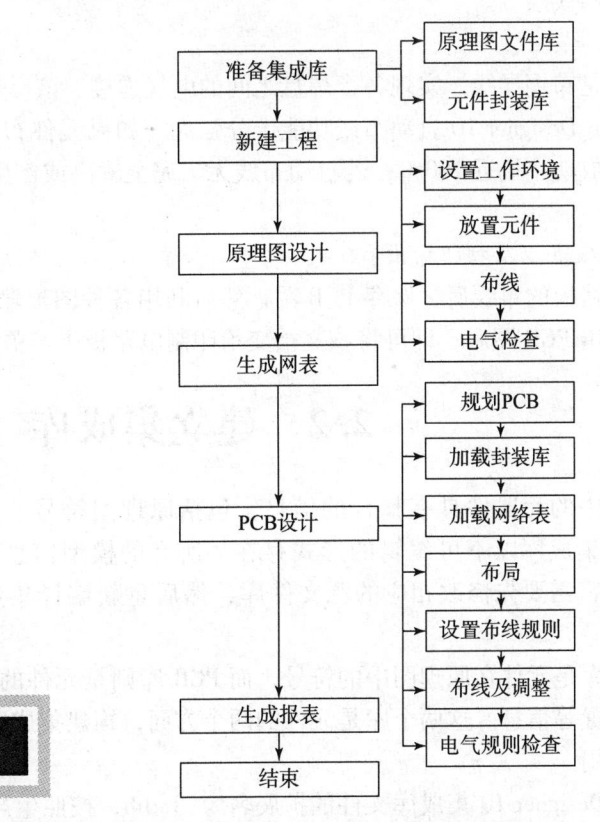

图 2.1.12　0805 的封装

图 2.1.13　设计印制电路板的流程

1. 设计电原理图

设计电原理图的主要工作是利用软件绘制电路原理图，并编译生成网络表。

2. 创建 PCB 文档

通过创建 PCB 文档，调出 PCB 编辑器，在 PCB 编辑环境完成设计工作。

3. 规划电路板

绘制印制电路板图之前，设计者还应对电路板进行规划，包括定义电路板的尺寸大小及形状，设定电路板的板层以及设置参数等。这是一项极其重要的工作，是电路板设计的一个基本框架。

4. 装入元件封装库及网络表

要把元器件放置到印制电路板上，需要先装载所用元器件的封装库，否则在将原理图信息导入到 PCB 时调不出元件封装，导致出现错误。

5. 元件布局

布局就是将元件摆放在印制板中的适当位置。这里的"适当位置"包含两个意思，一是元件所放置的位置能使整个电路板符合电气信号流向设计及抗干扰等要求，而且看上去整齐美观；二是元件所放置的位置有利于布线。

6. 设置布线规则

对于有特殊要求的元件、网络标号，一般在布线前需要设置布线规则，比如安全间距、导线宽度、布线层等。

7. 布线

布线就是布铜导线，实现各个焊盘之间的电气连接。该操作既可以自动布线也可以手工布线，Altium Designer 10 自动布线功能十分强大，如果元件布局合理、布线规则设置得当，自动布线的成功率接近 100%；若自动布线无法完全解决或产生布线冲突时，可进行手工布线加以调整。

8. 生成报表以及打印输出

完成电路板的布线后，保存 PCB 图，然后利用各种图形输出设备输出 PCB 图。按照上述流程设计出 PCB 图后，即可将该文档交给印制电路板生产单位进行制作。

2.2 建立集成库

集成库中的元器件具有整合的信息，包括原理图符号、PCB 封装、仿真和信号完整性分析等，集成库以不可编辑的形式存在。所有的模型信息被复制到集成库内，如果要修改集成库，需要先修改相应的源文件库，然后重新编译集成库以及更新集成库内相关的内容。

原理图库是元件在原理图中的符号，而 PCB 库则是元件的封装，也就是在 PCB 板上焊盘的大小位置等信息。这两个库是元件的两个方面，构建集成库就是将两者合二为一，方便在设计中使用。

Altium Designer 10 集成库文件的扩展名为 .Intlib，按照生产厂家的名字分类，存放于软件安装目录 Library 文件夹中。原理图库文件的扩展名为 .SchLib，PCB 封装库文件的扩展名为 .PcbLib，这两个文件可以在打开集成库文件时被提取出来（extract）以供编辑。

Altium Designer10 提供了丰富的集成库，集成库中存放有数万个元器件，基本可以满足一般原理图设计的要求。但是，随着新技术、新器件的不断出现，在实际项目中，仍有部分元器件在库中没有被收录。这时，就要根据实际元件的电气特性、外围形状及管脚去创建需要的集成库。

生成集成库分为 4 个步骤：创建集成库工程并保存，生成原理图元件库，生成 PCB 封装库，编译集成库。

2.2.1 创建集成库

执行"File"→"New"→"Project"→"Integrated library"命令，可出现一个空白的新建的集成库（Integrated_Library1），如图 2.2.1 所示，右击"Integrated_Library1"，在弹出的右键菜单中选择"Save Project as"将该工程另存为"My_Library1.LibPkg"。

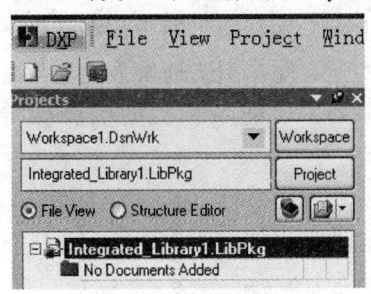

图 2.2.1 新建集成库

2.2.2 原理图库的创建

1. 原理图元件简介

原理图主要由两大部分组成：原理图元件和元件间的连线。其他内容都是辅助部分，如标注文字等。原理图元件代表实际的元器件，连线代表实际的物理导线，因此一张原理图中完全包含了元器件及其连接关系。这两部分信息就是原理图中包含的基本内容。

绘制原理图所用的原理图元件集中放置在原理图库中，绘制原理图时只要调用相关原理图元件即可，原理图元件的组成如图 2.2.2 所示。

图 2.2.2 原理图元件的组成

标识图仅仅起到表示元件功能的作用，并没有什么实质作用。实际上，没有标识图或者随便绘制标识图都不会影响原理图的正确性。

引脚是元件的核心部分。元件图中的每一根引脚都要和实际元器件的引脚对应，而这些引脚在元件图中的位置是不重要的。每一根引脚都包含序号和名称等信息。引脚序号用来区分各个引脚，引脚名称用来提示引脚功能。

2. 原理图元件建立方法

建立新原理图元件的方法主要有两种：

（1）在原有的库中编辑修改；

（2）自己重新建立库文件。

这里主要介绍第二种方法。为一个实际元件绘制原理图库时，为了保证正确和高效，一般建议遵循以下几个步骤：

①收集必要的资料。所需收集的资料主要包括元件的标示符号和引脚功能（电气特性），可以通过网络和书籍来进行搜集。

②绘制元件标识图。如果是引脚较少的分立元件，一般要尽量画出能够表达元件功能的标识图，这对于电路图的阅读会有很大的帮助作用。如果是集成电路等引脚较多的元件，因为功能复杂，不可能用标识图表达清楚，往往是画个方框代表。

（3）添加引脚并编辑引脚信息。在标识图的合适位置添加引脚，编辑相关内容，同时引脚排列一般应遵循以下几个规则：

①电源引脚通常放在元件上部，地线引脚通常放在元件下部。
②输入引脚通常放在元件左边，输出引脚通常放在元件右边。
③功能相关的引脚靠近排列，功能不相关的引脚保持一定间隙。

AD10 使用原理图元件库

3. 原理图库建立步骤

自建元件库及制作元件的总体流程如图 2.2.3 所示。

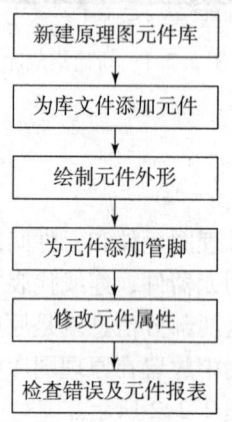

```
新建原理图元件库
    ↓
为库文件添加元件
    ↓
绘制元件外形
    ↓
为元件添加管脚
    ↓
修改元件属性
    ↓
检查错误及元件报表
```

图 2.2.3　自建元件库及制作元件的总体流程

执行"File"→"New"→"Library"→"Schematic Library"命令，创建一个原理图元件库文档，另存为"My_Schematic.Schlib"，进入原理图元件库编辑器工作界面，如图 2.2.4 所示。

4. 绘制原理图元件

原理图库中的元件，主要是用于原理图绘制时放置元件。本身只是一个符号，只要引脚数目和顺序与实际的元件对应得上（还需注意元件正负极之类摆放的标识），外形尺寸之类的不需要非常精确。

元件绘制工具如图 2.2.5 所示。第一列从上到下依次是直线、圆弧、文字、产生器件、矩形（芯片）、椭圆、引脚（芯片）。第二列从上到下依次是贝塞尔曲线、多边形、文本框、器件部件、圆角矩形、图像，使用方法和画图软件类似。

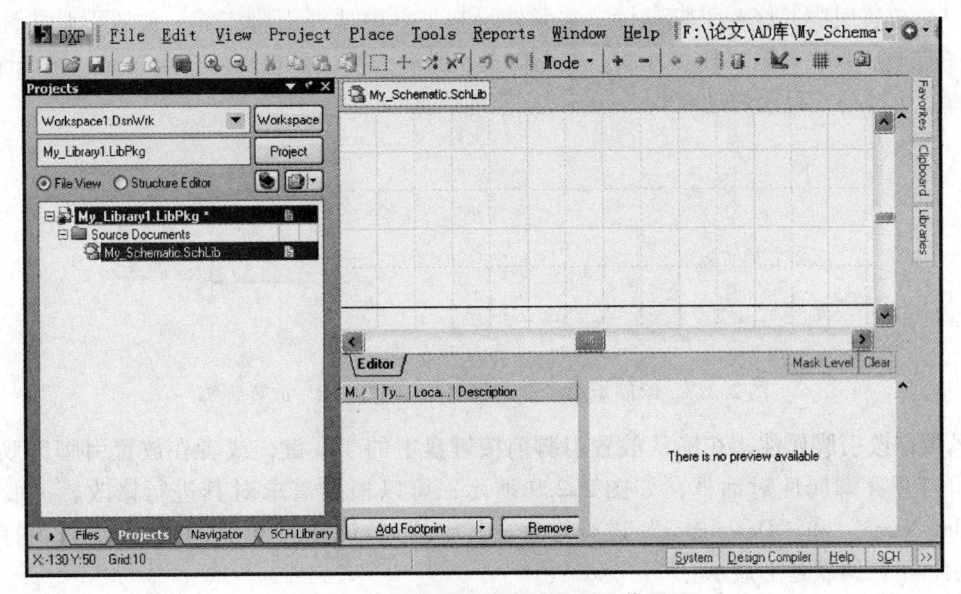

图 2.2.4　原理图元件库编辑器工作界面

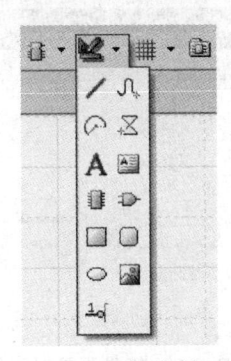

图 2.2.5　元件绘制工具

这里以绘制 AT89C2051 为例介绍原理图元件的绘制方法。

（1）新建原理图元件。

执行"Tool"→"New Component"命令，弹出新建元件对话框，在对话框中填入要新建元件的元件名，这里为 AT89C2051，如图 2.2.6 所示，单击"OK"按钮确定。

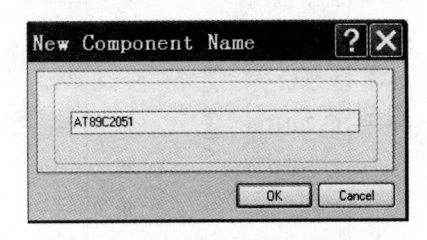

图 2.2.6　新建元件对话框

（2）绘制外形。在元件绘制工具中选择矩形工具，在 AD10 工作界面上绘制矩形，如图 2.2.7 所示，一般原理图元件绘制在第四象限，该矩形的大小可以根据需要进行修改。

（3）放置引脚并修改引脚属性。在元件绘制工具中选择引脚工具，放置引脚要注意把热点（有十字形的一端）放在外面，如图 2.2.8 所示。在选择管脚后，可以通过按 Space 键使引脚发生转动，每次转动 90°。

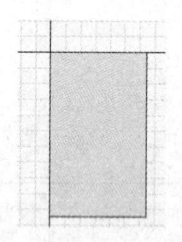

图 2.2.7　绘制矩形　　　　图 2.2.8　放置管脚

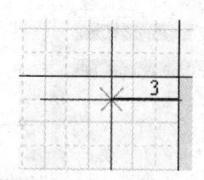

若要修改引脚属性，在确认放置引脚前按键盘上的 Tab 键，或者在放置引脚后双击引脚，可打开管脚属性对话框，如图 2.2.9 所示，可以根据需求对其进行修改。一般只对"Display Name"和"Designator"进行修改，其后的"Visible（可见的）"使能选项打钩就是显示，不打钩就是不显示。

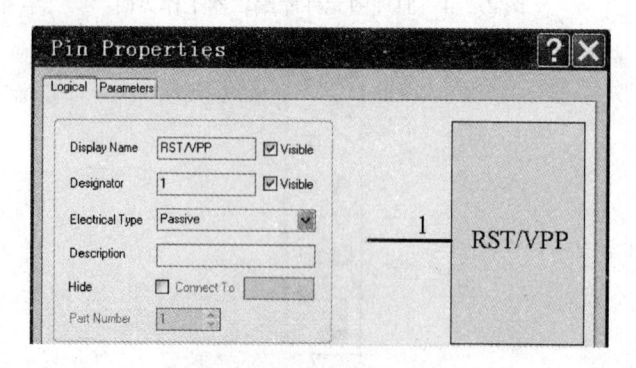

图 2.2.9　管脚属性对话框

管脚设置完成后，AT89C2051 的原理图如图 2.2.10 所示。

图 2.2.10　AT89C2051 的原理图

（4）修改原理图元件属性。打开原理库面板"SCH Library"，双击"AT89C2051"按钮，如图 2.2.11 所示，弹出"库元件属性"对话框。一般只需对 Default Designator 和 Symbol Reference 进行修改。前者是定义器件的标识编号一般用"字母?"的形式（加问号是在放置多个相同器件时会自动编号），后者是器件的名称。这里分别改为 U?、AT89C2051，如图 2.2.12 所示，修改好后单击保存按钮，一个器件就绘制好了。

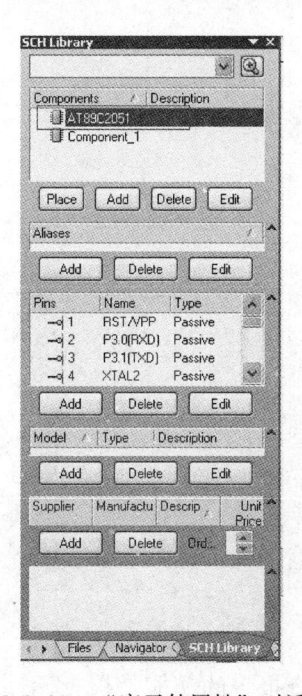

图 2.2.11 "库元件属性"对话框

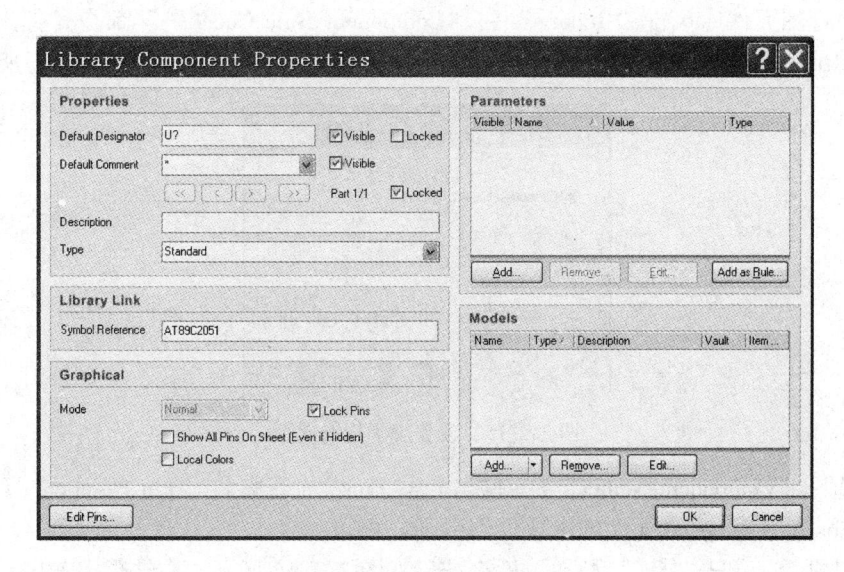

图 2.2.12 修改元件属性

（5）生成元件报表。元件报表中列出了当前元件库中选中的某个元件的详细信息，如元件名称、子部件个数、元件组名称以及元件各引脚的详细信息等。

打开原理图元件库在"SCH Library"面板上选中需要生成元件报表的元件，如图2.2.13所示，执行"Reports"→"Component"命令，结果如图2.2.14所示。

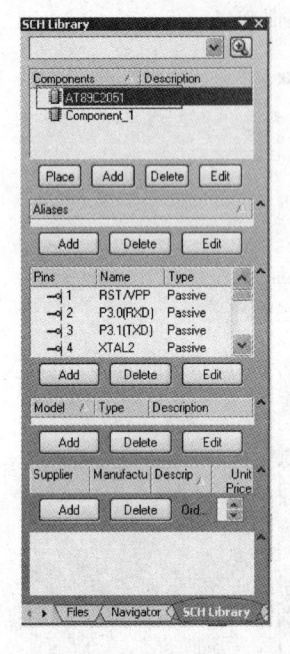

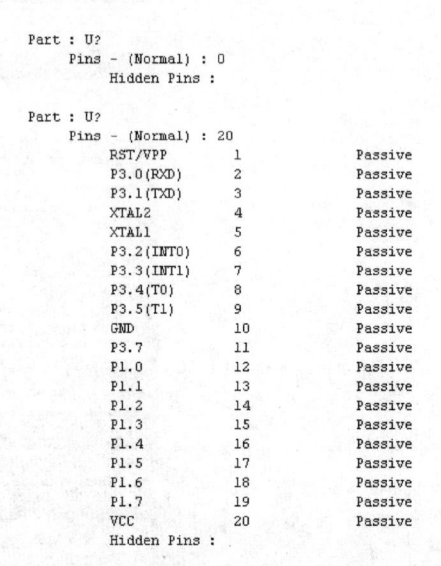

图2.2.13 选择元件　　　　图2.2.14 生成的元件报表

（6）错误检查。元件规则检查报告的功能是检查元件库中的元件是否有错，并将有错的元件罗列出来，知道错误的原因。

打开原理图元件库执行"Reports"→"Component Rule Check…"命令，弹出"Library Component Rule Check"对话框，在该对话框中设置规则检查属性，如图2.2.15所示。

图2.2.15 设置规则检查属性

一般选择"Component Names"（元件名）、"Pins"（管脚）、"Pin Number"（管脚数）、"Missing Pins in Sequence"（序列中缺少的引脚）即可。

设置完成后，单击"OK"按钮，检查结果如图2.2.16所示，在结果中若提示错误，可按照提示进行修改。

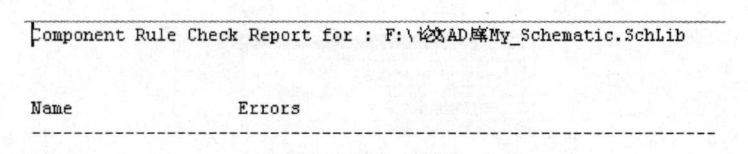

```
Component Rule Check Report for : F:\论文\AD库\My_Schematic.SchLib


Name                    Errors
------------------------------------------------------------------
```

图 2.2.16 检查结果

其他原理图元件的绘制方法可以按照上述方法进行，直到绘制原理图的所有器件都绘制好了，原理图库也就编辑完成了。

5. 导入网络中原理图库的元件

在绘制原理图库时，不需要每一个元件都亲自去画，那样会花费很多的时间。我们可以从现有的图库中找到我们所需要的器件，然后导入自己的库中，这样可以节省很多的时间。首先是要在 AD10 中添加相应的库，在软件右下角单击"System"，然后选择"Libraries"，如图 2.2.17 所示，打开"Libraries"面板，如图 2.2.18 所示。在该窗口中单击"Libraries"按钮打开"Available Libraries"窗口，如图 2.2.19 所示，单击"Install"按钮导入相应的原理图库文件。

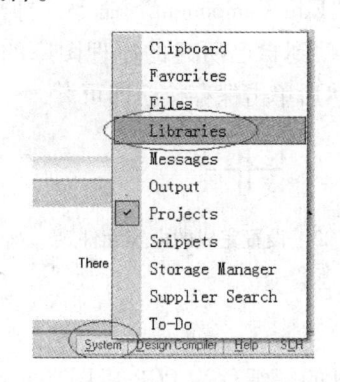

图 2.2.17 选择"Libraries" 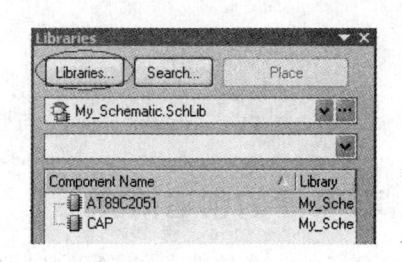　　　　图 2.2.18 "Libraries"面板

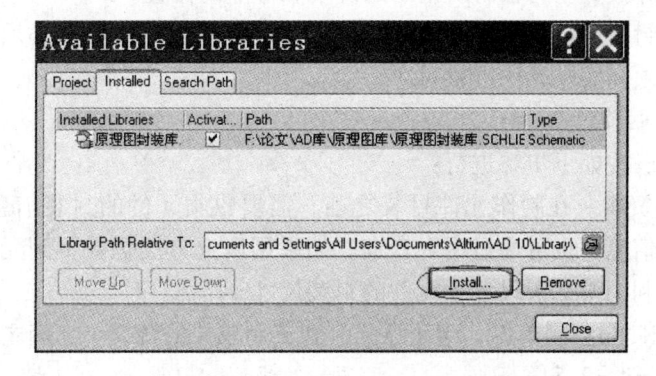

图 2.2.19 导入原理库文件

导入原理图库文件后，单击"Close"按钮，此时"Libraries"面板出现导入的原理图元件库，从所加入的库中找到所需的元件，以电容"CAP"为例，如图 2.2.20 所示。

图2.2.20 选择库文件中的元件

选中元件后单击鼠标右键,在弹出的菜单中选择"Edit Component"命令,打开该元件的编辑界面如图 2.2.21 所示。将该元件选中复制,粘贴到自己所建的原理图库的元件中,设置好属性,设置完成的电容元件如图 2.2.22 所示,然后单击保存按钮即可。

图 2.2.21 元件库的元件　　　　图 2.2.22 设置完成的电容元件

2.2.3 PCB 库的创建简介

Altium Designer 10 软件中记录印刷电路板制作信息的图纸称为 PCB 板图。元件的封装代表的是实际元件焊接到电路板时所指示的外观和焊点的位置。

同一个元件的封装可以有多种不同的表现形式,但是焊盘的位置必须与元件严格对应。元件封装的尺寸必须和实际元件严格对应。

1. 元件封装库制作过程

在设计时,一般按如下步骤进行:

(1)收集相关资料。在制作元件封装之前,需要收集元件的封装信息。可通过用户手册查找元件的封装信息,也可通过网上查询。如果用以上方法仍找不到元器件的封装信息,可以先买回器件,利用游标卡尺测量元件的封装尺寸。

在 PCB 上假如使用英制单位,应注意公制和英制单位的转换。它们之间的转换关系是:
1 inch = 1 000 mil = 2.54 cm。

(2)绘制元件外形轮廓。制作元件封装时,利用 AD10 软件提供的绘图工具在 PCB 的丝印层上绘制出元件的外形轮廓。元件外形轮廓大小要合适,元件外形绘制得越精确,PCB 上元件排列就越整齐。

(3)放置元件引脚焊盘。放置焊盘时需要设置很多参数,如焊盘外形、焊盘大小、焊盘序号、焊盘内孔大小、焊盘所在的工作层等。放置焊盘时要注意焊盘位置和元件外形的相对位置。

元件封装库的制作流程如图 2.2.23 所示。

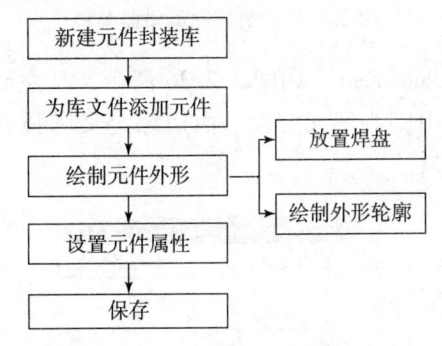

图 2.2.23 元件封装库的制作流程

2. 元件封装库制作方法

利用 AD10 软件设计元件封装共有 3 种方法：

（1）利用向导工具制作元件封装。利用 AD10 提供的 PCB 封装向导工具，可以方便快速地绘制电阻、电容、双列直插式等规则元件封装，不仅大大提高了设计 PCB 的效率，而且准确可靠。

（2）对原有封装进行修改。同原理图库中的元件一样，为了节省时间，也可以将别人的库中元件复制到自己的库中使用。

AD10 使用制作元件库的封装 1

（3）手工创建元件封装。手工制作元件封装实际上就是利用 AD10 提供的绘图工具，按照实际的尺寸绘制出该元件封装。

创建元器件封装必须在元器件封装编辑器环境下设计与编辑。

执行"File"→"New"→"Library"→"PCB Library"命令，新建一个元件封装库文件，在项目管理器中出现文件名为"PCBlibl.PCBLib"的元件库文件。用鼠标右键单击文件"PCBlibl.PCBLib"，在弹出的菜单选择 Save as，将文件名改为"My_PCB.PcbLib"，如图 2.2.24 所示。

图 2.2.24 新建元件封装库文件

AD10 软件的封装库编辑器提供了 9 个菜单，如图 2.2.25 所示，分别为 File（文件）、Edit（编辑）、View（视图）、Project（项目）、Place（放置）、Tools（工具）、Reports（报

告）、Windows（窗口）和 Help（帮助）。

图 2.2.25　封装库编辑器菜单

放置工具条（PCB Lib Placement）如图 2.2.26 所示，从左到右分别为：放置直线、焊盘、过孔、字符串、坐标、由圆心定义圆弧、由边缘定义圆弧、由任意角度定义圆弧、整圆、矩形填充、阵列粘贴工具。

图 2.2.26　放置工具条

3. 利用向导工具制作元件封装

本小节以"AT89C2051"为例，介绍如何利用向导工具制作元件封装。

（1）添加封装元件。执行"Tool"→"New Blank Component"命令，新建一个元件封装文件。

（2）启动 PCB 封装向导。执行"Tools"→"Component Wizard"命令，出现"封装方式向导"对话框，如图 2.2.27 所示。

（3）单击"Next"按钮进入下一步，出现如图 2.2.28 所示"元件封装种类"对话框。在对话框中列出来了 12 种元器件封装类型，这里选择"Small Outline Packages（SOP）表示绘制贴片元件"。在"Select a unit"中设置度量单位，Imperial 为英制：单位 mil；Metric 为公制：单位 mm，这里设置为 Imperial。

图 2.2.27　"封装方式向导"对话框　　　图 2.2.28　"元件封装种类"对话框

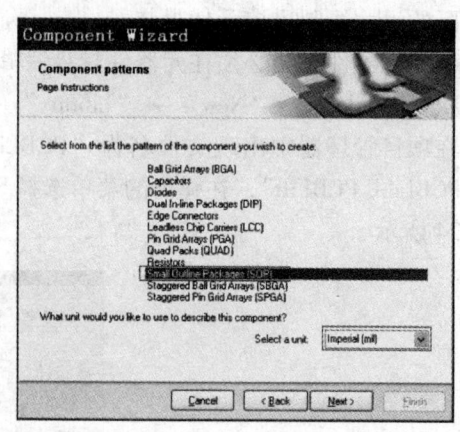

（4）单击"Next"按钮，进入焊盘尺寸设置对话框。单击尺寸标注文字，可进行编辑，输入相应数值即可。"AT89C2051"封装如图 2.2.29 所示，管脚宽为 20 mil，长为 50 mil，这里焊盘宽设置为 30 mil，长为 100 mil，如图 2.2.30 所示。

图 2.2.29　"AT89C2051"封装　　　　图 2.2.30　设置焊盘

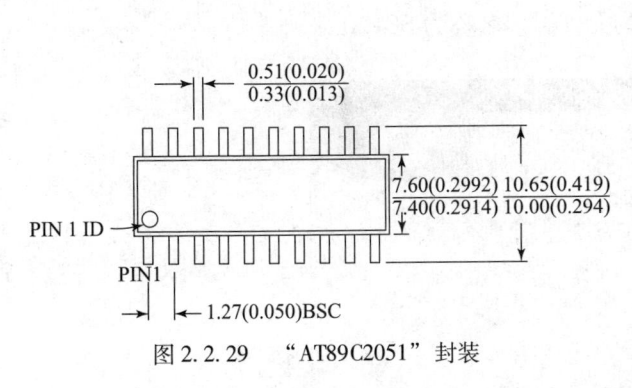

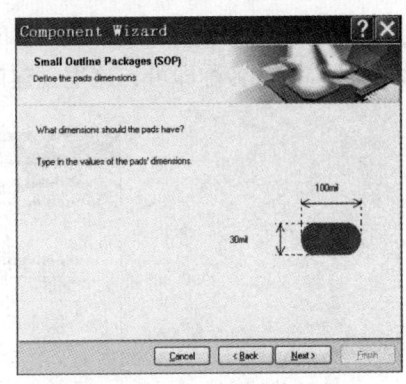

(5) 单击"Next"按钮，进入焊盘间距设置对话框，单击尺寸标注文字，可进行编辑，输入相应数值即可。相邻管脚间距离为 50 mil，两列管脚中心距离为 350 mil，这里相邻焊盘间距离设置为 50 mil，两列焊盘中心距离设置为 425 mil，如图 2.2.31 所示。

(6) 单击"Next"按钮，进入如图 2.2.32 所示的"元件封装轮廓线宽度设置"对话框，此处一般默认，不用改动。

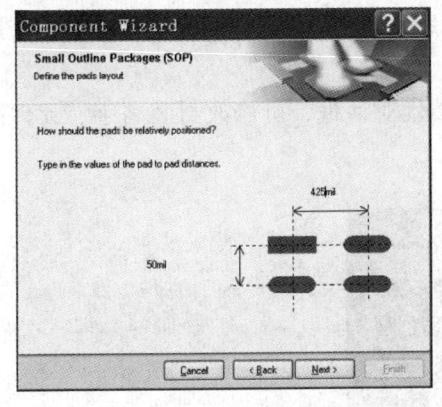

图 2.2.31　设置焊盘间距　　　　图 2.2.32　"元件封装轮廓线宽度设置"对话框

(7) 单击"Next"按钮，进入如图 2.2.33 所示的"焊盘数量设置"对话框，这里调整焊盘数量为 20。

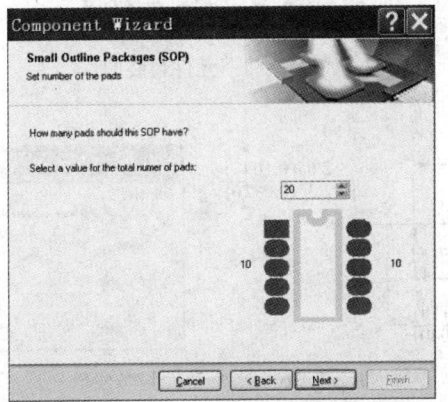

图 2.2.33　"焊盘数量设置"对话框

(8)单击"Next"按钮,进入如图 2.2.34 所示的"元件封装名称设置"对话框。直接在编辑框中键入名称即可,这里创建的元件封装名称为 SOP20。

图 2.2.34 "元件封装名称设置"对话框

(9)单击"Next"按钮,在弹出的对话框中单击"Finish"按钮,完成新元件封装的创建,如图 2.2.35 所示。注意:作为标志,第一个焊盘形状是方形。打开元器件封装管理器,在"Components"一栏出现 SOP20。

在"Components"一栏中双击 SOP20,弹出属性对话框,可修改封装名字、元件高度,并对封装进行描述,如图 2.2.36 所示。

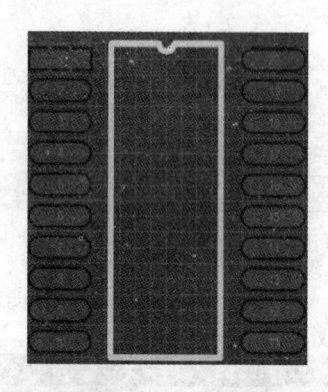

图 2.2.35 元件封装图

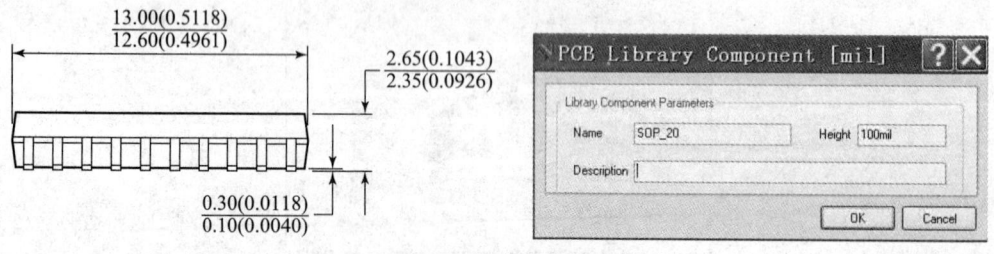

图 2.2.36 修改元件封装属性

这样，利用向导工具制作元件封装就完成了。

4. 对原有封装进行修改

（1）在 AD10 软件中添加相应的 PCB 库。在软件右下角单击"System"按钮，然后选择"Libraries"，打开"Libraries"面板如图 2.2.37 所示。在该窗口中单击"Libraries"按钮打开"Available Libraries"窗口，如图 2.2.38 所示，单击"Install"按钮导入相应的 PCB 库文件。

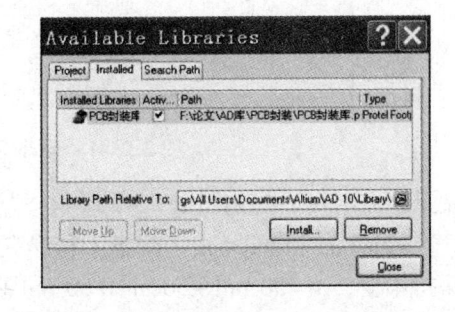

图 2.2.37　"Libraries"面板　　图 2.2.38　"Available Libraries"窗口

（2）将已有封装添加到新建 PCB 封装库元件中。导入 PCB 库文件后，单击"Close"按钮，此时"Libraries"面板出现导入的 PCB 元件库，从所加入的库中找到所需要的元件，以"0805"为例，如图 2.2.39 所示。

选中元件后单击鼠标右键，在弹出的菜单中执行"Edit Footprint"命令，就可以打开该元件的编辑界面如图 2.2.40 所示。将该元件选中复制，粘贴到自己所建的 PCB 封装库的元件中去。

图 2.2.39　0805 封装界面　　图 2.2.40　选择元件

（3）修改封装属性。可根据元件实际封装修改元件属性。双击焊盘 1，弹出对话框如图 2.2.41 所示，"Location"中为焊盘中心的坐标，"Simple"中修改焊盘的大小，这里 X – Size 改为 60 mil，Y – Size 为 50 mil，其他选项保持默认，修改完成后按 Enter 键确认。

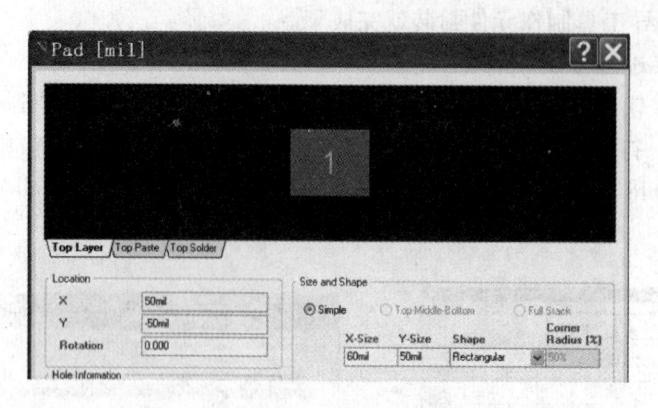

图 2.2.41　修改焊盘属性

双击焊盘 2，弹出对话框如图 2.2.42 所示，"Simple"中修改焊盘的大小，这里 X – Size 改为 60 mil，Y – Size 为 50 mil，由于焊盘 1 和焊盘 2 间距为 30 mil，故"Location"中坐标 Y 为 –50 mil 保持不变，$X=50$ mil $+30$ mil $+30$ mil $+30$ mil $=140$ mil，其他选项保持默认，修改完成后按 Enter 键确认。

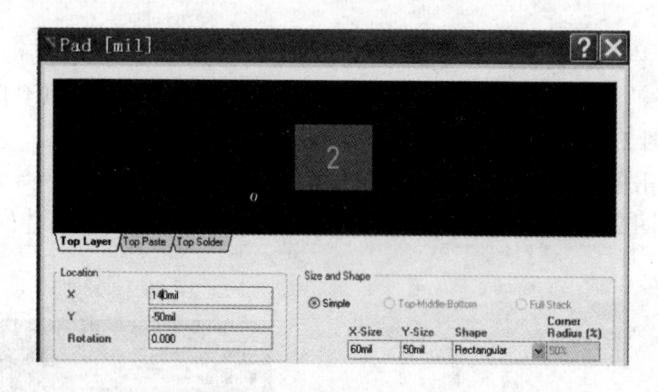

图 2.2.42　修改焊盘 2 属性

修改完成后，在"Components"一栏中双击 0805，弹出属性对话框，可修改封装名字、元件高度，并对封装进行描述，如图 2.2.43 所示。

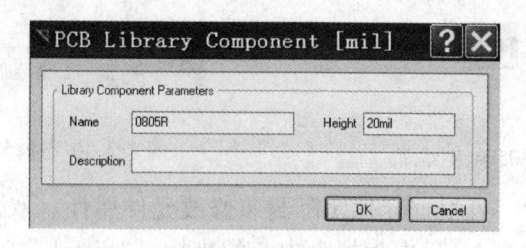

图 2.2.43　属性对话框

5. 手工创建元件封装

以 0805 电容为例介绍手工创建元件封装的步骤：

（1）添加封装元件。执行"Tool"→"New Blank Component"命令，新建一个元件封装文件。

（2）放置第一个焊盘。执行"Place"→"Pad"命令，或者单击放置工具栏的按钮，此时光标变成十字形状，在光标上拖着一个浮动的焊盘，选择合适位置放置焊盘，如图2.2.44所示。

图2.2.44 放置焊盘

（3）设置焊盘属性。双击该焊盘，弹出"焊盘属性设置"对话框，如图2.2.45所示，设置如下内容。

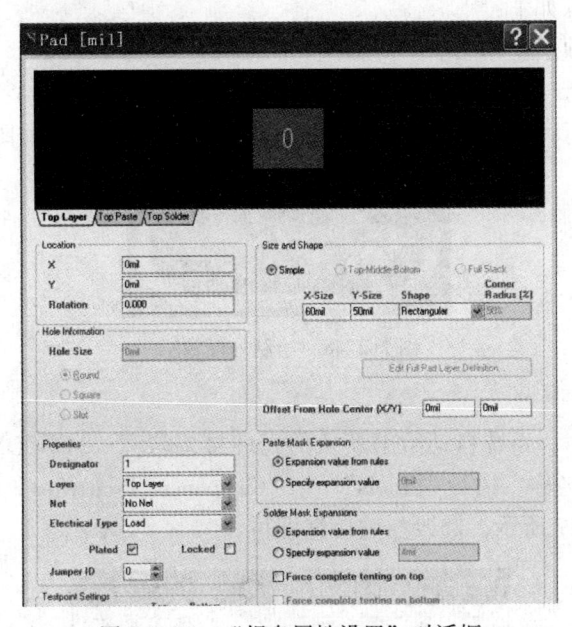

图2.2.45 "焊盘属性设置"对话框

①Location：焊盘所处位置，一般用户可通过确定焊盘的坐标位置来精确确定焊盘之间的距离，习惯上1号焊盘布置在（0，0）位置。

②Designator：设计标号设置为"1"，由于在原理图中，每一个元件管脚都有一个标号，这就要求在封装设计过程中，必须让封装的设计标号和元件原理图的设计标号对应一致，否则在将原理图信息导入PCB编辑环境时就会出现错误。

③Layer：焊盘所属层面，对于贴片元件选择"Top Layer（顶层）"。

④Size and Shap：焊盘外形和焊盘直径。在设计贴片元件时，一般焊盘外形（Shap）设置为Rectangular（矩形），由0805的封装尺寸可知，焊盘的大小可以设置为 $Y=50$ mil，$X=60$ mil。

其他参数保持默认，设置完成后焊盘1如图2.2.46所示。

（4）放置其余焊盘。按照步骤（3）放置焊盘，在创建元件封装时，焊盘之间的相对距离非常重要，否则新创建的元件封装将无法使用，所以在焊盘属性设置对话框中的"Location X/Y""Shape"等项常需要输入精确的数值。0805中焊盘距离为30 mil，故"Location"中，$Y=0$ mil，$X=0$ mil + 30 mil + 30 mil + 30 mil = 90 mil，"Shape"设置为"Rectangular"（矩形）。Designator中设计标号设置为"2"，设置完成后焊盘2如图2.2.47所示。

图2.2.46 焊盘1　　　　图2.2.47 焊盘2

（5）绘制外形轮廓。在顶层丝印层，使用放置导线工具和绘制圆弧工具绘制元件封装的外形轮廓。操作步骤如下：
①切换当前层为顶层丝印层。
②放置圆弧。执行"Place"→"Line"命令。
③放置直线。执行"Place"→"Arc"命令，绘制后的封装图如图2.2.48所示。

图2.2.48 绘制外形轮廓

6. 重命名与存盘

在创建元件封装时，系统自动给出默认的元件封装名称"PCBCOMPONENT－1"，为便于识别需要修改封装名称。执行"Tools"→"Component Properties"命令后，弹出"重命名"对话框如图2.2.49所示，修改相关信息即可。

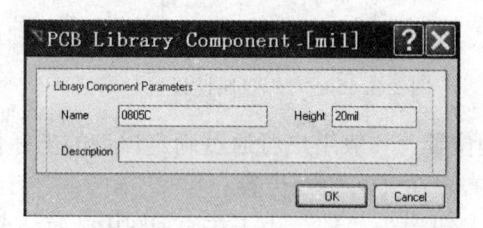

图2.2.49 "重命名"对话框

2.2.4 生成集成库

使用集成库的优越之处就在于元器件的原理图符号、封装、仿真等信息已经通过集成库文件与元器件相关联，因此在后续的电路仿真、印制电路板设计时就不需要另外加载相应的库，同时为初学者提供了更多的方便。

生成集成库包括以下步骤：创建集成库工程并保存，生成原理图元件库，生成PCB封装库，编译集成库。

前三步已经完成，这小节主要介绍如何生成集成库，这里以"AT89C2051"为例进行介绍。

选择"My_Schematic.Schlib"库文件，打开SCH Library面板，在Components区域选中"AT89C2051"后单击鼠标右键，在弹出的菜单中执行"Model Manager"命令，如图2.2.50

所示,打开"Model Manager"对话框,如图2.2.51所示。

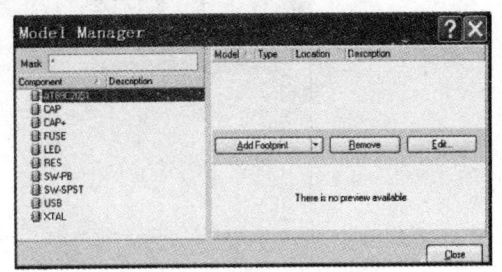

图2.2.50 执行"Model Manager"命令

图2.2.51 "Model Manager"对话框

在对话框左侧的元器件列表中选择"AT89C2051",单击右侧的"Add Footprint"按钮,弹出"封装选择"对话框,如图2.2.52所示,单击"Browse…"(浏览)按钮,打开"Browse Libraries"对话框,选择SOP20封装,如图2.2.53所示。

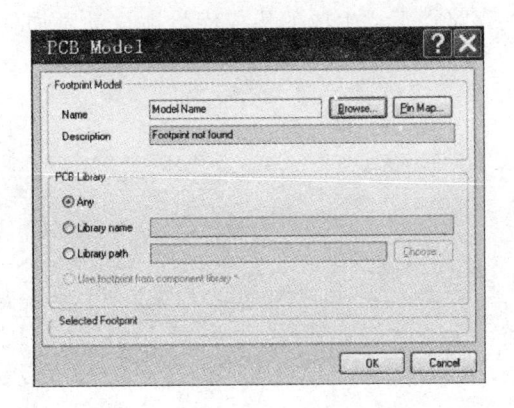

图2.2.52 "封装选择"对话框

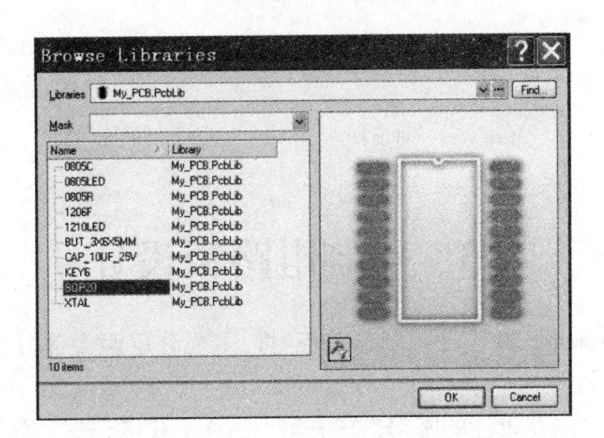

图2.2.53 "Browse Libraries"对话框

选择完成后,单击"OK"按钮,此时"Model Manager"中就出现AT89C2051的封装了,如图2.2.54所示。

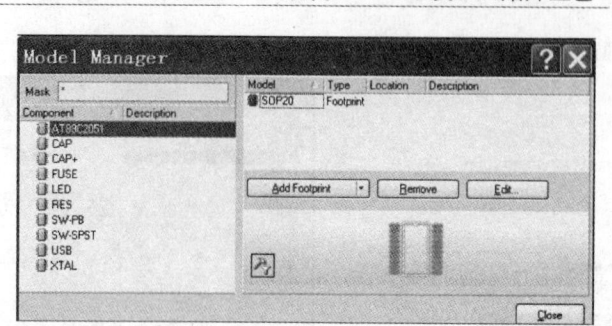

图 2.2.54　AT89C2051 封装

其他元件可以按照上述方法进行操作。

生成集成库后需要编译集成库，执行"Project"→"Compile Integrated Library"，此时 Altium Designer 编译源库文件，错误和警告报告将显示在 Messages 对话框上，如图 2.2.55 所示。编译结束后，会生成一个新的同名集成库（.Intlib），并保存在工程选项对话框中的 Options 选项卡所指定的保存路径下，生成的集成库将被自动添加到库面板上，如图 2.2.56 所示。

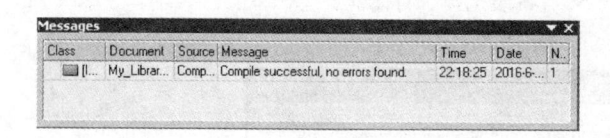

图 2.2.55　"Messages"对话框

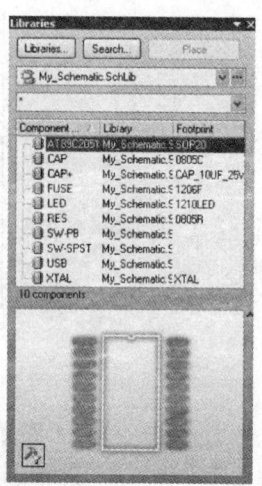

图 2.2.56　添加的库文件

2.3　印制电路板设计

在使用 Altium Designer 10 设计印制电路板时，主要分层两大部分：原理图设计和 PCB 设计。

原理图设计是整个电路设计的基础，它决定了后面工作的进展，为印制电路板的设计提供元件、连线依据。只有正确的原理图才有可能生成一张具备指定功能的 PCB 板。原理图设计主要包括设置图纸大小，规划总体布局，在图纸上放置元件，进行布线，对各元件以及布线进行调整，然后进行电气检查，最后保存并打印输出。

PCB 设计是较为复杂的一项工程，包括 PCB 板的规划、网络表的载入、元器件的布局、布线规则的设置、自动布线以及手工布线等操作。

2.3.1 原理图设计

1. 创建 PCB 工程

启动 AD10 软件后后,执行"File"→"New"→"Project"→"PCB Project"命令,新建 PCB 工程,然后执行"File"→"Save Project"命令,弹出"保存"对话框如图 2.3.1 所示;选择保存路径并在"文件名"栏内输入新文件名保存到自己建立的文件夹中。保存完成后,工程管理窗口出现新建的 PCB 工程,如图 2.3.2 所示。

图 2.3.1 "保存"对话框   图 2.3.2 新建的 PCB 工程

2. 新建原理图文件

在新建的 PCB 项目(工程)下,执行"File"→"New"→"Schematic"命令新建原理图文件,执行"File"→"Save"命令,弹出保存对话框如图 2.3.3 所示,选择保存路径后在"文件名"栏内输入新文件名保存到自己建立的文件夹中。

图 2.3.3 保存新建原理图文件

3. 设置工作环境

进行原理图设计编辑,首先要进行图样参数设置。图样参数设置是用来确定与图样有关的参数,如图样尺寸与方向、边框、标题栏、字体等,为正式的电路原理图设计做好准备。

在原理图编辑环境下双击边框,或者单击鼠标右键打开鼠标右键快捷菜单,执行"Document Options"命令,或者执行"Design"→"Document Options"命令,打开如图2.3.4所示对话框,可以在这个对话框中进行图纸参数的设置。

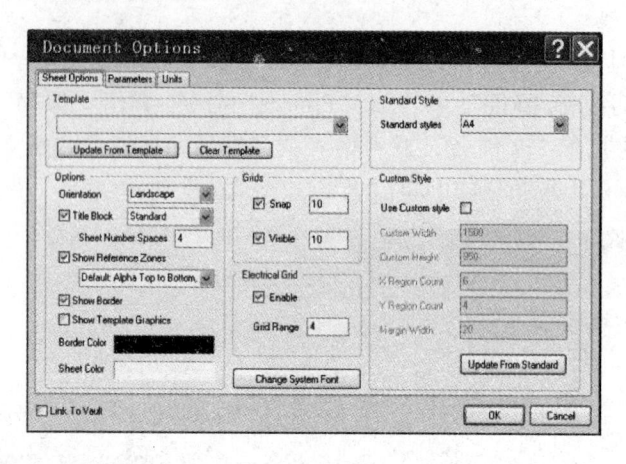

图 2.3.4　图纸参数设置

建议初学者保持默认设置,暂时不需要手动设置。

4. 加载元件库

绘制电路原理图时,在放置元件之前,必须先将该元件所在的元件库载入,否则元件无法放置。如果一次载入过多的元件库,将会占用较多的系统资源,影响计算机的运行速度。所以,一般的做法是只载入必要而常用的元件库,其他特殊的元件库当需要时再载入。

在软件右下角单击"System"按钮,然后选择"Libraries",打开"Libraries"对话框,在该对话框中单击"Libraries"按钮打开"Available Libraries"对话框,如图2.3.5所示,单击"Install"按钮导入相应的集成库文件。导入库文件后的"Libraries"对话框如图2.3.6所示。

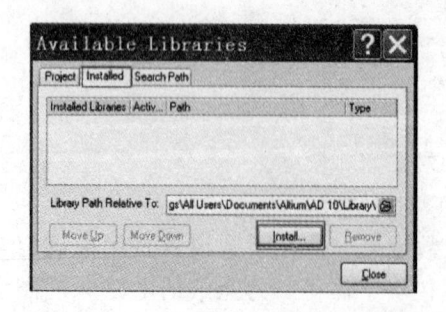

图 2.3.5　"Available Libraries"对话框 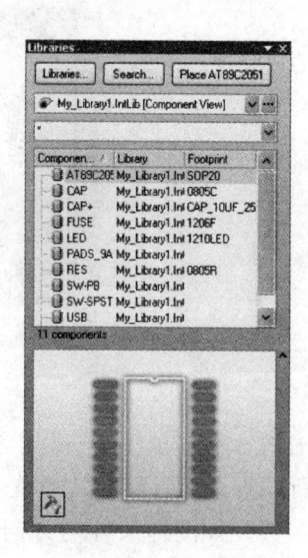　　　　图 2.3.6　导入库文件后的"Libraries"对话框

5. 放置、调整、编辑元件

（1）放置。打开"Libraries"元件管理器，然后在元件列表框中找到相应元件，如"AT89C2051"，选中该元件如图 2.3.7 所示，双击该元件，此时屏幕上会出现一个随鼠标指针移动的元件图形，将它移动到适当的位置后单击鼠标左键放置元件，如图 2.3.8 所示。

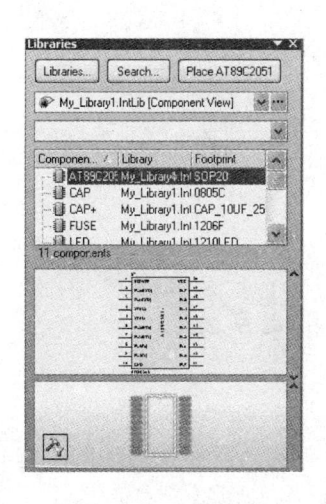

图 2.3.7　选择元件　　　　　　　　图 2.3.8　放置元件

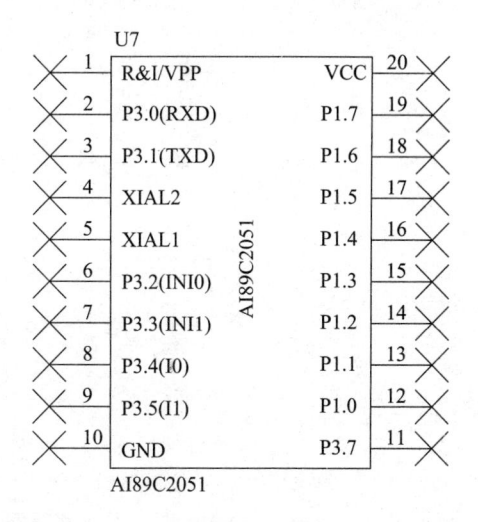

电源和接地元件可以使用菜单中的 Place 命令实现，也可以使用工具栏中 Wiring 工具实现，如图 2.3.9 所示。

图 2.3.9　Wiring 工具

（2）调整。在放置元件同时，需要对元件进行调整、布局，方便后续连线。常用的调整方式有移动、旋转、复制、粘贴、删除等。

①移动。通过鼠标拖拽可实现元件移动。选中单个或多个元件，然后把光标指向已选中的一个元件上，按下鼠标左键不动，并拖拽至理想位置后松开鼠标，即可完成移动元件操作。

②元件的旋转。首先在元件所在位置单击鼠标左键选中元件，并按住鼠标左键不放；然后按 Space 键，就可以让元件以 90°旋转。

③复制/粘贴/删除。可利用快捷键实现上述操作，首先选中元件，然后按 Ctrl + C 键实现复制，按 Ctrl + V 键实现粘贴，按 Ctrl + X 键实现删除。

电路布局如图 2.3.10 所示。

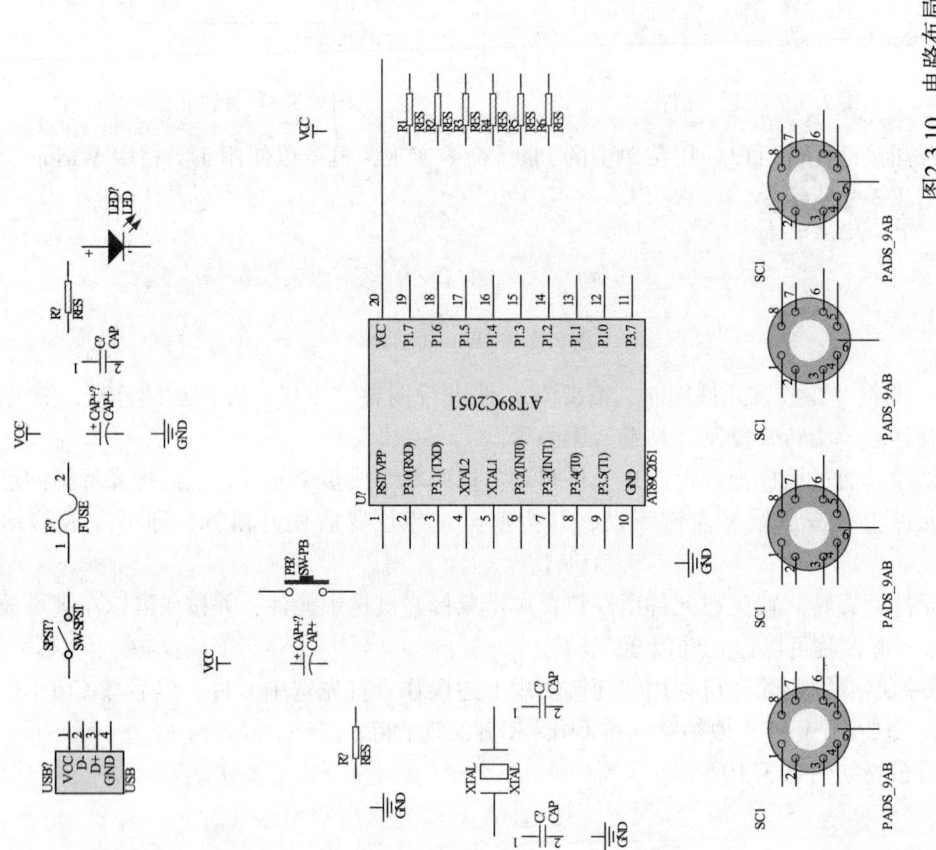

图2.3.10 电路布局

（3）编辑。

①自动编号。执行"Tools"→"Annotate Schematics"命令，打开"Annotate"对话框，如图2.3.11所示。"Order of Processing"中设置编号顺序，"Matching Options"设置匹配选项，"Proposed Change List"中设置需要自动编号的列表。设置完成后单击"Update Changes List"按钮，弹出信息框后单击"OK"按钮确定，单击"Accept Change [Create ECO]"接收更改，弹出编号结果对话框，如图2.3.12所示，单击"Execute Changes"按钮完成元件自动编号。

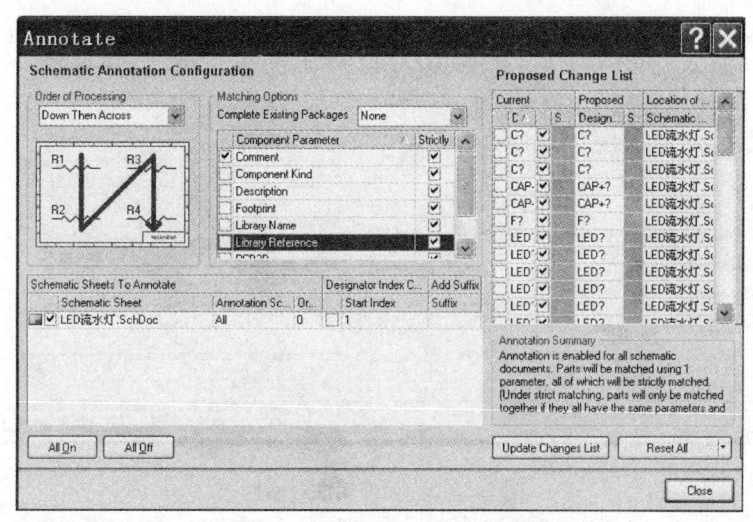

图2.3.11 "Annotate"对话框

图2.3.12 自动编号结果

②编辑属性。直接在元件的中心位置双击元件，弹出"Component Properties"对话框（常用此种方法），如图2.3.13所示。

Designator：元件在原理图中的序号，选中其后面的Visible复选框，则可以显示该序号，否则不显示。

Comment：该编辑框可以设置元件的注释，例如可在 Comment 中增加元件值。选中其后面的 Visible 复选框，则可以显示该注释，否则不显示。

Description：该编辑框为元件属性的描述。

Unique Id：设定该元件在本设计文档中的 ID，是唯一的。

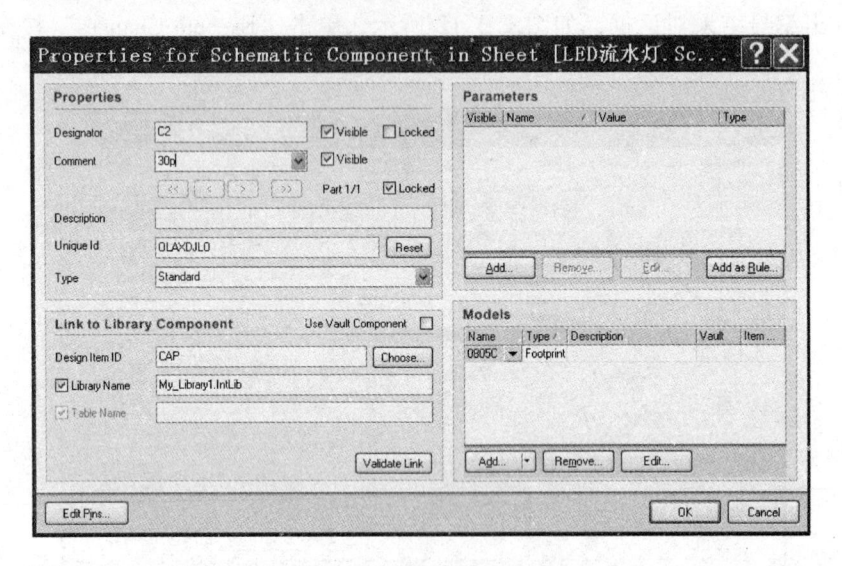

图 2.3.13　元件属性对话框

6. 连线

当所有电路元件、电源和其他对象放置完毕后，就可以进行原理图中各对象间的连线。连线的主要目的是按照电路设计的要求建立网络的实际连通性。

（1）连线。例如，将地和 R7 连接，连线步骤如下：

①执行"Place"→"Wire"命令。此时光标变成了十字状，系统进入连线状态，将光标移到电容地端口，会自动出现一个红色"×"，单击鼠标左键，确定导线的起点，如图 2.3.14（a）所示，然后开始画导线。

②移动鼠标拖动导线线头，在转折点处单击鼠标左键确定，每次转折都需要单击鼠标左键，如图 2.3.14（b）所示。

③当到达导线的末端时，再次单击鼠标的左键确定导线的终点即完成，如图 2.3.14（c）所示，当一条导线绘制完成后，整条导线的颜色变为蓝色，如图 2.3.14（d）所示。

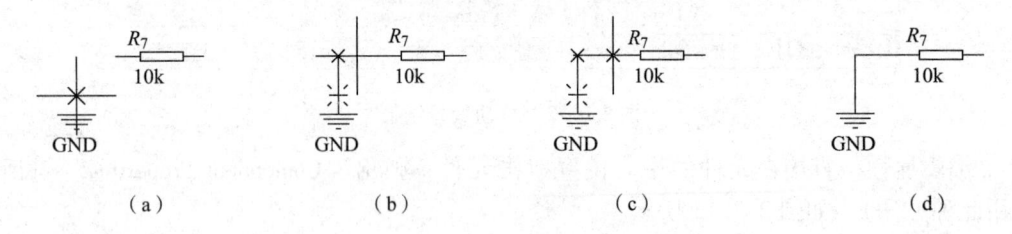

图 2.3.14　连线步骤

④画完一条导线后，系统仍然处于"画导线"命令状态。将光标移动到新的位置后，重复上面步骤操作，可以继续绘制其他导线。

(2) 放置线路节点。所谓线路节点，是指当两条导线交叉时相连接的状况。

对电路原理图的两条相交的导线，如果没有节点存在，则认为该两条导线在电气上是不相通的；如果存在节点，则表明两者在电气上是相互连接的。

放置电路节点的操作步骤如下：

①执行"Place"→"Junction"命令，此时，带着节点的十字光标出现在工作平面内。用鼠标将节点移动到两条导线的交叉处，单击鼠标左键，即可将线路节点放置到指定的位置。

②放置节点的工作完成之后，单击鼠标右键或按下 Esc 键，可以退出"放置节点"命令。

③放置网络标号。网络标号是实际电气连接的导线序号，它可代替有形导线，可使原理图变得整洁美观。具有相同网络标号的导线，不管图上是否连接在一起，都被看作同一条导线。因此它多用于层次式电路或多重式电路的各个模块电路之间的连接，这个功能在绘制印制电路板的布线时十分重要。

对单页式、层次式或是多重式电路，设计者都可以使用网络标号来定义某些网络，使它们具有电气连接关系。

(3) 设置网络标号的具体步骤。

①执行"Place"→"Net Label"命令。

②光标将变成十字状，并且将随着虚线框在工作区内移动，按下 Tab 键，工作区内将出现如图 2.3.15 所示的"Net Label"对话框。

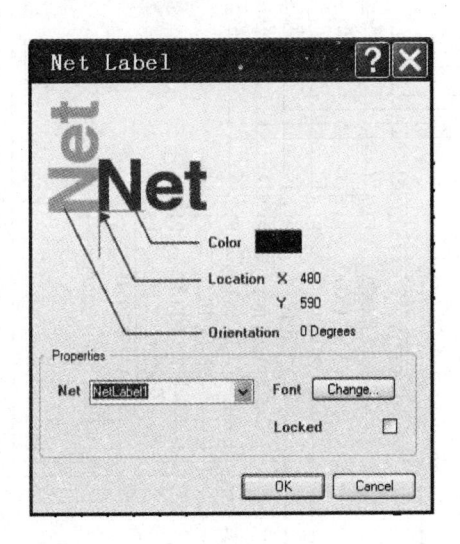

图 2.3.15 "Net Label"对话框

③设定结束后，单击"OK"按钮加以确认。

注意：网络标号要放置在元器件管脚引出导线上，不要直接放置在元器件引脚上。

至此原理图设计完成，电路原理图如图 2.3.16 所示。

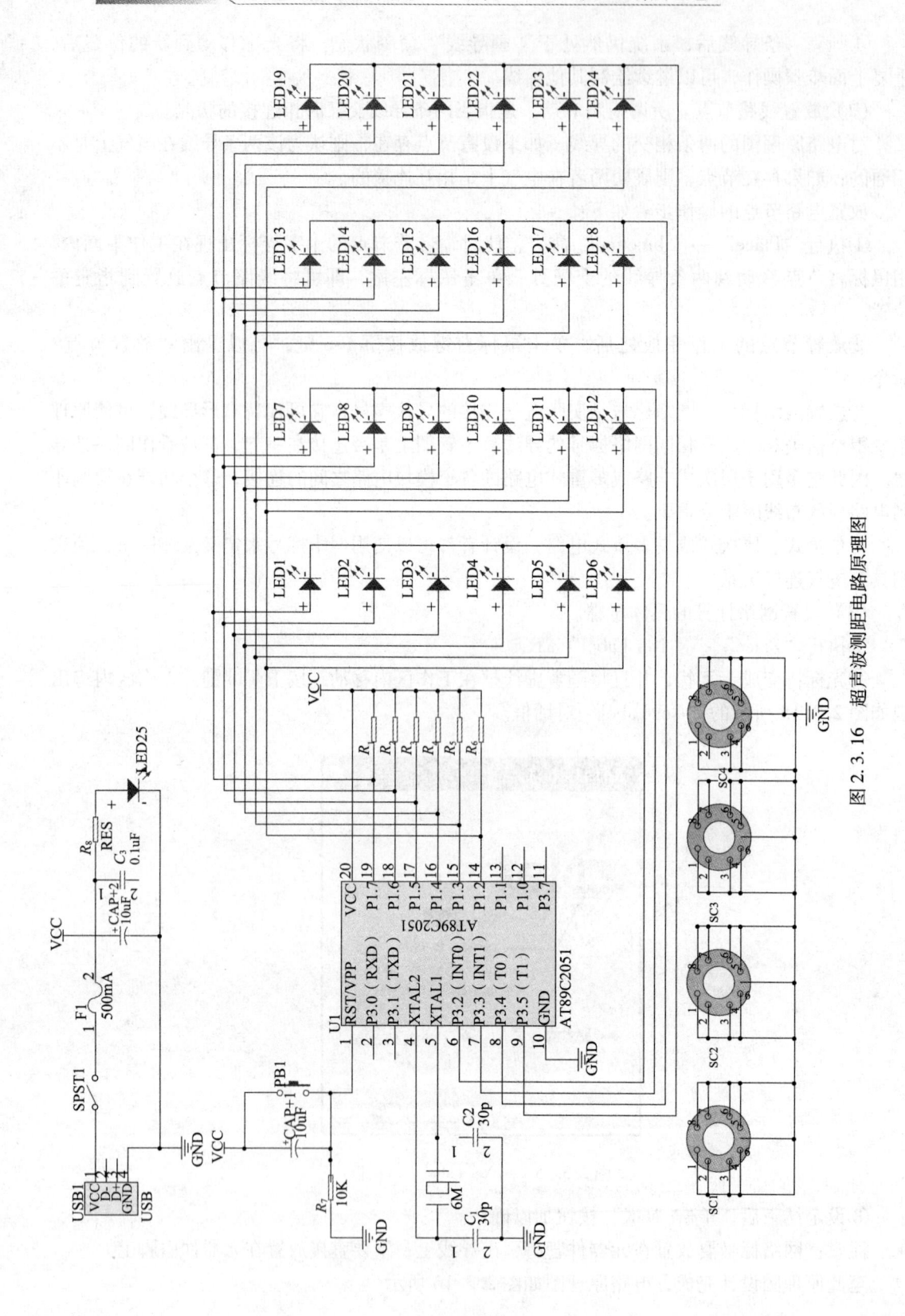

图 2.3.16 超声波测距电路原理图

7. 电气规则检查

执行"Project"→"Compile PCB Project［工程名］"命令，进行电路的电气规则检查；若无错误提示，即通过电气规则检查，其结果如图 2.3.17 所示，如有错误，则需找到错误位置进行修改调整。注：电气检查规则建议初学者不要更改，待熟练后再更改。

8. 创建网络表

绘制原理图最主要的目的就是得到最终的 PCB 板图，而网络表恰好就是联系电路原理图和印制电路板之间的桥梁和纽带。网络表主要有两个作用：一是用于支持印制电路板的自动布线和电路模拟程序；二是可以与最后从印制电路板图中得到的网络表文件进行比较，进行一致性检查。

创建网络表的操作方法如下：

（1）打开要创建网络表的原理图文档。

（2）执行"Design"→"Netlist From Document"→"Protel"命令，立即产生网络表，如图 2.3.18 所示。网络表（*.net）与原文档（是否项目文档）同名，单击"Project"面板标签，可以看到所创建的网络表文档图标，如图 2.3.19 所示。

图 2.3.17 电气规则检查结果

图 2.3.18 电路网络列表

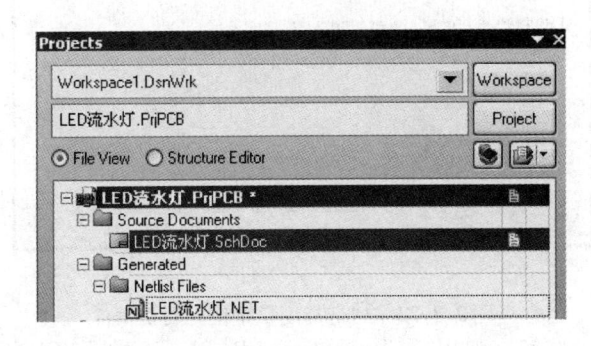

图 2.3.19 查看网络列表文档

（3）双击文档图标，可在文本编辑窗口内打开网络列表文档。

2.3.2 PCB 设计

进行 PCB 设计之前，首先应规划电路板的外形尺寸和工作层。规划 PCB 有两种方法：一是利用 Altium Designer 10 提供的向导工具生成；二是手动设计规划电路板。

1. 利用向导生成

Altium Designer 10 提供了 PCB 板文件向导生成工具，通过这个图形化的向导工具，可以使复杂的电路板设置工作变得简单。下面具体介绍其操作步骤：

（1）在软件界面中，单击工作区底部的"File"按钮，选择"Files"工作面板中"New From Template"选项下的"PCB Board Wizard"选项，如图 2.3.20 所示，启动"Altium Designer New Board Wizard（PCB 板设计向导）"，如图 2.3.21 所示。

图 2.3.20　PCB 板向导命令　　　　　图 2.3.21　PCB 板设计向导

（2）单击"Next"按钮进行下一步，弹出"Choose Board Units（选择度量单位）"对话框，如图 2.3.22 所示，默认的度量单位为 Imperial（英制），也可以选择 Metric（公制），两者的换算关系为：1inch = 25.4 mm。

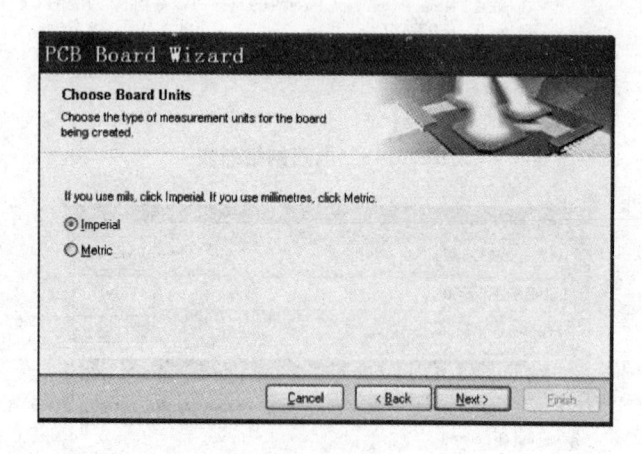

图 2.3.22　"选择度量单位"对话框

（3）单击"Next"按钮，弹出"Choose Board Profiles（选择 PCB 板类型）"对话框，如图 3.3.23 所示。在对话框中给出了多种工业标准板的轮廓或尺寸，根据设计的需要选择。这里选择"Custom（自定义电路板的轮廓和尺寸）"。

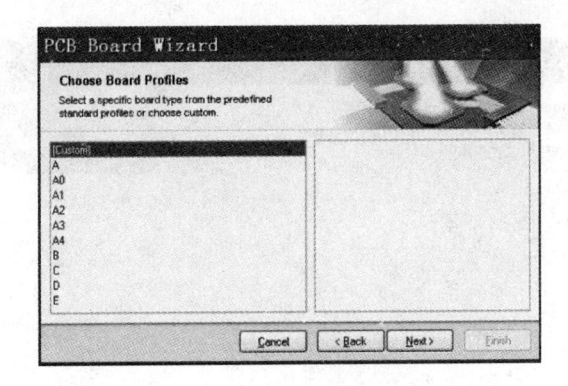

图 2.3.23　"选择 PCB 板类型"对话框

（4）单击"Next"按钮，弹出"Choose Board Details（选择板参数）"对话框，如图 2.3.24 所示。Outline Shape 确定 PCB 的形状，有矩形（Rectangular）、圆形（Circular）和自定义形三种。Board Size 定义 PCB 的尺寸，在 Width 和 Height 栏中键入尺寸即可。本例定义 PCB 尺寸为 3 550 mil×2 370 mil 的矩形电路板。

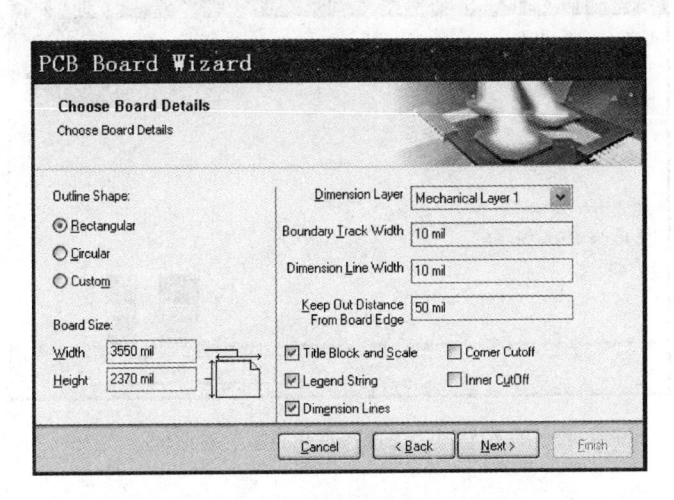

图 2.3.24　"选择板参数"对话框

（5）单击"Next"按钮，弹出"Choose Board Layers（选择层数）"对话框，如图 2.3.25 所示。设置信号层（Signal Layers）层数和电源层（Power Planes）层数。本例设置了两个信号层，不需要电源层。

（6）单击"Next"按钮，弹出如图 2.3.26 所示"Choose Via Style（选择过孔类型）"对话框。过孔有两种类型选择，即穿透式过孔（Thruhole Vias）、盲过孔和隐藏过孔（Blind and Buried Vias）。如果是双面板则选择穿透式过孔，本例选择 Thruhole Vias。

（7）单击"Next"按钮，弹出如图 2.3.27 所示"Choose Component and Routing Technology（PCB 板元件类型及布线策略）"设置对话框。该对话框包括两项设置：电路板中使用的元件是表面安装元件（Surface - mount components）还是穿孔式安装元件（Through - Hole components），这里选择表面安装元件。

图 2.3.25　"选择层数"对话框

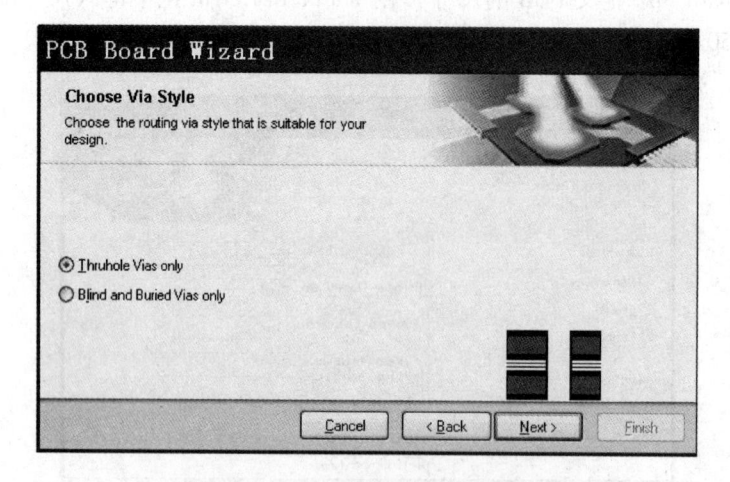

图 2.3.26　"选择过孔类型"对话框

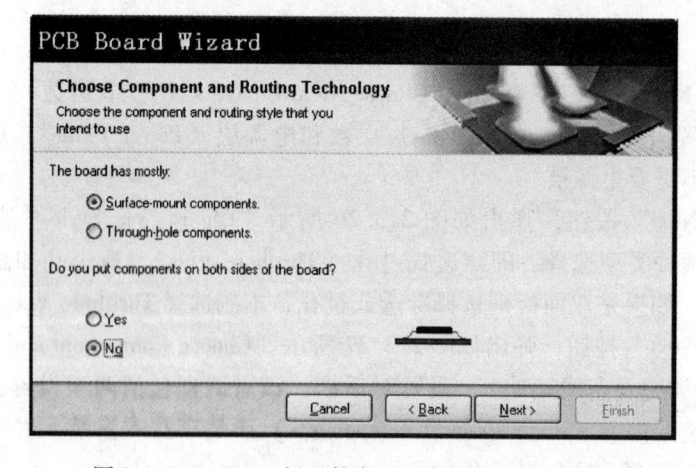

图 2.3.27　"PCB 板元件类型及布线策略"对话框

（8）单击"Next"按钮，弹出如图2.3.28所示"Choose Default Track and Via sizes（选择导线和过孔尺寸）"对话框，主要设置导线的最小宽度、过孔的尺寸和导线之间的安全距离等参数。单击鼠标左键要修改的参数位置即可进行修改。

（9）单击"Next"按钮，弹出 PCB 向导完成对话框。单击"Finish"按钮，启动 PCB 编辑器，新建的 PCB 板文件被默认命名为 PCB1.PcbDoc，PCB 编辑区会出现设计好的 3 550 mil × 2 370 mil 的 PCB，如图 2.3.29 所示。

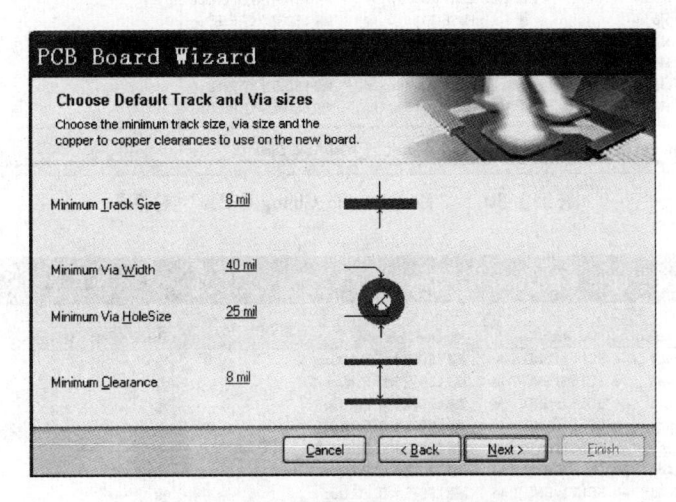

图 2.3.28　"选择导线及过孔尺寸"对话框

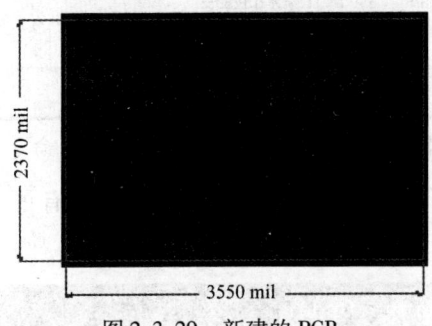

图 2.3.29　新建的 PCB

2. 导入元件网表

原理图检查无误且装载元件封装库后即可导入网络表，是将原理图中的元件符号和导线转换成 PCB 中的元件封装和网络，这一步至关重要，操作步骤如下：

（1）切换到原理图编辑页面，执行"Design"→"Update PCB LED.PcbDoc"命令，弹出"Engineering Chang Order（工程改变顺序）"对话框，如图 2.3.30 所示。

（2）单击"Validate Changes"按钮，系统将检查所有的更改是否都有效。如果有效，将在右边 Check 栏对应位置打钩，如图 2.3.31 所示；如果有错误，Check 栏将显示红色错误标识。一般的错误都是由于元件封装定义错误或者设计 PCB 板时没有添加对应元件封装库造成的。

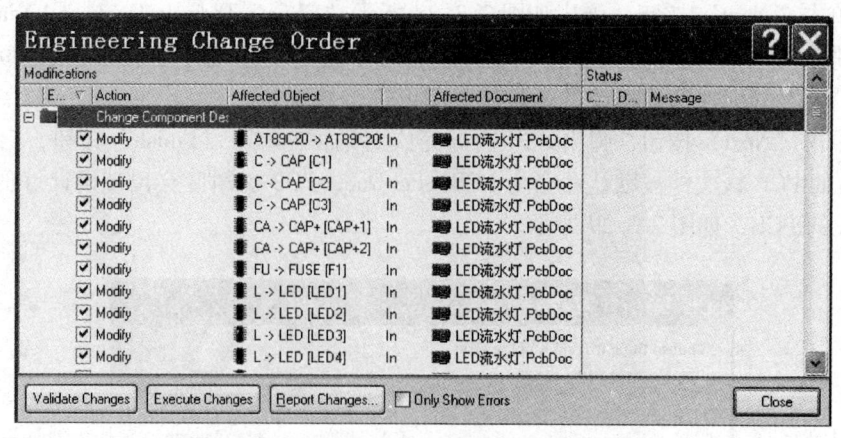

图 2.3.30 "Engineering Chang Order"对话框

图 2.3.31 执行"Validate Changes"命令

(3) 单击"Execute Changes"按钮,系统将执行所有的更改操作,执行结果如图 2.3.32 所示。如果 ECO 存在错误,则装载不能成功。

图 2.3.32 执行"Execute Changes"命令

（4）单击"Close"按钮，元器件和网络将添加到 PCB 编辑器中，如果看不到元件，可以执行"View"→"Fit Document"命令，使所有 PCB 对象在编辑区显示，如图 2.3.33 所示。

3. 布局

合理的布局是 PCB 板布线的关键，如果 PCB 板元件布局不合理，可能使电路板导线变的非常复杂，甚至无法完成布线操作。Altium Designer 10 提供了两种元件布局方法：一种是手工布局；一种是自动布局，这里介绍手动布局。

手工布局的操作方法是：用鼠标左键单击需要调整位置的对象，按住鼠标左键不放，将该对象拖到合适的位置，然后释放即可。如果需要旋转或者改变对象方向，可按 Space 键、X 键和 Y 键。布局完成后的 PCB 图如图 2.3.34 所示。

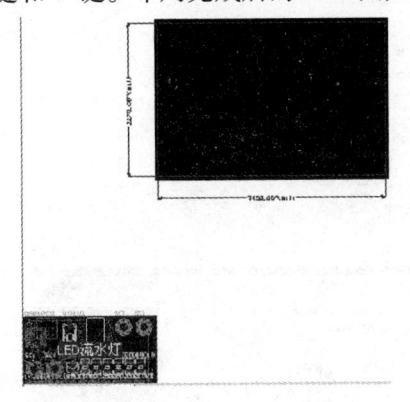

图 2.3.33　显示 PCB 对象

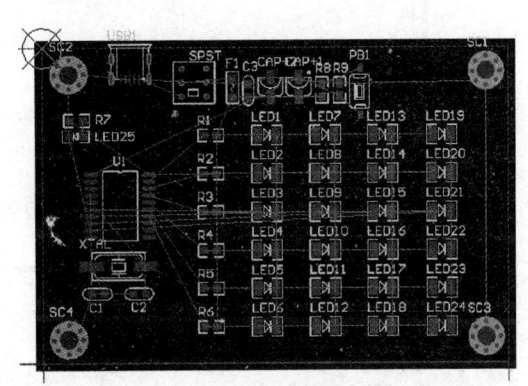

图 2.3.34　布局完成后的 PCB 图

4. 设置设计规则

与 PCB 相关的设计规则有很多，这里不一一介绍，仅介绍布线宽度和安全间距规则。

执行"Design"→"Rules…"命令，弹出"PCB Rules and Constraints Editor（PCB 规则和约束编辑）"对话框。

（1）"Electrical"规则。"Electrical"规则是在电路板布线过程中所遵循的电气规则。

Clearance（安全距离）规则："Clearance"设计规则用于 PCB 的设计中，导线、过孔、焊盘、矩形敷铜填充等组件相互之间的安全距离。

单击"Clearance"规则，弹出如图 2.3.35 所示对话框。默认的情况下整个电路板上的安全距离为 10 mil。

（2）布线规则（Routing）。此类规则主要设置与布线有关的规则，是 PCB 设计中最为常用和重要的规则。下面以多路抢答器为例着重介绍布线规则的应用。

单击"Routing"左边的"+"，展开布线规则，单击"Width（导线宽度）"项，打开面板，如图 2.3.36 所示。

①一般线宽设置。在如图 2.3.36 所示"Name"文本框中将规则名称改为"Width_all"；规则范围选择：All，也就是对整个电路板都有效；在规则内容处，将最小宽度（Min Width）、最大宽度（Max Width）和最佳宽度（Perferred Width）分别设为：15 mil、30 mil 和 15 mil。

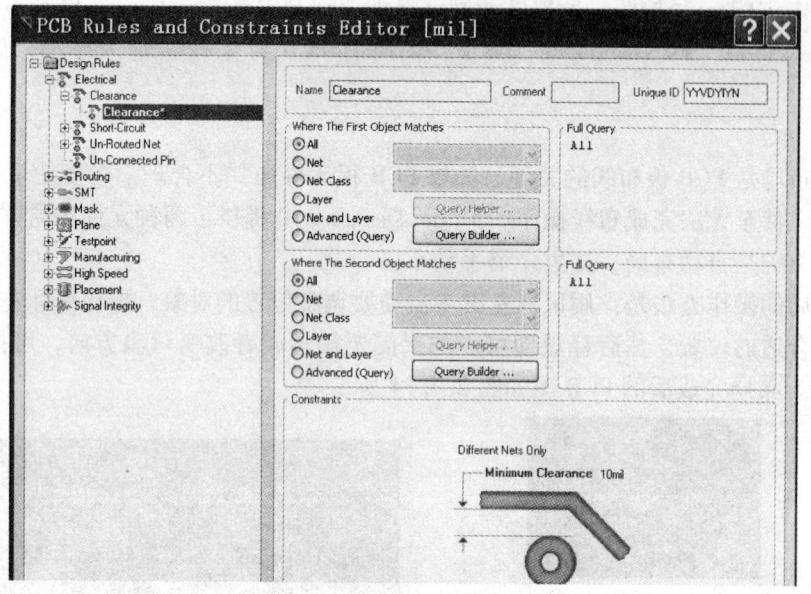

图 2.3.35 设置安全距离

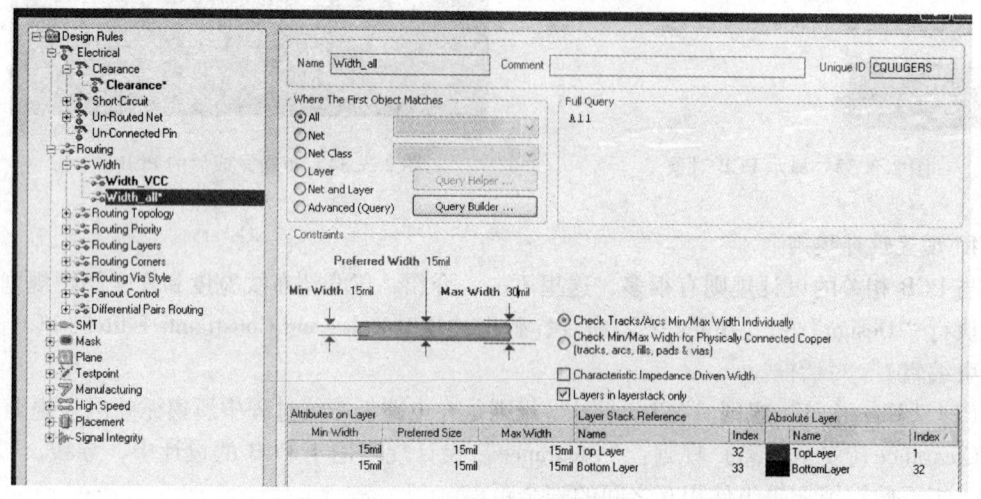

图 2.3.36 一般线宽设置

②电源网络线宽设置。在图 2.3.36 中 Width_all 处单击右键,选择"New Rule",将该规则命名为:Width_VCC,然后单击规则适用范围中的 Net 选项,选择"VCC"网络,将最小宽度(Min Width)、最大宽度(Max Width)和最佳宽度(Perferred Width)分别设为:30 mil、100 mil 和 30 mil,如图 2.3.37 所示。

③GND 网络线宽设置和电源线宽设置类似。

5. 布线

布线结果如图 2.3.38 所示。

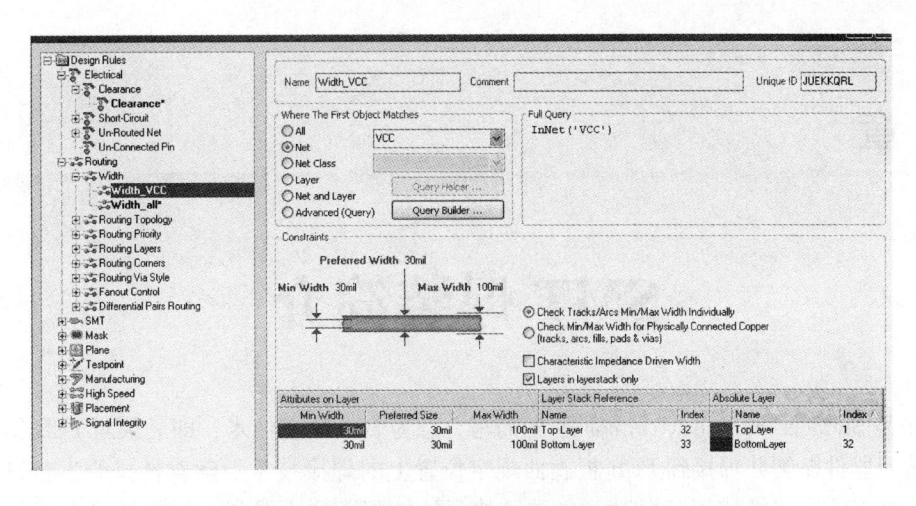

图 2.3.37　电源网络线宽设置

（a）

（b）

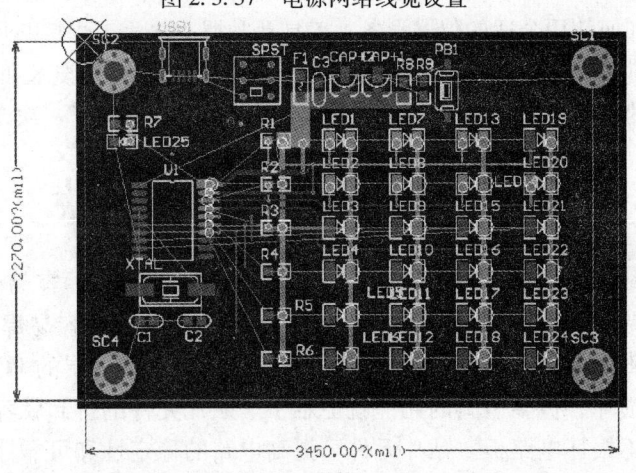

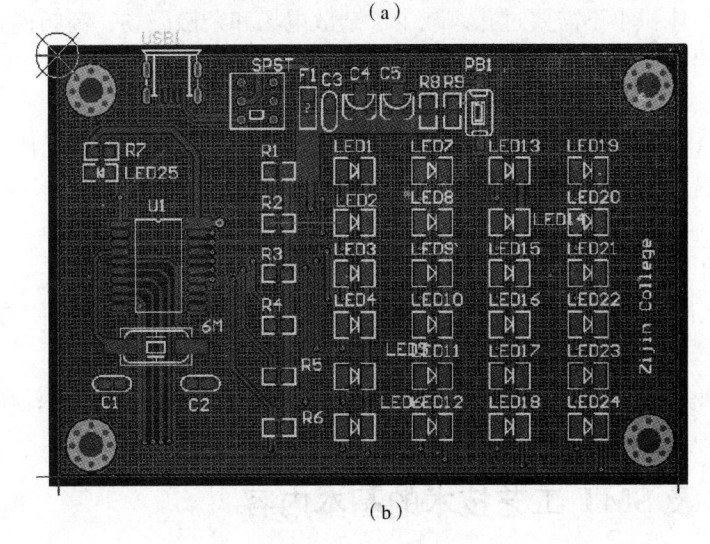

图 2.3.38　布线结果

第 3 章

SMT 焊装简介

SMT 是 Surface Mounting Technology 的简写，意为表面贴装技术，即无须对 PCB 钻插装孔而直接将元器件贴装并焊接到 PCB 板表面规定位置上的焊接技术。随着科技的不断发展与进步，越来越多的电路板使用了贴片元件。贴片元件体积小便于维护，越来越受电子行业的欢迎。本章主要介绍如何使用合适的仪器设备、工具及掌握一些手工焊接贴片元件的知识，使学生在实习的过程中，很快掌握焊接贴片元件的技巧。SMT 表面组装技术和 MPT 微组装技术的出现，改变了传统的印制电路板插装工艺，使电子产品组装业进行了一次改革。

3.1 SMT 的贴装技术特点

贴片元件与引线元件有所不同，贴片元件体积小、质量小，容易保管。如贴片电阻 0805 和 0603 的封装比直插电阻要小很多。贴片元件比直插元件容易焊接和拆卸，不用过孔，用锡量较少。直插元件的拆卸比较麻烦，如在两层或者更多层的 PCB 板上，拆卸管脚时，容易将电路板损坏，拆多引脚的元件就更难了。贴片元件的拆卸就容易多了，连多引脚的元件拆卸也可以不损坏电路板。贴片元件可提高电路的稳定性和可靠性，制作成功率也提高了。贴片元件因体积小不需要过孔，减少了杂散电场和杂散磁场，高频模拟电路和高速数字电路中尤为突出和重要。

表面贴装方法有 3 种：

（1）TYPE IA 只有表面贴装的单面装配。其工序：丝印锡膏→贴装元件→回流焊接。而 TYPE IB 只有表面贴装的双面装配。其工序：丝印锡膏→贴装元件→回流焊接→反面→丝印锡膏→贴装元件→回流焊接。

（2）TYPE Ⅱ 采用表面贴装元件和穿孔元件混合的单面或双面装配。其工序：丝印锡膏（顶面）→贴装元件→回流焊接→反面→滴（印）胶（底面）→贴装元件→烘干胶→反面→插元件→波峰焊接。

（3）TYPE Ⅲ 顶面采用穿孔元件，底面采用表面贴装元件。其工序：滴（印）胶→贴装元件→烘干胶→反面→插元件→波峰焊接。

3.1.1 SMT 及 SMT 工艺技术的基本内容

SMT 是从厚、薄膜混合电路演变发展而来的。从上面的定义上可知，SMT 是从传统的穿孔插装技术（THT）发展起来的，但又区别于传统的 THT。那么，SMT 与 THT 比较，其优点如下：

（1）贴装密度高、电子产品体积小、质量小，贴片元件的体积和质量是传统插装元件的 1/10 左右，采用 SMT 之后，电子产品的体积会缩小 40% ~ 60%，质量则会减小 60% ~ 80%。

（2）可靠性高、抗振能力强，焊点缺陷率低。

（3）高频特性好，减少了电磁和射频干扰。

（4）易于实现自动化，提高生产效率。

（5）降低成本 30% ~ 50%，节省材料、能源、设备、人力、时间等。采用表面贴装技术（SMT）是电子产品业的趋势。

电子产品的微型化使得 THT 无法适应产品的工艺要求，因此，SMT 是电子焊接技术的发展趋势。具体表现为：电子产品追求小型化，使得以前使用的穿孔插件元件已无法适应其要求。电子产品功能更完整，产品采用的集成电路（IC）因功能强大且引脚众多，已无法做成传统的穿孔元件，特别是大规模、高集成 IC，不得不采用表面贴片元件的封装。产品的批量化、生产的自动化、产品要求低成本高产出的优质产品，迎合顾客需求以及加强市场的竞争力，形成了电子元件的高速发展，集成电路（IC）的开发，半导体材料的多元化应用。因此电子产品的高性能及高焊接的精度要求就更高了。

3.1.2　表面贴装元器件

表面贴装元器件是指外形为矩形片式、圆柱形或异形，其焊端或引脚制作在同一平面内并适用于表面贴装的电子元器件。在表面贴装技术生产的过程中，我们会接触到各种各样的电子物料与器件，通常会将物料分为 SMT 和 SMC 元件（包含表面贴装电阻、电容、电感等）。SMT 器件也称 SMD，包含表面贴装二极管、三极管、插座、集成电路等。表面组装元件可按使用环境分类，如非气密性封装器件和气密性封装器件，气密性元器件的价格比较昂贵，高可靠性产品会使用到。非气密性封装器件对工作温度的要求一般为 0℃ ~ 70℃。气密性封装器件的工作温度范围为 -55℃ ~ +125℃。表面贴装元器件多数是片状结构，有薄片矩形、圆柱形、扁平异形等，有无源元件 SMC、有源器件 SMD 和机电元件 3 大类。不同厂家的电阻、电容型号、规格表示有所不同，所以表面贴装电阻、电容型号和规格的表示方法不一样。

3.1.3　表面贴装元器件的特点和种类

表面贴装元器件，有些没有焊接引线，有些有短而小的引线；相邻电极之间引脚的中心间距为 0.3 mm。与传统电路芯片比较，体积超小、集成度却提高了很多，可以直接贴装在 PCB 的表面，可将其焊接在与元器件同一面的 PCB 印制板的焊盘上。但是，PCB 印制板上通孔直径的金属化孔工艺水平要求很高，通孔的周围没有焊盘，却提高了 PCB 的布线密度和组装密度。其缺点是：元器件的片式化发展不平衡，阻容器件、晶体管、IC 发展较快，异型元器件、插座、振荡器等发展比较迟缓。对于已经片式化的元器件，目前还没有完全标准化，不同国家或不同厂家的产品存在较大差异。我们在设计和选用元器件时，一定要知道元器件的型号、尺寸、厂家及性能等，避免在元器件互换后因性能差异而造成误差缺陷，影响电路的整体设计性能。由于元器件与 PCB 表面贴得很近，但与基板之间的空隙很小，造成清洗困难的现象;由于元器件体积小,电阻、电容一般不设标记,如果弄乱,区别电阻、电容就比较困难;元器件与 PCB 之间产生热膨胀系数、差异性等也是影响 SMT 产品质量的因素。从电子元器件的功能特性来说,传统插装元器件的参数数值与表面组装电阻器的参数数值差别很大。表面贴装元器件的分类如表 3.1.1 所示。

表 3.1.1 表面贴装元器件的分类

类别	封装形式	种类
有源表面贴装器件 SMD	圆柱形	二极管
	陶瓷组件(扁平)	无引脚陶瓷芯片:LCCC;有引脚陶瓷芯片:CBGA
	塑料组件(扁平)	SOT、SOP、SOJ、PLCC、QFP、BGA 和 CSP 等
	异形	开关、继电器、延迟器、微电机、插接器等
无源表面贴装元件 SMC	矩形片式	厚膜电阻器、薄膜电阻器、热敏电阻器、压敏电阻器、单层陶瓷电容器、多层陶瓷电容器、钽电解电容器、片式电感、磁珠和石英晶体等
	圆柱形	碳膜电阻器、金属膜电阻器、陶瓷电容器和热敏电容器等
	异形	电位器、微调电位器、铝解电容器、微调电容器、线绕电感器、晶体振荡器和变压器等
机电元件	复合片式	电阻网络、电容网络和滤波器等

3.2 表面贴装电阻器

表面贴装电阻器最为常见的有 0805、0603 两类,不同的是,它可以以排阻的形式出现,如四位、八位。贴片电阻在电子线路中用 —R— 表示,以大写英文字母 R 代表,其基本单位为欧姆,符号为 Ω。单位换算方法:1 兆欧(MΩ)= 1 000 千欧(kΩ)= 1 000 000 欧(Ω)。其主要参数有阻值、尺寸、功率、误差、温度系数和包装类型等。

常用元器件介绍

3.2.1 表面贴装电阻器的阻值识读

表面贴装电阻器的阻值大小一般丝印于元件表面,常用三位或四位数表示。当用三位数字表示阻值大小时,第一、二位为有效数字,第三位为在有效数字后添加 0 的个数,单位为欧姆。例如:103 表示 10 000 Ω = 10 kΩ、101 表示 100 Ω、124 表示 120 000 Ω = 120 kΩ;阻值小的电阻器其表示方法如:6R8 表示 6.8 Ω、2R2 表示 2.2 Ω,R 代表小数点。000 表示 0 Ω,表面贴装电阻器的阻值如图 3.2.1 所示。

图 3.2.1 表面贴装电阻器的阻值

当用四位数字表示阻值大小时,第一、二、三位为有效数字,第四位为在有效数字后添加 0 的个数,单位为欧姆。例如:3301 表示 3 300 Ω = 3.3 kΩ,1203 表示 120 000 Ω = 120 kΩ,4702 表示 47 000 Ω = 47 kΩ。图 3.2.2 所示为电阻器的阻值表示。

图 3.2.2　电阻器的阻值表示

3.2.2　表面贴装电阻器的尺寸

表面贴装电阻器的尺寸常用其体积的长度与宽度尺寸表示,有公制(单位为毫米)和英制(单位为英寸)两种尺寸代码,由 4 位数字组成,前两位数表示电阻器的长度,后两位数表示电阻器的宽度。另外,不同尺寸的电阻器,其额定功率也不同,有 1/16 W、1/10 W、1/8 W、1/4 W、1/2 W、1 W 等。常用贴片电阻器的尺寸代码、实际尺寸和额定功率,如表 3.2.1 所示。

表 3.2.1　常用贴片电阻器的尺寸代码、实际尺寸、额定功率

英制代码	0402	0603	0805	1206	1210	2010	2512
公制代码	1005	1608	2012	3216	3225	5025	6432
实际尺寸/mm	1.0×0.5	1.6×0.8	2.0×1.2	3.2×1.6	3.2×2.5	5.0×2.5	6.4×3.2
功率值/W	1/16	1/16	1/10	1/8	1/4	1/2	1

3.2.3　表面贴装电阻器的相关参数

1. 电阻器的精确度

电阻器在生产过程中其阻值不可能达到绝对的精确,为了判定其是否合格,常统一规定其阻值的上限和下限,对误差范围的检测。电阻常用的误差等级有 ±1%、±5%、±10% 等,分别用字母 M、J、K 代表。

2. 贴片电阻器的温度系数

贴片电阻器的温度系数有两级,即 W 级(±200 ppm/℃);X 级(±100 ppm/℃)。只有误差为 M 级的电阻温度系数采用 X 级,其他误差值的电阻温度系数一般采用 W 级。

3. 贴片电阻器的包装方式

贴片电阻器主要有散装和卷装两种包装方式。

4. 贴片电阻器的工作温度

贴片电阻器的工作温度为 -55 ℃ ~ +125 ℃,最大工作电压与尺寸有关:1005 与 1608 为 50 V;2012 为 150 V;其他尺寸为 200 V。在元器件取用时,必须确保其主要参数一致方可代用,但必须经过品质人员确认。

5. 电阻器的外观

(1) 不同厂商的不同电阻器颜色会有所不同。常见电阻器颜色为黑色和蓝色。

(2) 零件的正面有标示阻值，无极性，但有分正反面。

(3) 在 PC 板上标示 R××，如：R34。

(4) 规格说明：电阻误差如图 3.2.3 所示。

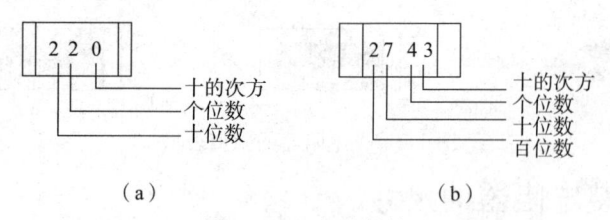

```
 ┌─────────┐              ┌─────────┐
 │  2 2 0  │              │ 2 7 4 3 │
 └─┬─┬─┬───┘              └─┬─┬─┬─┬─┘
   │ │ └── 十的次方          │ │ │ └── 十的次方
   │ └──── 个位数            │ │ └──── 个位数
   └────── 十位数            │ └────── 十位数
                             └──────── 百位数
      （a）                       （b）
```

图 3.2.3　电阻误差

(a) 一般电阻误差 (5%，10%)；(b) 精密电阻误差 (1%)

　　电阻 1210 具体尺寸与电解电容 B 类 3528 类型相同，0805 封装尺寸：2.0×1.25×0.5（公制）。1206 封装尺寸：3.0×1.50×0.5（公制）。具体使用时，还是要认真查询确认。

　　不同生产厂家的电阻、电容型号、规格表示有所不同，所以表面组装电阻、电容型号和规格的表示方法不一样。图 3.2.4 所示为 0808 的封装形式。0805 是指贴片电阻的大小，不是焊盘的大小，焊盘大小取 50×60，两个焊盘距离取 90。封装 (Package) 是把集成电路装配为芯片最终产品的过程，简单地说，就是把生产出来的集成电路裸片 (Die) 放在一块能起到承载作用的基板上，把管脚引出来，然后固定包装成为一个整体。英制封装图尺寸是 0805，公制封装图尺寸是 2012。目前市场上销售的贴片元器件还没有完全统一，有英制封装图尺寸的，也有公制封装图尺寸。在选用时，要认真查阅贴片元器件手册，不可乱用。

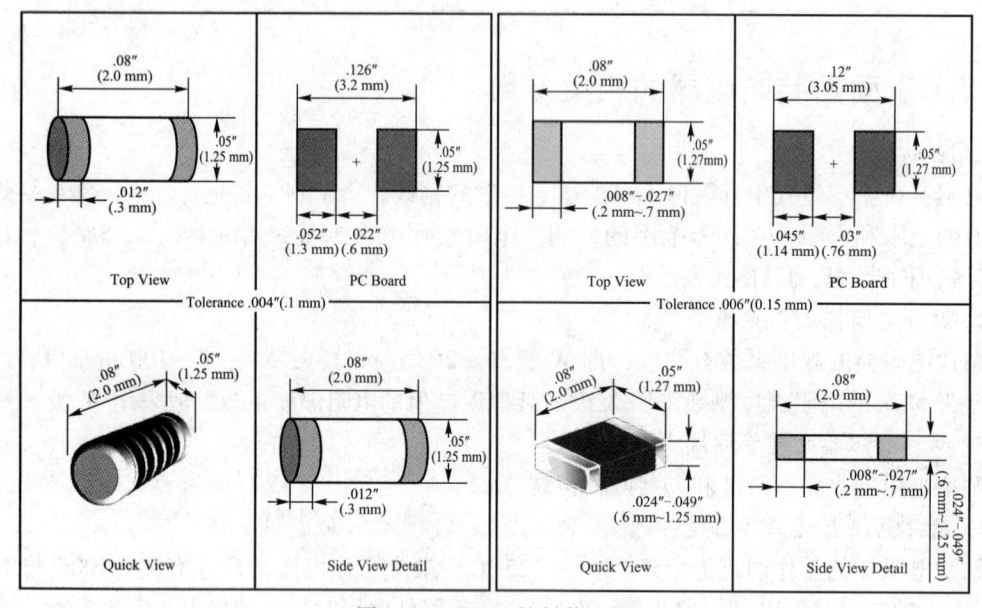

图 3.2.4　0808 的封装形式

3.2.4 排阻

A 型排阻引脚是奇数,左端有一个白色的圆点表示公共端,常见的排阻有 4、8 个电阻,引脚有 5 个、9 个。B 型排阻的引脚是偶数的,没有公共端,常见的排阻有 4 个电阻,引脚共有 8 个。排阻的阻值表示法:如"103"表示 10 kΩ,"510"表示 51 Ω,依此类推。在选用时要注意,有的排阻内有两种阻值的电阻,在其表面会标注两种电阻值,如 220 Ω/330 Ω,所以 SIP 排阻有方向性,在应用时注意辨别和确认。SMD 排阻安装体积小,在多数场合中取代了 SIP 排阻。常用的 SMD 排阻有 8P4R(8 引脚 4 电阻)和 10P8R(10 引脚 8 电阻)两种规格。排阻的阻值通常用三位数字表示,标注在电阻体表面。三位数字中,从左至右的第一、第二位为有效数字,第三位表示前两位数字乘 10 的 N 次方(单位为 Ω)。如果阻值中有小数点,则用"R"表示,并占一位有效数字。例如:标示为"103"的阻值为 $10 \times 10^3 = 10$(kΩ),标示为"222"的阻值为 2 200 Ω 即 2.2 kΩ,标示为"105"的阻值为 1 MΩ。需要注意的是,要将这种标示法与一般的数字表示方法区别开来,如标示为 220 的电阻器阻值为 22 Ω,标志为 221 的电阻器阻值才为 220 Ω。标示为"0"或"000"的排阻阻值为 0 Ω,这种排阻实际上是作为跳线(短路线)使用。排阻简化了 PCB 的设计和安装,减小了 PCB 板的空间,焊接质量得到了提高。排阻实物和排阻的内部电路如图 3.2.5 所示。

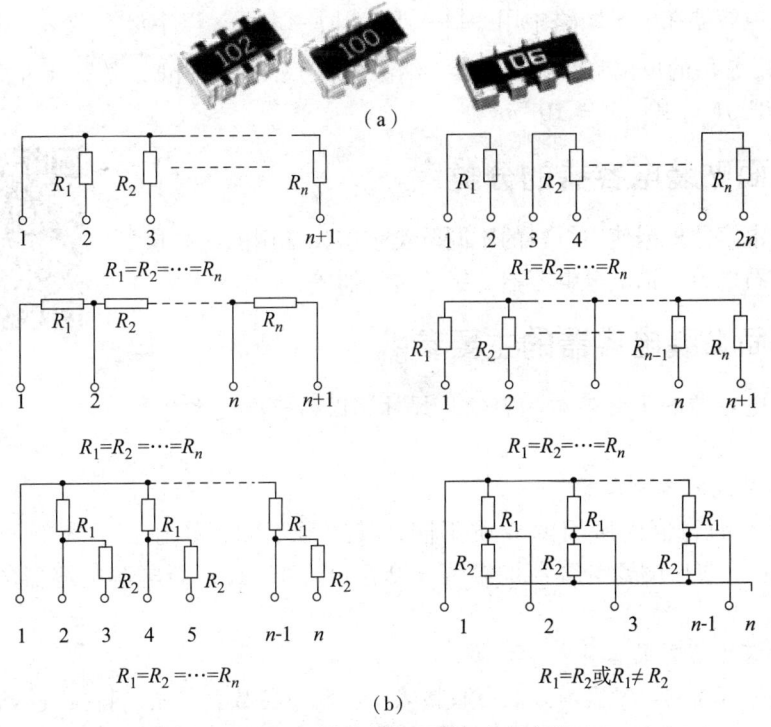

图 3.2.5 排阻实物和排阻内部电路
(a)排阻实物;(b)排阻内部电路

$R_1=R_2=\cdots=R_n$

$R_1=R_2$ 或 $R_1 \neq R_2$

$R_1=R_2$ 或 $R_1 \neq R_2$

（b）

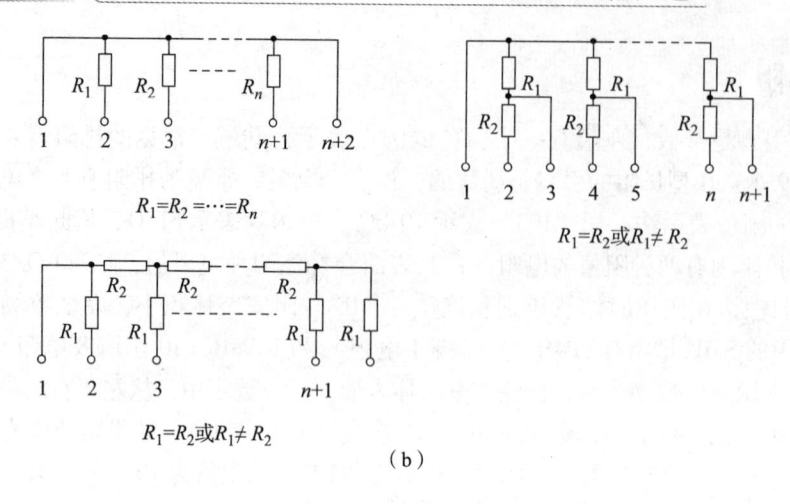

图3.2.5 排阻实物和排阻内部电路（续）
（b）排阻内部电路

3.3 表面贴装电容器

表面贴装电容器在电子线路中用 —||— 或 —|[— 表示，以字母 C 代表。基本单位为法拉，符号为 F。常用的单位有微法（μF）、纳法（nF）、皮法（pF）等，相互之间的换算关系为：$1F = 10^6 \mu F = 10^9 nF = 10^{12} pF$。

3.3.1 表面贴装电容器的分类

表面贴装电容器根据使用材料的不同分类较多，常用的有多层陶瓷电容、独石电容、铝电解电容器、钽质电容器等。

3.3.2 表面贴装电容器的主要参数

表面贴装电容器的主要参数为容值、尺寸、误差、温度系数、耐压值和包装方式等。

电容器

1. 表面贴装电容器的容量

贴片电容器的容值因所用的介质不同，其容量不同，如独石电容器的容值范围是 0.5 pF～4.7 μF；多层陶瓷电容器的容值是 0.5 pF～47 μF；而电解电容器的容值通常是 1 μF～470 μF。

2. 表面贴装电容器的容量表示方法

表面贴装电容器的容量表示方法有直接表示法和三位数表示法，直接表示法直接给出电容器的容值，如：4.7 μF、33 μF等；三位数表示法是指用三位数字表示出电容器的容值，其中第一、二位为有效数字，第三位为在有效数字后添加 0 的个数，单位为皮法（pF）。

例如：101 表示 100 pF；   104 表示 100 000 pF = 0.1 μF；
　　　473 表示 47 000 pF；   0R5 表示 0.5 pF；
　　　R75 表示 0.75 pF；   R 代表小数点。

贴片电容器实物如图 3.3.1 所示。

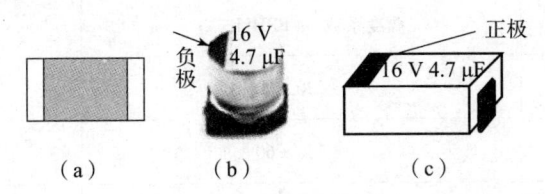

图 3.3.1　贴片电容器实物
(a) 陶瓷电容器；(b) 铝电解电容器；(c) 钽质电容器

铝电解电容器颜色较深（或有负号标记）的电极为负极，钽质电容器颜色较深（或有标记）的电极为正极。铝电解电容器与钽质电容器的正负极性相反，在使用时要特别注意。因陶瓷电容器其容值没有丝印在元件表面，且同样大小、厚度、颜色的元件，容值大小不一定相同，使用时要用专用仪表对其进行测量。

3. 电容器的尺寸

不同介质的电容器尺寸也不同，如多层陶瓷贴片电容器的尺寸与贴片电阻器尺寸，它们有公制（毫米）和英制（英寸）两种尺寸代码，由四位数字组成，前两位数表示电容器的长度，后两位数表示电容器的宽度。电容器的尺寸如表 3.3.1 所示。

表 3.3.1　电容器的尺寸

英制代码	0402	0603	0805	1206	1210	2010	2512
公制代码	1005	1608	2012	3216	3225	5025	6432
实际尺寸/mm	1.0×0.5	1.6×0.8	2.0×1.2	3.2×1.6	3.2×2.5	5.0×2.5	6.4×3.2

4. 电容器的误差

电容器的误差是表示容值大小在允许偏差范围内均为合格品。常用的容值误差有 ±5%、±10%、±20%、±25%、−20% ~ +80% 等，分别用字母 J、K、M、H、Z 表示。通过元件误差的大小，可准确的判定其电容器的容量大小。如：104K 电容器表示容量 90 ~ 110 nF 为合格产品。104Z 表示容量 80 ~ 180 nF 为合格品。

5. 电容器的温度系数

电容器的温度系数分为 I 级与 II 级，其中 I 级的电容器又分为 8 级，II 级的电容器又分为 5 级，一般 I 级高于 II 级，前面的高于后面的。I 级电容器的温度系数如表 3.3.2 所示，II 级电容器的温度系数如表 3.3.3 所示。

表 3.3.2　I 级电容器的温度系数

温度系数符号	温度系数/（PPM°E^{-1}）	温度范围/℃
COG (NPO)	0 ± 30	−55 ~ 125
CH	0 ± 60	−25 ~ 85
PH (P2H)	−150 ± 60	−25 ~ 85

续表

温度系数符号	温度系数/（PPM°E^{-1}）	温度范围/℃
RH（R2H）	-220±60	-25~85
SH（S2H）	-330±60	-25~85
TH（T2H）	-470±60	-25~85
UJ（U2J）	-750±120	-25~85
SL	-1 000 至 350	20~85

表3.3.3　Ⅱ级电容器的温度系数

温度系数符号	电容变化量/%	温度范围/℃
X8R	±15	-55~150
X7R	±15	-55~125
X7S	±22	-55~125
Z5U	+22，-56	10~85
Y5V	+22，-82	-30~85

6. 电容器的耐压值

电容器的耐压值表示此电容器允许的工作电压，若超过此电压，将被击穿或损坏，影响其电路性能。不同介质的电容器其耐压不同，一般的耐压值有以下几种，如用数字、字母或代码表示对物料的描述，电容器耐压值的表示方法如表3.3.4所示。

表3.3.4　电容器耐压值的表示方法

字母代码	耐压值/V	字母代码	耐压值/V
G	4	D	20
J	6.3	E	25
A	10	V	35
C	16	H	50

例如，一种物料描述为：50 V　332±10%　X7R　0603，则表示此物料耐压值50 V、容量3 300 pF、误差为±10%（2 970~3 630 pF合格），温度系数：X7R（电容变化量±15% 温度范围-55 ℃~125 ℃）。外观尺寸：长×宽为1.6 mm×0.8 mm。

7. 表面贴装电容器的包装

表面贴装电容器的包装与贴片式电阻器包装方式相同，有散装和卷装两种。

3.4 表面贴装电感器

表面贴装电感器在电子电路中用 ⏚ 表示，以大写英文字母 L 代表，其基本单位为亨利（亨），符号为 H，平时常被称为磁珠，其外形与表面贴装电容器类似，但色泽较深，可用检测仪表区分，并测量其电感量。常用的换算单位有微亨（μH）、纳亨（nH）。换算关系为：1 H = 1 000 mH = 1 000 000 μH = 1 000 000 000 nH。

贴片电感器有线绕式和非线绕式（如多层片状电感）两大类，主要参数有尺寸、电感量、误差、包装方式等。

3.4.1 电感器的尺寸

电感器有不同结构、不同的电感量，其外观尺寸也不同，比较常见的多层片状电感器尺寸较小，同样有公制（单位为毫米）和英制（单位为英寸）两种尺寸代码，由四位数字组成，前两位数表示电感的长度，后两位数表示电感的宽度。电感器的尺寸如表 3.4.1 所示。

表 3.4.1 电感器的尺寸

英制代码	0402	0603	0805	1206
公制代码	1005	1608	2012	3216
实际尺寸/mm	1.0×0.5	1.6×0.8	2.0×1.2	3.2×1.6

3.4.2 电感量

电感器的结构及材料不同其电感量的范围也不同。例如使用材料代码为 A 的多层片状电感器，其电感量为 0.047~1.5 μH；而使用材料代码为 M 的多层片状电感器，其电感量为 2.2~100 nH。电感量的大小同贴片电阻器、电容器一样也由三位数字表示，单位为 μH。

例如，100 表示 10 μH，331 表示 330 μH，R15 表示 0.15 μH（其中 R 代表小数点），1R0 表示 1.0 μH。有时三位数字中出现 N 时，表示单位为 nH，同时 N 还表示小数点，如 47N 表示 47.0 nH = 0.047 μH。

3.4.3 电感器的频率特性

电感元件的频率特性的参数特别重要，目前一般将电感器按频率特性分为高频电感器和中频电感器两类。高频电感器的电感量较小，一般为 0.05~1 μH，而中频电感器的电感量范围较大。

3.4.4 电感器的误差

线绕式电感器的精度可以做得很高，有 G、J 级；而薄膜电感器、多层片状电感器的精度较低，一般为 K、M 级。常见的电感误差级别代码和误差值如表 3.4.2 所示。

表 3.4.2　常见的电感误差级别代码和误差值

级别	G	J	K	M	N	C	S	D
误差	±2%	±5%	±10%	±20%	±30%	±0.2 nH	±0.3 nH	±0.5 nH

贴片电感器（Chip inductors），也称为功率电感器、大电流电感器和表面贴装高功率电感器，具有小型化、高品质、高能量储存和低电阻等特性。

贴片电感器主要有 4 种类型，即绕线型、叠层型、编织型和薄膜片式电感器。常用的是绕线型和叠层型，前者是传统绕线电感器小型化的产物；后者则采用多层印刷技术和叠层生产工艺制作，体积比绕线型贴片电感器还要小，是电感元件领域重点开发的产品。

贴片电感器实物如图 3.4.1 所示。

图 3.4.1　贴片电感器实物

电感器外形如图 3.4.2 和图 3.4.3 所示。

电感器外形尺寸如表 3.4.3、表 3.4.4 所示。

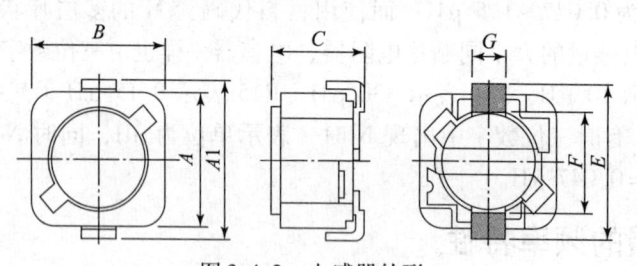

图 3.4.2　电感器外形

表 3.4.3　电感器外形尺寸　　　　　　　　　　　　　　　mm

型号 Part	A	$A1$	B	C	E	F	G
MS62	5.9±0.3	6.6±0.3	6.2±0.3	2.7±0.3	6.6±0.3	4.6±0.2	1.5±0.2

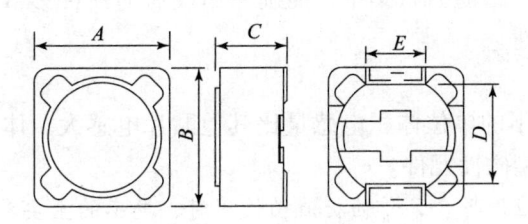

图 3.4.3　电感器外形

表 3.4.4　电感器外形尺寸　　　　　　　　　　　　　　mm

型号 Part	A	B	C	D	E
MS73	7.3 ±0.3	7.3 ±0.3	3.4 ±0.3	5.0	2.0
MS74	7.3 ±0.3	7.3 ±0.3	4.2 ±0.3	5.0	2.0
MS104	10.0 ±0.4	10.0 ±0.4	4.5 ±0.3	6.0	3.8

3.4.5　贴片电感器的特点

1. 绕线型电感器的特点

绕线型电感器电感量范围广，电感量精度高，损耗小（即 Q 值大），容许电流大、制作工艺继承性强、成本低等，但不足之处是进一步小型化方面受到限制。以陶瓷为芯的绕线型电感器在高频率能够保持稳定的电感量和相当高的 Q 值，因而在高频回路中占据一席之地。

2. TDK 型电感器

TDK 的 NL 系列电感器为绕线型，0.01～100 μH，精度 5%，高 Q 值，可以满足一般需求。

3. NLC 型电感器

NLC 型电感器适用于电源电路，额定电流可达 300 mA；NLV 型为高 Q 值，环保（再造塑料），可与 NL 互换；NLFC 有磁屏，适用于电源线。

4. 叠层型电感器

叠层型电感器具有良好的磁屏蔽性、烧结密度高、机械强度好，不足之处是合格率低、成本高、电感量较小、Q 值高。

它与绕线型贴片电感器相比有诸多优点：尺寸小，有利于电路的小型化；磁路封闭，不会干扰周围的元器件，也不会受临近元器件的干扰，有利于元器件的高密度安装；一体化结构，可靠性高；耐热性、可焊性好；形状规整，适合于自动化表面安装生产。

TDK 的 MLK 型电感器，尺寸小，可焊性好，有磁屏，采用高密度设计，单片式结构，可靠性高；MLG 型的感值小，采用高频陶瓷，适用于高频电路；MLK 型工作频率为 12 GHz，高 Q 值，低感值（1～22 nH）。

5. 薄膜片式电感器

薄膜片式电感器具有在微波频段保持高 Q 值、高精度、高稳定性和小体积的特性。其内电极集中于同一层面，磁场分布集中，能确保贴装后的器件参数变化不大，在 100 MHz 以上呈现良好的频率特性。

6. 编织型电感器

其特点是在 1 MHz 下的单位体积电感量比其他贴片电感大、体积小、容易安装在基片上，用作功率处理的微型磁性元件。

特别提示： 在功率应用场合，作为扼流圈使用时，电感的主要参数是直流电阻，额定电流和低 Q 值。

3.5 表面贴装二极管

二极管在电子线路中用字母 D 代表，它是有极性的器件。原则上有色点或色环标示端为负极，也可用万用表来测试判定。将万用表打到二极管测试挡，用两表笔分别接触二极管两端子，导通时，红色表笔接触的一端为二极管的负极，另一端为正极。在表面贴装生产中，常见的有玻璃二极管、塑封二极管和 SMD 二极管尺寸，如图 3.5.1 所示。

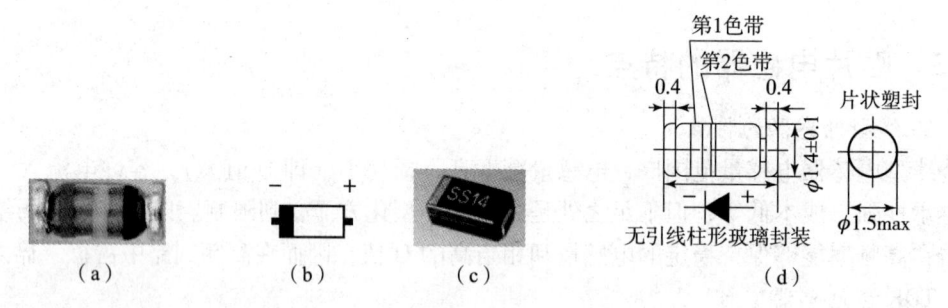

图 3.5.1　二极管极性与 SMD 二极管尺寸
(a) 玻璃二极管；(b) 二极管极性；(c) 塑封二极管；(d) SMD 二极管尺寸

3.5.1 二极管（DIODE）

目前比较常用的二极管主要有以下这些类型：

(1) IN4148、IN914、IN60 通常为玻璃管（小信号用）。

(2) IN750、IN751A、IN5235、BEX55C10、BZX85C6V8、3V9、6V8 等通常为有色玻璃管，印有编号（稳压用），称为稳压二极管。

(3) SMD 有无引线柱形玻璃封装和片状塑料封装两种二极管。无引线柱形玻璃封装二极管是将管芯封装在细玻璃管内，两端以金属帽为电极。常见的有稳压、开关和通用二极管，其功耗一般为 0.5~1 W。其外形尺寸有 $\phi 1.5$ mm × 3.5 mm 和 $\phi 2.7$ mm × 5.2 mm 两种。

(4) IN4001、IN4002、IN4004、IN4005、IN40070 等通常为黑色塑胶封二极管，印有编号（大电流用），称为整流子。

3.5.2　发光二极管（LED）

发光二极管通常作为指示灯、彩灯或小亮度照明（如手机按键）等用，在现实生活中应用广泛。根据所用材料的不同，发光二极管可以发出不同颜色的光，在其可以承受的电压范围内，施加不同的电压，其可发出不同亮度的光。常见贴片二极管的外形及电路符号如图3.5.2所示。

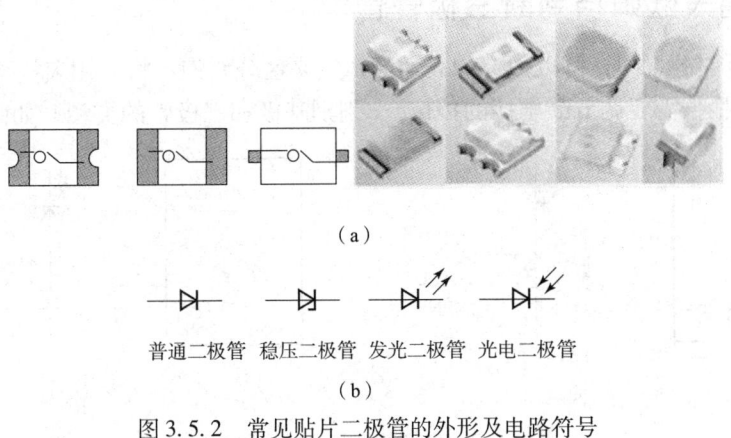

(a)

普通二极管　稳压二极管　发光二极管　光电二极管

(b)

图 3.5.2　常见贴片二极管的外形及电路符号
(a) 发光二极管的外形；(b) 二极管电路符号

3.6　表面贴装三极管

表面贴装三极管在电子线路应用中有 PNP 和 NPN 两种类型，常用字母 V、VD、Q 等表示。三极管是有极性的器件，贴装时方向要与 PCB 板丝印标识一致。为了区分各不同的型号类型，常在贴片三极管的表面丝印数字或者字母，在贴装和检查时，可根据其丝印判定型号类别。常见贴片三极管的外形和电路符号如图 3.6.1 所示。

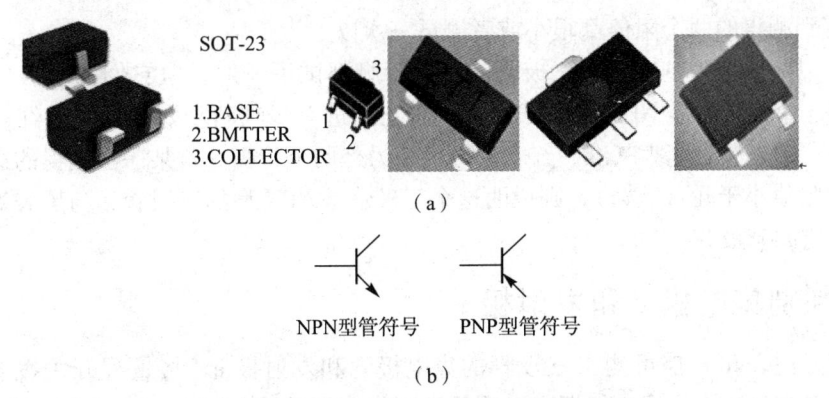

SOT-23
1.BASE
2.BMTTER
3.COLLECTOR

(a)

NPN型管符号　　PNP型管符号

(b)

图 3.6.1　常见贴片三极管的外形和电路符号
(a) 表面贴装三极管；(b) 电路符号

三极管依工作频率可分为：f_T > 3 MHz 为高频；

$\qquad f_T$ < 3 MHz 为低频。

三极管依工作功率可分：P_c > 1 W 为大功率；

$\qquad P_c$ 在 0.5～1 W 为中功率；

$\qquad P_c$ < 0.5 W 为小功率。

3.6.1 万用表欧姆挡判断三极管管型

根据等效电路的不同，可以用万用表的欧姆挡来区分它们：将万用表拨至适当的欧姆挡（测量过程中，根据需要调节欧姆挡的挡位），判别基极和三极管的类型，如图 3.6.2 所示。

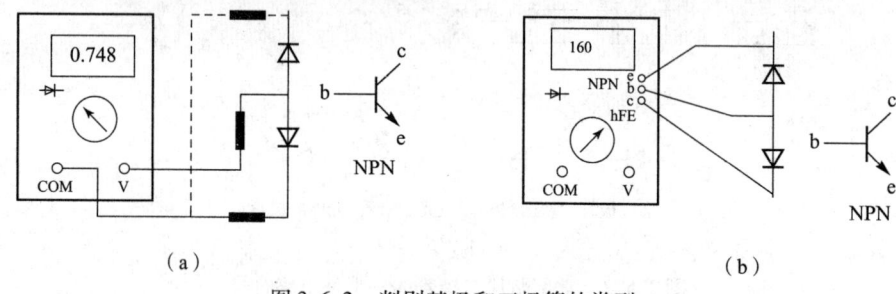

图 3.6.2 判别基极和三极管的类型
(a) 判别基极和类型；(b) 判别集电极 c 和发射极 e

（1）将万用表的红表笔接三极管的某一管脚，黑表笔先后分别接另外两个管脚，可测得两个阻值。

（2）若这两个值都很小（即阻值小于几百欧），则说明这个三极管是 PNP 型的三极管，与红表笔相接触的那个管脚是它的基极 b，对它的进一步判断：将红、黑表笔对调一下，即将黑表笔接触基极 b，红表笔先后接另外两个管脚，重复测量一次，若测得的两个阻值均很大，则说明此三极管就是 PNP 型的三极管，且红、黑表笔对调后，与黑表笔相接触的那个管脚就是它的基极 b，这就证明了原来判断是正确的。

（3）直到测得的两个阻值都很小或者测试三次以上为止。

（4）若以红表笔为基准，把三极管的三个管脚都试了一遍，但它们都不满足步骤的条件，则说明这个三极管是 NPN 型的三极管。对它的进一步判断步骤如下：把红、黑表笔位置对调一下，即以黑表笔为基准，红表笔分别接另外两个管脚。若某一次测得的这两个阻值都很小（即阻值小于几百欧姆），则说明这个三极管是 NPN 型的三极管，与黑表笔相接触的那个管脚是它的基极 b。

3.6.2 判别集电极 c 和发射极 e

用数字万用表 hFE 挡可测出三极管的集电极 c 和发射极 e。将量程开关拨至"hFE"，此时红、黑两表笔不起作用，根据三极管的类型将三极管的 e、b、c 的三个脚插入 e、b、c 三个孔中，若屏幕显示大于 100 以上，则说明管子插入正确，若显示只有几十则说明管子引脚插错了孔，需重新测试。测试方法如图 3.6.2（b）所示。

3.7　表面组装集成电路

集成电路（integrated circuit）是一种微型电子器件或部件。采用一定的工艺，把一个电路中所需的晶体管、二极管、电阻、电容和电感等元件及布线互连一起，制作在一小块或几小块半导体晶片或介质基片上，然后封装在一个管壳内，成为具有所需电路功能的微型结构；其中所有元件在结构上已组成一个整体，这样，整个电路的体积大大缩小，且引出线和焊接点的数目也大为减少，从而使电子元件向着微小型化、低功耗和高可靠性方面迈进了一大步。它在电路中用字母"IC"（也有用文字符号"N"等）表示。

SK-DIP 窄型双列直插式封装，除了芯片的宽度是 DIP 的 1/2 以外，其他特征与 DIP 相同。PGA 针栅阵列插入式封装，底面垂直阵列布置引脚插脚，如同针栅状，插脚节距为 2.54 mm 或 1.27 mm，插脚数量多达数百。其用于高速大规模和超大规模集成电路中。

S-DIP 收缩双列直插式封装，其引脚排列在芯片两侧，引脚节距为 1.778 mm，芯片集成度要高于 DIP。

SOP 小型封装，其引脚端子从封装的两个侧面引出，呈"L"状。引脚间的节距 1.27 mm。MSP 微方型封装，也叫 QFI，引脚端子从封装的四个侧面引出，呈"I"形向下方延伸，没有向外突出的部分，安装占用面积小，引脚节距为 1.27 mm。

QFP 四方扁平封装，引脚端子从封装的两个侧面引出，呈"L"形，引脚节距为 1.0 mm、0.8 mm、0.65 mm、0.5 mm、0.4 mm、0.3 mm，引脚可达 300 脚以上。

SVP 表面安装型，垂直封装。引脚端子从封装的一个侧面引出，引脚在中间部位弯成直角，弯曲引脚的端部与 PCB 键合，为垂直安装的封装。其安装占用面积很小，引脚节距为 0.65 mm、0.5 mm。

TCP 带载封装，在形成布线的绝缘带上搭载裸芯片，并与布线相连接的封装。与其他表面贴装型封装相比，芯片更薄，引脚节距更小，达 0.25 mm，而引脚数可达 500 针以上。

CSP 芯片级封装，一种超小型表面贴装型封装，其引脚也是球形端子，节距为 0.8 mm、0.65 mm、0.5 mm 等。

集成电路品种繁多，部分集成电路实物如图 3.7.1 所示。

图 3.7.1　集成电路实物

1. 集成电路（IC）的分类

IC 根据其不同的封装方式分为很多种类型，最常见的类型有以下几种：

（1）SOP 只在 IC 对称的两边有"L"形脚。

（2）SOJ 只在 IC 对称的两边有"J"形脚。

（3）PLCC 在 IC 的四边有"J"形脚。

（4）QFP 在 IC 的四边有"L"形脚。

（5）BGA 引脚在集成电路底部以"球形阵列式"排部。

2. 集成电路（IC）管脚方向的辨认

集成电路（IC）都会标示出方向点，根据方向点，判定出 IC 第一只脚所在位置，其方法为：正放 IC 芯片，在 IC 芯片的边角会有缺口、凹坑、白条线、圆点等标识，标识的左下角第一引脚即为集成电路的第 1 只脚，再以逆时针方向依次计为第 2、3、4…引脚。在贴装 IC 芯片时，必须确保其第一引脚与 PCB 上相应丝印标识（斜口、圆点、圆圈或"1"）保持对应，而且要保证各引脚在同一平面，无损伤变形的现象。集成电路（IC）的方向如图 3.7.2 所示。

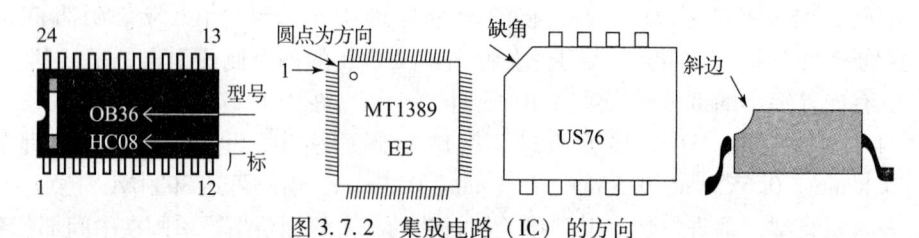

图 3.7.2 集成电路（IC）的方向

3. 集成电路（IC）的命名方法

通常采用"类型 + PIN 脚数"的格式命名，如：SOP14PIN、SOP16PIN、SOJ20PIN、QFP100PIN、PLCC44PIN 等。

3.8 三端稳压器

三端稳压器是一种直到临界反向击穿电压前都具有很高电阻的半导体器件，如图 3.8.2 所示。稳压管在反向击穿时，在一定的电流范围内（一定功率损耗范围内），端电压几乎不变，稳压特性较好，用于稳压电源与限幅电路中。

1. 三端稳压器的分类

三端稳压管，主要有两种：一种输出电压是固定的，称为固定输出三端稳压管；另一种输出电压是可调的，称为可调输出三端稳压管。

2. 三端稳压器的原理

因为固定三端稳压器属于串联型稳压电路，因此它的原理等同于串联型稳压电路。

三端稳压器一般用于直流电路，起到降压、稳压的作用。在线性集成稳压器中，由于三端稳压器只有三个引出端子，有外接元件少、使用方便、性能稳定、价格低廉等优点，因而得到广泛应用。常用的 78 系列和 79 系列，78 系列都是正电压输出，79 系列都是负电压输出，输入电压一般不要太大，低于 36 V。78、79 后面经常出现 L 或 H 或空白代表额定电流，如 78L12 代表输出 +12 V 0.5 A 的电压。接线：字面向自己时，最左边是 1 脚，中间是 2 脚，最右边是 3 脚。接线时 1 脚接电压输入，2 脚接 C 端，3 脚接输出端。具体使用须根据电路要求选择型号与规格。串联稳压电源电路，要求调整管处在放大状态。通过调整管的电流等于负载电流，选择合适的大功率管作调整管用，并根据功率大小，安装散热片。为了防止短路或长期过载烧坏调整管，在直流稳压器中设短路保护电路和过载保护电路。

三端稳压器的通用产品有正电源 78 系列、负电源 79 系列，三端稳压器的具体型号后面两个数字代表输出电压，有 5 V、6 V、8 V、9 V、12 V、15 V、18 V、24 V 等挡位。输出电流以 78 或 79 后面的字母来区分，L 表示 0.1；AM 表示 0.5 A，无字母表示 1.5 A，如 78L05 表示 5 V、0.1 A。三端稳压器如图 3.8.1 所示，SOT-89-3L 接线方法如图 3.8.2 所示。

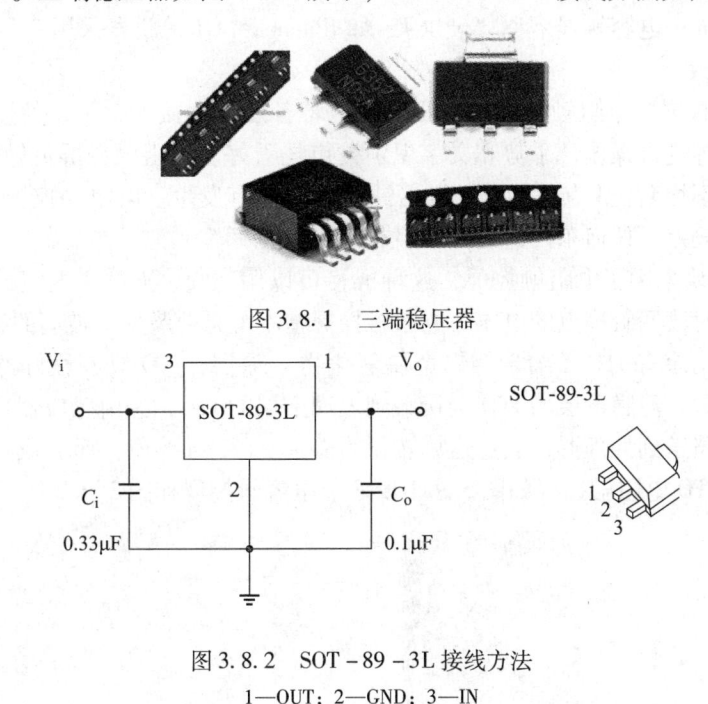

图 3.8.1　三端稳压器

图 3.8.2　SOT-89-3L 接线方法
1—OUT；2—GND；3—IN

3.9　手机液晶屏与触控屏（Touch panel）

触控屏（Touch panel）又称为触控面板，是可接收触头等输入信号的感应式液晶显示装置，当接触了屏幕上的图形按钮时，屏幕上的触觉反馈系统可根据预先编程的程序驱动各种连接装置，可用以取代机械式的按钮面板，并由液晶显示画面制造出生动的影音效果。

3.9.1　触控屏的分类

1. 主要类型

触控屏分为电容式和电阻式两类。电容触控屏的原理是把人体当作一个电容器的电极使用，当导体靠近与夹层 ITO 工作面之间耦合出足够量电容值时（接触手指与屏幕形成电容），手指和屏幕之间的电容改变而获得触摸信息。电阻触控屏是薄膜加上玻璃的结构，当触摸时，薄膜下层的 ITO 会接触到玻璃上层的 ITO，手指按压屏幕，双层屏幕间距离改变，导致屏幕电阻值改变，经由感应器传出一个信息，再从控制器送到计算机端，由驱动程序转化到屏幕上的 X、Y 值，而完成点选的动作，并呈现在屏幕上。电阻触控屏在工作时每次只能判断一个触控点，如果触控点在两个以上，就不能做出正确的判断了，所以电阻触控屏仅适用于点击、拖拽等一些简单动作的判断。而电容触控屏的多点触控，则可以将用户的触摸分解为采集多点信号及判断信号意义两个工作，完成对复杂动作的判断，这也是现在大部分手机上使用电容触控屏的原因。

目前流行的触控屏多数都为 lens 屏，就是纯平电阻屏和镜面电容屏，诺基亚多数选用的是电阻屏，iPhone 选用的是是电容屏。电阻触屏俗称"软屏"，多数 Windows Mobile 系统的手机是电阻触屏；电容触屏俗称"硬屏"，如 iPhone 和 G1 等机器采用。

2. 触摸敏感度

（1）电阻触控屏。电阻触控屏需用压力使屏幕各层产生接触，可以使用手指或戴上手套、指甲、触笔等进行操作，手势和文字识别被市场看好。电阻触控屏灵敏度不容易调整，容易出现灵敏度不均衡，A 点灵敏，B 点迟钝的现象常有发生。电阻触控屏干扰能力较弱，防止误动作能力较差，任何东西碰到都会引起动作。

很多 LCD 模块采用了电阻触控屏，这种屏幕可以用四线、五线、七线或八线来产生屏幕偏置电压，同时读回触摸点的电压。电阻触控屏基本上是薄膜加上玻璃的结构，薄膜和玻璃相邻的一面上均涂有 ITO（纳米铟锡金属氧化物）涂层，ITO 具有很好的导电性和透明性。当触摸操作时，薄膜下层的 ITO 会接触到玻璃上层的 ITO，经由感应器传出相应的电信号，经过转换电路送到处理器，通过运算转化为屏幕上的 X、Y 值，而完成点选的动作，并呈现在屏幕上。ITO 电阻触控屏如图 3.9.1 所示。电容触控屏如图 3.9.2 所示。

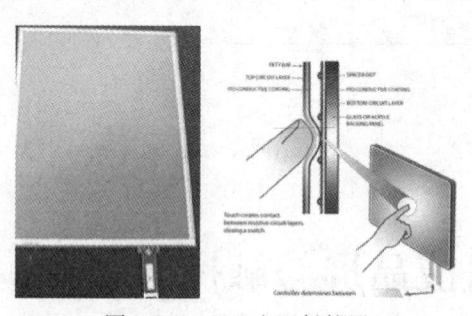

图 3.9.1　ITO 电阻触控屏

图 3.9.2　电容触控屏

(2) 电容触控屏。手机的发展趋势是采用电容屏，人体手指是自带电的，所以表层最细微的接触可以激活屏幕下方的电容感应系统，非生命物体、指甲及手套使用无效，并且手写识别较困难。

3. 精度

(1) 电阻触控屏精度至少达到单个显示像素，用触笔时可看出来，便于手写识别，有助于在使用小控制元素的界面下进行操作。

(2) 电容触控屏理论精度可以达到几个像素，但实际上会受手指接触面积限制，以至于用户难以精确点击小于 1 cm² 左右的目标。

4. 故障液晶屏的检查

液晶屏在制造过程时，产生了不可修复的像素，如液晶屏本身不发光，或只会发出单一颜色的光，该现象称为坏点。坏点的数量应该越少越好，因为，这是衡量液晶屏质量的重要指标。未拆封的触控液晶屏如图 3.3.3 所示。

在检查的时候，需要将屏幕调整为不同颜色后，仔细观察，不能只看黑白两个画面。如果发现有的点不发光或持续发光，将该点标记为坏点。

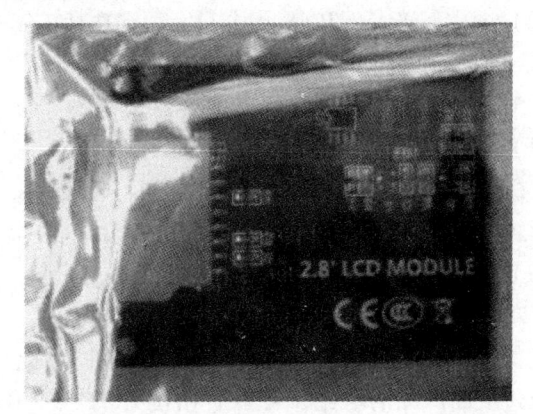

图 3.9.3 未拆封的触控液晶屏

手机液晶屏有串行接口和并行接口显示电路，如果控制信号有故障，则手机出现液晶屏不显示或显示信号不全等故障。检测时，要通过对各控制信号的波形进行分析和判断。

信号在手机开机后会显示内容的变化，一般情况下都能测量到。如没有波形出现，说明显示控制电路或软件部分发生故障。

如果液晶屏出现黑屏（此时的对比电压不正常），即对比电压过深。如果显示屏出现白屏，则对比电压过浅，即不显示等故障。这些都要通过测量 LCD 的电压，重新写入软件后，进行电路的分析和修理。黑白故障液晶屏如图 3.9.4 所示。

对于并行接口的显示屏，当出现了对比度不正常

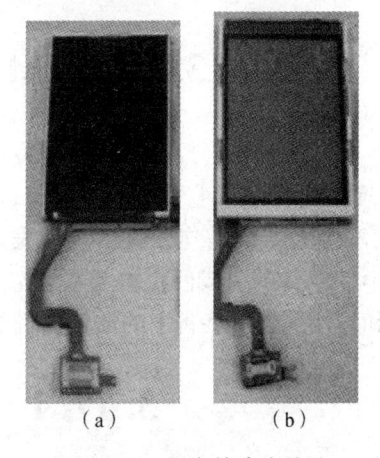

(a)　　　(b)

图 3.9.4 黑白故障液晶屏
(a) 黑屏故障；(b) 白屏故障

时，就要注意和显示屏相连的几个电容有没有失效，当这些电容有问题时，会影响到对比度的显示。

3.10 表面组装器件的规格

"表面组装元件/表面组装器件"的英文是 Surface Mounted Components/Surface Mounted Devices，缩写为 SMC/SMD（以下称 SMC/SMD）。表面组装元件也称片式元件、片状元件、表面贴装元件。表面组装元器件是指外形为矩形片式、圆柱形或异形，其焊端或引脚制作在同一平面内并适用于表面组装的电子元器件。不同厂家的电阻、电容型号、规格会有所不同，如日本和我国在 1/8 W 560 Ω±5% 的陶瓷电阻器的型号、规格的表示方法就有所不同。

1. 电阻型号、规格表示方法

以 1/8 W 560 Ω±5% 电阻器为例。

（1）日本某公司产品：RX、尺寸 39、外观 I、特性 G、标称阻值 561、阻值误差 J、包装形式 TA 的产品。

（2）国内某产品：R、尺寸 11、额定功耗 1/8、标称阻值 561、阻值误差 J。

2. 电容型号、规格表示方法

以 100P±5% 50 V 的瓷介电容器为例。

（1）日本某公司产品：

电极结构为 GRM、尺寸 4F6、温度特性 COG、标称容值 101、容量误差 J、耐压 50P、包装形式 T 的产品。

（2）国内产品：

CC41	03	CH	101	J	50	T
瓷料类型	尺寸	温度特性	极性标称容值	容量误差	耐压	包装形式

通过上面产品的对比，可以看出国外的器件生产规格和国内各厂家产品规格是不统一的，使用时一定要选好封装和尺寸，否则就无法按时完成设计和贴装任务。

3.11 SMT 元器件的要求与发展

窄间距技术（FPT）是 SMT 发展的必然趋势，而 FPT 是指将引脚间距为 0.3~0.635 mm 的 SMD 和长×宽小于等于 1.6 mm×0.8 mm 的 SMC 组装在 PCB 上的技术。目前、计算机、通信、航空航天等电子技术飞速发展，促使半导体集成电路的集成度越来越高，SMC 越来越小，SMD 的引脚间距也越来越窄。目前，0.635 mm 和 0.5 mm 引脚间距的 QFP 已成为工业和军用等电子装备中的通信器件和常用器件。

3.11.1 SMT 工艺组装分类

按组装方式，SMT 可分为全表面组装、单面混装、双面混装三种方式，如表 3.11.1 所示。

表 3.11.1 SMT 工艺组装分类

组装方式		示意图	电路基板	元器件	特征
单面混装	SMD 和 THC 都在 A 面		单面 PCB	表面组装元器件、插装元器件	先贴后插
	THC 在 A 面 SMD 在 B 面		双面 PCB	表面组装元器件、插装元器件	PCB 成本低，适合先贴后插
双面混装	THC 在 A 面，A、B 两面都有 SMD		双面 PCB	表面组装元器件、插装元器件	高密度组装用
	两面都有 SMD 和 THC 元器件		双面 PCB	表面组装元器件、插装元器件	工艺复杂不建议用
全表面组装	单面表面组装		单面 PCB	表面组装元器件	用于小型、薄型简单电路
	双面表面组装		双面 PCB	表面组装元器件	用于薄型高密度组装

3.11.2 表面组装元器件的包装选择与使用

表面组装元器件的包装形式直接影响组装生产的效率，必须结合贴装机送料器的类型和数目进行优化设计。表面组装元器件的包装类型有编带包装、管装、托盘包装和散装。本文主要介绍编带包装。

编带包装（Tape）所用的编带主要有纸编带、塑料编带和黏结式编带三种。纸编带主要用于包装片式电阻、电容，宽度为 8 mm。塑料编带用于包装各种片式无引线元件、复合元件、异型元件、SOT、SOP、小尺寸 QFP 等片式元器件。黏结式编带主要用来包装 SOP、片式电阻网络、延迟线、片式振子等外形尺寸较大的片式元器件。

纸编带由基带、纸带和盖带三部分组成，是使用较多的一种编带。带上的小圆孔是进给定位孔，间距通常为 4 mm。矩形孔是片式元件的承料腔，其尺寸由元件外形尺寸而定。

1.0 mm×0.5 mm 以下的小元件的元件间距为 2 mm，0603 及以上元件间距为 4 mm，图 3.11.1 所示为 0805、1206、LED 及元件编带。

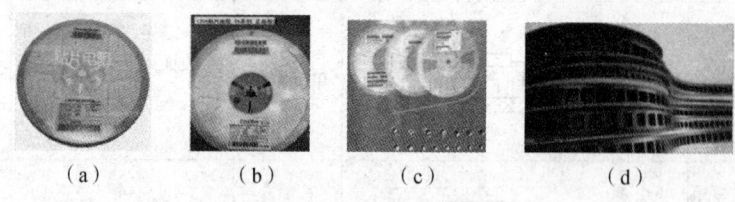

(a)　　　　　(b)　　　　　(c)　　　　　(d)

图 3.11.1　元件及元件编带
(a) 0805；(b) 1206；(c) LED；(d) 元件编带

3.11.3　SMT 等元器件的尺寸发展

（1）SMC 片式元件属于小、薄型器件。元件尺寸从 1206（3.2 mm×1.6 mm）向 0805（2.0 mm×1.25 mm）、0603（1.6 mm×0.8 mm）、0402（1.0 mm×0.5 mm）、0201（0.6 mm×0.3 mm）尺寸发展。

（2）SMD 表面组装器件向小型、薄型和窄引脚间距靠拢。引脚中心距从 1.27 mm 改为 0.635 mm、0.5 mm、0.4 mm 及 0.3 mm。

（3）BGA（球栅阵列 ball grid array）、CSP 和 FILP CHIP（倒装芯片）已使用新的封装形式。

由于 QFP（四边扁平封装器件）受到 SMT 工艺的限制，0.3 mm 的引脚间距已经是极限值。而 BGA 的引脚是球形的，均匀地分布在芯片的底部。BGA 和 QFP 相比其优点首先是 I/O 数的封装面积比高，节省了 PCB 面积，提高了组装密度。其次是引脚间距较大，有 1.5 mm、1.27 mm 和 1.00 mm，减少了组装难度，使加工窗口变得更大，更容易加工。如，31 mm×31 mm，BGA 引脚间距为 1.5 mm 时，有 400 个焊球（I/O）；引脚间距为 1.0 mm 时，有 900 个焊球（I/O）。同样是 31 mm×31 mm 的 QFP-208，引脚间距为 0.5 mm 时，只有 208 个引脚。元件的名称与尺寸如表 3.11.2～表 3.11.4 所示。

表 3.11.2　元件的名称与尺寸

外形尺寸/mm			公制名称	英制名称	日本
长	宽	厚			
1.0	0.5	0.35	1005	0402	
1.6	0.8	<1.0	1608	0603	1 型
2.0	1.25	<1.25	2012	0805	2 型
3.2	1.6	<1.45	3216	1206	3 型
3.2	2.5	<1.5	3225	1210	4 型
4.5	3.2	<2.0	4532	1812	5 型
5.7	5.0	<2.0	5750	2220	6 型

表 3.11.3　元件的名称与尺寸

序号	英制名称	长(L)×宽(W)/(mm×mm)	公制(M)名称	长(L)×宽(W)/(mm×mm)
1	01005	0.016×0.008	0402M	0.4×0.2
2	0201	0.024×0.012	0603M	0.6×0.3
3	0402	0.04×0.02	1005M	1.0×0.5
4	0603	0.063×0.031	1608M	1.6×0.8
5	0805	0.08×0.05	2012M	2.0×1.25
6	1206	0.126×0.063	3216M	3.2×1.6
7	1210	0.126×0.10	3225M	3.2×2.5
8	1808	0.18×0.08	4620M	4.6×2.0
9	1812	0.18×0.12	4530M	4.6×3.0
10	2220	0.22×0.20	5750M	5.5×5.0
11	2512	0.25×0.12	6330M	6.3×3.0

表 3.11.4　元件的名称及特别尺寸

序号	英制名称	长(L)×宽(W)/(mm×mm)	公制(M)名称	长(L)×宽(W)/(mm×mm)
1	0306	0.031×0.063	0816M	0.8×1.6
2	0508	0.05×0.08	0508M	1.25×2.0
3	0612	0.063×0.12	0612M	1.6×3.0

元器件具体使用时，要求认真对比和查询。

3.12　表面组装工艺材料

表面组装工艺的材料主要有贴片胶、焊料、助焊剂、焊膏、清洗剂等。

3.12.1　焊膏的分类、组成

焊膏是由合金粉末和糊状助焊剂均匀混合成的膏状焊料，是表面组装再流焊工艺必备的材料。

1. 焊膏的分类

(1) 按合金粉末的成分可分为：有铅和无铅、含银和不含银焊膏。

(2) 按合金熔点可分为：高温、中温和低温焊膏。

(3) 按合金粉末的颗粒度可分为：一般间距和窄间距焊膏。

(4) 按焊剂的成分可分为：免清洗、溶剂清洗和水清洗焊膏。

(5) 按松香活性分为：R（非活性）、RMA（中等活性）、RA（全活性）焊膏。

(6) 按黏度可分为：印刷用和滴涂用焊膏。

2. 焊膏的组成

合金粉末是焊膏的主要成分，合金粉末的组分、颗粒形状和尺寸是决定膏特性以及焊点质量的关键因素。常用焊膏的金属组分为 Sn63Pb37 和 Sn62Pb36Ag2。合金粉末的成分和配比是决定焊膏熔点的主要因素；合金粉末的形状、颗粒度直接影响焊膏的印刷性和黏度；合金粉末的表面氧化程度对焊膏的可焊性能影响很大，合金粉末表面氧化物含量应小于 0.5%，最好控制在 80 ppm 以下；合金粉末中的微粉是产生焊料球的因素之一，微粉含量应控制在 10% 以下。

3. 焊剂

焊剂是净化金属表面、提高润湿性、防止焊料氧化和保证焊膏质量以及优化工艺的关键材料。焊膏的组成与功能如表 3.12.1 所示。

表 3.12.1 焊膏的组成与功能

组成		功能
合金粉末		元器件和电路的机械和电气连接
焊剂	活化剂	元器件和电路的机械和电气连接
	黏结剂	提供贴装元器件所需的黏性
	润湿剂	增加焊膏和被焊件之间的润湿性
	溶剂	调节焊膏特性
	触变剂	改善焊膏的触变性
	其他添加剂	改进焊膏的抗腐蚀性、焊点的光亮度及阻燃性能等

常用焊锡膏的金属组分、熔化温度与用途如表 3.12.2 所示。

表 3.12.2 常用焊锡膏的金属组分、熔化温度与用途

金属组分	熔化温度/℃ 液相线	熔化温度/℃ 固相线	用途
Sn63Pb37	183	共晶	适用于普通表面组装板，不适用于含 Ag、Ag/Pa 材料电极的元器件
Sn60Pb40	183	188	适用于普通表面组装板，不适用于含 Ag、Ag/Pa 材料电极的元器件
Sn62Pb36Ag2	179	共晶	适用于含 Ag、Ag/Pa 材料电极的元器件（不适用于水晶板）
Sn10Pb88Ag2	268	290	适用于耐高温元器件及需要两次再流焊表面组装板的首次再流焊（不适用于水晶板）
Sn96.5Ag3.5	221	共晶	适用于要求焊点强度较高的表面组装板的焊接（不适用于水晶板）
Sn42Bi58	138	共晶	适用于热敏元器件及需要两次再流焊表面组装板的第二次再流焊

常用的合金粉末颗粒尺寸分为四个类型，对窄间距元器件，一般选用 25～45 μm。焊锡膏有四种粒度的等级，如表 3.12.3 所示。合金粉末颗粒形状有球形和不定型（针状、棒状）。合金粉末表面氧化物含量应小于 0.5%，操作时要控制在 80 ppm 以下。

表 3.12.3 四种粒度等级的焊锡膏

	80%以上的颗粒尺寸/μm	大颗粒要求	微粉颗粒要求
1型	75~150	>150 μm 的颗粒应少于 1%	<20 μm 微粉颗粒应少于 10%
2型	45~75	>75 μm 的颗粒应少于 1%	
3型	20~45	>45 μm 的颗粒应少于 1%	
4型	20~38	>38 μm 的颗粒应少于 1%	

不同的焊剂成分可配制成免清洗、有机溶剂清洗和水清洗不同用途的焊膏。焊剂的组成对焊膏的润湿性、坍落度、黏度、可清洗性、焊料球飞溅及储存寿命等都有较大的影响。

4. 合金粉末与焊剂含量的配比

合金粉末与焊剂含量的配比是决定焊膏黏度的主要因素之一。合金粉末的含量高，黏度就大；焊剂百分含量高，黏度就小。一般合金粉末质量百分比含量为 75%~90.5%。免清洗焊膏以及模板印刷用焊膏的合金含量高一些，为 90% 左右。

5. 焊膏的技术要求

（1）焊膏的合金组分尽量达到共晶或近共晶，要求焊点强度较高，并且与 PCB 镀层、元器件端头或引脚可焊性要好。

（2）在储存期内，焊膏的性能应保持不变。

（3）焊膏中的合金粉末与焊剂不分层。

（4）室温下连续印刷时，要求焊膏不易干燥，印刷性、滚动性好。

（5）焊膏黏度要满足工艺要求，既要保证印刷时具有优良的脱模性，又要保证良好的触变性（保形性），印刷后焊膏不坍落。

（6）合金粉末颗粒度要满足工艺要求，合金粉末中的微粉少，焊接时起球少。

（7）再流焊时润湿性好，焊料飞溅少，形成最少量的焊料球。

3.12.2 焊膏的选择依据及管理使用

焊膏的选择要根据产品本身价值和用途，高可靠性的产品需要高质量的焊膏。

（1）根据产品的组装工艺、印制板和元器件来选择焊膏的合金组分，如常用的焊膏合金组分：Sn63Pb37 和 Sn62Pb36Ag2。

（2）钯金或钯银厚膜端头和引脚可焊性较差的元器件应选样含银焊膏。水晶板则不要选择含银的焊膏。水晶板是用 PVC 材料制作而成的板材，通常为透明色，类似于亚克力板。

水晶板是新一代高科技产品，它取代了传统玻璃（笨重易碎、伤人等缺点），水晶板的优点很多。

（3）根据产品（印制板）对清洁度的要求以及焊后不同的清洗工艺来选择焊膏。

①采用免清洗工艺时，要选用不含卤素和强腐蚀性化合物的免清洗焊膏。

②采用溶剂清洗工艺时，要选用溶剂清洗型焊膏。

③采用水清洗工艺时，要选用水溶性焊膏。

④BGA、CSP一般都需要选用高质量的免清洗型含银焊膏。

（4）根据PCB和元器件存放时间和表面氧化程度来选择焊膏的活性。

①一般采KJRMA级。

②高可靠性产品、航天和军工产品可选择R级。

③PCB、元器件存放时间长，表面严重氧化，应采用RA级，焊后清洗。

（5）根据PCB的组装密度（有无窄间距）来选择合金粉末颗粒度。

（6）根据施加焊膏的工艺以及组装密度选择焊膏的黏度，高密度印刷要求高黏度，滴涂要求低黏度。

（7）焊膏的管理和使用。焊膏必须储存在5 ℃～10 ℃的条件下。使用前一天从冰箱取出焊膏（至少提前2 h），待焊膏到室温后才能打开容器盖，防止水汽凝结。采用焊膏搅拌机时，15 min即可回到室温。使用前用不锈钢搅拌棒将焊膏搅拌均匀。添加完焊膏后，应盖好容器盖。免清洗焊膏不得回收使用，如果印刷间隔超过1 h，须将焊膏从模板上拭去，同时将焊膏存放到当天使用的容器中。

印刷后尽量在4 h内完成再流焊。免清洗焊膏修板后不能用酒精擦洗。需要清洗的产品，再流焊后应在当天完成清洗。印刷焊膏和贴片胶时，要求拿PCB的边缘或带指套，以防污染PCB。

（8）对无铅焊料的要求。

①无铅焊料的熔点要低，合金共晶温度近似于Sn63/Pb37的共晶温度183 ℃，为180 ℃～220 ℃。

②无毒或毒性很低，所选材料现在和将来都不会污染环境。

③热传导率和导电率要与Sn63/Pb37的共晶焊料相当，具有良好的润湿性。

④机械性能良好，焊点要有足够的机械强度和抗热老化性能。

⑤要与现有的焊接设备和工艺兼容，可在不更换设备不改变现行工艺的条件下进行焊接。焊接后对各焊点进行检修。

⑥成本要低，所选的材料能保证充分供应。

可替代Sn/Pb焊料的无毒合金是Sn基合金，以Sn为主，添加Ag、Zn、Cu、Sb、Bi、In等金属性能，提高可焊性。而无铅焊料主要是以Sn - Ag、Sn - Zn、Sb、Bi为基体，添加适量的其他金属元素组成的三元合金和多元合金。

Sn - Ag系焊料具有优良的机械性能、拉伸强度、蠕变特性，但耐热老化比Sn - Pb共晶焊料稍差，无延展性随时间加长而劣化的问题；Sn - Ag系焊料的主要缺点是熔点偏高，比Sn - Pb共晶焊料高30 ℃～40 ℃，润湿性差，成本偏高。

Sn - Zn系焊料的机械性能好，拉伸强度比Sn - Pb共晶焊料好，可拉制成丝材使用；具有良好的蠕变特性，变形速度慢，至断裂时间长；缺点是Zn极易氧化，润湿性和稳定性差，具有腐蚀性。

Sn - Bi系焊料以Sn - Ag（Cu）系合金为基体，添加适量的Bi组成的合金焊料；其优点是降低了熔点，使其与Sn - Pb共晶焊料相近；蠕变特性好，并增大了合金的拉伸强度；其缺点是延展性变坏，变得硬而脆，加工性差，不能加工成线材使用。SN3.2Ag - 0.5Cu是目前应用最多的无铅焊料,其熔点为 217 ℃ ~218 ℃。

(9) 无铅焊接存在的问题。

要求元件体耐高温,而且无铅化,即元件的焊接端头和引出线也要采用无铅镀层。要求 PCB 基材耐更高温度,焊后不变形,焊盘表面镀层无铅化,与组装焊接用的无铅焊料兼容,要低成本。

要开发新型的润湿性更好的助焊剂,要与预热温度和焊接温度相匹配,而且要满足环保要求。

3.12.3 SMT 贴片胶

红胶为红色膏体中均匀地分布着硬化剂、颜料、溶剂等的黏结剂,主要用于将元器件固定在印制板上,一般用点胶或钢网印刷的方法来分配。贴上元器件后放入烘箱或再流焊机加热硬化。它与所谓的焊膏不一样,经过加热硬化后,再加热也不会熔化,也就是说,贴片胶的热硬化过程是不可逆的。SMT 贴片胶的使用效果会因热固化条件、被连接物、所使用的设备、操作环境的不同而有差异,使用时要根据生产工艺来选择贴片胶。贴片红胶具有黏度流动性、温度特性、润湿特性等。根据红胶的这些特性,生产中用红胶使零件牢固地粘贴于 PCB 表面,防止元件掉落。

注意:印刷机或点胶机上需要使用红胶时,要事先将红胶放于冰箱内(5 ℃ ±3 ℃)冷藏储存,可保持贴片胶的品质。

使用前从冰箱中取出红胶,应放在室温下回温。使用时要用甲苯或醋酸乙酯将胶管清洗干净后,才能使用。

1. 点胶

点胶是利用压缩空气,将红胶透过专用点胶头点到基板上,胶点的大小、多少,由时间、压力管直径等参数来控制,点胶机具有灵活的功能。对于不同的零件,使用不同的点胶头,通过设定参数来改变,也可以改变胶点的形状和数量,达到点胶的效果,整个操作过程方便、灵活、稳定。其缺点是容易有拉丝和气泡等现象。使用时可以对作业参数、速度、时间、气压、温度进行调整,尽量减少缺点的产生。

2. 操作中会有的典型固化条件

(1) 固化温度越高固化时间就越长,黏结强度就越强。

(2) 由于贴片胶的温度会随着基板零件的大小和贴装位置的不同而变化,通过多次操作后,找出最合适的硬化条件(固化温度及固化时间)。

(3) 固化时间:100 ℃ 为 5 min、120 ℃ 为 150 s 或 150 ℃ 为 60 s。回流焊温度如表 3.12.4 所示。实际操作时要根据仪器的使用说明和参数来设置。

表 3.12.4 回流焊温度

1~2 温区	3~4 温区	5~6 温区	7~8 温区
120 ℃ ~140 ℃	150 ℃ ~155 ℃	160 ℃ ~170 ℃	140 ℃ ~150 ℃

全程 3.5 ~5 min

实际生产过程中，整个加热时间要比表3.12.4中设置的长一些，因为有一段预热时间。红胶在室温下可储存7天，在低于5℃时储存大于6个月，在5℃~25℃可储存大于30天。

提示：如果采用钢网印刷，钢网刻孔要根据零件的类型和基材的性能来决定其厚度和孔的大小及形状。钢网印刷优点是速度快、效率高。

3.12.4 助焊剂

助焊剂是清除焊料和被焊材料表面的氧化物，使金属表面达到必要的清洁度。它防止焊接时表面的再次氧化，降低焊料表面张力，提高焊接性能。助焊剂性能的优劣，直接影响电子产品的质量。

免洗助焊剂主要原料有有机溶剂、松香树脂及其衍生物、合成树脂表面活性剂、有机酸活化剂、防腐蚀剂、助溶剂、成膜剂。简单地说是各种固体成分溶解在各种液体中形成均匀透明的混合溶液，其中各种成分所占比例各不相同，所起作用也不同。助焊剂按功能分类有手浸焊助焊剂、波峰焊助焊剂及不锈钢助焊剂。不锈钢助焊剂是专门针对不锈钢而焊接的一种化学药剂，一般的焊接只能完成对铜或锡表面的焊接，而不锈钢助焊剂可以完成对铜、铁、镀锌板、镀镍板、各类不锈钢等的焊接。助焊剂的种类很多，大体上可分为有机、无机和树脂三大系列。

树脂助焊剂通常是从树木的分泌物中提取，属于天然产物，没有什么腐蚀性，松香是这类助焊剂的代表，所以也称为松香类助焊剂。由于助焊剂通常与焊料匹配使用，与焊料相对应可分为软焊剂和硬焊剂。电子产品的组装与维修中常用的有松香、松香混合助焊剂、焊膏和盐酸等软焊剂，在不同的场合应根据不同的焊接工件进行选用。

3.12.5 清洗剂与其他材料

目前，CFC-113的替代溶剂主要有HCFC系列溶剂、氯代烃化溶剂、烃类溶剂、醇类溶剂、碱性水溶液等。

替代CFC-113的氟系清洗剂主要有HCFC（含烃氟氯化碳）、HFC（含烃碳氟化物）、HFE（烃氟醚）及PFC（全氟化碳）等。其中HFC、HFE、PFC本身不具有清洗力，需要和其他化合物组合后才能使用。该类清洗剂具有与CFC-113接近的清洗性能，稳定、低毒性、不燃、安全可靠，但是价格高昂。目前市场上没有（在适用范围和清洗效果上）能和CFC-113相似的替代品。如能研究一种对环境无影响，可取代氟利昂的清洗剂是最好的了。

焊接和清洗是对电路组件的高可靠性具有深远影响的相互依赖的组装工艺。在SMT中，由于所用元器件体积小、贴装密度高、间距小，当助焊剂残留物或者其他杂质存留在印制板的表面或空隙时，会因离子污染或电路侵蚀而使印制导线断路，因此要及时清洗以提高产品的可靠性，使产品性能达到出厂的要求。

各种印刷电路板的非ODS清洗技术的优缺点：基板清洗时，对焊接没有特别的要求，可按原有焊接工艺操作。水清洗多为低毒性，一般不会危及人体的健康，无起火、爆炸等危险。水清洗剂的配方可以灵活多样，适应性较强。由于水的表面张力大，需要表面活性剂来提高对缝隙的清洗能力，而这些添加剂在漂洗时不易被去除，增加了漂洗的难度，需要使用价格高昂的纯水，干燥困难，相对的资源消耗较大，设备场地占用的空间较大，设备一次性投资较大，不适合缺水和能源匮乏的地区使用。半水基清洗的优点：半水基清洗对各种焊接工艺的适应性强，不必改变原有的焊接工艺，清洗能力较强，能同时去除水溶性污垢和油垢，与大多数金属和塑料材料相容性小，与溶剂清洗剂相比不易挥发，使用过程中蒸发损失小。但需要纯水漂洗、干燥难、废水处理量大、设备占用空间大、一次性投资较大、成本较高。

3.12.6 表面贴装涂敷与贴装技术

表面贴装是一种新的电子安装技术，它是将表面贴装元件贴焊到印制电路板表面规定位置上的电路装配技术，所用的印制电路板无须钻插装孔。它与传统的通用插装技术相比具有体积小、质量小、可靠性高、成本低等一系列优点，成为当今世界电子产品最先进的装配技术，目前，已在国防、军事、通信、计算机、工业自动化、民用电子产品等领域获得广泛的应用。

SMT 印制电路板组装时，如果采用再流焊技术，则在焊接前需要进行焊膏涂敷及贴片工序。

1. 焊膏涂敷法

将适量的焊膏均匀地施加在 PCB 的焊盘上，保证贴片元器件与 PCB 相对应的焊盘在再流焊接时有足够的机械强度，以达到良好的电气连接。焊膏涂敷方式有两种：注射滴涂法和印刷涂敷法。注射滴涂法主要应用在新产品的研制或小批量产品的生产中，可以手工操作，虽速度慢、精度低，但灵活性高，省去了制造模板的成本。印刷涂敷法又分直接印刷法（模板漏印法或漏板印刷法）和非接触印刷法（丝网印刷法）两种类型。直接印刷法是目前设备广泛应用的方法。

2. 预敷焊料法

预敷焊料法也是再流焊工艺中使用的施放焊料方法。在某些应用场合，可以采用电镀法和熔融法，把焊料预敷在元器件电极部位的细微引线上或是 PCB 的焊盘上。在窄间距器件的组装中，采用电镀法预敷焊料是比较合适的，但电镀法的焊料镀层厚度不够稳定，需要在电镀焊料后再进行一次熔融，经过这样的处理，可以获得稳定的焊料层。

3. 预形成焊料法

预形成焊料法是将焊料预先制成各种形状，如片状、棒状和微小球状等，焊料中可含有助焊剂。焊料主要用于半导体芯片中的键合部分以及扁平封装器件的焊接工艺中。

特别提示：

单层板制作的主要工序是预涂助焊剂。在存放中，单面板的铜导线表面受空气和湿气的影响，很容易氧化变色，使可焊性变差。为了使铜表面不受氧化腐蚀，在规定保存期内保持优良的可焊性，要对单层板的铜表面涂覆助焊剂，并在锡焊后清洗去除。

3.12.7 贴片工艺和贴片机

1. 表面组装技术

表面组装技术的分类，如图 3.12.1 所示。

```
                    ┌ 片元器件 ┬ 关键技术：各种SMD的开发与制造技术，产品
                    │         │         设计和结构设计，端子形状，尺寸精度，可焊性；
                    │         ├ 包装盘：带式、棒式；
                    │         └ 华夫盘：散装式
                    │
                    │         ┌ 贴装材料 ┬ 焊锡膏与无铅焊料
                    │         │         ├ 黏结剂/贴片胶
                    │         │         ├ 助焊剂
                    │         │         └ 导电胶
                    │         │
                    │         ├ 贴装印制板 ┬ 基板材料：有机玻璃纤维、陶瓷板、合金板
                    │         │           └ 电路图形设计：图形尺寸设计、工艺设计
表面                │         │
组装   ┤  装联工艺 ┼ 涂布工艺 ┬ 锡膏精密印刷工艺
技术                │         │         └ 贴片胶精密点涂工艺及固化工艺
                    │         │
                    │         ├ 贴装方式 ┬ 纯片式元件贴装，单面或双面
                    │         │         └ SMD与过孔元件混装，单面或双面
                    │         │
                    │         ├ 贴装工艺：最优化编程
                    │         │
                    │         ├ 焊接工艺 ┬ 波峰焊 ┬ 助焊剂涂布方式：发泡、喷雾
                    │         │         │       └ 双波峰，温度曲线的设定
                    │         │         └ 再流焊：红外热风式，N₂保护再流焊，汽相焊，激光焊，过孔器件再流焊
                    │         │
                    │         ├ 清洗技术：清洗剂，清洗工艺
                    │         └ 检测技术：焊点质量检测，在线测试，功能检测
                    │
                    └ 防静电生产管理

      设备：印刷机、贴片机、焊接设备、清洗设备（在较早的工艺中使用）、检测设备、维修设备
```

图 3.12.1　表面组装技术的分类

2. 表面组装技术的组成

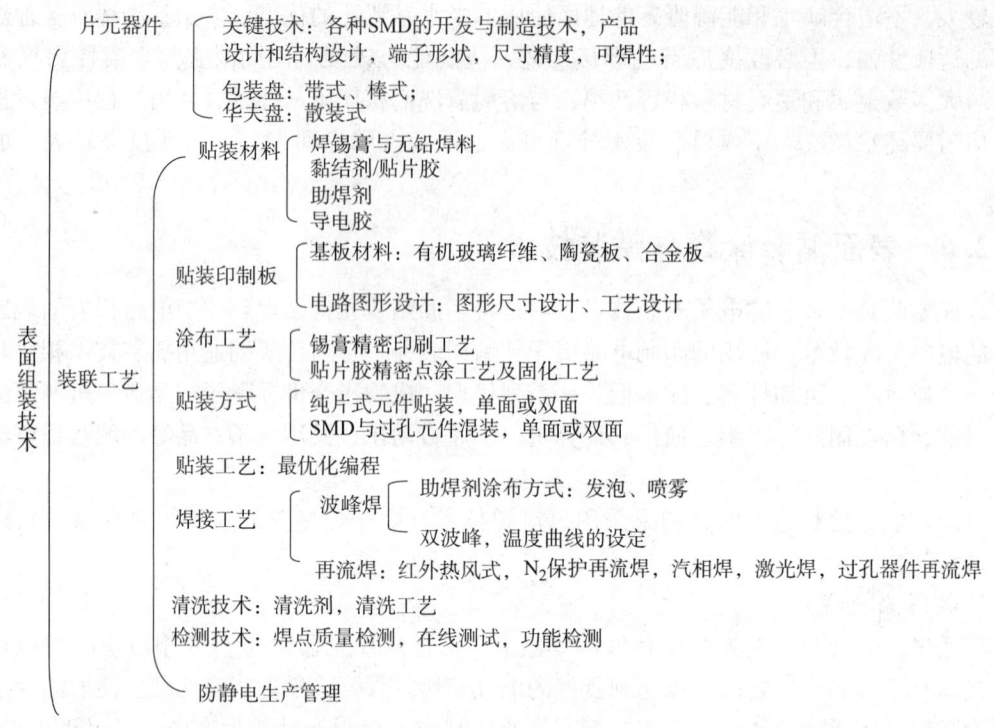

表面组装技术主要由元器件、电路板设计、工艺材料、组装设备、焊接技术、测试技术、清洗技术、生产与管理等组成，如图 3.12.2 所示。

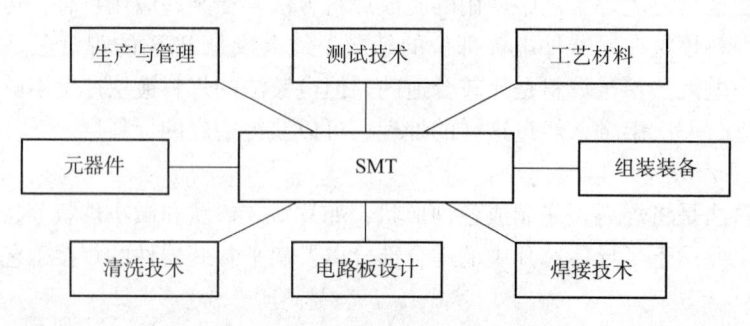

图 3.12.2　表面组装技术的组成

3.12.8　焊接原理与表面组装焊接特点

1. SMT 的构成要素和两种工艺流程

（1）SMT 构成与要素：丝印（点胶）、贴装（固化）、再流焊（或波峰焊）、清洗、检测、返修。

（2）SMT 的两种工艺。

①焊膏→再流焊工艺：印刷焊膏→贴片→再流焊清洗。

②贴片→波峰焊工艺。点胶→贴片→固化→翻转→插件→波峰焊清洗。

(3) 表面安装元器件和有引线元器件混合使用。单面板的混装是先贴→后插或先插→后贴。

单面板的混装如图 3.12.3 所示。

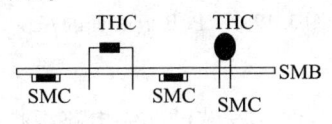

图 3.12.3　单面板的混装

(4) 单面混合安装工艺流程。

贴片元件→波峰焊工艺：单面混合安装工艺价格低，要求设备较多，难以实现高密度的组装要求。单面混合安装工艺流程如图 3.12.4 所示。

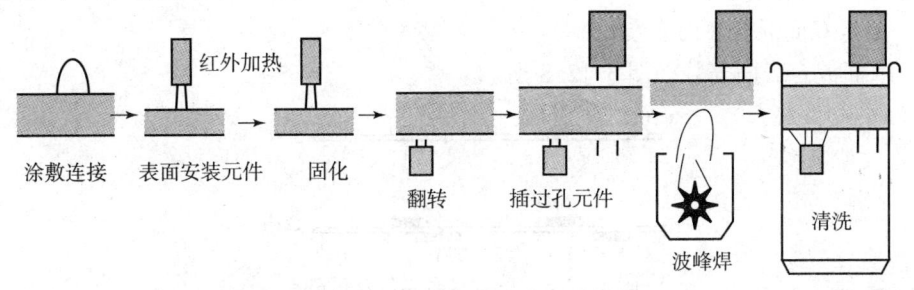

图 3.12.4　单面混合安装工艺流程

(5) 双面混合安装工艺流程。

当印制电路板为双面板时：先贴→后插元件，也可以先插→后贴元件（适用于分立元件多于 SMD 元件的情况时使用）。双面混合安装如图 3.12.5 所示。

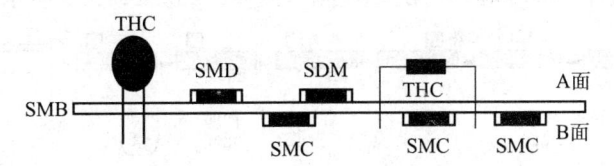

图 3.12.5　双面混合安装

2. 双面再流焊工艺

印制板的 A 面有大型 IC 器件，B 面以片式元件为主，可以充分利用 PCB 板的空间，实现安装面积上的最小化，但是工艺控制较复杂，要求极其严格，常用于密集型或超小型电子产品，如手机。由于 PCB 板的 B 面以片式元件为主，一般先安装 PCB 板的 B 面，再安装 PCB 板的 A 面。PCB 板的 B 面如图 3.12.6 所示。PCB 板 A 面的安装如图 3.12.7 所示。

图 3.12.6　PCB 板 B 面的安装

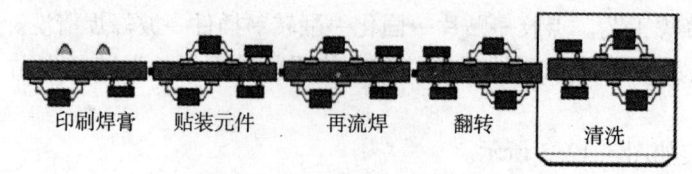

图 3.12.7　PCB 板 A 面的安装

3. 全表面安装

PCB 板全部采用表面安装元器件（安装的印制电路板指单面板或双面板）焊接适应性：适应各种焊接设备及相关工艺流程。

（1）单面：印刷焊膏→贴片→再流焊。

（2）双面：印刷焊膏→贴片→再流焊→翻板→印焊膏→贴片→再流焊→清洗与检测→返修。

（3）单、双面混合表面安装。

单、双面混合表面安装如图 3.12.8 所示。

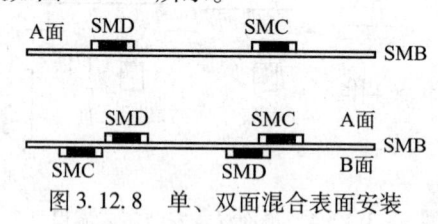

图 3.12.8　单、双面混合表面安装

（4）单面全表面安装。贴片—波峰焊工艺，价格低廉，但要求设备多，难以实现高密度组装。

贴片—波峰焊：来料检测→PCB 的 A 面印刷焊膏（点贴片胶）→贴片→烘干（固化）→回流焊接→清洗→插件→波峰焊→清洗→检测→返修，如图 3.12.9 所示。

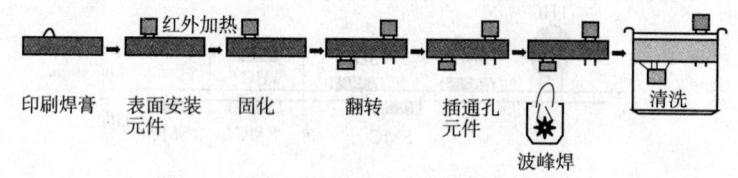

图 3.12.9　贴片—波峰焊工艺

（5）双面全表面安装工艺流程。双面全表面安装工艺流程如图 3.12.10 所示。

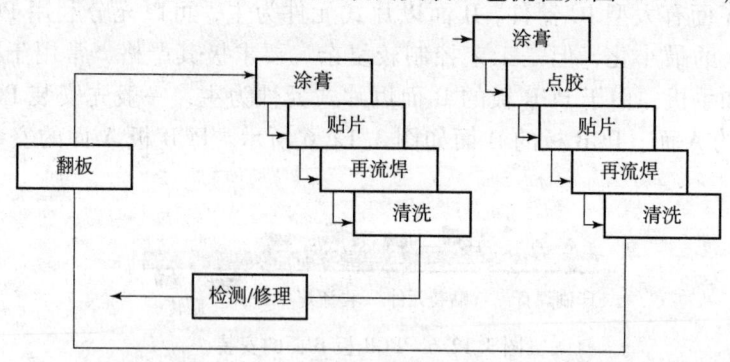

图 3.12.10　双面全表面安装工艺流程

3.12.9　SMT 教学实践生产线

SMT 教学实践生产线如图 3.12.11 所示。

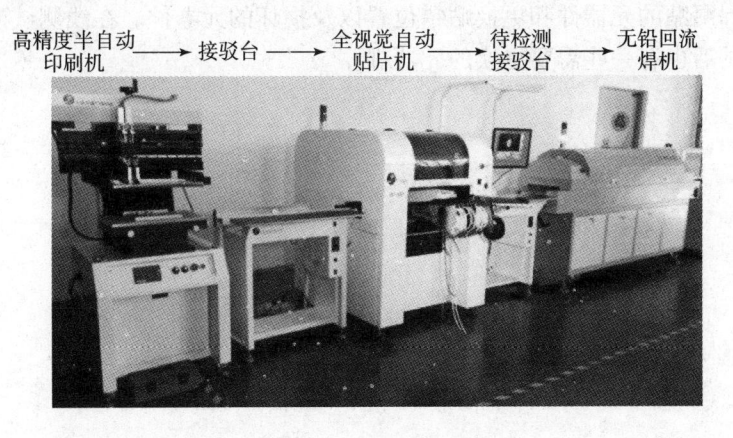

图 3.12.11　SMT 教学实践生产线

3.12.10　防静电工作区的管理与维护

（1）制定防静电管理制度，并有专人负责。

（2）准备防静电工作服、鞋、腕带等个人用品以供外来人员使用。

（3）定期维护、检查防静电设施的有效性。桌垫、地垫的接地性，静电消除器的性能每月检查一次。

（4）任何人在进入实验室防静电区域时，需要放电。

（5）操作人员进行操作时，必须穿工作服和防静电鞋、袜。每次上岗操作前必须做静电防护安全性检查，合格后才能开机做实验。

（6）操作时要戴防静电腕带，每天测量腕带是否有效。

（7）测试 SSD 时应从包装盒、管、盘中取一块，测一块，放一块，不要堆在桌子上。经测试不合格器件应即刻退库。

（8）加电测试时必须遵循加电和去电顺序：按低电压→高电压→信号电压的顺序进行，去电顺序与此相反。同时注意电源极性不可颠倒，电源电压不得超过额定值。

（9）检验人员应熟悉 SSD 的型号、品种、测试知识，了解静电保护的基本知识。

（10）存放 SSD 器件的位置上应贴有防静电专用标签。

任何人不得违反防静电工作区的管理与维护，违者按实验室规章制度处理。

3.12.11　SMT 元器件的手工焊接与返修

由于设计或工艺要求有的元器件需要在完成再流焊或波峰焊后进行手工焊接，还有一些不能清洗的元器件需要在完成清洗后进行手工焊接。在再流焊工艺中，由于焊盘设计不合理、不良的焊膏印刷、不正确的元件贴装、焊膏坍落、再流焊不充分等，开路、桥接、虚焊和不良润湿等焊点缺陷都会出现。对于窄间距 SMT 器件，由于对印刷、贴装、共面性的要求很高，因此引脚焊接的返修很常见。在波峰焊工艺中，由于阴影效应等原因也会产生以上焊点缺陷。因此需要借助必要的工具进行修整后可去除各种焊点缺陷，从而获得合格的焊点。

同时要补焊漏贴的元器件和更换贴错位置以及损坏的元器件。在线测试或功能测试以及单板和整机调试后也有一些需要更换的元器件。

第 4 章

SMT 表面贴装设备

市场上的电子元器件贴装技术广泛应用在计算机、通信、国防、仪器仪表及工业和民用电子产品上。表面贴装技术（SMT）作为电子产业的重要核心技术，具有元器件安装密度高、电子产品体积小、质量小、可靠性高、抗振能力强、高频性能好、容易实现自动化及提高生产效率、具有降低成本的优点，在民用电子产品和应用在航空航天、通信工程等尖端科技电子产品，SMT 的应用都使产品有了重大的变革。贴装系统作为 SMT 生产线中最关键的技术，占了整条生产线投资额的一半以上，贴装设备具有广阔的工业应用前景和市场。

目前电子封装设备的中高档全自动电子元器件贴装设备几乎 100% 依赖进口，SMT 表面贴装设备，适用于片式电子元器件、表面封装的先进贴片设备，可以为学生提供一个较高的实习实训平台。

4.1 TYS550 半自动印刷机

TYS550 半自动印刷机采用日制精密电动机及线性导轨，使刮刀座印刷更稳定。该机器的双刮刀的印刷压力分别利用上气缸后面精密节流阀设定刮刀的升降、快慢，可避免共振。印刷座可向上掀举 45°，可固定并利于刮刀的装卸及钢板的清洗。印刷座可向前移动以配合钢板图样的位置，以取得较佳的印刷效果。印刷座双刮刀的高低设定用刻度数字进行参考。印刷台板与钢板间距，由精密微调杆刻度调整设定并显示。机台手臂可分别左右调整，适用于 470~750 mm 不同尺寸。组合式印刷台板有定位 PIN，设定简单、换装迅速，并适用于单面基板及双面基板生产作业。校板方式采用手臂（钢板）移动配合印刷物（台板）X、Y、Z 校正调整。电气动作采用微型电子计算机 PLC 控制，人机界面触摸控制，自由选择单次/双次刮印及手动、半自动、全自动等印刷方式。

半自动印刷机使用

4.1.1 机器印刷规格

机器印刷要求如表 4.1.1 所示。

表 4.1.1　机器印刷要求

项目	要求
印刷面积/（mm×mm）	330×250
印刷台板/（mm×mm）	400×300
最大网框尺寸/（mm×mm）	750×600
最小网框尺寸（mm×mm）	470×370
台板精密微调	1. 前后±10 mm；2. 左右±10 mm；3. 旋转±30°
电压	单相 220 V　50/60 Hz
气压/（kg·cm²）	5~7
印刷速度	VR刻度设定（左右速度分别设定）；变频器面板设定（左右速度相同）；人机界面显示
机器尺寸	约900 mm（L）×760 mm（W）×1 650 mm（H）
网框调节	气缸压紧+手柄压紧
真空吸附	有（可印刷胶片）
机器质量	appro×280 kg

4.1.2　机器安装要求

（1）安装位置：机器放置的位置，四周尽可能保留通道，以便日后机器保养及校正。

（2）机台固定：分别将机器下座四个螺钉脚座放低于机台下座的四个活动轮，暂时固定机器。

（3）电源安装：本机为单相 220 V，50/60 Hz 印刷机，请由电源位置接入。

（4）空压安装：本机空压 5~7 kg/cm²，请由相应位置接入。

（5）测量水平：在台板上置放一水平仪，调整四个螺钉脚座并固定。

4.1.3　电气操作面板

电气操作面板如图4.1.1所示。

图4.1.1　电气操作面板

1. 主界面使用

主界面和系统设置界面如图4.1.2和图4.1.3所示。

开机后出现此画面，单击"进入"后进入系统设置界面，如图4.1.3所示，在此可以选择所需选项。

图 4.1.2　主界面

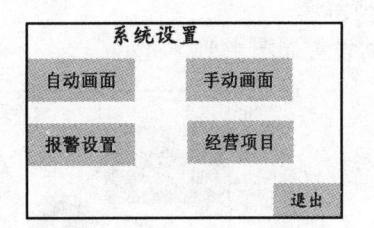

图 4.1.3　系统设置界面

2. 自动画面设置

自动画面设置如图 4.1.4 所示。

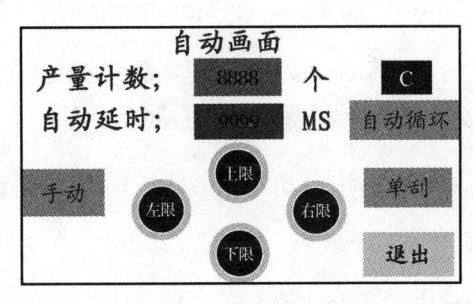

图 4.1.4　自动画面设置

产量计数表示生产的个数，按 C 键清零，按 自动循环 键，指在不用按启动按钮的情况下自动印刷，可以调节自动印刷的时间。

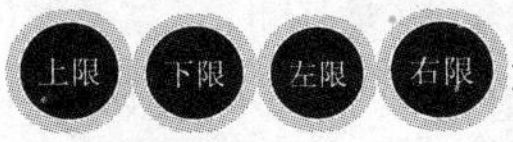

上限 下限 左限 右限 这四个键，表示当前机器位置的状态。

单击 单刮 键，会出现 双刮 表示连续印刷两次。按 手动 键，会变成 自动 状态，按启动按钮后开始印刷。

3. 监控画面设置

监控画面设置如图 4.1.5 所示。

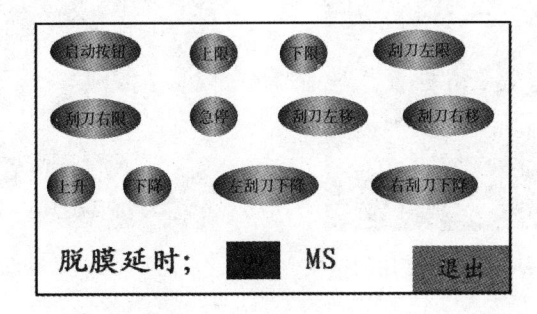

图 4.1.5　监控画面设置

图 4.1.5 中的脱模延时指印刷完毕后的上升时间，其他的按键指示当前的状态。

4. 手动画面设置

手动画面设置如图 4.1.6 所示。

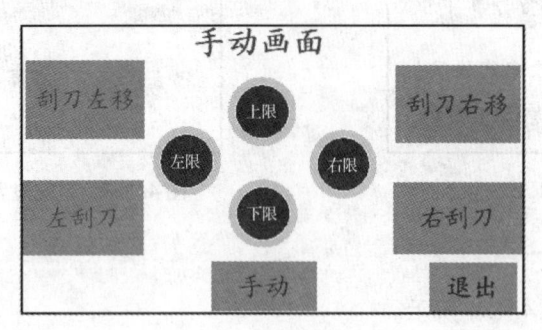

图 4.1.6　手动画面设置

按 刮刀左移 键，刮刀会向左移动；按 刮刀右移 键，刮刀会向右移动。

按 左刮刀 键，左刮刀会下降；按 右刮刀 键，右刮刀会下降。

按 手动 键，会变成 自动 状态。按启动按钮后开始印刷，而 上限 下限 左限 右限 四个键，表示当前机器位置的状态。

4.1.4　印刷机的网板

印刷机在印刷焊膏时，焊膏受刮刀的推力产生滚动的前进，所受到的推力可分解为水平方向的分力和垂直方向的分力。当运行至模板窗口附近，垂直方向的分力使黏度已降低的焊膏顺利地通过窗口印刷到 PCB 焊盘上，当平台下降后便留下精确的焊膏图形，从而也就完成了整个焊膏印刷过程。焊膏在基板的表面印刷时使用的钢板如图 4.1.7 所示。钢板上存在很多开口部，通过开口焊膏漏印到 PCB 基板上如图 4.1.8 所示。

图 4.1.7　焊膏在基板表面印刷时使用的钢板 　　图 4.1.8　焊膏漏印到 PCB 基板上

1. 网板的清洁与保养

焊膏印刷机当中的网板是一个比较关键的部分，经过长时间的运行工作，可能会因为环境因素以及相关外界因素，从而堆积一定的污垢以及灰尘，若是没有得到及时的清洁处理，则会影响日后的正常运行。

2. 网板清洁的注意事项

（1）选用符合标准的无纺布和酒精对焊膏印刷机网板进行清洁保养。

（2）在对网板进行清洁的过程中，操作人员应该一只手放在焊膏印刷机的网板上面，而另一只手在网板下方进行轻柔地擦拭处理，这样的操作方法可以避免网板因为大力清洗，从而出现变形的情况。

（3）焊膏印刷机网板当中的开孔位置是比较脆弱的，所以操作人员在清洁焊膏印刷机网板的时候，一定要非常小心，避免不正确操作的清洗弄坏网板的开孔，导致设备不能正常使用。

（4）在擦拭完网板之后，操作人员应该用压缩气枪对准网板，吹一段时间。这样可以帮助残留在焊膏印刷机网板上的酒精挥发干净。若是让酒精与印刷机当中的焊膏混在一起，则可能导致焊膏的性能产生问题。

（5）在清洗完毕印刷机的网板后，切记要仔细检查一下有没有破损的情况，并且应该及时认真地记录下相关清洗程序。

除了网板的清洗需要按照正确的操作手法外，焊膏印刷机的定期保养也是不能马虎了事的。只有定期给设备做好保养维护，才能使得设备的性能保持长久稳定。

4.1.5 设备的主要配件

设备所需的主要配件如表4.1.2所示。

表4.1.2 设备的主要配件

名称	规格	备注
编程 PLC	HARUTA	日本
触摸屏	OP320-A	意大利 TouchWin
接近开关（左、右）	IFS05NA 30V	许氏
磁感应开关（上、下）	CS1-F-Y3	中国台湾 AirTAC
电磁阀	4V210-08 220V 4V210-06 220V	中国台湾 AirTAC
上、下气缸	SC63-150	中国台湾 AirTAC
刮胶气缸	MD25*50	中国台湾 AirTAC
电源开关	LA16	MARUYASU
调速阀	M5-4×6	中国台湾 AirTAC
调速阀	Y4-6×8	中国台湾 AirTAC
电动机	三相60W 1:30	中国台湾 STK 日本松下
变频器	0.5HP	日本 HARUTA
继电器	MY4 DC24V	日本 IDEC
二联体	AFC-2000	中国台湾 AirTAC

4.1.6 设备简易故障的排除

设备在运转中如发生故障，请照下列故障排除方法进行维修，同时要报告当日的任课老师。设备故障的排除如表4.1.3所示。

表 4.1.3 设备故障的排除

故障代码	故障情况	故障原因与排除方法
51	1. 网板无法上升； 2. 网板无法下降	1. 气压源未输入或气压不足（正常气压应保持在 4～6 kg/cm^2）； 2. 升顶点感应器未感应或已损失、断线、上下电磁阀故障、IC 板故障； 3. 印刷功能尚未选择； 4. 上下气缸调速阀不良或调整不当
52	1. 网板无法下降； 2. 刮胶无法左右印刷	1. 上下电磁阀故障、IC 板故障； 2. 下降顶点感应器未感应或已损坏、断线
53	1. 网板下降后刮胶无法向左印刷； 2. 刮板无法向右印刷； 3. 网板无法下降； 4. 刮胶向右印刷至右方定点时无法停止，网板亦无法上升	1. 右方感应器未感应或已损坏、断线； 2. 左右驱动电动机电源开关未开或断线、变频器故障，右行印刷速度调整器调整不良或损坏、电动机不良； 3. 右行驱动继电器损坏或断线； 4. IC 板故障
54	1. 网板下降后刮胶无法向右印刷； 2. 刮胶无法向左印刷； 3. 网板无法下降； 4. 刮胶向左印刷至左方定点时无法停止，网板亦无法上升	1. 左方感应器未感应或已损坏、断线； 2. 左右驱动电动机电源开关未开或断线、变频器故障，左行印刷速度调整器调整不良或损坏、电动机不良； 3. 左行驱动继电器损坏或断线； 4. IC 板故障
55	网板下降未印刷即往上升	1. 检查左右感应器是否已损坏或短路； 2. 左右感应器被变频器干扰，请在感应器之负电源与 OUPUT 并联一个 0.1 μF 电容器
56	无电源输入	1. 检查电源是否已输入； 2. 检查电源是否断线或不良； 3. 检查电源开关是否已损坏或不良； 4. 检查熔丝是否已烧坏； 5. IC 板故障
57	变频器无法启动或无法驱动电动机	1. 变频器参数设定错误； 2. 变频器损坏
58	刮胶板无法上升或下降	1. 刮胶气缸驱动电磁故障； 2. 刮胶气缸调速阀不良或调整不当； 3. IC 板故障

4.1.7 设备的保养

设备使用一段时间后,按照要求需要进行保养。设备的保养方法如表 4.1.4 所示。

表 4.1.4 设备的保养方法

序号	保养部位	保养方法	保养频次
1	各轴承加油	用小毛刷浸润滑油后涂抹轴承边沿	次/15 天
2	气缸推杆加油	用小毛刷浸润滑油后涂抹气缸推杆	次/7 天
3	油雾器内注油	注润滑油在油雾器内	次/4 月
4	立柱上加润滑脂	将拉丝黄油涂在立柱表面	次/15 天
5	直线导轨加润滑脂	将黄油涂在直线导轨表面	次/15 天
6	机械零件防锈	用 WT-40 防锈油喷涂	次/7 天
7	检查螺钉有无松动	用扳手试拧,有松动的要拧紧	次/15 天
8	检查机械零件有无损坏	有损坏或配件缺失要及时处理	次/15 天
9	检查气路故障	有无气管漏气,气动元件损坏	次/15 天
10	检查电路故障	有无电线漏电,电控元件损坏	次/15 天
11	确认设备是否运行正常	检查各个动作能否正常实现	次/7 天
12	设备表面清洁	用干燥棉布擦拭	次/1 天
13	设备电箱清洁	用气枪吹风	次/7 天

特别提示:

当实验结束时,要将模板、刮刀全部清洗干净,窗口不能堵塞,不能用坚硬金属针捅,避免破坏窗口形状。焊膏放入另一容器中保存,根据情况决定是否重新使用。模板清洗后应用压缩空气吹干净,并妥善保存在工具架上,刮刀也应放入规定的地方并保证刮刀头不受损,同时让机器退回关机状态,关闭电源与气源,同时应填写实验日志表和机器保养工作过程。

4.2 SMT 贴片机

XP-480M 型自动贴片机是北京七星天禹电子有限公司生产的全自动贴片机,具有极高的性价比、灵活可靠、精度高、贴片类型广、操作维护简便的特点。该机使用计算机视觉对中系统,可贴 0.3 mm 管脚间距的芯片和 BGA 芯片、0603、SOIC、PLCC、BGA、CSP 及 QFP 等精密元件。贴片机相机识别系统使用的是定焦距镜头,分前侧元件识别相机和后侧大视野元件识别相机。

计算机的视觉对中系统在贴片机的运行中起到关键作用:自动标定 Home 点,能够准确地贴装 BGA 和微小芯片。学生在使用该机器时，要注意以下几点：首先打开电源，再启动程序软件；所有显示须以步数为单位；在贴片机工作区内不要放置任何物体或元器件，以免阻挡或撞坏机器的吸嘴；当贴片机工作不正常时，请立即按下急停键；贴片机运行时请不要将身体的任何部位伸入贴片机，以免造成伤害；当贴片机处于开机状态时，不得更换供料器，不要在贴片机所使用的计算机上安装其他软件，如需变动软件的任何出厂设置，需得到任课老师和制造厂工程师的同意。

特别提醒：当贴片机运行过程中撞击到其他物体，或不正常停机时，立即按下急停键，关闭软件和计算机，发现问题并解决后再开机。

贴片机要安装在平整的地面上，能够承受贴片机质量、运动中的动量、使贴片机稳定运行的地面，不建议地脚下加装地垫等缓冲物体。连接 220 V/50 Hz 的电源到贴片机的电源上，连接气源到贴片机右侧 $\phi 8$ 的气源接口上。

4.2.1　XP-480M 自动贴片机

图 4.2.1 所示为 XP-480M 自动贴片机。

图 4.2.1　XP-480M 自动贴片机

首先打开计算机软件，机器会有界面显示出现。XP 系列贴片机软件操作系统和视觉系统的开发与测试是基于 Windows XP 系统，不兼容早期 Windows 操作系统和 Windows VISTA 操作系统。贴片机的软件操作系统安装在计算机中，不能有其他任何的应用软件。Windows 的自动备份和自动更新不能与贴片机的软件系统同时启用，应该取消。不建议计算机联网使用。

4.2.2 贴片机软件应用

1. 打开贴片机软件

在桌面上找到 XP-480M 的图标，双击后打开贴片机软件，等待贴片机回 home 点。

Z 轴回原点，A 轴回原点，Y 轴回原点，X 轴回原点，待机器回到 home 点后，用下视相机校准。

下一步，单击贴片机主界面上的"回初始点"按钮，等待回初始点命令完成后，第二次单击"回初始点"按钮，等待回初始点。动作完成后，机器就可以正常工作了。

2. 备份文件

（1）贴片机的所有文件都存放在 C 盘的 SX1000 的文件夹中，请将这个文件夹备份到其他的盘中，以免数据丢失。

（2）请每个月初都将 SX1000 的文件夹压缩备份到其他的盘中，并以时间命名文件夹，以便区分不同时间的备份文件。

注意：贴片机原点的图片名称只能是"home"，不能更改。

3. 界面显示

贴片机软件主界面如图 4.2.2 所示。

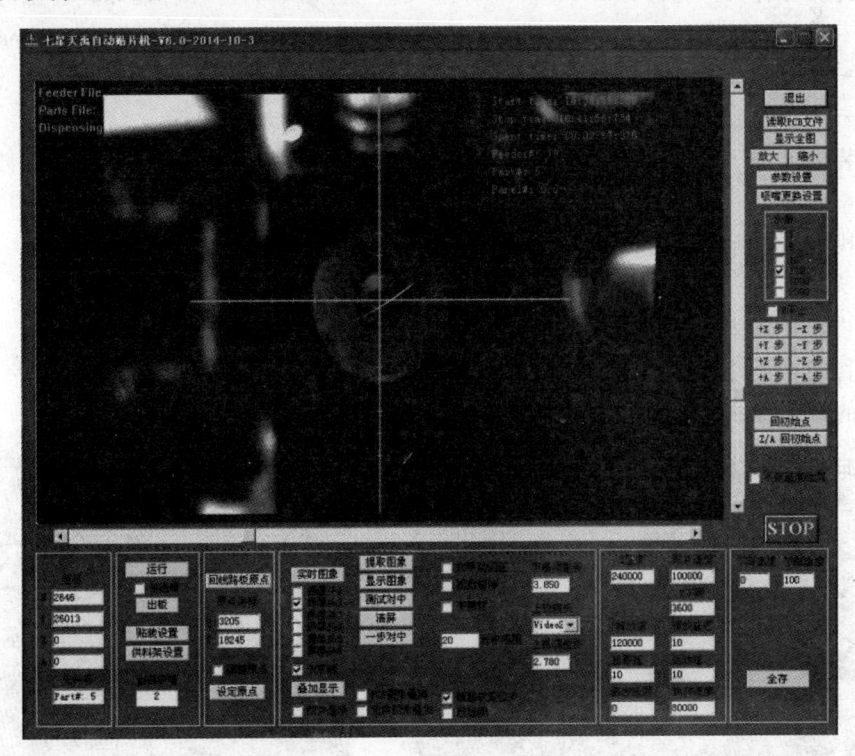

图 4.2.2　贴片机软件主界面

4. 控制部分

读取 PCB 文件如图 4.2.3 所示。

图 4.2.3　读取 PCB 文件

单击"读取 PCB 文件"按钮，可装载 Gerber 格式的 PCB 文件。这个文件可以是任意设计的 CAD 层面，如上层、下层、电源、丝印、焊膏、焊锡覆盖、钻孔等。这其中的部分文件打开和显示所用的时间较长，请耐心等待。

特别提醒：该机器的现有软件只工作在正坐标系，所以在画图时，要将 PCB 的原点设计在左下角。运行软件支持 RS-274X Gerber 文件。尽管该软件运行过几种其他的 Gerber 文件，但是不能确保所有的 Gerber 文件都适用于该机器的软件。如果在装载 Gerber 文件的过程中发现一些问题，请与老师联系。

5. 显示全图

如果装载了 PCB 文件，单击"读取 PCB 文件"按钮后，该显示文件按比例挪动到屏幕的中心位置。如果一个元器件贴片位置装载到显示界面上，那么单击"显示全图"，显示屏幕会自动找到显示界面中心，即 X、Y 的显示滚动条的中心。

6. 放大与缩小

（1）图纸的放大：变焦焦距是根据视窗显示的中心位置而放大的。
（2）图纸的缩小：变焦焦距是根据视窗显示的中心位置而缩小的。

图纸的放大和缩小如图 4.2.4 所示。

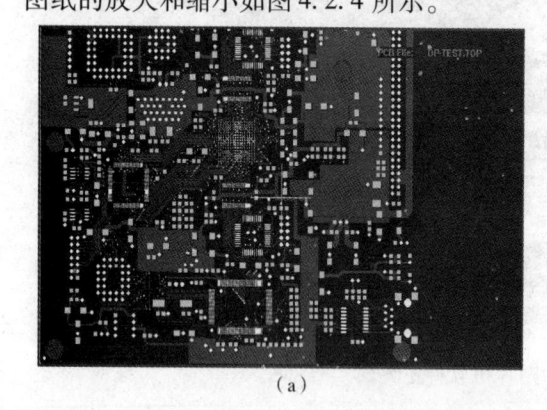

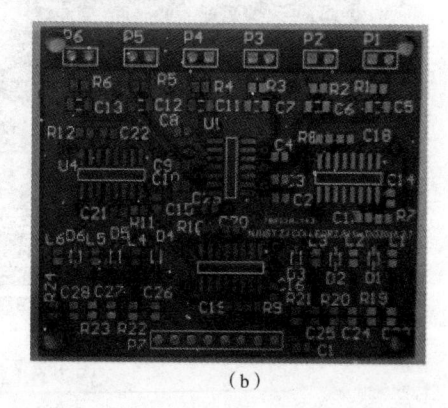

(a)　　　　　　　　　　　　(b)

图 4.2.4　图纸的放大与缩小
(a) 放大；(b) 缩小

7. 参数设置

如标定 home 点、摄像头和吸嘴之间的相对位置等。

home 点是贴片机进行各种操作的原点，贴片机程序中所编制的各个位置都是以 home 值为依据。摄像头与吸嘴之间的距离是指摄像头的光学中心到吸嘴中心的位置。

8. 吸嘴自动更换装置

吸嘴自动更换装置如图 4.2.5 所示。

步数：步长。伺服电动机的步长是每一次要移动贴片头的距离。

+X 步、-X 步、+Y 步、-Y 步、+Z 步、-Z 步、+A 步、-A 步：步长。按任意键，就是指要移动贴片头正方向或者负方向所要运行的步长。

9. 回初始点

回初始点如图 4.2.6 所示。要让贴片头回到初始点，需单击"回初始点"按钮。当贴片机运行一段时间，要按一次"回初始点"按钮，用于检查因其他原因导致的偏差。

图 4.2.5　吸嘴自动更换装置　　　　图 4.2.6　回初始点

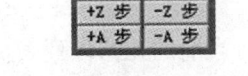

如果在贴片机运行中，贴片头撞击到物体或者贴片机设定速度过高造成贴片头突然减慢或停止，此时就会影响贴片机的精度。这个时候单击"回初始点"按钮，可以回到初始点。

Z 回初始点：装载任意选定点和"原点"之间相对位置的文件。相对位置文件定义了在工作台上的 PCB 线路板和原点之间的距离，不同的相对位置文件可以被保存，不同的线路板的相对位置文件能够被保存。

A 归零：旋转电动机归零。

STOP：STOP 按钮指暂停当前操作。这个键是运行软件的急停键，尽管贴片机本身对这个键的反应不如贴片机安装的硬件急停键来得快，但是它会在运行的一个动作完成之后，停止软件的运行，因此使用硬件急停键是首选。

10. 数据的修改

数据都是可以修改的，单位用步/秒来表示。数据的修改如图 4.2.7 所示。

Z 速度：除了贴片速度之外的 Z 轴运行速度。这个速度的值应该满足三点要求：

（1）在 Z 轴回到原位前，要保证飞行识别头回到原位。

（2）在 Z 轴回到原位后，X、Y 轴才可以运动。

（3）Z 轴的速度不能过慢，否则会影响贴片机的速度。

Z 贴片速度：贴片机 Z 轴向下移动的贴片速度。Z 上限：Z 轴贴片后向上走的距离。

Z 下限：Z 轴向下移动的最大距离。Z 释放速度：贴片时最后 200 步的速度。

释放延迟：贴片时吸嘴延迟上升的时间，单位为毫秒。拾取延迟：吸嘴吸取元器件时，在最低位置停止的时间。运动延迟：气缸推动供料器的连杆到最低点的停顿时间。

多步延迟：供料器气缸两次推动连杆的间隔时间。旋转速度：A 轴旋转速度。

11. 线路板的原点设置

线路板的原点设置如图 4.2.8 所示。X 和 Y 显示的是相对 home 点的坐标。回线路板原点：单击此按钮的目的是要将贴片头移动到相对位置。调整原点：勾选这个项目可以通过移动贴片头的位置来改变 PCB Offset 位置。

设置原点：单击此按钮使 X、Y 轴的当前坐标值填入上面的框中。

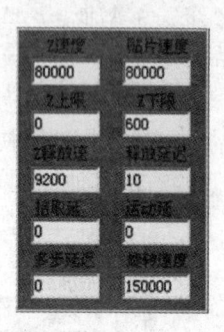

图 4.2.7　数据的修改　　　图 4.2.8　线路板的原点设置

12. 贴片机的控制

贴片机的控制如图 4.2.9 所示。

运行：通过选择开始的元器件和结束的元器件，来运行当前的元器件列表。

传送带：勾选此项后，贴片机进入自动运行状态。当轨道上的传感器感应到有 PCB 时，贴片机自动运行贴装程序，运行完贴装程序，PCB 会被自动送到出板位置并停下。此时是无法再送 PCB 板贴装的，只有把停在出板位置上的 PCB 拿走后，才能进行下一块 PCB 的贴装。

贴装设置：单击此按钮打开元器件列表设置视窗。

供料架设置：单击此按钮打开供料器设置视窗。

13. 坐标

自动显示贴片头 X、Y、Z 和 A 的当前坐标和元件号，如图 4.2.10 所示。

图 4.2.9　贴片机的控制　　　图 4.2.10　坐标

4.2.3　贴片机的使用

1. 开机操作

贴片机的电源开关在贴片机左后边的控制盒里，按下贴片机的电源开关启动电源。开机

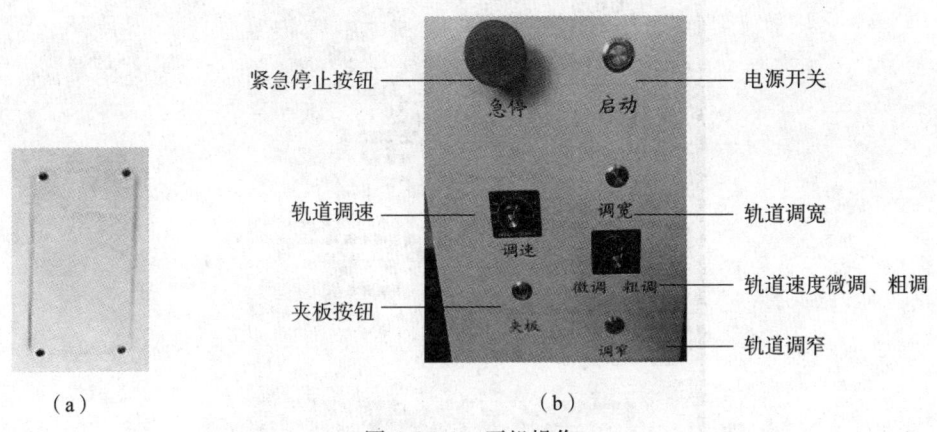

操作如图 4.2.11 所示。

图 4.2.11　开机操作
(a) 左后边的控制盒；(b) 控制面板

双击鼠标，打开 XP-480M 的图标，如果贴片机的所有连接正确，贴片机将执行回到 Home 点的动作。Home 点在贴片机的右上角。如果计算机显示"PMM 错误"，则要检查贴片机电源开关有没有启动，数据线有没有接上。

贴片机的有效工作范围指：机械限位开关到贴片机设定的限位值之间的距离，即贴片机起始值 X、Y 值加上贴片机运行限位 X、Y 值的和。

贴片机的关键是准确地定位坐标 Home 点，首先贴片机智能视觉系统会自动找到正确的位置，然后进行参数的调整。除了起始点外，XP-480M 在左侧设定了 Home 2，Home 2 是为了保证 X 轴同时垂直于两个 Y 轴。

如果贴片机自动调整之后仍然不能将 X 轴同时垂直于两个 Y 轴，则需要手动调整 X 轴两端相对应的 Y 轴上固定点之间的距离。调整方法：从电动机安装的一个固定点测量到 X 轴一端的距离，同时调整另一端的距离与其保持一致。手动调整 X 轴、Y 轴上固定点之间的距离如图 4.2.12 所示。

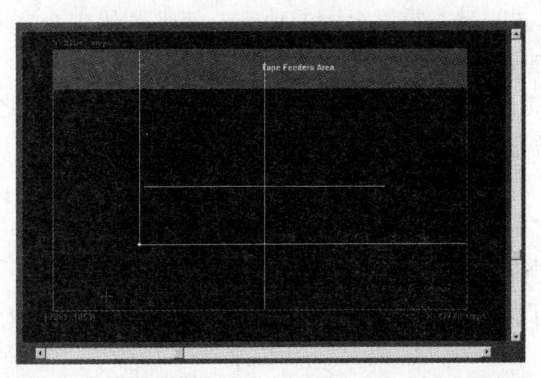

图 4.2.12　手动调整 X 轴、Y 轴上固定点之间的距离

2. 参数设置

贴片机的关键数据可以通过参数设置进行检查和调整。"参数设置"对话框如图 4.2.13 所示。

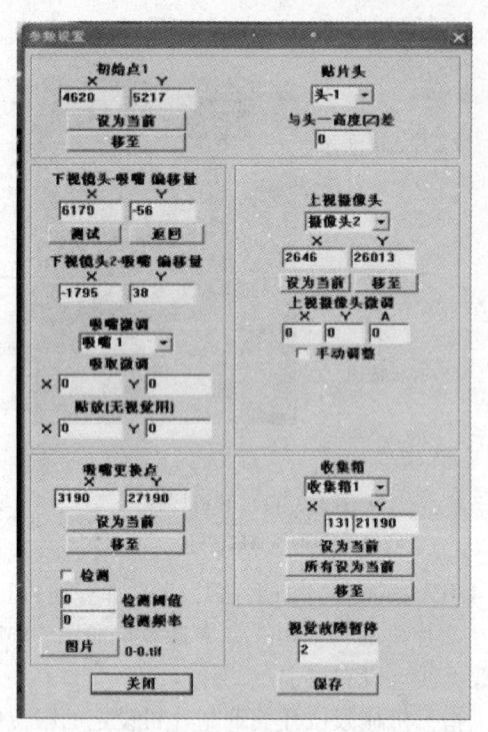

图 4.2.13 "参数设置"对话框

初始点定义了贴片机的位置，如果计算机的智能识别系统能够找到初始点，开机后会自动调整它们的坐标。

下视镜头—吸嘴的偏移量：定义了从下视摄像头到贴片机吸嘴之间的距离，这个值必须是准确的，否则贴片机将不能正确运行。

用下视摄像头找到一个标志并拍照，这个照片的名字叫 cameraoffset.tif。使用"测试"键，把吸嘴移动到刚才的标志上（贴装头上安装最小号的吸嘴），下降 Z 轴，看吸嘴是否在标志中心，如果不在中心，估算偏差值后，按"返回"键，相机照在标志中心上，这时修改 X/Y 值，然后按"测试"键，重复上面的动作，使吸嘴的中心要对准这个标志。反复几次修改后，就调整了下视摄像头与吸嘴之间的相对值。

吸嘴微调、吸取微调：定义了每个吸嘴在吸取元件时不同吸嘴之间的偏离量（吸嘴 1、2、3、4、5、6 可在下拉菜单中选择）。

贴放（无视觉用）：在不用视觉贴装元件时，用来微量调整贴装位置。

上视摄像头：定义了上视摄像头的位置（摄像头 2、3、4、5、6 可在下拉菜单中选择。）

上视摄像头微调：当勾选"手动调整"时，按主界面上 X 或 Y，就可以调整贴装位置。

吸嘴更换点：定义了操纵者手动换吸嘴的位置，这个位置可设置为贴片机可移动到的任意位置。

收集箱：定义了当计算机视觉对中系统不能辨别元件的时候，这个元件将被扔掉的位置。

视觉故障暂停：定义了当计算机视觉对中系统连续辨识几次不过，暂停。

摄像头相对位置的注释：

当设定"下视镜头—吸嘴的偏移量"的时候，使用最小的吸嘴，设定方法如下：移动贴片头到一个标志或一个元器件。

把摄像头对准标志的中心，按"测试"键，按+Z键让吸嘴往下走，靠近这个标志。检查吸嘴和所要对中的标志。如果有必要，按"返回"键手动调整相对位置值。重复以上步骤，直到吸嘴对准这个标志的中心。在设置好"下视镜头—吸嘴偏移量"之后，吸嘴的中心位置可以通过"测试"键到达下视摄像头所标志的中心。

以下的步骤不需要按编号顺序：

装载一个PCB文件，单击"读取PCB文件"按钮，选择要装载的PCB文件，这时会显示出PCB设计，X、Y的坐标原点在PCB板的左下角，如果PCB图像过大或过小，单击"缩小"或"放大"按钮，检查细节，也可使用水平或垂直的滚动条去调整图像的范围。

在PCB显示图像中，颜色的不同并没有实际的意义，有时候它们显示的不同，如圆圈、矩形、圆角、线、文字等会造成颜色不同。

单击在显示屏的任意一个元器件，贴片头就会移动到线路板的相应位置上。如果贴片头没有到正确的位置，手动调整X、Y值，使摄像头移动到相应的位置，这实际上是移动了PCB板原点的相对位置。

4.2.4 供料架设置

"供料架设置"视窗显示所有供料器的参数，在程序默认的软件中包含了60个供料器。在编程过程中可以做相应的调整，可存储到自己的文件名下。在编制供料器列表中，必须要给定X、Y、Z位置的值。X、Y、Z的值是步数，不是实际测量值，这些值可以直接在X、Y、Z的输入栏中更改。在这个输入栏中只允许输入小于X、Y、Z最大限定的值，不得输入负数。另外，用摄像头找到供料器的位置，单击"设为当前XY"按钮，也可以改变。供料架设置如图4.2.14所示。

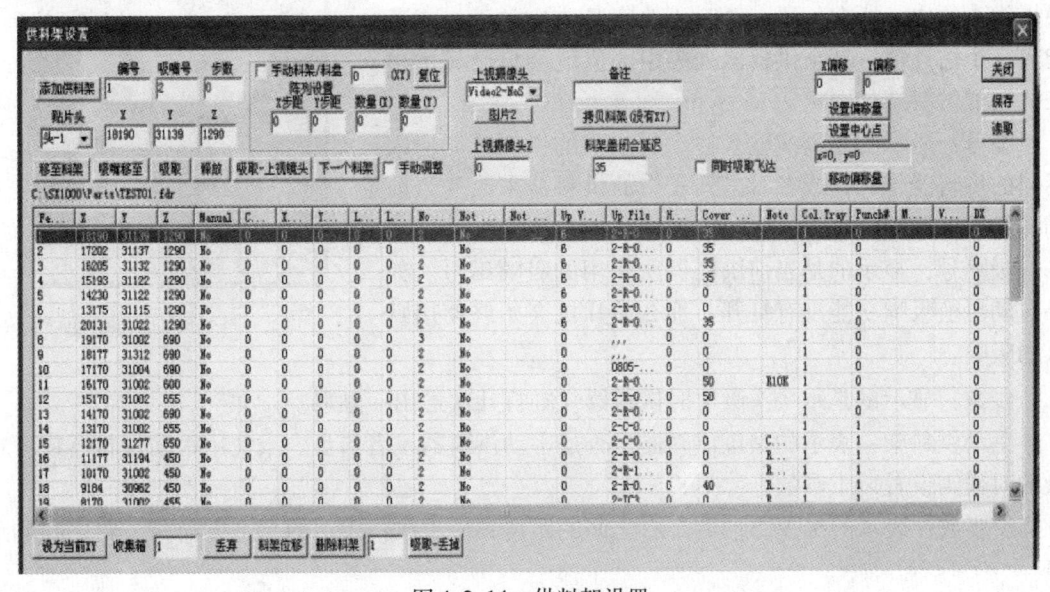

图4.2.14　供料架设置

图4.2.14供料架设置中的"图片2"表示的是上视摄像头所使用的照片。

备注：可以写入元件的封装、数值大小、型号的信息，以便区分每个供料器上放置的是何种元件。

移至料架：把下视摄像头移至供料器所设置的位置。

吸嘴移至：尝试吸取并停留在吸取一瞬间的位置，实际不吸取元件，用于测试吸取高度。

吸取：从当前供料器吸取一个元件。

释放：在当前位置释放元件。

吸取—上视摄像头：吸取并移动到上视摄像头2。

手动调整：勾选了此项，手动移动X和Y的步数，从而调整供料器位置。

下一个料架：移动到下一个供料器的位置。

收集箱：设置当前吸取的元器件所丢弃的"收集箱"号。

丢弃：把当前吸取的元器件丢弃到"收集箱"位置。

料架位移：标定所有照片的供料器，通过光学系统自动调整每一个供料器的X、Y位置，如果标定失败，则需要手动调整。

删除料架：删除当前供料器。

吸取—丢弃：吸取一个元器件到上视相机上看一下，然后丢到"收集箱"中。

贴片机软件在"供料架设置"中可以把X、Y移动范围内的任何一点假定为一个新的供料器位置，也就是说，"供料架设置"中可以添加很多个新的人为定义的供料器位置，并设置为"手动供料架"形式，就可以正常吸取贴装元件了。

单击添加供料架，仪器弹出一个新的视窗，供料器的序号是自动排列的，但是显示在视窗的X、Y位置就是下视摄像头的中心所在位置，暂时不改变Z方向的值，或者键入一个估计值，其余供料器列表中的值就会自己显示出来。添加供料架如图4.2.15所示。

编号：显示的是当前输入栏中所注明的供料器。输入不同的供料器号码，或者双击列表中的供料器来改变当前选择的供料器。

吸嘴号：显示的是当前供料器所使用的吸嘴编号。如果自动更换吸嘴功能没有打开，那么贴片机会始终使用默认的吸嘴。

图4.2.15 添加供料架

步数：显示的是每一次吸取时供料器气缸打几次送出一颗料。

手动供料架：表示的是该供料器是否是手动供料器或者料盘。当使用手动供料器或者料盘的时候需设置以下参数。

X步数：表示的是 X 方向两个料之间的距离；Y步数：表示的是 Y 方向两个料之间的距离。

X数量：X 方向料的数量；Y数量：Y 方向料的数量。

复位：重置手动供料器和料盘的所有参数。如果使用的是带状的手动供料器，那么只需设置 X 步数或 Y 步数。如果使用的是料盘，那么贴片机会先走 X 方向。

上视摄像头：表示的是是否使用上视摄像头来检测该供料器所吸取的芯片，使用的是哪一个摄像头以及对中时间的长短。

特别提醒：纸带供料器吸取元器件必须是当供料器的气缸向前推时暴露出的那个元器件，这样可以避免供料器打料后元器件跳出，纸带供料器正确的吸取位置如图 4.2.16 所示。

图 4.2.16　纸带供料器正确的吸取位置

使用"吸嘴移至""吸取"或者"吸取—上视摄像机"键尝试吸取元器件以进一步调整吸取位置，如图 4.2.17 所示。

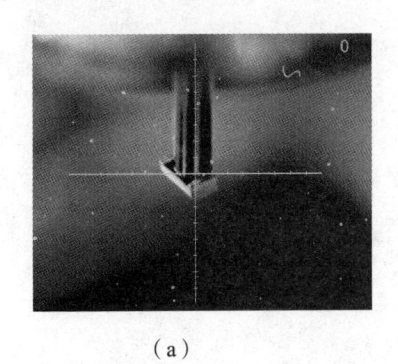

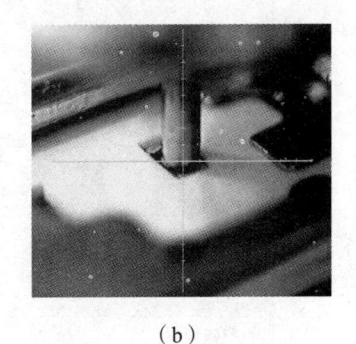

(a)　(b)

图 4.2.17　吸取位置调整
(a) 吸取的元器件在吸嘴正中心；(b) "吸嘴移至" 检测吸取的准确位置

4.2.5　创建一个"贴装设置"列表

元器件列表可以直接在计算机显示屏幕中获得，其步骤如下：读取 PCB 设计图，单击"读取 PCB 文件"按钮，在贴放元器件正中心的位置上单击鼠标左键，然后单击右键，会弹出一个"添加元件"对话框，如图 4.2.18 所示。

元件名：指自定义的元件名。供料站编号：指贴放该元器件所使用的供料器编号。Z 轴贴装高度：指贴放该元器件 Z 轴向下走的步数。

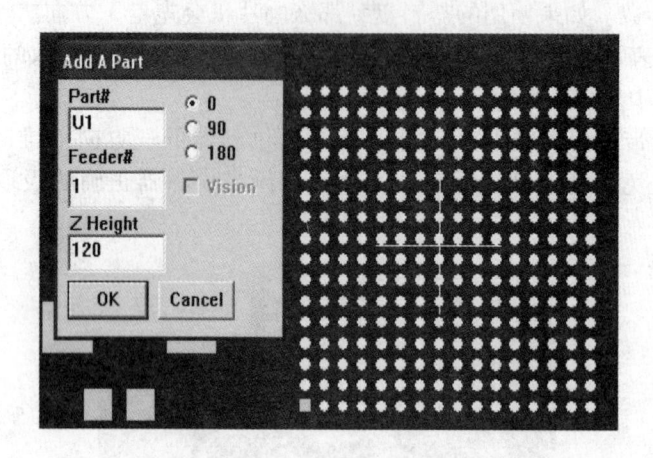

图 4.2.18 添加元件

特别提醒：选择贴放该元器件需要旋转角度，单击 OK 按钮，可以把该元器件添加到"贴装设置"的贴装列表中，如图 4.2.19 所示。

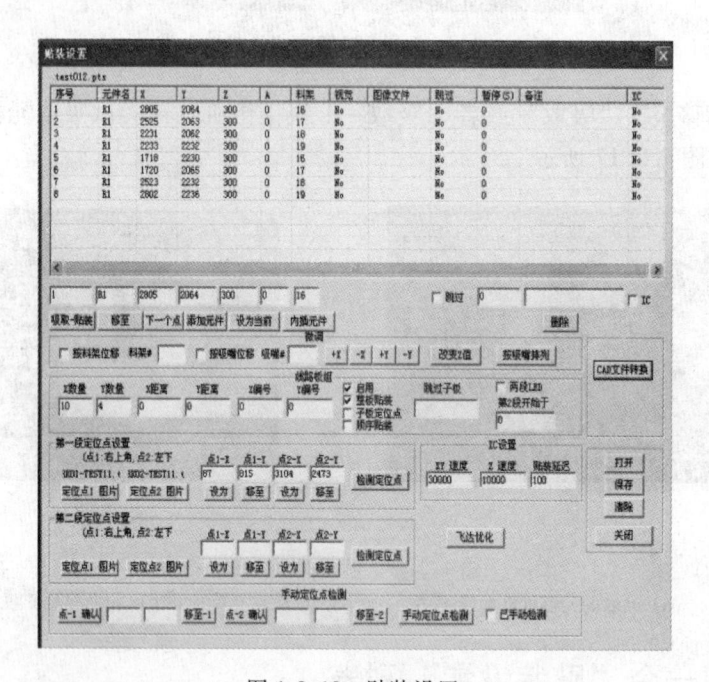

图 4.2.19 贴装设置

图 4.2.19 显示了所有新加元器件，该对话框可以编辑、存储或打开。该对话框显示元器件编号、名称或标志、X－Y－Z－A 的数值（步数）所使用供料器编号以及智能视觉系统的选择。元器件列表下有所选中的元器件，双击任一元器件或输入该元器件编号则该元器件参数便显示在这一行，这一行可直接改动。

1. 控制键

打开：打开一个已经保存的元器件列表。

保存：保存该元器件列表，可以将其另存为其他文件名。

清除：清除在当前元器件列表中的所有参数，但不影响已保存文件。

吸取—贴装：从指定的供料器吸取元器件，然后放到该选择元器件指定的贴装位置。

移至：把下视摄像头移动到指定的元器件位置。

下一个点：把下视摄像头移动到下一个元器件位置。

添加元件：添加一个元器件到"贴装设置"的元器件列表中，该元器件位置就是下视摄像头当前所在的位置。

删除：删除一个当前所选定的元器件。

设为当前：把当前摄像头所在的位置设定为元器件位置。

内插元件：在当前列表位置上插入一个新的元器件。

跳过：勾选此项，贴片机在贴装时将不贴装勾选的元器件。

IC：勾选此项，贴片机在贴装被勾选的元器件时，按照"IC 设置"中的"XY 速度""Z 速度"和"贴装延迟"的参数进行贴装。此项功能是为了贴装 IC 时保证精度等而设置。

2. 微调

微调工具栏如图 4.2.20 所示。

图 4.2.20 微调工具栏

按料架位移：勾选此项，并在 料架# 中填入要微调的供料站编号，按"微调"中的 +X -X +Y -Y 按钮，就可以调整所有贴装在 PCB 上的该供料站上的元器件的贴装位置。

按吸嘴位移：勾选此项，并在 吸嘴# 中填入要微调的吸嘴编号，按"微调"中的 +X -X +Y -Y 按钮，就可以调整所有用该号吸嘴贴装在 PCB 上的元件的位置。例如，贴装头 1 和贴装头 2 用的全部都是 1 号吸嘴（根据不同元件大小选用不同编号的吸嘴，小元件选用小号吸嘴，大元件选用大号吸嘴），所以在 吸嘴# 中填入 1 号吸嘴后，调整的就是用 1 号吸嘴所贴装的所有元器件的位置。

改变 Z 值：点击此项，有"新 Z 轴深度"和"Z 轴增加深度"。"新 Z 轴深度"定义为填入一个所有元器件的新的 Z 轴深度；"Z 轴增加深度"定义为在原有的贴装深度基础上增加多少深度（改变的是所有元器件贴装深度）。

按吸嘴排列：定义为按照吸嘴编号的不同排列贴装列表中的元件贴装顺序，先贴装小元件，后贴装大元件。

4.2.6 线路板组

线路板组如图 4.2.21 所示。

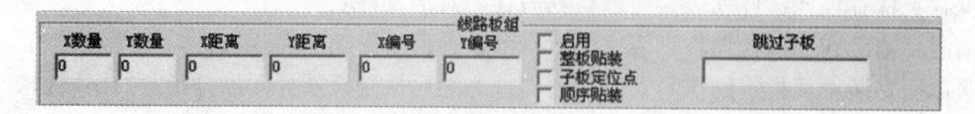

图 4.2.21　线路板组

X 数量和 Y 数量：给出 X 方向的拼板数和 Y 方向的拼板数，此数默认为 0。
X 距离和 Y 距离：给出拼板之间 X、Y 的距离（步数）。
X 编号和 Y 编号：给出起始工作拼板的位置，拼板的序列默认是从 0 开始的。
启动：勾选此项，启用拼板功能。
整板贴装：勾选此项，贴装整块拼板。
子板定位点：勾选此项，视觉相机识别每一小块 PCB 上的定位点。
顺序贴装：定义为把贴装列表中序号为 1 的元件分别贴装在所有的拼板上，然后再贴装列表中序号为 2 的元件，以此类推。
跳过子板：定义为跳过不需要贴装的小板，小板序号之间用","号隔开。

1. 定位点设置

该列表设置线路板上 Mark（参考点）相关参数。定位点设置如图 4.2.22 所示。

图 4.2.22　定位点设置

"定位点设置"用于自动补偿由于更换线路板以及各个拼板之间误差。"定位点设置"功能仅在所有元器件参数已经设定完毕，并且主视窗该功能被勾选时可操作。
"定位点设置"必须在线路板上选定两个点作为参考点。
一般选择为左下角和右上角，换句话说，第 2 点的 X、Y 值必须大于第 1 点的 X、Y 值。
MARK1.TIF，MARK2.TIF：基准点标志照片。
点 1 – X，点 1 – Y，点 2 – X，点 2 – Y：显示两个参考点的 X、Y 坐标。
设为：把当前下视摄像头的 X、Y 坐标设定为参考点坐标。
移至：移动贴片头到参考点位置。
检测定位点：实施检测参考点。
注意：在主视窗中，勾选"线路板定位点"，从而使该功能工作。

2. 贴片元件列表显示

贴片元件列表显示如图 4.2.23 所示。选择主视窗中的"元件图形叠加"键，可以显示所有列表中的元器件在计算机中屏幕的位置。

注意事项：
Z 值的设定是贴片机吸取与贴放的关键。如果吸嘴太高，不能吸起元器件；吸嘴太低，将把元器件推入纸带中。

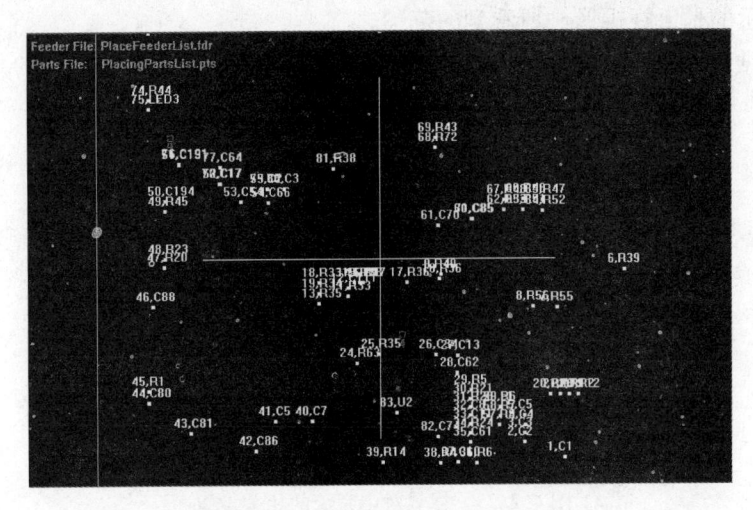

图 4.2.23 贴片元件列表显示

进料带：进料带必须正确的安装在供料器上。吸取元器件应该是被压料盖所覆盖的元器件，而不是已经暴露在外的元器件，气缸推动连接杆，从而把压料盖向后推动，吸嘴吸起已经暴露的元器件。放开卡具，压料盖可以被掀起，以便安装进料带。

调整压缩空气的压力，当压缩空气压力过大，供料器会振动；压缩空气压力过小，进料带不能被压到正确的位置。

4.2.7 计算机视觉对中系统

XP-480M 具有几套视觉相机系统，光学主界面如图 4.2.24 所示。

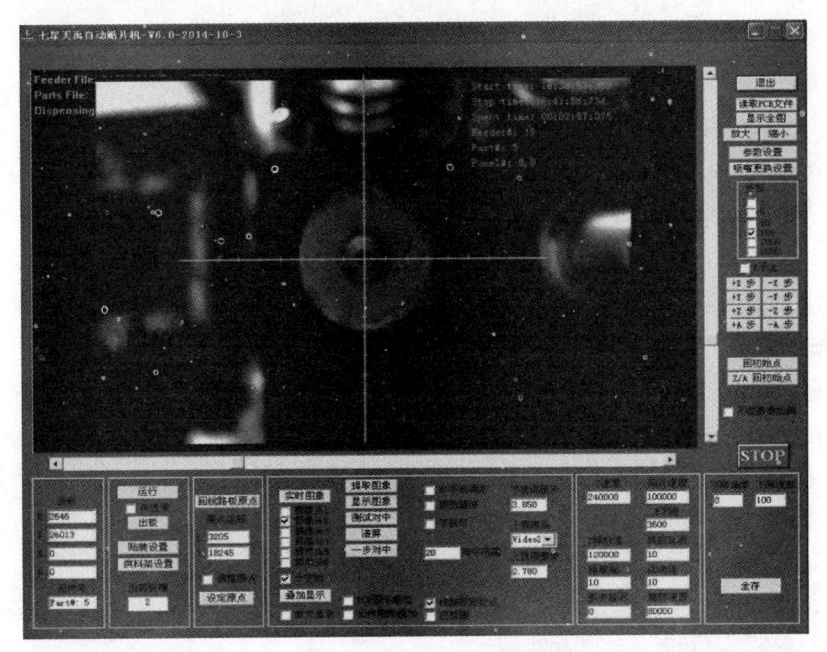

图 4.2.24 光学主界面

软件中显示的是上视摄像头所看到的范围。

计算机视觉对中系统的相关设置在软件的主界面上：视觉对中系统的相关设置如图4.2.25 所示。

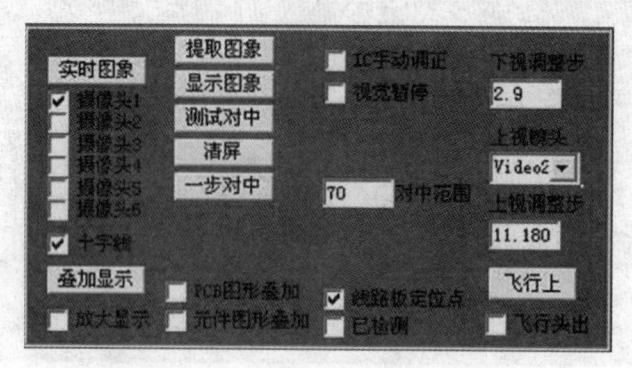

图 4.2.25　视觉对中系统的相关设置

1. 计算机视觉对中系统相关设置介绍

实时图像：开启或关闭所有摄像头，默认是开启的。

摄像头 1～摄像头 6：切换所显示的摄像头，软件在大多数的时候有默认显示的摄像头。

清屏：清除屏幕上的文字、图形等信息。

叠加显示：同时显示摄像头的图像和 PCB 文件图，这样会导致摄像头的刷新率下降。

放大显示：开启一个单独的可放大的显示摄像头图像的视窗，该视窗包含了绝大多数常用的控制功能，关闭这个视窗可以让摄像头图像回到软件界面中。注：图像越大，图像的刷新率越低，放大到 1.9×，需要把显示器的分辨率调整到 1 280×1 024。

PCB 图形叠加：把 PCB 文件图覆盖在摄像头图像上。

元件图形叠加：把元件文件图覆盖在摄像头图像上。

提取图像：把框选的摄像头图像范围另存为图片，后缀名为".TIF"，所有的图片必须存在 Parts 文件夹中。

显示图像：显示一个图片。

测试对中：选择一个图片执行视觉对中。

十字线：是否显示屏幕中心的十字。

一步对中：选择一个图片执行最快速视觉对中。

IC 手动调整：勾选此项，可以手工调整 IC。

视觉暂停：暂停键用于光学对中完成之后，操作员可检查对中结果，并进行手动调整。

对中范围：摄像头执行光学对中的范围，合适的范围可以使光学对中系统更好地运行。因为摄像头 1 大多数的时候都在看着线路板，而线路板上可能在比较近的地方会有类似的点，所以这个值应该比较小，建议 35～50。

线路板定位点：是否开启检测线路板参考点功能。

已检测：如果线路板参考点已被检测，那么该选项会自动勾选，当这个选项没有被勾上，那么"线路板定位点"会自动执行。

下视调整步：表示下视摄像头执行对中时微调的步数，当这个值设置过高时，微调将无法对准。当这个值设定太低时，微调将会反复执行，一般设定为 5.5。

上视镜头：选择所有摄像头。

上视调整步：定义了在 X、Y 方向上视摄像头自动调整参数，一般可设定为 2.5。

以下 4 种情况选用计算机视觉对中系统：

从供料器上吸取元器件（摄像头 1）；

阻容元件和较小的芯片（摄像头 2）；

BGA 以及较大的芯片（摄像头 3）；

元器件贴放在 PCB 上（摄像头 1）。

前 3 种情况出现在供料器列表视窗，最后一种出现在元器件列表视窗。

2. 摄像头 2

在接近吸取和贴放之间的位置安装摄像头 2，然后在主视窗手动移动贴片头吸嘴到摄像头 2 中心的位置（十字线中间），在参数设置按"设为当前"键，设置 X、Y 坐标，摄像头 2 就可以使用了。

计算机视觉系统是通过照片进行识别和对准。照片文件可通过以下方式获得：

（1）移动摄像头 1 到供料器或者 PCB 设定位置；

（2）吸取一个元器件后移动到摄像头 2；

（3）移动调整这个元器件到摄像头 2 中心；

（4）单击实时图像中要选择元件图像的左上角一点向右下角拉出一个长方形框，令其包含所要选择的元件图像，如该框过大或过小，可重新设定；

（5）手动微调至摄像头中心，使其精确对准元器件中心；

（6）按"提取图像"键，拍下照片并保存在"Parts"文件夹下，文件名任意。

所照图像自动弹出，看后可关闭此图像。

注意：所有图片必须保存在"Parts"文件夹下，所有图像文件必须保存为".tif"格式。

有一个图片应该在"Parts"文件下，即 home.tif。本贴片机使用上述图片自动校正 home 点，单击上面的点出现一个长方框和摄像头 1 下视 PCB 元器件焊点如图 4.2.26 所示。

图 4.2.26　摄像头 1 下视 PCB 元器件

单击图 4.2.26 中上面的点创建一个长方框和摄像头 1 下视 PCB 元器件焊点。

摄像头 2 上视 QFP 芯片如图 4.2.27 所示。摄像头 2 上视电阻如图 4.2.28 所示。

图 4.2.27　摄像头 2 上视 QFP 芯片 　　　图 4.2.28　摄像头 2 上视电阻

摄像头 2 上视 BGA 芯片如图 4.2.29 所示。

图 4.2.29　摄像头 2 上视 BGA 芯片

注意：光线对计算机识别系统起着非常重要的作用，因此在贴片机运行的期间，尽量保证相同的光线条件。

不要对摄像头 1 和摄像头 2 使用过强的光照。

如果计算机视觉系统不能找到 home 点或其他元器件，请重新照一张照片。

4.2.8　自动换头系统

"吸嘴更换设置"能设置自动换头系统的参数。"吸嘴更换设置"对话框如图 4.2.30 所示。

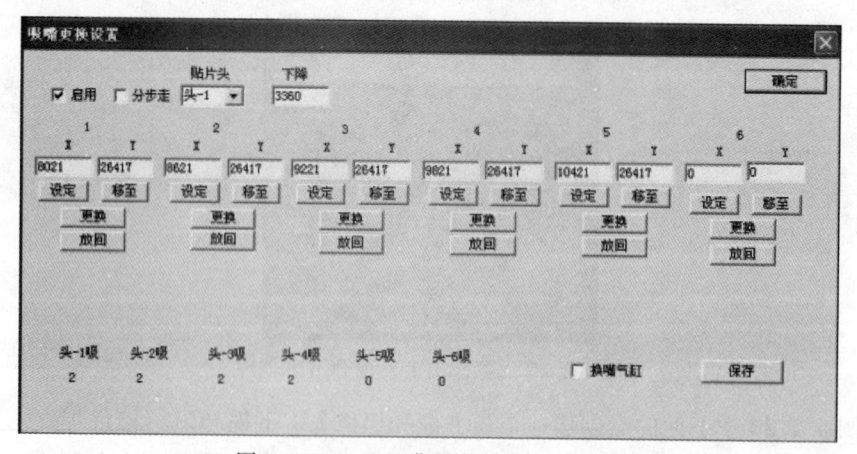

图 4.2.30　"吸嘴更换设置"对话框

该自动换吸嘴系统可安装六个吸嘴。

启用：勾选这个选项，机器便执行自动换嘴，否则只能手动换吸嘴。

分步走：使用该选项，整个换嘴过程会分为几阶段操作，可以避免撞坏吸嘴或吸嘴装置。

贴装头：选择更换吸嘴的贴装头。

下降：设置更换吸嘴时，贴装头下降的高度，本参数一般出厂之前都已设定好了。

X、Y：定义吸嘴换嘴坐标。

设定：设定为当前 X、Y 值。

移至：移动吸嘴到 X、Y 所定义的位置。

更换：吸嘴装到贴装头上。

放回：吸嘴放回吸嘴交换站上。

当初次使用吸嘴交换系统时要格外小心，确定"分步走"选项被勾选了，吸嘴最好从贴装头上取下，放到吸嘴交换站上。为了让吸嘴杆准确地插入吸嘴，可以用 +Z 和 -Z 多尝试几次，之后取消"分步走"选项，然后再试。记得在一个文件夹中保存这个换吸嘴的参数文件名为"Nozzle Changer.ini"。

在指定的"吸嘴更换设置"对话框中，如果选择了"启用"自动交换吸嘴程序，那么贴片机将自动执行吸嘴交换功能。如果不想自动换嘴，可以勾选"启用"选项，贴片头会自动移动到手动换吸嘴的位置，然后等待操作人员手动更换吸嘴。

4.2.9 软件编程

(1) 在"供料架设置"中的手动供料器中，给出两个元器件 X、Y 之间的距离、X 方向的总数量和 Y 方向的总数量。

(2) 吸取元器件（不需要视觉系统），软件会指导自动吸取下一个元器件。

(3) 设定摄像头 2 作为供料器的视觉对中摄像头。

(4) 贴片机的摄像头 2 自动调整 X、Y 和旋转角度。

(5) 贴片机在线路板上放置元器件，摄像头 1 的视觉对中不一定用到。

4.2.10 如何装贴 IC

设定飞达：把 IC 料盘放在 PCB 架上，确定料盘的边与机器的 X，Y 轴尽量平行。

用 X, Y 步移下视摄像头（Video 1）至料盘的第一个元件（任意一个角）。将屏幕上的十字线与 IC 的中心对准。设定飞达如图 4.2.31 所示。

打开"供料器设置"（飞达表）。在飞达表中，单击"添加供料器"。不用选择任何项，单击"OK"按钮。

选合适的 Z 值拾取 IC，单击"吸取—上视摄像头"，当 IC 在上视摄像头（Video 2）之上时，调整 IC 中心与十字线重合，如图 4.2.32 所示。单击 IC 图像的左上角产生一个方框如图 4.2.33 所示。

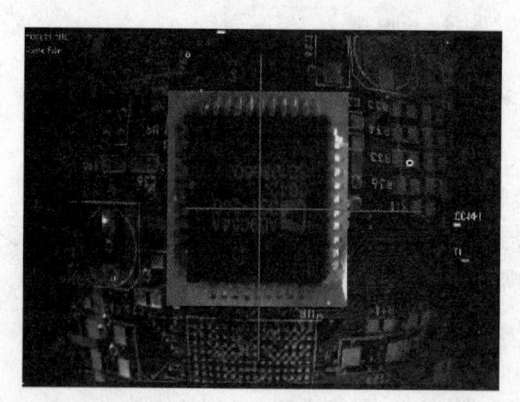

图 4.2.31　设定飞达

图 4.2.32　IC 中心与十字线重合　　图 4.2.33　单击 IC 图像的左上角产生一个方框

用"提取图像"指令取下 IC 的照片。照片应存在当前工作文档的 Parts 文件夹下，文件名可以任意取，最好加上"-0"以示此照片是 IC 在 0 "旋转度"的。

当软件提示要产生 90°、180°、270°的照片时，可以选"YES"或"NO"，一般选择"NO"。

4.2.11　设定料盘的参数

设定料盘的参数如图 4.2.34 所示。

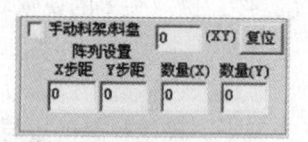

图 4.2.34　设定料盘的参数

(1) 选定料盘：选择"手动料架/料盘"项。
(2) X 步距：料盘上 IC 之间的 X 方向间距。
(3) Y 步距：料盘上 IC 之间的 Y 方向间距。
(4) 数量（X）：料盘上 IC 在 X 方向的数量。
(5) 数量（Y）：料盘上 IC 在 Y 方向的数量。
(6) 复位：IC 计数器归零。

在"供料架设置"中的"上视摄像头"中选择要用的上视摄像头（如 Video 2，2 号摄像头），并选择要用的图像文件；可以单选一个角度的文件，如 0°、90°、180°、270°，也可以一次选定所有的文件。

4.2.12 贴装元件

(1) 用 X, Y 步移下视摄像头 (Video 1) 至 PCB 板要贴装的元件处。用 X, Y 步移下视摄像头 (Video 1) 如图 4.2.35 所示。

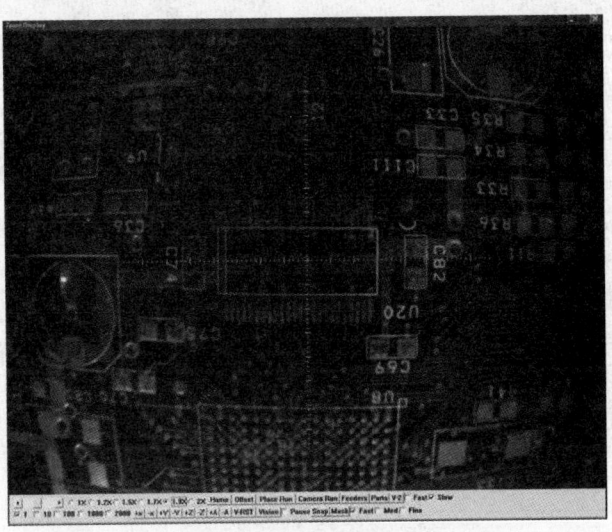

图 4.2.35 用 X, Y 步移下视摄像头 (Video 1)

(2) 将屏幕上的十字线与 IC 位置的中心对准。
(3) 打开"贴装设置"元件列表,添加元件,分别如图 4.2.36、图 4.2.37 所示。

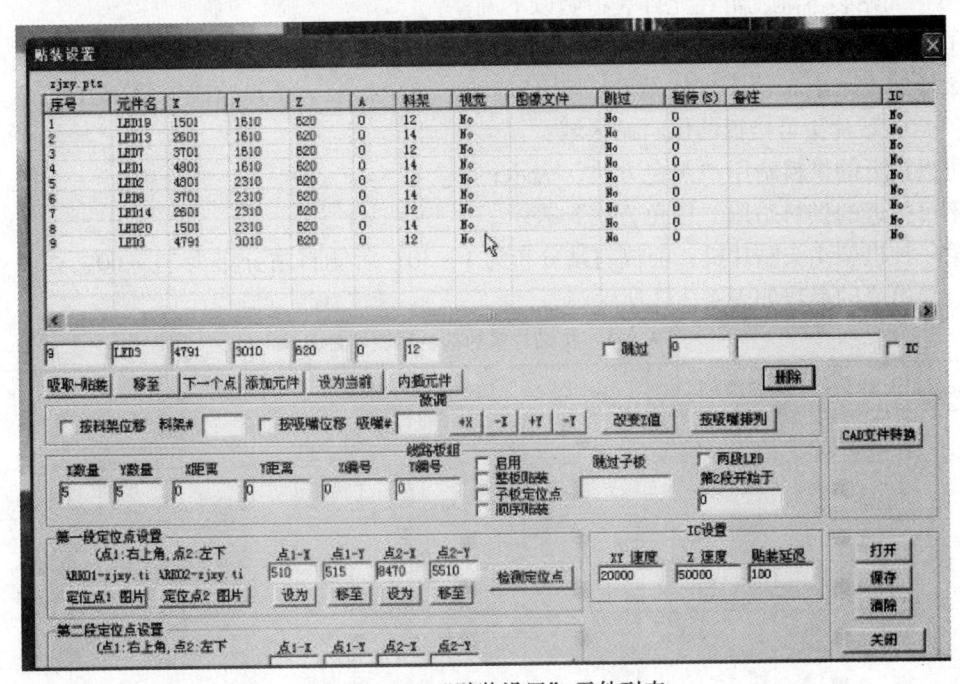

图 4.2.36 "贴装设置"元件列表

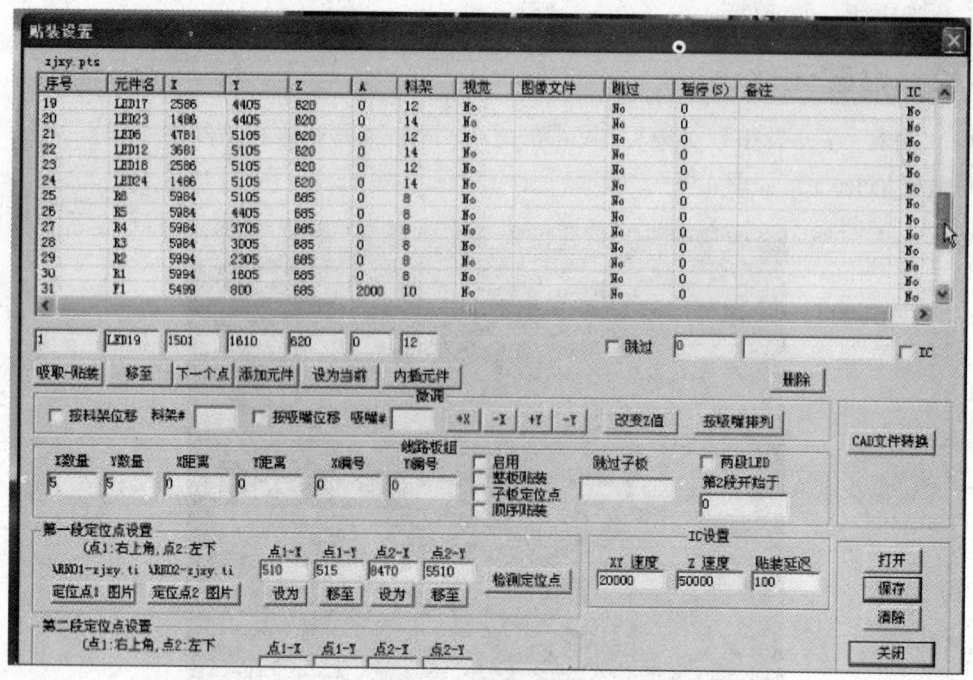

图 4.2.37 添加元件

(4) 在"贴装设置"列表中,单击"添加元件"(加一个元件),选择相应的贴装高度(Z 值)、飞达和角度。

(5) 试着贴装一两次。

(6) 如贴装不准,可在元件表中做以下调整:

①增加或减小 X,Y 值。这样做可以在 X,Y 方向移动 IC。

②增加或减小 A 值。这样做可以使 IC 旋转,如 0°贴装,可以改成 -20°或 10°。

(7) 各贴片头可接近的供料站区域:

可以接近的供料站用"黑色方块"表示;

不可接近的供料站用"白色方块"表示。

第一种机型 4 头贴片机:前侧料站分布为 1~30;后侧料站分布为 31~60,如表 4.2.1 所示、导出来的参数如表 4.2.2 所示。

表 4.2.1 头贴片机的前、后侧料站分布

供料站号	左侧下视相机	右侧下视相机	Head 1	Head 2	Head 3	Head 4
1	■	□	■	□	□	□
2	■	□	■	□	□	□
3	■	□	■	■	□	□
4	■	□	■	■	■	□
5	■	□	■	■	■	□
6	■	□	■	■	■	■

续表

供料站号	左侧下视相机	右侧下视相机	Head 1	Head 2	Head 3	Head 4		
7	■	■	■	■	■	■		
8	■	■	■	■	■	■		
9	■	■	■	■	■	■		
10	■	■	■	■	■	■		
11	■	■	■	■	■	■		
12	■	■	■	■	■	■		
13	■	■	■	■	■	■		
14	■	■	■	■	■	■		
15	■	■	■	■	■	■		
16	■	■	■	■	■	■		
17	■	■	■	■	■	■		
18	■	■	■	■	■	■		
19	■	■	■	■	■	■		
20	■	■	■	■	■	■		
21	■	■	■	■	■	■		
22	■	■	■	■	■	■		
23	■	■	■	■	■	■		
24	■	■	■	■	■	■		
25	□	■	■	■	■	■		
26	□	■	□	■	■	■		
27	□	■	□	■	■	■		
28	□	■	□	□	■	■		
29	□	■	□	□	□	■		
30	□	■	□	□	□	□		
31	□	■	□	□	□	■		
32	□	■	□	□	□	□		
33	□	■	□	□	■	■		
34	□	■	□	□	■	■		
35	□	■	□	■	■	■		
36	□	■	■	■	■	■		

续表

供料站号	左侧下视相机	右侧下视相机	Head 1	Head 2	Head 3	Head 4		
37	■	■	■	■	■	■		
38	■	■	■	■	■	■		
39	■	■	■	■	■	■		
40	■	■	■	■	■	■		
41	■	■	■	■	■	■		
42	■	■	■	■	■	■		
43	■	■	■	■	■	■		
44	■	■	■	■	■	■		
45	■	■	■	■	■	■		
46	■	■	■	■	■	■		
47	■	■	■	■	■	■		
48	■	■	■	■	■	■		
49	■	■	■	■	■	■		
50	■	■	■	■	■	■		

表 4.2.2 导出来的参数

	A	B	C	D	E	F	G	H	I	J	K
1	Designator	Footprint	Mid X	Mid Y	Ref X	Ref Y	Pad X	Pad Y	Layer	Rotation	Comment
2											
3	Y1	6M_XTAL	68.834mm	5.842mm	68.834mm	5.842mm	64.584mm	5.842mm	B	360	XTAL
4	U501	20S-SOIC	64.769mm	20.701mm	69.469mm	26.416mm	69.469mm	26.416mm	B	180	AT89C2051
5	R7	J1-0603	70.231mm	32.639mm	70.231mm	32.639mm	70.981mm	32.639mm	B	180	Res3
6	D24	3.2X1.6X	15.207mm	22.098mm	5.207mm	22.098mm	3.457mm	22.098mm	B	360	LED2
7	D23	3.2X1.6X	114.224mm	22.098mm	14.224mm	22.098mm	12.474mm	22.098mm	B	360	LED2
8	D22	3.2X1.6X	123.114mm	22.098mm	23.114mm	22.098mm	21.364mm	22.098mm	B	360	LED2
9	D21	3.2X1.6X	132.004mm	22.098mm	32.004mm	22.098mm	30.254mm	22.098mm	B	360	LED2
10	D20	3.2X1.6X	141.1226mm	22.098mm	41.1226mm	22.098mm	39.3726mm	22.098mm	B	360	LED2
11	D19	3.2X1.6X	150.038mm	22.098mm	50.038mm	22.098mm	48.288mm	22.098mm	B	360	LED2
12	D18	3.2X1.6X	15.207mm	17.272mm	5.207mm	17.272mm	3.457mm	17.272mm	B	360	LED2
13	D17	3.2X1.6X	114.224mm	17.272mm	14.224mm	17.272mm	12.474mm	17.272mm	B	360	LED2
14	D16	3.2X1.6X	123.114mm	17.272mm	23.114mm	17.272mm	21.364mm	17.272mm	B	360	LED2
15	D15	3.2X1.6X	132.004mm	17.272mm	32.004mm	17.272mm	30.254mm	17.272mm	B	360	LED2
16	D14	3.2X1.6X	141.1226mm	17.272mm	41.1226mm	17.272mm	39.3726mm	17.272mm	B	360	LED2
17	D13	3.2X1.6X	150.038mm	17.272mm	50.038mm	17.272mm	48.288mm	17.272mm	B	360	LED2
18	D12	3.2X1.6X	15.207mm	11.938mm	5.207mm	11.938mm	3.457mm	11.938mm	B	360	LED2
19	D11	3.2X1.6X	114.224mm	11.938mm	14.224mm	11.938mm	12.474mm	11.938mm	B	360	LED2
20	D10	3.2X1.6X	123.114mm	11.938mm	23.114mm	11.938mm	21.364mm	11.938mm	B	360	LED2
21	D9	3.2X1.6X	132.004mm	11.938mm	32.004mm	11.938mm	30.254mm	11.938mm	B	360	LED2
22	D8	3.2X1.6X	141.1226mm	11.938mm	41.1226mm	11.938mm	39.3726mm	11.938mm	B	360	LED2
23	D7	3.2X1.6X	150.038mm	11.938mm	50.038mm	11.938mm	48.288mm	11.938mm	B	360	LED2
24	D6	3.2X1.6X	15.207mm	5.08mm	5.207mm	5.08mm	3.457mm	5.08mm	B	360	LED2
25	D5	3.2X1.6X	114.224mm	5.08mm	14.224mm	5.08mm	12.474mm	5.08mm	B	360	LED2
26	D4	3.2X1.6X	123.114mm	5.08mm	23.114mm	5.08mm	21.364mm	5.08mm	B	360	LED2
27	D3	3.2X1.6X	132.004mm	5.08mm	32.004mm	5.08mm	30.254mm	5.08mm	B	360	LED2
28	D2	3.2X1.6X	141.1226mm	5.08mm	41.1226mm	5.08mm	39.3726mm	5.08mm	B	360	LED2

29	D1	3.2X1.6X1	50.038mm	5.08mm	50.038mm	5.08mm	48.288mm	5.08mm	B	360	LED2
30	C3	C1206	73.279mm	24.384mm	73.279mm	24.384mm	73.279mm	25.734mm	B	270	Cap Semi
31	C2	C1206	76.073mm	24.384mm	76.073mm	24.384mm	76.073mm	25.734mm	B	270	Cap Semi
32	C1	C0805	63.246mm	32.766mm	63.246mm	32.766mm	62.496mm	32.766mm	B	360	Cap Pol3
33	R6	J1-0603	3.556mm	36.703mm	3.556mm	36.703mm	3.556mm	35.953mm	B	90	Res3
34	R5	J1-0603	12.446mm	36.703mm	12.446mm	36.703mm	12.446mm	35.953mm	B	90	Res3
35	R4	J1-0603	21.463mm	36.703mm	21.463mm	36.703mm	21.463mm	35.953mm	B	90	Res3
36	R3	J1-0603	30.353mm	36.703mm	30.353mm	36.703mm	30.353mm	35.953mm	B	90	Res3
37	R2	J1-0603	39.37mm	36.703mm	39.37mm	36.703mm	39.37mm	35.953mm	B	90	Res3
38	R1	J1-0603	48.387mm	36.703mm	48.387mm	36.703mm	48.387mm	35.953mm	B	90	Res3

4.2.13 Gerber 加工文件和 NC drill 钻孔文件的生成

1. AD 软件的中英语言切换

AD 软件自带切换语言的功能，执行"DXP"→"Preference"命令，在弹出的选项卡中，单击"General"，再在图示位置勾选"Use localized resources"，单击"确定"按钮后，重新打开 AD 即可，如图 4.2.38 所示。

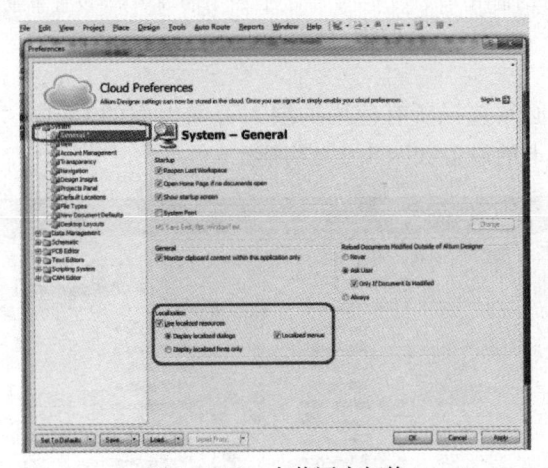

图 4.2.38 中英语言切换

2. Gerber 加工文件和 NC drill 钻孔文件

打开 PCB 板图，设置原点。执行"编辑"（Edit）→"原点"（Origin）→"设置"（Set）命令，将鼠标移到 PCB 板的左下角，设置左下角为原点，如图 4.2.39 所示。

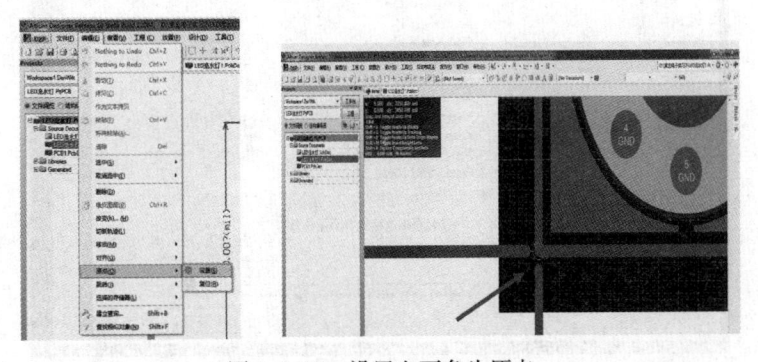

图 4.2.39 设置左下角为原点

选择"文件"（File）→"制造输出"（Fabrication）→"Gerber Files"命令，即可输出 Gerber 文件。Gerber 文件的输出如图 4.2.40 所示。单击通用，设置单位及尺寸。

因为软件对 Gerber 文件的设置有要求，须按图 4.2.41 设置单位为毫米，格式为 4:4。

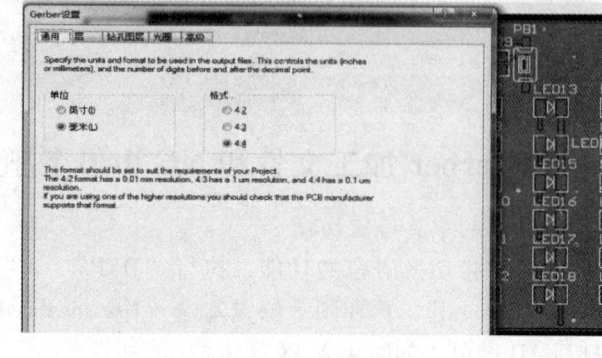

图 4.2.40　Gerber 文件的输出

图 4.2.41　设置单位及尺寸

3. 设置层选项卡

层选项卡的设置，必须选择所有使用的层，否则生成的 Gerber 加工文件只有底层，却无边框等错误。层选项卡的设置如图 4.2.42 所示。

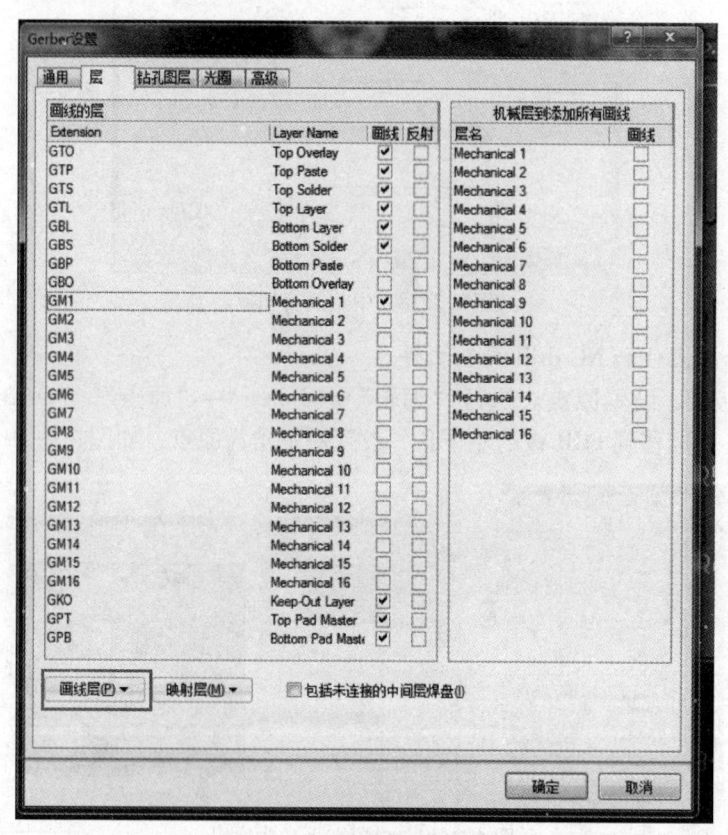

图 4.2.42　层选项卡的设置

特别提示：单击"画线层"按钮，选择"所有使用的"，软件会自动勾选我们所使用到的层。但是，这里的反射框不能勾选，一旦勾选，Gerber 文件产生的就是镜像文件，加工出来的 PCB 板因不能用而报废。

图的钻孔层和光圈不用设置，默认就可行，勾选"高级"选项卡要注意，一定要按图 4.2.43 所示的设置，否则 Gerber 软件可能识别不出来，或者产生识别错误。

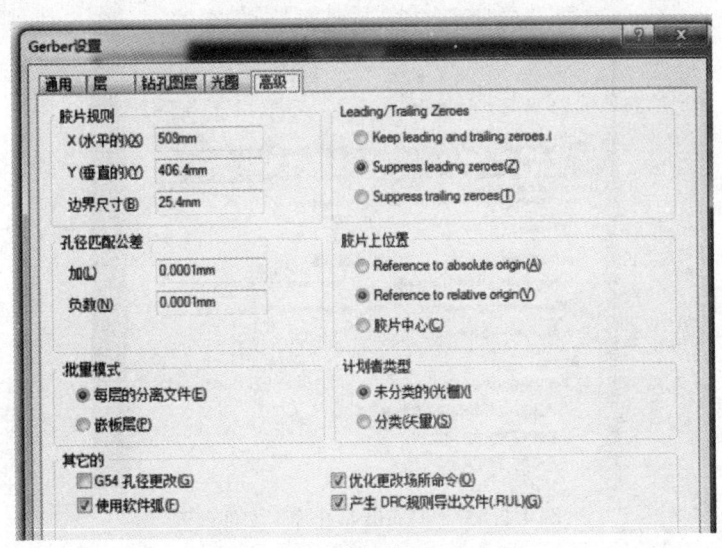

图 4.2.43　勾选"高级"选项卡

"高级"选项卡设置后，单击"确定"按钮，即可在工程目录中看见生成的 Gerber 加工文件，如图 4.2.44 所示。

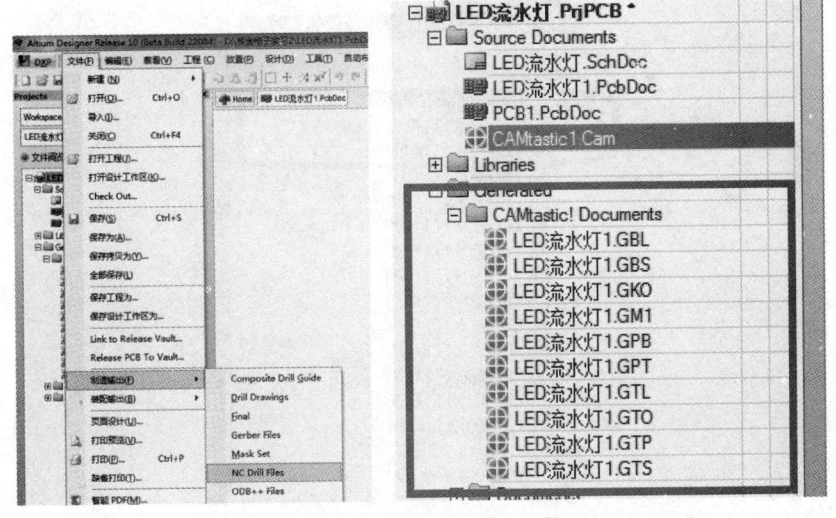

图 4.2.44　Gerber 加工文件

4. 生成 NC drill 钻孔加工文件

执行"文件"（File）→"制造输出"（Fabrication）→"NC Drill Files"命令即可。同样，要注意一下格式，单位为毫米，格式为 4:4，单击"确定"按钮即可。NC drill 钻孔加工文件设置如图4.2.45所示。软件在屏幕左侧新生成了NC Drill加工文件，如图4.2.46所示。至此，AD输出加工文件的设置结束。

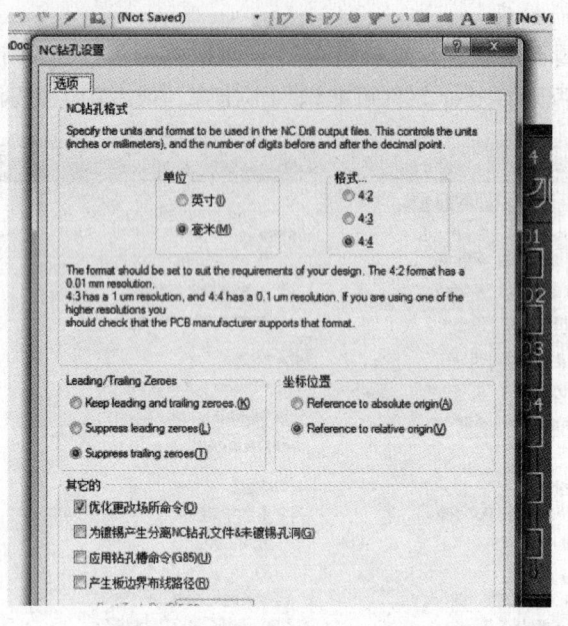

图4.2.45 NC drill 钻孔加工文件设置

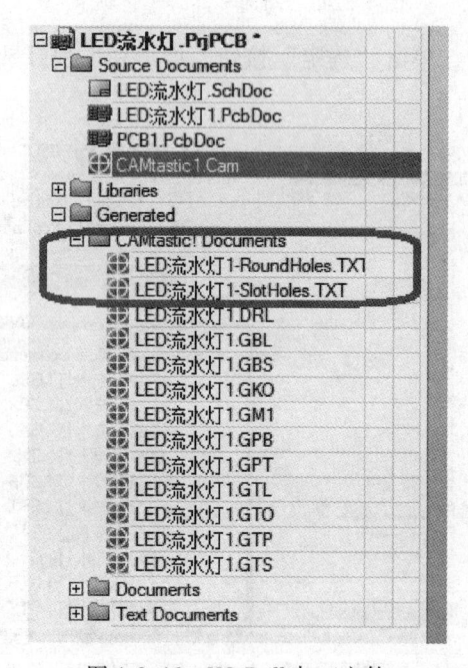

图4.2.46 NC Drill 加工文件

5. 雕刻机 Circuit Workstation 软件的设置

打开雕刻机软件，可以看到如图4.2.47所示的几个常用按钮图标。

图 4.2.47 常用按钮图标

单击"打开文件"按钮如图 4.2.48 所示。

图 4.2.48 单击"打开文件"按钮

弹出如图 4.2.49 所示的界面，单击"浏览"按钮。

图 4.2.49 "打开文件"→"浏览"

在创建的 AD 工程文件夹下，选中所创建的加工文件，如图 4.2.50 所示。

图 4.2.50 AD 工程文件夹

特别提示：此处只需任意选择一个加工文件，软件会自动识别剩下的文件。

选择之后单击"确定"按钮，如图 4.2.51 所示。

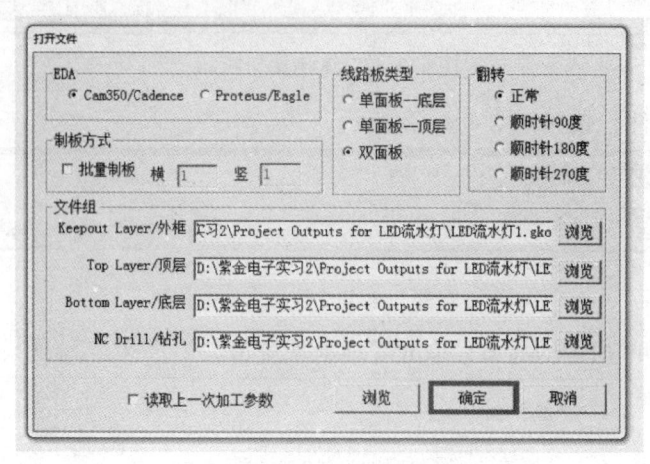

图 4.2.51　单击"确定"按钮

界面上就出现了你需要加工的 PCB 板图（默认显示为底层，这里大家看到的是顶层），如图 4.2.52 所示。

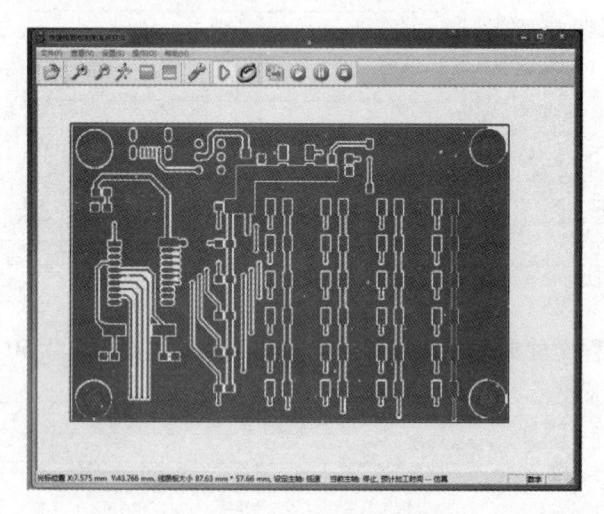

图 4.2.52　PCB 板图（顶层）

雕刻机软件对加工槽孔不能识别，需使用 Keepout 层去绘制，同时由于软件处理覆铜是实心时，覆铜速度较慢，如需要实心覆铜时，将覆铜属性改为栅格，栅格间距设置为 0，这样板面效果是一样的，处理速度也比较快。

下一步，单击向导按钮，弹出如图 4.2.53 所示的"向导"选项卡。

选择好所用的钻头后单击"下一步"按钮：选择"底层雕刻"，雕刻方式为"智能雕刻"，智能雕刻的加工效果较好。选择"细雕刻刀"和"粗雕刻刀"，细雕刻刀必须小于最小间距，粗雕刻刀选择合适能大大提升加工速度。选择底层和顶层的雕刻刀后，单击"检验参数"按钮,单击"下一步"按钮,勾选"预览",查看雕刻的区域是否都雕刻合格,如图 4.2.54 至图 4.2.56 所示。

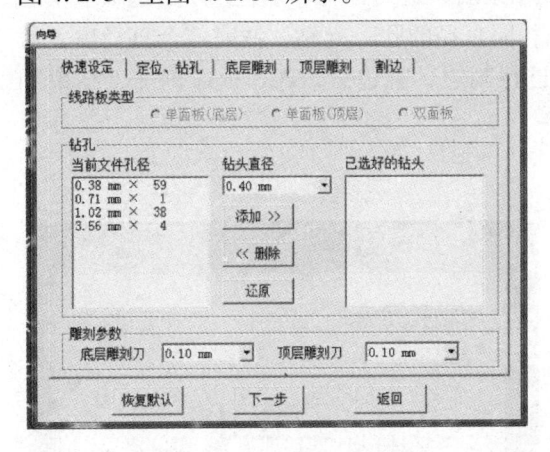

图 4.2.53 "向导"选项卡

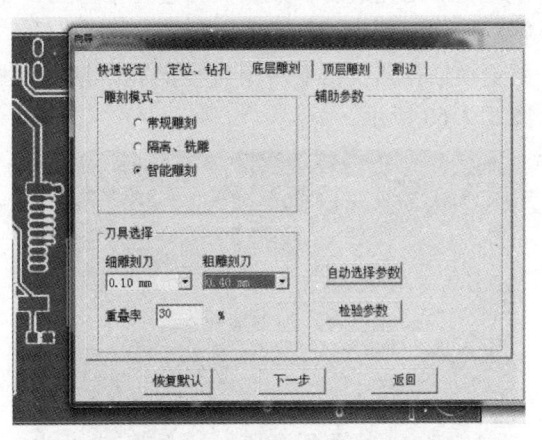

图 4.2.54 "智能雕刻"选项卡

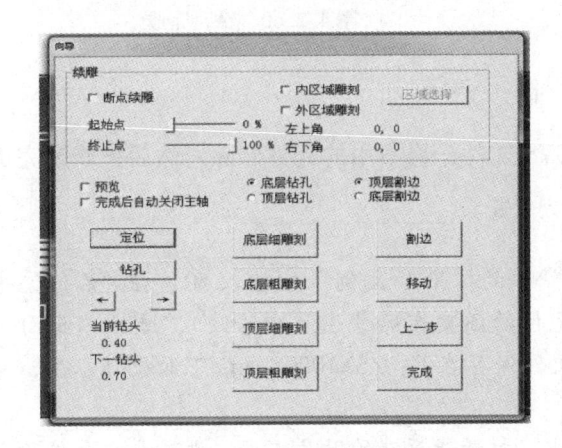

图 4.2.55 续雕选项卡 1

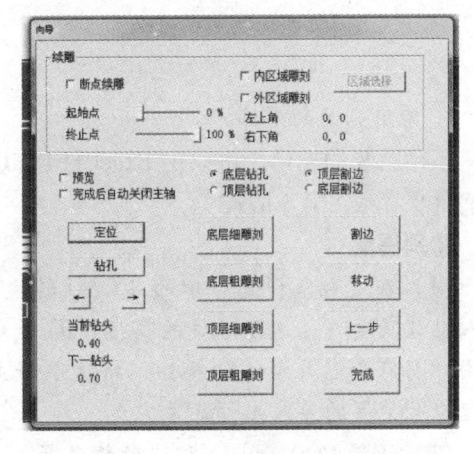

图 4.2.56 续雕选项卡 2

雕刻时遵循先粗雕刻后细雕刻的原则,一步一步操作。雕刻软件会自动计算雕刻路径,如图 4.2.57 所示。

提示安装雕刻刀直径,单击"确定"按钮就好,如图 5.2.58 所示。

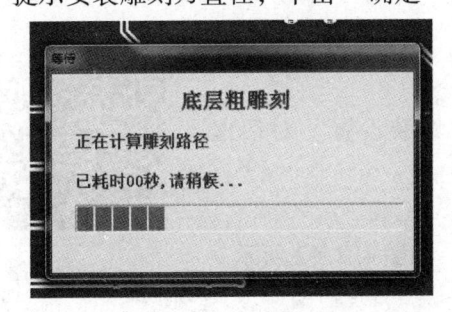

图 4.2.57 计算雕刻路径

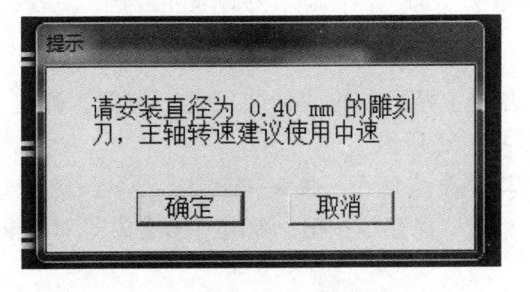

图 4.2.58 提示安装雕刻刀直径

可以看到正在进行雕刻,红色部分就是雕刻机需要雕刻的地方,图 5.2.59 所示为雕刻板层。

粗雕刻完成后，按照步骤进行细雕刻，雕刻结束后，进行钻孔和割边，单击选项卡中的"钻孔"按钮，软件会给出提示注意这里钻孔是相同直径的孔一起钻，钻完这个直径后，需要更换钻孔刀，钻下一个直径的孔。钻孔完毕进行割边，割边后，PCB板雕刻加工结束如图5.2.60所示。

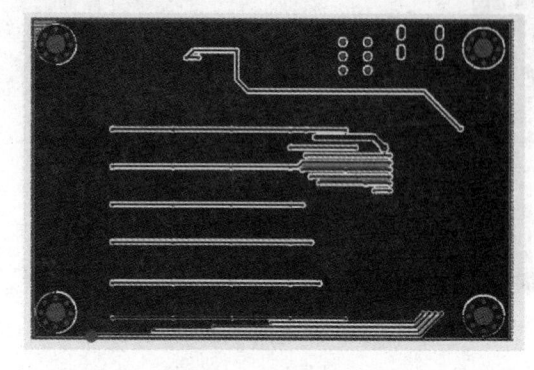

图4.2.59　雕刻的板层

图4.2.60　钻孔完成

6. 不用贴装的元件

不用贴装的元件，可以用Excel打开.CVS文件，将不用的元件删除，然后把修改完成的文件保存成.CVS格式。

特别提醒：

（1）在"贴装设置"中的"CAD转换"中的"X/Y比例"中输入50，在"Z值"中输入贴装高度（输入阻容件的高度，IC等元件的高度在贴装设置中修改），选择"正面"，单击"另存为贴片文件"按钮，将这个新文件保存在C：/SX1000/parts下面就可以了，到这里贴片文件的导入工作基本完成。

（2）设置PCB原点，在"贴装设置"中，打开新存储的贴片文件，设置每个元件的旋转角度等信息就可以了。

（3）设置"供料架设置"中的数据。

（4）试验贴装。

4.2.14　做一个新的贴装程序

1. 单击主界面

单击主界面上的"贴装设置"按钮，弹出"贴装设置"对话框，如图4.2.61所示。

2. 单击"保存"按钮

单击"保存"按钮，弹出"另存为"对话框，如图4.2.62所示。

设定贴装程序

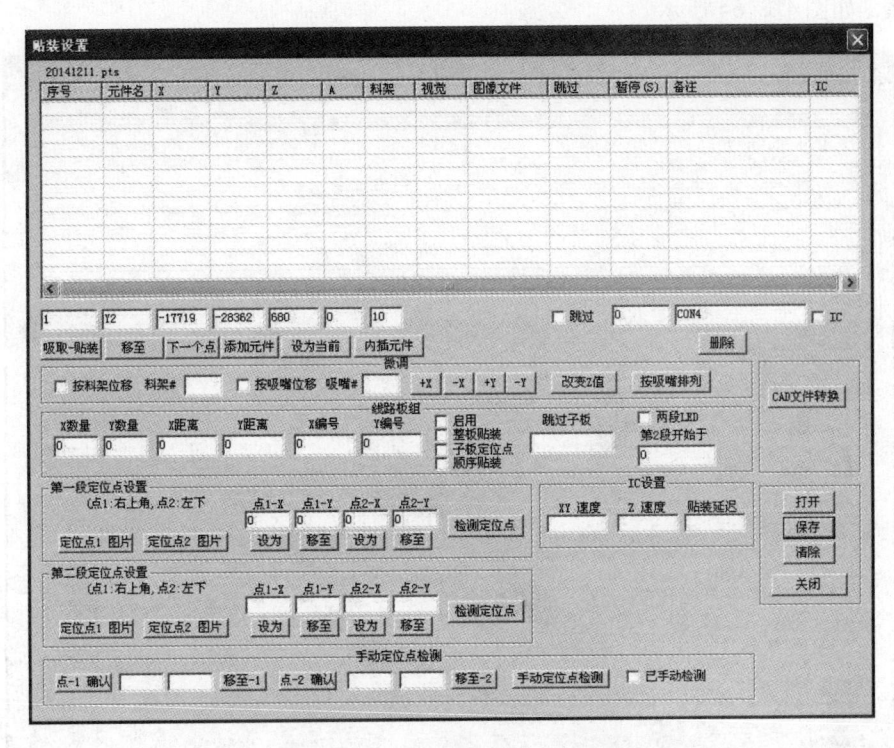

图 4.2.61 "贴装设置"对话框

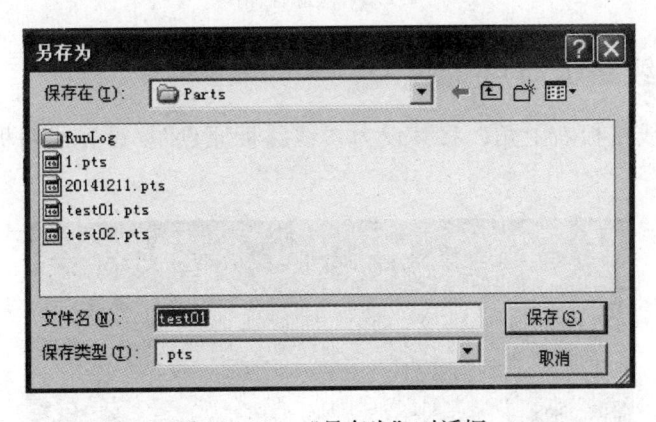

图 4.2.62 "另存为"对话框

3. 写入贴装文件名

写入贴装文件名，如"20141211.pts"，单击"保存"按钮，打开刚刚保存的文件"20141211.pts"，单击"清除"按钮，清除原有的数据，单击"确定"按钮如图 4.2.63 所示。

4. 数据清除

数据被清除后，单击关闭"贴装设置"对话框。数

图 4.2.63 单击"确定"按钮

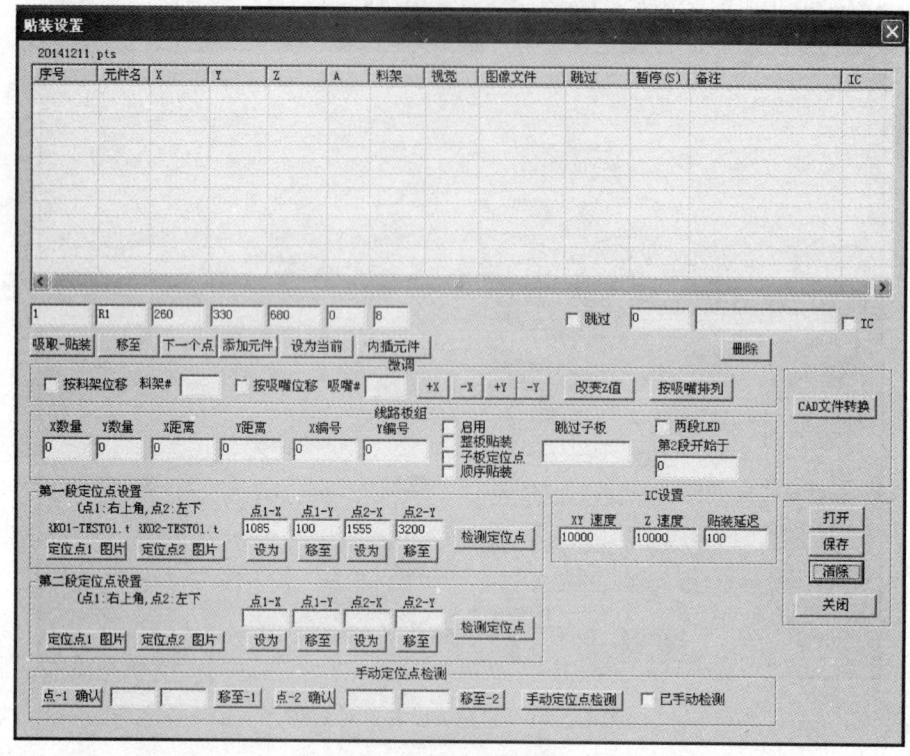

据被清除，如图4.2.64所示。

图4.2.64 数据被清除

4.2.15 设置线路板原点

移动 XY 轴到线路板右上角，将其设为"线路板原点"。设置线路板原点如图4.2.65所示。

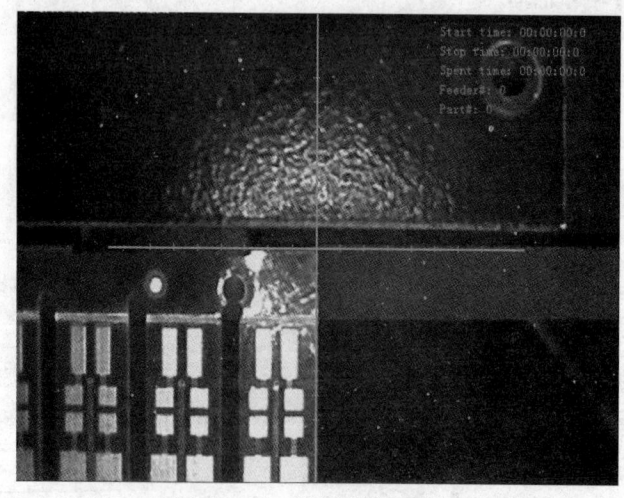

图4.2.65 设置线路板原点

单击主界面上的"设为原点"按钮,将原点坐标保存。单击"确定"按钮即可,如图 4.2.66 所示。

图 4.2.66　单击"确定"按钮

4.2.16　做 MARK 定位点

做 MARK 定位点,移动 XY 轴找到第一个 MARK 定位点,一般在 PCB 板的右上角,MARK 定位点如图 4.2.67 所示。

图 4.2.67　MARK 定位点

单击"贴装设置"中的第一个定位点  的"设为",弹出对话框如图 4.2.68 所示,单击"确定"按钮。再将第一个 MARK 定位点框起来,如图 4.2.69 所示。

图 4.2.68　单击"确定"按钮 　　　　图 4.2.69　将第一个 MARK 定位点框起来

单击"主界面"上的"提取图像"按钮,弹出"另存为"对话框,命名这块 PCB 的第一个 MARK 定位的名称,如 MARK01 - 20141211. tif,并保存,如图 4.2.70 所示。屏幕上会弹出当前定位的图像,MARK 定位点如图 4.2.71 所示。

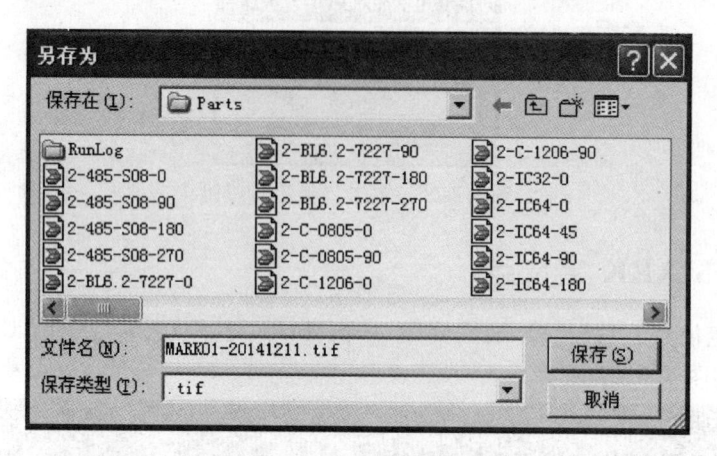

图 4.2.70 "另存为"对话框

图 4.2.71 MARK 定位点

在 PCB 的左下角也就是对角处,选第二个 MARK 定位点,移动 X、Y 轴,找到坐标中心,同第一个 MARK 定位点的操作一样。第二个 MARK 定位点如图 4.2.72,定位点的设置如图 4.2.73 所示。

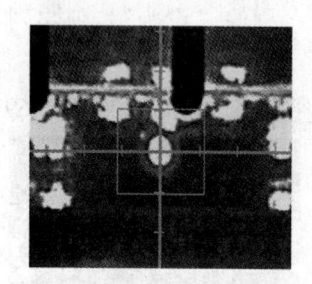

图 4.2.72 第二个 MARK 定位点

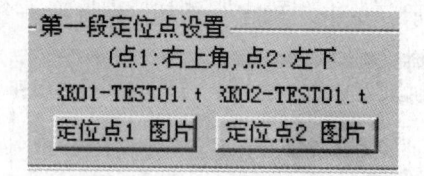

图 4.2.73 定位点的设置

打开"贴装设置"对话框,单击"定位点图片"后,弹出对话框,如图 4.2.74 所示。

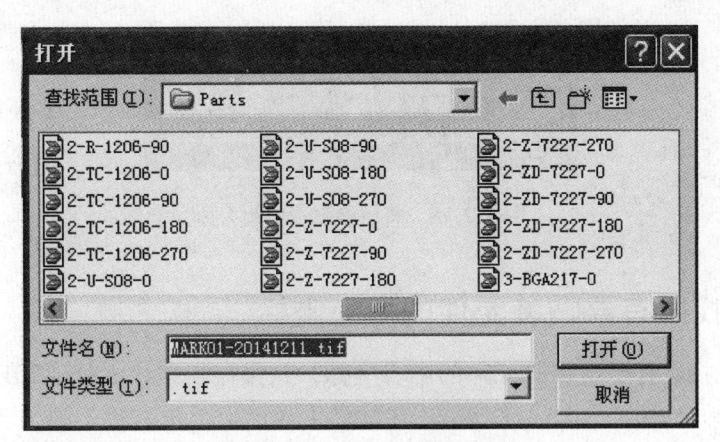

图 4.2.74 定位点图片选择

单击"打开"按钮,接下来选择第二个 MARK 定位点图片,步骤如第一个定位点图片。单击"检测定位点"按钮,单击"定位点 2 图片"按钮,如图 4.2.75 所示。

图 4.2.75 单击"定位点 2 图片"按钮

贴片机就会检测刚才做的两个定位,校准偏移量。视频界面上会显示检测成功"Success",如图 4.2.76 所示。

图 4.2.76 视频界面上显示出检测成功"Success"

特别提示:当检测完定位点后,软件会将"已检测"选项勾选,表明目前的 MARK 状态是"已检测",如图 4.2.77 所示。

图 4.2.77 勾选已检测选项

如果认为将 PCB 板拿走,再放一块 PCB 板,则应该将主界面上的"已检测"选项钩去掉,如图 4.2.78 所示。再单击"贴装设置"中的"检测定位点"按钮,MARK 定位点检测成功后,再进行找元件坐标的工作。

图 4.2.78　将已检测选项钩去掉

4.2.17　寻找所有要贴装元件的中心坐标

用下视相机找所有要贴装的元件的中心坐标，并保存到贴片文件"20141211.pts"中。如，找到第一个元件中心（图 4.2.79），在软件主界面上单击右键，弹出"添加元件"对话框，如图 4.2.80 所示。

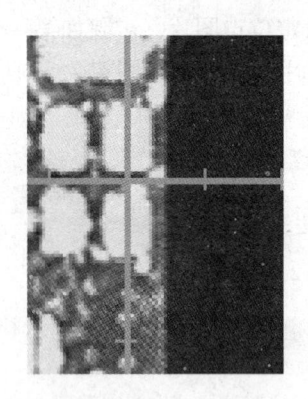

图 4.2.79　第一个元件中心　　　　图 4.2.80　添加元件对话框

写入"元件名"、料架编号、Z 深度，选择元件"角度"，这个元件就添加完成了。这些数据要根据 BOM 表来确定。

注意事项：

（1）如果已经通过"CAD 转换"功能将贴装程序导入，就不用做第四步。只要将已经导入并保存好的贴装文件打开，做上面的第一步至第三步，就可以初步完成程序的编写。

（2）完成第一步至第三步，就可以将上好料的供料器放到贴片机的供料站上，并在"供料架设置"中的"备注"里，填写相应的标注，以此表明每个供料站用的是什么元器件。

（3）供料架设置好后，将供料架中的第一列"料架编号"填写到"贴装设置"中的"料架"中，使其一一对应。

4.2.18　选择吸嘴号

在"供料架设置中"选择好每个料站使用的"吸嘴号"，"Z"值即吸着深度。供料架的设置如图 4.2.81 所示。

（1）使用下视相机校准每个供料架的位置。

（2）做不同封装元件的标准图像。

在供料架设置中的上视摄像头下拉菜单中选择摄像头 2，如图 4.2.82 所示。单击"吸取至上视摄像头"吸取一个元件到上视摄像头上，做元件标准图像，做法见"关于摄像头2"的内容。所有不同封装的元件都做 0°、90°、180°、270°的标准图像。

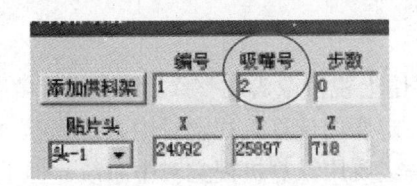

图 4.2.81 供料架的设置　　图 4.2.82 选择摄像头 2

例如：0805 封装的所有电阻做一组图像，做 0°和 90°的标准图像。由于电阻没有方向，只做 0°和 90°的图像就可以了。

其他的不同封装形式做一组图像，包括 0°、90°、180°、270°的图像。吸嘴交换站中的各种吸嘴的位置及各种吸嘴可以吸取的元件规格如表 4.2.3 所示。

表 4.2.3　吸嘴交换站中的各种吸嘴的位置及各种吸嘴可以吸取的元件规格

交换站中的吸嘴编号	吸嘴型号	贴装元件规格	备注
1	CN020	0402 Chip 专用	
2	CN030	0603 Chip 专用	
3	CN040	1005 Chip 专用	
4	CN065	1608, 2012, 3216, Melf, Hemt, SSOP03, TR (23), TR2, Chip – Tantal (3012)	
5	CN140	3216, 6432, Chip – Aluminum (5753), Chip – Tantal (7343), TR (13), Trimmer, SOP2 (4), SOP (48), SSOP08	
6	CN220	Chip – Aluminum (7268), SOP (48), Connector, QFP (48), Chip – Coil (8280), Chip – Tantal (8060)	
7	CN400	Chip – Aluminum (9082), SOP (66), SOP2 (50), QFP (44), PLCC (18), SOJ2, Connector, TR (22), BGA (208G), Chip – Coil (1212)	
8	CN750	QFP (208), PLCC (32), SOP (66), SOJ (24), BGA (062G)	

4.2.19　设备的保养与维护

1. 维护与检查

机器使用后的检查：检查各种螺钉是否松动，两条 Y 轴是否平行。

2. 故障排除

（1）贴片机不运行：检查 USB 线的连接、贴片机的电源、步进电动机的电线。如果红色紧急键在按下的状态，贴片机是不会运行的。

(2) home 点的问题：检查 X、Y、Z 的开关是否正常工作。

(3) 其他问题：可与出售公司联系。

3. 常见问题解答

问：如何很好地贴 IC？

答：对于 QFP 或者一些 IC 来说，主要用上视摄像头调整 X、Y 和旋转角度的步数。

问：当从料盘中吸取元器件的时候，一定要用计算机视觉对中系统吗？

答：在从料盘中吸取元器件的时候不一定要用计算机视觉对中系统，但上视摄像头起到对芯片的位置和角度进行调整的作用。

问：使用摄像头 2 找到了元器件的中心，对于细微管脚的芯片可能仍然不能对准。

答：在单击"设置"键弹出的对话框中调整"上视摄像头"里的 X、Y 值。如果在角度上不准，可以在"贴片设置"的列表中找到"A"正下方的相应元器件填写栏中调整。

问：如何使用料盘供料器？

答：将料盘放在料盘支架上，可以从厂家订购或者自己准备。

4.3 热风回流焊机

热风回流焊机均为全热风强制对流式回流焊机，用于表面贴装基板的整体焊接和固化。该机器采用计算机控制，对每个加热区的加热源进行全闭环温度控制，具有人机对话界面和软件功能，方便使用。该机型具有自动传送的隧道式结构，由多个预热区、焊接区、冷却区组成，各加热区可单独 PID 控温。PCB 传动采用平稳的不锈钢网带与链条等速同步传动，采用链传动可与 SMT 其他设备进行在线连接，具有闭环控制的无级调速功能。

TY－RF 系列机型以其合理的加热区设计，独特的加热方式可以得到最佳的温度分布和稳定的加热过程，保证热风遍及炉腔各个角落，使其温度各处均匀一致，另外炉腔的热容量大，在 PCB 连续进入炉体时对各加热区的控制精度影响较小，节省电力，确保各种工艺要求，达到理想的焊接效果。该系列机型的主要特点为：温控精度高，适应无铅焊膏焊接；上下为独立加热模组，温

回流焊介绍

度均匀性佳、热补偿效率高；上炉体开启采用气缸启动，方便快捷，采用自锁式或电磁阀，安全可靠；运输链条自动润滑和张紧，由计算机设定润滑模式，保证 PCB 运输顺畅；具有链条、网带双重运输功能；高强度导轨设计，热变形小，保证精度；导轨调宽采用调速电动机，面板控制，方便易用；Windows 操作界面，功能强大，操作简便；内置 UPS 及自动延时关机系统，保证 PCB 及回流焊机在断电或过热时不受损坏；所有加热区均由计算机进行 PID 控制。网传输及链传输等速并行，由计算机闭环控制，可满足不同品种的 PCB 同时生产；可 PCB 自动计数，声光报警；可存储用户所有的温度、速度设置及其设置下的温度曲线，并可对所有数据及曲线进行打印；可分区加热，以减小启动功率；下炉体热风电动机可独立工作，有利于形成 PCB 上下温差；具独立超温保护电路，超高温后会自动切断电源并报警。热风回流焊机实物如图 4.3.1 所示。

图 4.3.1　热风回流焊机实物

使用该机器之前，需要熟读随机配置的使用说明书及安装要求，在公司技术人员的指导下学会使用和保养仪器设备，并遵守安全用电规则。

4.3.1　基本操作环境

1. 温度及运输保管要求

环境湿度：该系列回流焊机的工作环境温度应为 5 ℃ ~ 40 ℃，不论回流焊机内有无工件。

相对湿度：该系列机的工作环境相对湿度范围应为 20% ~ 95%。

运输保管：该系列机可在 -25 ℃ ~ 55 ℃ 被运输及保管。在 24 小时以内，它可以承受不超过 65 ℃ 的高温。在运输过程中，请尽量避免过高的湿度、振动、压力及机械冲击。

2. 使用电源要求

在连接电源电缆之前，请一定要用电表检查电源电压。

请使用三相四线 380 V 电源，外壳一定要良好接地，接线必须由有执照的电工来进行。

为了防止计算机控制系统和其他电气系统元件被损坏，在连机之前务必确认本机的电源为断开状态（即 OFF 状态）。

3. 回流焊机的高度调整

通过八个脚来调整回流焊机的传送高度和水平。其调整方法是，使用工业用油或酒精水平仪进行测量，将水平仪放在 PCB 运输导轨的中部，然后通过机器底部的八个可调脚对回流焊机反复进行前后、左右两方向的水平调整，直到导轨水平并对齐接驳的机器导轨为止。最后，一定要将所有脚上的锁紧螺母锁紧。

特别提示：

再流焊，也称为回流焊。再流焊工艺是通过重新熔化预先分配到印制板焊盘上的膏装软钎焊料，实现表面组装元器件焊端或引脚与印制板焊盘之间机械与电气连接的软钎焊。

4.3.2　操作前准备

开机前要做各种检查准备工作，请操作人员严格执行。

（1）检查电源是否为指定额定电压、额定电流的三相四线制电源；
（2）检查主要电源是否接到机器上；
（3）检查设备是否良好接地；
（4）检查热风电动机有无松动；
（5）检查传送网带是否在运输搬运中脱轨；
（6）检查各滚筒轴承座的润滑情况；
（7）检查位于出入口端部的紧急开关是否弹起；
（8）检查 UPS 是否正常工作；
（9）保证回流焊机的入口、出口处的排气通道与工厂的通风道用波纹柔性管连接好；
（10）检查电控箱内各接线插是否插接良好；
（11）保证运输链条没有从炉膛内的导轨槽中脱落；
（12）检查运输链条传动是否正常，保证其无挤压、受卡现象，保证链条与各链轮啮合良好，无脱落现象；
（13）保证机器前部的调宽链条与各链轮啮合良好，无脱落现象；
（14）保证计算机、电控箱的连接电缆与两头插座连接正确；
（15）保证计算机、电控箱的连接电缆接触良好，无松动现象；
（16）检查面板电源开关处于中间（OFF）状态；
（17）保证计算机内的支持文件齐全。

出厂前，所配工控机内的控制系统已经安装好。该系统要求分辨率在 1 024×768 或以上，如因意外原因导致系统损坏，需重新安装。

特别提示：

再流焊工艺有以下技术特点：

①元件不直接浸渍在熔融的焊料中，元件受到的热冲击较小（取决于加热方式不同）。

②能控制焊料的施加量，减少了虚焊、桥接等焊接缺陷，可以保证焊点的焊接质量，提高了可靠性。

③如 PCB 板上施放焊料位置正确，但贴放元器件的位置则有一定偏移，在再流焊过程中，当元器件的全部焊端、引脚及其相应的焊盘同时润湿时，由于熔融焊料表面张力的作用，产生自定位效应，能够自动校正偏差，把元器件拉回到近似准确的位置。

④再流焊的焊料是商品化的焊膏，能够保证正确的组分，一般不会混入杂质。

⑤采用局部加热，在同一基板上采用不同的焊接方法进行焊接。

4.3.3 故障分析与排除

1. 电源供给

设备电源供给是 50 Hz，三相 380 V±10%（以技术协议为准）。设备引出线与装在电源供给箱中的空气开关连接后，提供给热源、电动机、信息系统等各部分电压，若系统电源意外中断，主要检查以下几方面：检查电源线连接是否有误，与接线端子接触是否良好；检查所有熔断器是否接通；检查所有的热继电器是否因过流而切断；检查发热丝是否短路或搭线。

2. 计算机通信

计算机主机电源线与 UPS 相连，如在 DOS 提示出现故障，检查计算机外围设备和相应电缆；键盘是否与主机相连，接触是否良好；监视器电源线、显示电缆插头是否与主机相连。

3. 加热区温度控制

该机所有的加热器均工作在 220～240 V、50～60 Hz 下，固态继电器通过一个 24 V 信号来开启、关闭加热器的电源，该机借助预先设置在软件中的 PID 参数进行控制。在运行过程中，如果一个加热区产生报警或温度上不去，检查以下几方面：检查与此加热区相对的连接器的连线是否牢固；检查与 PLC 有关的连接器的连线是否牢固；检查热电偶与接线端子的连线是否接触良好；检查热电偶是否有损坏，断开线路；检查加热元件的静态电阻，看是否有损坏。

4. 传送电机控制

传送带的速度是通过计算机软件程序、西门子 A/D 模块、编码器等组成的闭环电路来控制。通过速度参数设定值的改变，即可增大、减小其传送速度。若运行选定的温度曲线后，传送网带没有运转，请检查紧急制按钮是否处于按下状态。

5. 自动润滑控制

根据用户自行设置的加油周期及加油时间，操作系统控制电磁阀的开闭实现该功能，如传输链润滑不良，请检查以下几个方面：

(1) 设置加油周期及加油时间不当；

(2) 检查油杯出口是否堵塞；

(3) 电磁阀是否损坏。

4.3.4 设备使用注意事项

(1) SM 系列热风回流焊机应工作在洁净的环境中，以保证焊接质量；

(2) 请不要在露天、高温多湿的条件下使用、存储机器；

(3) 请不要将机器安装在电磁干扰源附近；

(4) 在使用前，请清理干净炉腔，不要将工件以外的东西放入机内；

(5) 检修机器时，请关机并切断电源，以防触电或造成短路；

(6) 控制用计算机只供本机专用，严禁它用，严禁随意删改计算机内所配置的数据文件、系统文件、批处理文件，以避免计算机系统控制混乱；

(7) 机器工作时 UPS 应处于常开状态；

(8) 经常检查 UPS 是否正常工作；

(9) 温度设置不要低于室温，以避免机器信号灯塔红灯常亮；

(10) 机器经过移动后，须对各部分进行检查，特别是运输网带的位置，不能使其卡住或脱落；

(11) 机器应保持平稳，不得有倾斜或不稳定的现象，通过调整机器下部六个脚，保证运输网链处于水平状态，防止 PCB 板在运输过程中发生移位；

(12) 操作时，请注意高温，避免烫伤；

(13) 保证运输网链没有从下部的滚筒上脱落；

（14）检查 PCB 运输链条传动是否正常，保证其无挤压、受卡现象，保证链条与各链轮啮合良好，无脱落现象；

（15）保证机器前部的调宽链条与各链轮啮合良好，无脱落现象；

（16）本机采用自动运输链润滑方式，必须采用高温润滑油，需定期检查油杯中的油量并及时补充，机器运行时多余的润滑油会滴入接油槽，请定期检查并及时清理。

4.3.5 维护与保养

合理地维护与保养设备，可以更好地发挥它的功能，焊出好的产品，延长使用寿命，请遵循以下维护保养准则：

（1）设备应放置在洁净的工作环境中，避免因灰尘等影响焊接质量。

（2）定期检查机器各处的润滑情况（具体见表4.3.1）。

（3）开启机体罩，定期清洁炉膛，检查并清除排风口、抽风口内壁污垢，以保证清洁空气循环。

（4）定期检查各发热器是否正常，如有损坏应及时更换。更换加热器的程序如下：

①点动 UP 开关；

②切断回流焊机的供电电源；

③拆除发热管损坏处的整流板；

④将坏发热管引线上的线插从接线排上拆下；

⑤发热管是通过发热管架上的两个孔固定在加热区壳体上的，拧下这两个螺钉，取下坏发热丝；

⑥按相反的程序装上新发热丝。

（5）定期检查、清洁冷却风扇，保证其长期正常工作，以确保热风电动机及电控箱内的电气元件正常工作而不致烧坏。

（6）强制在回流焊机的两端抽风，抽风管道的空气流量要求达 55~75 m³/min 及以上，以降低炉体温度并将废气全部排出；检修时尽量在常温下进行。

表 4.3.1 定期保养润滑表及具体部位

润滑部位编号	说 明	加油周期	推荐用油型号
1	PCB 运输链条 （计算机控制自动滴油润滑）	每天	杜邦 Krytox GPL107 全氟聚醚润滑油（耐温250 ℃）
2	机头各轴承及调宽链条	每月	钙基润滑脂 ZG-2，滴点>80 ℃
3	同步链条、张紧轮及轴承	每月	钙基润滑脂 ZG-2，滴点>80 ℃
4	机头调宽丝杠、丝母	每月	钙基润滑脂 ZG-2，滴点>80 ℃
5	机头丝杠及传动方轴	每月	钙基润滑脂 ZG-2，滴点>80 ℃
6	导柱、托网带滚筒轴承	每月	钙基润滑脂 ZG-2，滴点>80 ℃
7	炉内调宽丝杠、丝母	每周	杜邦 Krytox GPL227 全氟聚醚润滑油（耐温250 ℃）
8	机头运输链条过轮用轴承	每月	钙基润滑脂 ZG-2，滴点>80 ℃

4.3.6 控制软件报警分析与排除

控制软件报警分析与排除，如表 4.3.2 所示。

表 4.3.2 控制软件报警分析与排除

报警项	软件处理方式	报警原因	报警排除
系统电源中断	系统自动进入冷却状态并把炉内 PCB 自动送出	外部断电 内部电路故障	检修外部电路 检修内部电路
运输电动机不转动	系统自动进入冷却状态	热继电器跳开 调速器故障 电动机卡住或损坏	复位热继电器 更换调速器 更新或修理电动机
掉板	系统自动进入冷却状态	PCB 掉落或卡住运输入口、出口。电眼损坏；外部物体误码率感应入口电眼	把板送出 更换电眼
盖子未关闭	系统自动进入冷却状态	上炉胆误打开 升降气缸行程开关移位	关闭上炉胆，重新启动 重新调整行程开关位置
温度超过最高温度值	系统自动进入冷却状态	热电偶脱线 固态继电器输出端断路 温度模块上加热指示常亮	更换热电偶 更换固态继电器 更换温度模块
温度低于最低温度值	系统自动进入冷却状态	固态继电器输出端断路 热电偶接地 发热管漏电，漏电开关跳开	更换固态继电器 调整热电偶位置 维修或更换发热管
温度超过报警值	系统自动进入冷却状态	热电偶脱线 固态继电器输出端常闭 温度模块上加热指示灯常亮	更换热电偶 更换固态继电器 更换温度模块
温度低于报警值	系统自动进入冷却状态	固态继电器输出端断路 热电偶接地 发热管漏电，漏电开关跳开	更换固态继电器 调整热电偶位置 维修或更换发热管
运输电动机速度偏差大	系统自动进入冷却状态	运输电动机故障 编码器故障 调速器故障	更换电动机 固定好或更换编码器 更换调速器
启动按钮未复位	系统处于等待状态	紧急开关未复位 未按启动按钮 启动按钮损坏 线路损坏	复位紧急开关并按下启动按钮 启动按钮 更换按钮 修好电路
紧急开关按下	系统处于等待状态	紧急开关按下 线路损坏	复位紧急开关并按下启动按钮 检查外部电路

4.3.7 典型故障分析与排除

典型故障分析与排除如表4.3.3所示。

表4.3.3 典型故障分析与排除

故障	造成故障的原因	如何排除故障	机器状态
升温过慢	1. 热风电动机故障； 2. 风轮与电动机连接松动或卡住； 3. 固态继电器输出端断路	1. 检查热风电动机； 2. 检查风轮； 3. 更换固态继电器	长时间处于"升温过程"
温度居高不下	1. 热风电动机故障； 2. 风轮故障； 3. 固态继电器输出端短路	1. 检查热风电动机； 2. 检查风轮； 3. 更换固态继电器	工作过程
机器不能启动	1. 紧急开关未复位； 2. 未按下启动按钮	1. 检查紧急开关； 2. 按下启动按钮	启动过程
加热区温度升不到设置温度	1. 加热器损坏； 2. 热电偶有故障； 3. 固态继电器输出端断路； 4. 排气过大或左右排气量不平衡； 5. 控制板上光电隔离器件损坏； 6. 断路器未拨或跳动	1. 更换加热器； 2. 检查或更换热继电器； 3. 更换固态继电器； 4. 调节排气调气板； 5. 更换光电隔离器4N33； 6. 检查是否搭铁或短路	长时间处于"升温过程"
运输电动机不正常	运输热继电器测出电动机超载或卡住	1. 重新开启运输热继电器； 2. 检查或更换热继电器； 3. 重新设定热继电器测量值	1. 信号灯塔红灯亮； 2. 所有加热器停止加热
上炉体顶升机构无动作	1. 行程开关到位或损坏； 2. 紧急开关未复位	1. 检查行程开关； 2. 检查紧急开关	
计数不准确	1. 计数传感器的感应距离改变； 2. 计数传感器损坏	1. 调节计数传感器的感应距离； 2. 更换计数传感器	
计算机屏幕上速度值误差偏大	速度反馈感应距离有误	1. 检查编码器是否故障； 2. 检查编码器线路	

4.3.8 软件操作说明

（1）检查电源供电是否为指定额定电压、额定电流的三相四线制电源。
（2）检查电源是否接到机器上。
（3）检查设备是否良好接地。
（4）检查位于出入口端部的急停开关是否弹起。
（5）电控箱内各接线插座是否插接良好。

（6）保证计算机、电控箱的连接电缆与两头插座连接正确。
（7）保证计算机、电控箱的连接电缆接触良好，无松动现象。
（8）检查面板电源开关处于中间状态。
（9）保证计算机内的支持文件齐全。

4.3.9　Software specification 软件说明

出厂前，为支持工业控制计算机控制系统已正确设置。该系统采用 Windows XP 操作平台，需要 1 024×768 分辨率。

（1）双击快捷方式，进入回流焊控制界面。回流焊控制界面如图 4.3.2 所示。

图 4.3.2　回流焊控制界面

软件操作说明如图 4.3.3 所示。

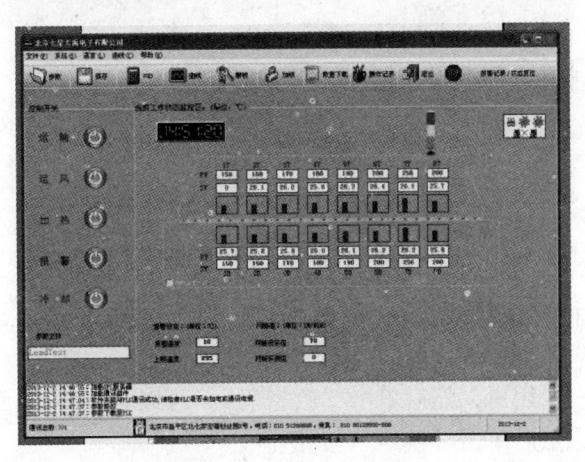

图 4.3.3　软件操作说明

（2）运行主界面如图 4.3.4 所示。

（3）用户登录界面。输入系统用户名称和密码，普通用户密码 1234，再单击"登录"按钮，用户进入系统，可以操作系统设置，如果单击"取消"按钮，则该用户没有设置系统相应功能的权限。

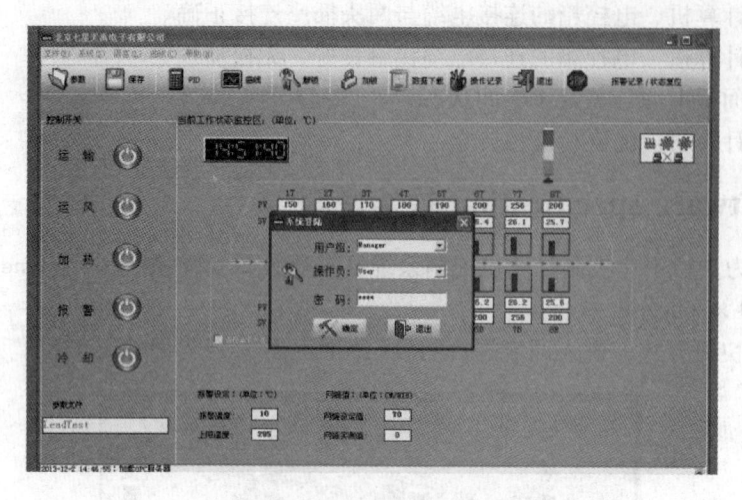

图4.3.4　运行主界面

用户管理界面如图4.3.5所示。

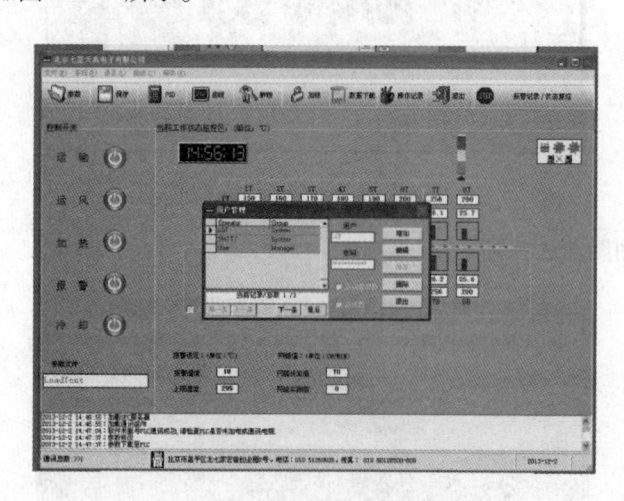

图4.3.5　用户管理界面

新增用户：输入用户名和密码，单击增加，则新增一个用户。

删除用户：在用户管理里双击对应的用户名称，该用户就被删除。

修改密码：选择一个用户，然后单击"改密码"，可以看到界面，请输入新密码。根据指示，输入新的密码，然后单击"确定"按钮。

PID控制界面（PID的设置可以使各温区的温度更稳定）如图4.3.6所示。

输入相应的PID值（可以根据现场的实际情况来输入不同的数值），单击保存参数即可。

（4）参数设置界面。在此界面中可以实现"温区选择、温度校正、调速选择、参数管理、用户管理、移动字幕、PID设置、加锁、解锁"功能的设置。功能设置如图4.3.7所示。

图 4.3.6 PID 控制界面

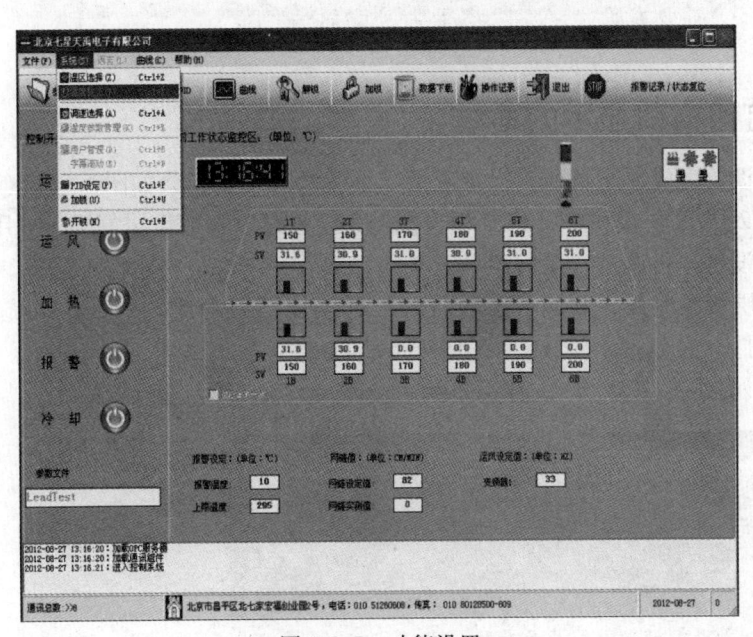

图 4.3.7 功能设置

(5) 曲线采集界面如图 4.3.8 所示。

开始：曲线采集开始；

结束：曲线采集结束；

打开：用来打开已经采集到的曲线；

保存：保存采集或打开的曲线。

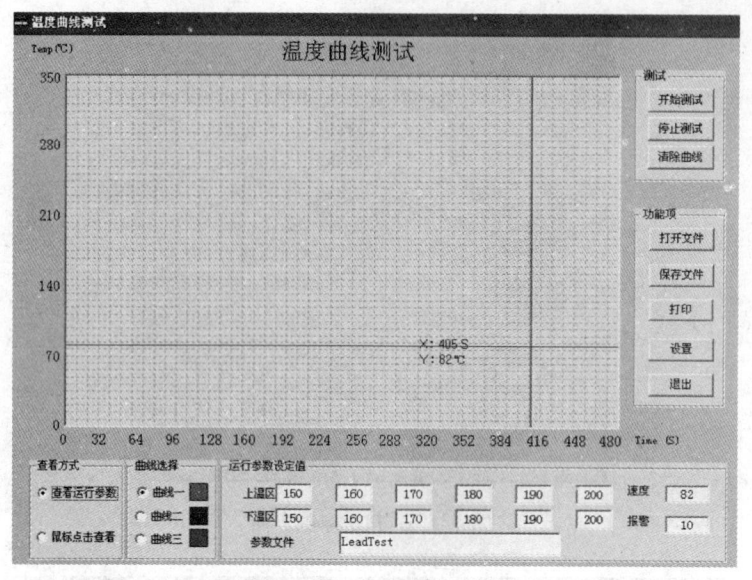

图 4.3.8　曲线采集界面

4.3.10　打印当前显示的曲线

所有参数设置完成后下载所有设定参数。下载所有设定参数如图 4.3.9（a）所示。

例如，有 2 层 PCB 板和 4 层 PCB 板，使用 2 层板时的参数设定好了，利用这个功能将 2 层板保存所有设定，再调试 4 层板的设定参数，然后利用这个功能将 4 层板参数保存，在下次 2 层板或 4 层板的时候，利用"参数打开"的功能下载相应的参数，系统预热正常后可以直接使用。打开参数，下载上一个步骤保存的参数。下载上一个步骤保存的参数如图 4.3.9（b）所示。

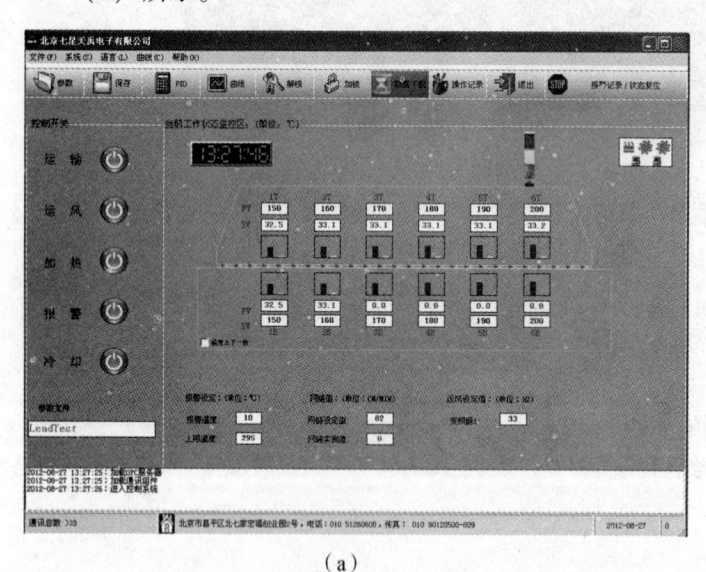

（a）　　　　　　　　　　　　　　　　　　（b）

图 4.3.9　下载设定参数

（a）下载所有设定参数；（b）下载上一个步骤保存的参数

4.3.11 语言转换界面

在语言转换界面中，可以自由进行中文和英文语言的转换。语言转换界面如图 4.3.10 所示。中文控制画面如图 4.3.11 所示。日志管理界面如图 4.3.12 所示。

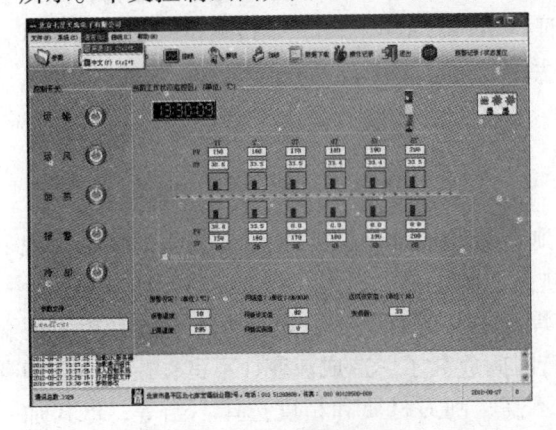

图 4.3.10　语言转换界面　　　　　　　图 4.3.11　中文控制画面

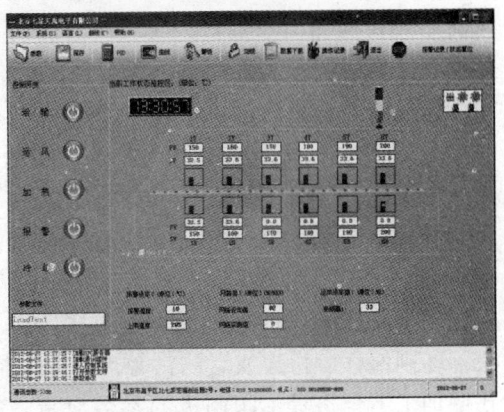

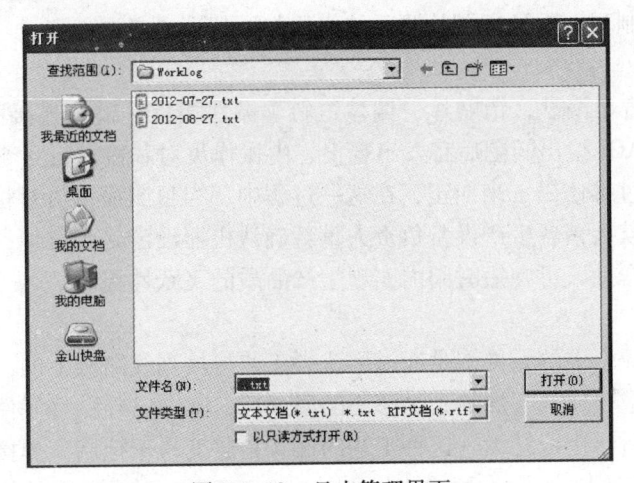

图 4.3.12　日志管理界面

4.4　TA-60 自动光学检测设备

TA-60 自动光学检测设备，简称 AOI。该设备是检查 SMT 生产线上贴装元件的焊接质量、安装状态及焊膏印刷的效果，可将不良焊点通过计算机显示并在终端输出到专业检测设备。

PCB 缺陷有以下几种。

(1) 短路：包括基铜短路、细线短路、电镀短路、微尘短路、凹坑短路、重复性短路、污渍短路、干膜短路、蚀刻不足短路、镀层过厚短路、刮擦短路、褶皱短路等；

(2) 开路：包括重复性开路、刮擦开路、真空开路、缺口开路等；

(3) 其他一些可能导致 PCB 报废的缺陷：蚀刻过度、电镀烧焦、针孔。

在 PCB 生产流程中，基板的制作、覆铜可能会产生一些缺陷，其主要缺陷产生在蚀刻之后，所以，AOI 一般在蚀刻工序之后进行检测，主要用来发现 PCB 板上缺少的部分或多余的部分。

PCB 加工过程中的粉尘、沾污和一部分材料的反射性差都有可能造成虚假报警，因此在使用 AOI 检测出缺陷后，建议再进行人工验证。不过，AOI 自动光学检测仪已使传统 SMT 贴片焊接加工依赖人工视觉检测分析的时代一去不复返。AOI 自动光学检测技术的自动化、智能化发展必将成为以后 PCB 检测的发展趋势。

4.4.1　焊膏印刷检测

焊膏印刷是 SMT 的初始环节，由于焊膏印刷质量造成缺陷，所以大约 70% 的缺陷出现在印刷阶段，因此，在生产线的初始阶段就要排除缺陷，减少损失，降低成本。印刷缺陷分为焊盘上涂抹的焊膏不足或焊膏过多。再就是焊盘中间焊膏刮擦、焊盘边缘有焊膏拉尖现象；印刷偏移、桥连或者沾污等现象，包括焊膏时间放久了，造成流变性不良；模板厚度和孔壁加工不合格等，印刷机的参数设定、精度不高、刮刀材质和精度选择不当等；PCB 加工不合格等。AOI 检测可有效监控焊膏印刷质量，同时可对缺陷的数量和种类等进行分析后，重新修改印刷制程。焊膏印刷检测系统组成与原理请参考课件。

1. 贴装检测

AOI 检测可以查出漏贴、错贴片、偏移歪斜、极性相反，检查连接密间距和 BGA 元件的焊盘上的焊膏。AOI 检出问题后将发出警报，由操作员对基板进行目测确认。缺件意外的问题报告都可以通过维修镊子来纠正，在这一过程中，当目测操作员对相同问题点进行反复多次修复作业时，就会请各生产设备负责人重新确认机器设定是否合理，该信息的反馈对生产质量提高非常有帮助，可在短时间内实现生产品质的飞跃性提高。

2. 回流检测

计算机内各种板卡上的元件都是通过回流焊工艺焊接到线路板上的，回流焊设备内部有个加热电路，可将空气或氮气加热到足够高的温度后，吹向已经贴好元件的线路板上，让元件两侧的焊料融化后与主板黏结。这种工艺的优势是温度易于控制，焊接过程中可以避免氧化。回流焊后 AOI 识别的不同类型的缺陷如图 4.4.1 所示。

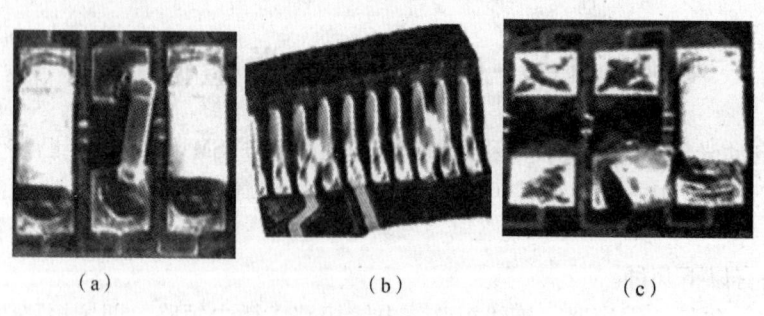

(a)　　　　　　　　(b)　　　　　　　　(c)

图 4.4.1　回流焊后的缺陷
(a) 元件歪斜；(b) 桥连；(c) 元件损坏

在使用 TA-60 机器时,请认真阅读说明书,才能正确使用机器。

3. 操作手册

操作手册包含了设备的机械结构、安全保养及 AOI 编程和操作的相关信息,针对使用本产品的人员所制定。实习和操作人员必须熟读并理解说明书,以及机器上的注意和警告说明,违者按实验室规章制度处置。注意和警告说明如表 4.4.1 所示。

表 4.4.1 注意和警告说明

注意	说明
（图标）	表示精密部件非专业人士不可调教
警告	表示存在可能导致人身伤害或死亡的潜在危险
警告	表示机器工作时外物不可进入,否则可能导致人身或机器伤害
警告	表示物料零件高度限制,以免引起物料或机器的损害

4. AOI 自动光学检测

AOI 自动光学检测出的焊点与元件接触不良现象如图 4.4.2 所示。

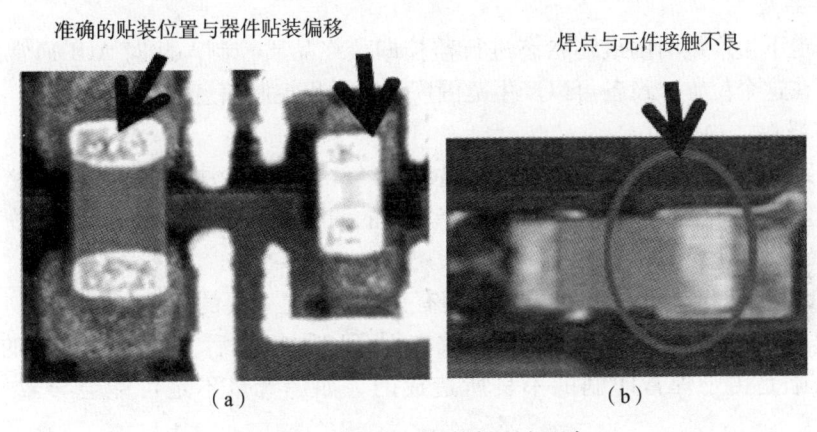

图 4.4.2 焊点与元件接触不良现象
(a) 炉前的 AOI 测试;(b) 炉后的 AOI 测试

在 SMT 表面贴装中,AOI 光学检测技术具有 PCB 光板检测、焊膏印刷检测、元件检测、回流焊后组件检测等功能,在进行不同环节的检测时,其侧重也有所不同。AOI 自动光学检测仪一般可以发现大部分缺陷,存在少量的漏检问题,不过主要影响其可靠性的还是误检问题。PCB 加工过程中的粉尘、沾污和一部分材料的反射性差都可能造成虚假报警,因此目前在使用 AOI 检测出缺陷后,再进行人工检查与修理。

4.4.2 PCB 空板的检查

早期 PCB 生产时,由人工目测检查加电检测。由于电子技术的发展迅速,PCB 布线密度不断提高,人工目测检查难度上升,误判率提高,对检测者健康损害更大,电检测程序编制烦琐,成本更高,某些类型的缺陷无法检测,而将 AOI 自动光学检测仪应用于 PCB 制造中,可以提高效率和速度。AOI 自动光学检测仪,检出问题后将发出警报,由操作员对基板进行目测确认并进行维修处理。这时需要重新确认机器设定是否合理,并提议修改参数后再重新检测。

4.4.3 设备的主要用途与适用范围

AOI 是一种新型的测试技术,其由工作台、CCD 摄像系统、机电控制及系统软件 4 大部分构成。在进行检测时,首先将需要检测的线路板置于 AOI 机台的工作平台上,经过定位调出需要检测产品的检测程序,X/Y 工作台将根据设定程序的命令将线路板送到镜头下面,在特殊光源的协助下,镜头会捕捉要 AOI 系统所需要的图像并进行分析处理,然后处理器会将 X/Y 平台移至下一位置对下一副图像进行采集再进行分析处理,通过对图像进行连续的分析处理来获得较高的检测速度。AOI 图像处理的过程实质上就是将所摄取的图像进行数字化处理,然后与预存的"标准"进行比较,经过分析判断,发现缺陷并进行位置提示,同时生成图像文字,待操作者进一步确认或送检修台检修。

4.4.4 AOI 的实施目标

AOI 用于 SMT 生产线上主要有以下三类目标:

1. 最终品质

对产品走下生产线时的最终状态进行监控即最终品质控制。此时 AOI 通常置于生产线的最末端,在这个位置,设备可以产生范围广泛的过程控制信息。

2. 过程跟踪

过程跟踪即使用检测设备来监视生产过程,经常要求把检测设备放置在生产线上的几个位置,在线监控具体的生产状况,并为生产工艺的调整提供必要的依据。

3. AOI 的放置位置

AOI 可以置于生产线上的多个位置,但有三个位置是主要的:

(1)焊膏印刷之后。将 AOI 的检测放在焊膏印刷机之后,这是个典型的放置位置,因为很多缺陷是由于焊膏印刷的不良所造成的,如焊膏量不足可能会导致元件丢失或开路。

(2)回流焊前。将检测设备放置于贴片后、回流焊前,用于检测由于贴片的不良所导致的缺陷。

(3)回流焊后。将检测设备置于回流焊后,这是国内最常见的 AOI 的放置位置,可以检测前面所有工序中的不良品,以保证最终的有缺陷产品不流入客户手中。

4.4.5 产品工作条件

为了避免因外部因素而影响本设备的正常使用,请遵照表 4.4.2 执行。

表 4.4.2　产品工作条件

类别	项目	规格参数	类别
视觉识别系统	判别方法		结合权值成像数据差异分析技术、彩色图像对比、颜色提取分析技术、相似性、二值化，等多种算法综合应用（新产品性能）
	摄像机		CCD 彩色摄像机分辨率：12/15/18 μm/点可调
	光源		RGB 环形 LED 结构光源
	图像处理速度	0201 元件	<10 ms
		0201 CHIP	<10 ms
		每画面处理时间	<170 ms
			<170 ms
	检测内容	焊膏印刷	有无、偏斜、少膏多膏、断路、污染
		零件缺陷	缺件、偏移、歪斜、侧立、翻件、极性反、错件、破损等
		焊点缺陷	焊膏多、焊膏少、连锡、波峰焊点检测
	防静电措施		防静电插座，配防静电环
机械系统	PCB 尺寸		25 mm×25 mm～340 mm×480 mm（可定制更大尺寸）
	PCB 厚度		0.5～2.5 mm
	PCB 翘曲度		<2 mm（有夹具辅助矫正变形）
	零件高度		<30 mm
	最小零件		0201 元件
	X/Y 平台	驱动设备	交流伺服电动机
		定位精确	<15 μm/s
		移动速度	700 mm/s
软件系统	操作系统		Microsoft Windows 2000 XP Professional
	识别控制系统	特点	应用权值图像差异建模技术和独特的颜色提取分析技术，自动建立标准图像、识别数据及误差阀值
		操作	图形化编程，自带元件库，根据元件形状选择标准自动生成检测框，精确自动定位，微米位微调，制程快捷
	MARK	点数	可选择 0～2 个常用的 MARK 点或多个 MARK 点使用
		识别速度	0.5 秒/个
控制系统	电脑主机		工业控制计算机，Intel CPU，4 G 内存，500 G 硬盘
	显示		22 英寸液晶宽屏显示器
其他参数	机械外形尺寸		900 cm×1 100 cm×1 350 cm
	质量		约 450 kg
	电源		交流 220 V±10%，频率 50/60 Hz，额定功率 600 W

（1）本设备的使用环境。设备使用环境温度为10 ℃～35 ℃，相对湿度为35%～80%。设备应放置在不受阳光直射、不会结露水、不会溅起水、油等化学液体的场所。设备正常使用时，请在本设备前后保留一定的空间，以便于机器的保养和内部热量的排放。也不要在机器正常使用的过程中披盖罩子之类的物体，以免影响本设备自身热量的排放。

（2）当暂停使用本设备时，请将设备保管在以下场所。环境温度为0 ℃～40 ℃，相对湿度为35 ℃～80 ℃；无阳光直射、不会结露水、不会溅起水、油等化学液体的场所。为了防尘，可考虑采取遮盖措施，如披盖防尘罩；不得让设备受到撞击或强烈的振动，否则可能会因此而导致故障。

（3）切断设备电源时，请按以下顺序进行系统的退出/关机过程。如果不执行此过程而直接将电源切断或重新启动，会令数据无法得到完好的保存，同时也可能导致硬盘的损坏。正确的退出步骤如下：退出应用程序 → 退出 Windows → 切断电源。设备运行时，请勿打开设备安全门，以免发生意外。反复进行电源的 ON（开启）/OFF（切断）会成为机器主机故障的原因。电源 OFF 后，请经过 20 s 后再重新开启电源。为了避免待测的 PCB 板或设备受到损坏，请使用符合本设备规格尺寸的检查对象基板，注意本设备对 PCB 板上零件高度的要求为 PCB 板测试面正面零件高度≤30 mm，PCB 板测试面背面零件高度≤70 mm。

4.4.6 主要结构和工作原理

1. 测试原理

本设备主要是通过光学原理、权值成像差异数据分析原理、图像比对原理、颜色提取原理、相似性原理和二值化原理来执行检测的。

2. 光学原理

AOI 的光源是由红、绿、蓝三种 LED 灯组成，利用色彩的三原色原理来组合成不同的色彩，结合光学原理中的镜面反射、漫反射、斜面反射，将 PCB 上的贴片元件的焊接状况显示出来，如图 4.4.3 所示。

3. 权值成像数据差异分析系统原理

权值成像数据差异分析系统是通过对一幅 BMP 图片栅格化，分析各个像素颜色分布的位置坐标、成像栅格之间（色彩）过渡关系等成像细节，列出若干个函数式，再通过对相同面积大小的若干幅相似图片进行数据提取并分析计算，将计算结果按软件设定的权值关系及最初 BMP 图像像素色彩、坐标进行还原，形成一个虚拟的、权值的数字图像。其被简称为"权值图像"，主要数字信息涵盖了图像的图形轮廓、色彩的分布、允许变化的权值关系等。

4. 图像比对原理

在测试过程中，设备通过 CCD 摄像系统抓取所测试线路板上的图像，经过图像数字化处理转入计算机内部，与标准图像进行运算比对（比对项目包括元件的尺寸、角度、偏移量、亮度、颜色及位置等），并将比对结果超过额定的误差阈值的图像通过显示器输出，并显示其在线路板上的具体位置。

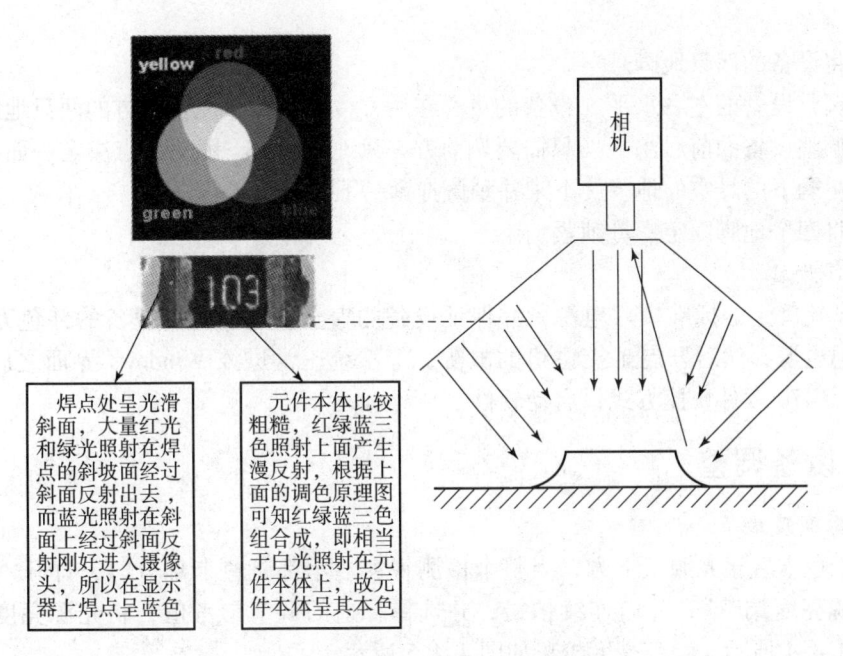

图 4.4.3　贴片元件的焊接状况

5. 颜色提取原理

任何颜色均可用红、绿、蓝三基色按照一定的比例混合而成。红绿蓝形成一个三维颜色立方体。颜色提取就是在这个颜色立方体中截取一个小颜色方体，即对应需要选取颜色的范围，然后计算所检测的图像中满足在该立方体内颜色占整个图像颜色数的比例是否满足需要的设定范围。在以红绿蓝三色光照情况下该方法最适合对电阻电容等焊膏的检测。

6. 相似性原理

利用图像的明暗关系形成目标物的外形轮廓。比较该外形轮廓与标准轮廓的相似程度。该方法对元件的缺失、漏贴等比较有效。

7. 二值化原理

将目标图像按照一定的方式转化为灰度图像，然后选取一定的亮度阈值进行图像处理，低于阈值的直接转变成黑色，高于阈值的直接转变成白色。这样使得人们关心的区域如字符、IC 短路等直接从原图像中分离。

4.4.7　设备的安装和调试

1. 设备安装

本设备主要分为两个部分：控制系统和图像采集系统。设备出厂前已经安装完成，只需要将控制系统和图像采集系统的信号线对接，对设备的光源和相机参数进行校正。

2. 调整水平

设备移动到目的地，确定好设备的具体放置位置后，就要先调整设备的水平，正确地调整水平可以使设备的运行更顺畅，噪声更小，寿命更长。调整设备水平的步骤如下：
(1) 将设备的四只地脚悬空。
(2) 调整设备的左右水平（设备的重心在后方，因此调整设备后方的两只地脚）。
(3) 调整设备的前后水平（只需要调前方一只地脚即可，因为三点决定一面）。
(4) 将剩下的悬空的地脚旋下来并稍微拧紧一下。
(5) 将四个地脚固定螺母锁紧。

3. 设备开启

按设备铭牌上的标准接入电源，并保证设备的安全接地。开启设备的红色万能转向开关，开启总电源，然后开启工控主机的电源，等系统正常进入 Windows 界面之后，双击桌面上的 TA－470 软件快捷方式，启动软件。

4.4.8 设备调整

1. 光源亮度调节

将标准色卡置于光源正下方，当整个检测视窗显示都是色卡部分时，打开"系统"菜单中"光源亮度调节"，开启连续拍摄，并选择合适的调节参考值，将光源亮度调至标准值，如图 4.4.4 所示。颜色亮度校正如图 4.4.5 所示。

图 4.4.4　标准色卡

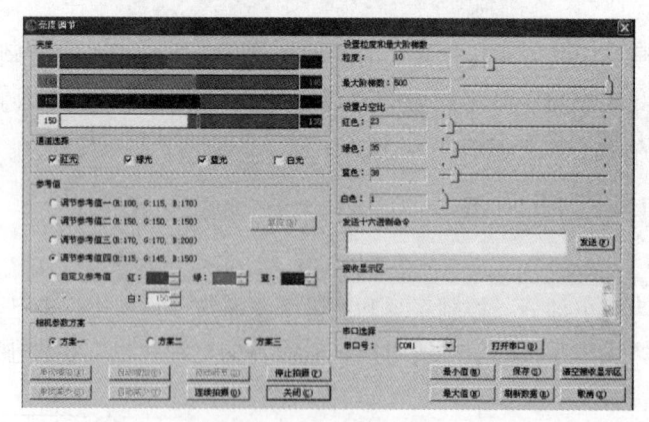

图 4.4.5　颜色亮度校正

2. 相机镜头标定

镜头标定是通过特定的软件测算相机镜头的垂直和水平偏差，然后通过软件进行补偿修正，相机水平偏差值为 48.5~51.5，而且 X 和 Y 之间的偏差值不能大于 0.1，相机的垂直偏差角度必须介于 ±0.1°之间。标定方法是，在 PCB 上选择一处丝印或者贴装元器件，打开"系统"中"相机标定"菜单，用弹出的元件框选该丝印或者元器件，定义该图像，然后单击"标定"，标定参考值达不到标准可以通过调整相机的水平或者角度来进行校正，如图 4.4.6 所示。

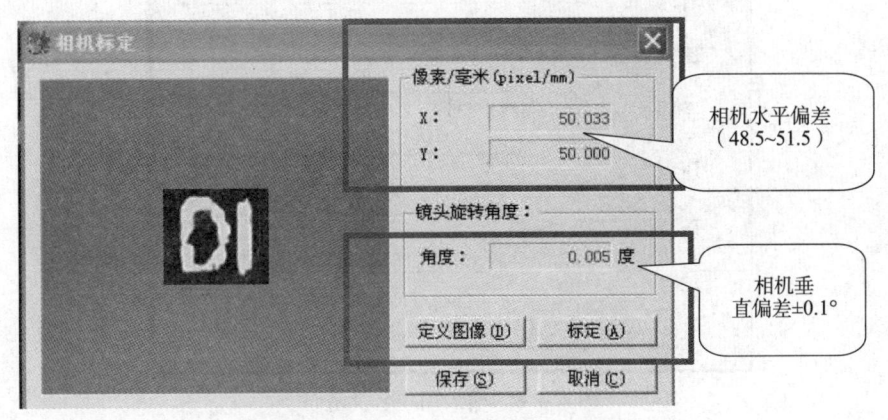

图 4.4.6 调整相机水平或者角度校正

3. 相机焦距校正

（1）用专用镜头擦拭纸清洁镜头。

（2）锁好镜头，并选择一块 PCB 置于测试平台上，镜头正下方对准 PCB 上带有丝印的元器件，开启连续拍摄。开启"系统"菜单中"焦距调节"菜单。

（3）松开焦距调节螺钉，轻轻旋动镜头下端，从左端旋至最右端，软件将自动记录最大的清晰度值，然后旋动镜头下端，当前清晰度值和最大清晰度值相同时，则证明焦距已调整至标准值，如图 4.4.7 所示。

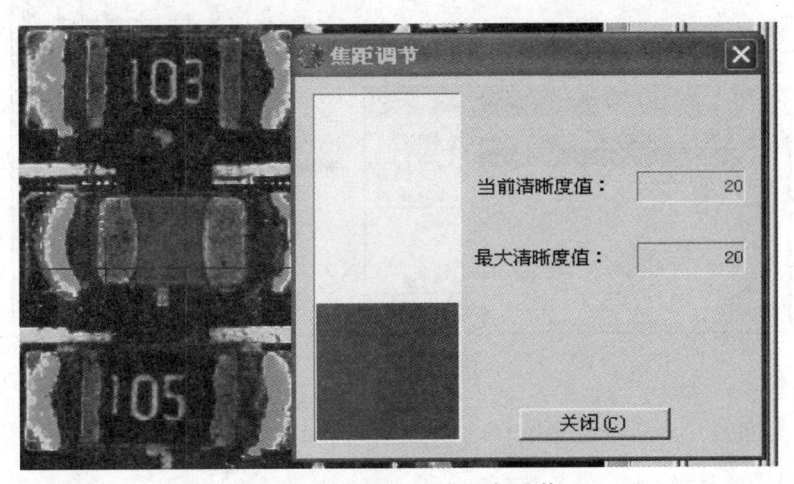

图 4.4.7 焦距已调整至标准值

4.4.9 设备的使用和操作

1. 启动程序

双击设备主程序的快捷图标启动 TA-60 程序，输入用户名及密码（默认初始用户名为：Admin，密码为"000000"），如图 4.4.8 所示。

图 4.4.8 输入用户名及密码

首次使用程序必须手动添加用户名及给予对应的权限。操作方式如下：进入主菜单"系统"选项栏选择"操作员设置"进入操作员列表，添加相应的操作员并设置密码，同时可以给予操作级别。本设备操作员共有 3 个不同的级别，分别为测试员工级、编辑程序员级、设备管理者的设置如图 4.4.9 所示。

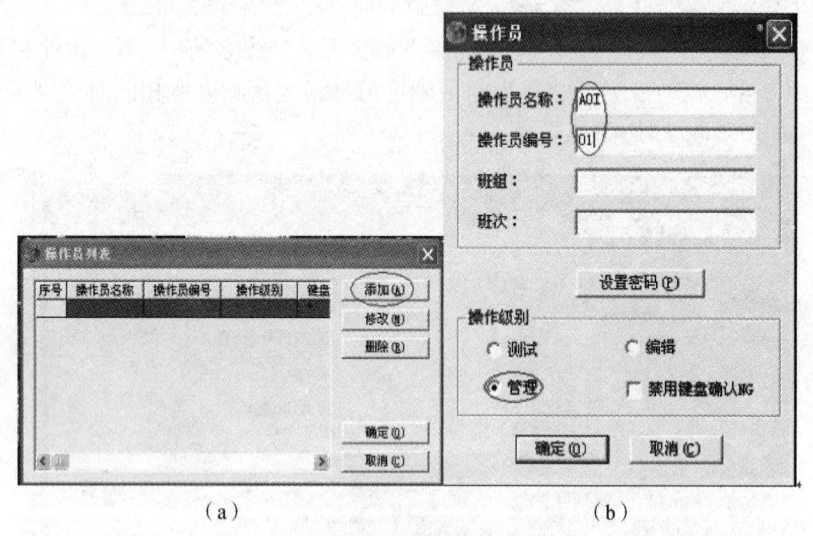

图 4.4.9 操作员设置
(a) 操作员列表；(b) "操作员设置"对话框

2. 操作模式的切换

AOI 应用程序分三种应用模式：管理模式、编辑模式和操作模式。

3. 模式之间的相互关系

操作模式：只能进行测试操作，调出已有的程序，不能对程序做任何修改，供操作员用。

编辑模式：包含操作模式的所有功能，能新建和调试程序，可以对已有程序进行修改调节，可供工程师或技术员编程用。

管理模式：具备所有编辑模式的功能，并可以进行 AOI 应用程序的系统进行设定，包括镜头标定、定义软件限位、相机高度调节和光源亮度调节等，可供 AOI 用户的管理员用。

4. 模式间的切换

系统默认为操作状态，单击菜单中"系统"→"切换测试模式"，选择需要进入的模式，输入密码（初始密码为 000000），确定后即进入所选择的模式，同时窗口下方状态栏显示现在的操作模式。

5. 更改编辑密码

为了数据安全，用户可对密码进行修改。操作方法如下：

运行菜单（系统）→操作员设置→添加→管理模式（输入操作员名称和操作员编号），如图 4.4.10 所示。

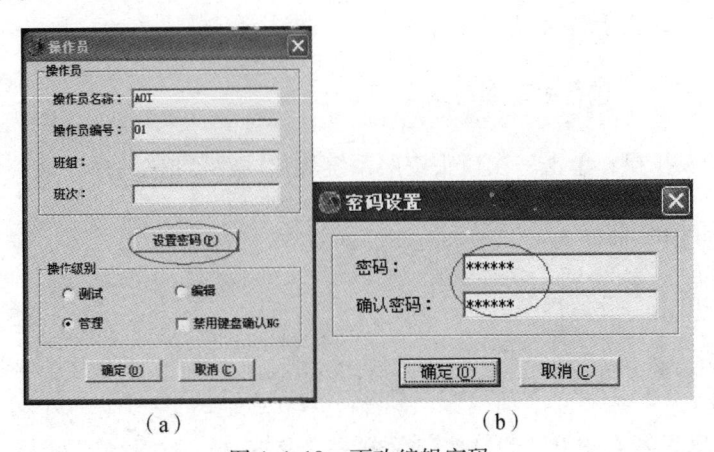

图 4.4.10　更改编辑密码

（a）操作员设置；（b）密码设置

为了数据安全，用户可对密码进行修改。操作方法如下：

运行菜单（系统）→操作员设置→添加→管理模式（输入操作员名称和操作员编号）→设置密码→输入新密码→重复输入新密码→确定→密码设置成功。

特别提醒：为了避免人为疏忽遗忘密码所带来的麻烦，本系统建立了一个超级密码，可以跳过原有设置的密码，直接进入系统编辑状态和程序编辑状态。为了避免此密码的散播所导致的意外情况出现，请与售后服务部联系。

4.4.10　界面功能介绍

界面功能介绍如图 4.4.11 所示。

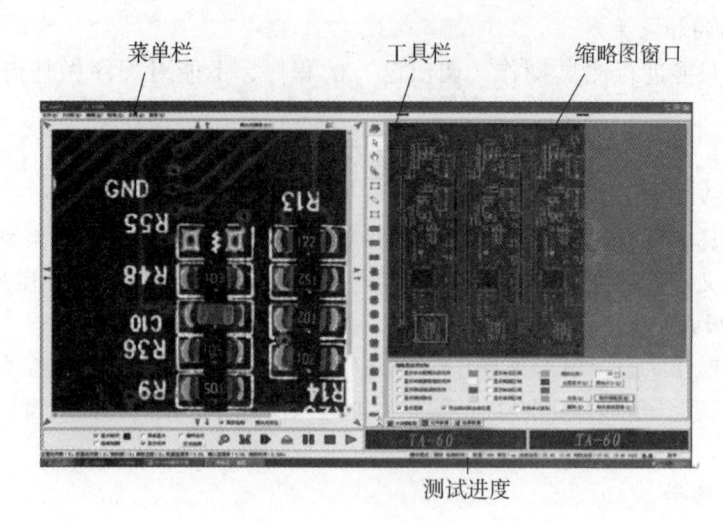

图 4.4.11 界面功能介绍

1. 工具栏功能介绍

　　模式设置，用于转换当前的测试模式、调试学习模式或者正常测试模式。

　　MARK 校正，进行手动 MARK 校正。

　　单步镜头拍摄，单击一次镜头按照系统优化的路径拍摄一次。

　　加载，PCB 出板。

　　暂停，单击，设备暂停运动。

　　停止，单击，设备停止运动并回到加载位置。

　　测试，同设备右侧上的测试按钮，单击，设备进行测试。

2. X/Y 平台的移动

在主操作窗口上有 12 个方向移动按钮，表示 X/Y 平台的相应方向的移动，移动形式分为粗调和微调两种：　　表示快速移动，用于大范围的调整；　　表示慢速移动，可以精确调整。同时还有精确位置"移动到"功能，选中工具栏中的　　图标，表示选中"移动到"，即鼠标单击主窗口界面上的某一位置，摄像头的中心就对应在该位置（一般方便于确定计算起点和计算 PCB 尺寸）。

4.4.11　新建一个程序

首先定义 PCB 计算的起点（即坐标原点），坐标原点是零件坐标的基准点，一般 PCB 左下角设为坐标原点，机器是以坐标原点的位置来寻找元件位置的，坐标原点的坐标是相对于机器原点的。

1. 计算起点的设定

计算起点的设定：使用 快速移动和工具栏中的 图标，将十字架移动到 PCB 板的左下角，使十字架中心对准 PCB 的左下角（注意：观察十字外围是否还有元器件，原则上是要将所有元器件都包括在十字坐标的右上区域内），单击菜单中的"PCB 板"，选择"正面设置"，单击"当前位置"按钮，则计算机会自动计算出当前十字架位置的相对坐标值，如图 4.4.12 所示。

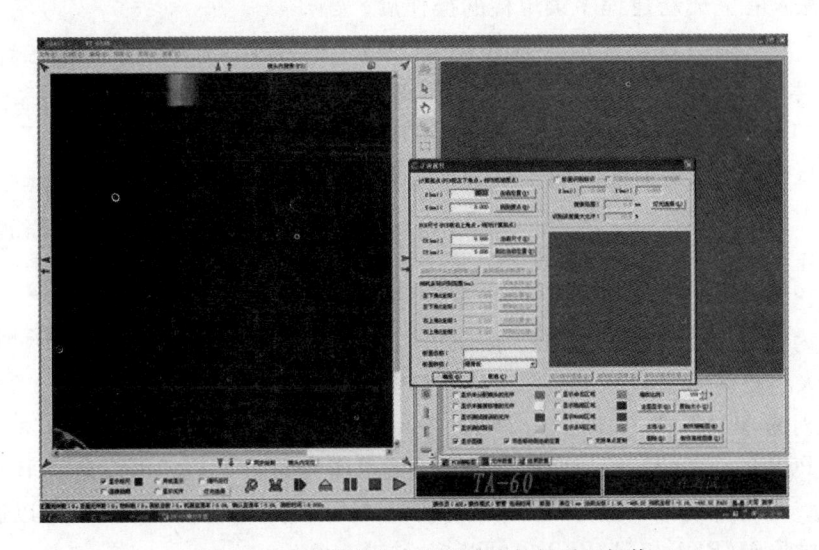

图 4.4.12　计算当前十字架位置的相对坐标值

这时，将十字架移动到 PCB 的右上角，使十字架中心对准 PCB 的右上角，单击"PCB 尺寸"栏的"当前尺寸"按钮，计算机会根据事先设定好的计算起点和 PCB 右上角之间的坐标差计算出 PCB 的尺寸，即需要检测的范围，如图 4.4.13 所示。

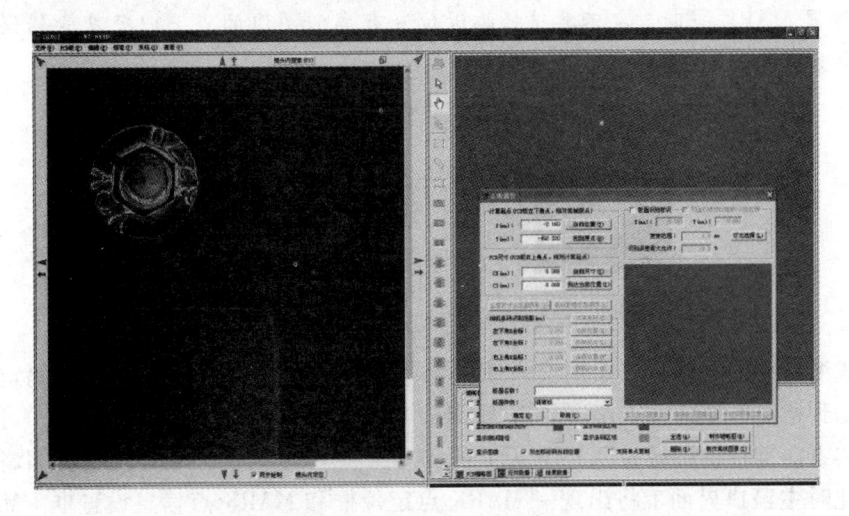

图 4.4.13　需要检测的范围

单击"确定",即提示"现在创建 PCB 缩略图吗"转入下一步操作。

特别提示:机器原点是在设备出厂时就已经设定好的,而每台设备的原点不尽相同,当在一台设备上编好的程序复制到另一台设备上时,需要重新设定程序的坐标原点。

2. 创建 PCB 缩略图

缩略图是当前测试的 PCB 的缩小图像,便于全局观察、显示错误位置及进行其他相关操作。同时,如果想镜头移动到某一位置,只需要双击缩略图上的相应位置即可。

制作方法:在完成新建程序菜单栏的操作后,单击"确定",系统会自动提示"现在创建 PCB 缩略图吗",单击"确定"按钮,系统则会根据之前所设定的 PCB 计算起点及尺寸来扫描 PCB 的缩略图。或者直接单击主窗口的"制作 PCB 缩略图"按钮,如图 4.4.14 所示。

为了能让缩略图完整的显示 PCB,可以选择适当的缩小比例,一般以缩略图窗口能显示整个 PCB 的图像为宜,单击"全图显示"按钮可以根据窗口屏幕大小自动伸缩 PCB 缩略图,使缩略图达到最佳的显示效果。

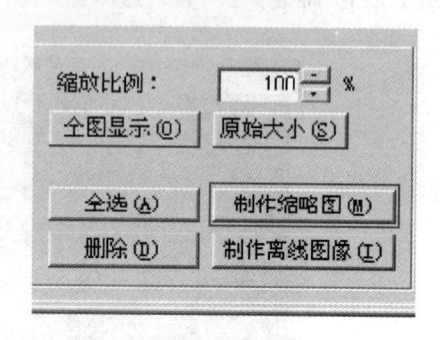

图 4.4.14 创建 PCB 缩略图

3. 定义对角 MARK 点

一般在 PCB 的对角位置选择两个容易识别的点作为 MARK 点,可以是 PCB 上本身存在的 MARK 点,也可以选择板上的固定的孔位作为 MARK 点(提示:MARK 可以选用任意的两个对角,对角 MARK1 和 MARK2 也可以不一样)。

特别提示:

(1)当 PCB 上的 MARK 点经常有氧化的现象时尽量以上面的孔位来作为 MARK 点,因为设备彩色识别对颜色的变化比较敏感,稍微有点变化可能就会导致 MARK 识别错误,而孔位的色彩变化都比较小,建议选用孔位如图 4.4.15 所示。

(2)设置 MARK 点时,也不要选择临近位置有类似图像的点,以免搜索错误导致定位框全部偏位如图 4.4.16 所示。

图 4.4.15 选用孔位作 MARK 点　　图 4.4.16 有类似图像的点

在完成缩略图的制作后,系统会自动提示"现在设置 MARK 点?",选择确定后摄像头会自动移动到检测区域的左下角(一般 MARK 点都是在左下—右上这个区域),可以单击操作窗口上的方向键移动摄像头到 PCB 板上的 MARK 点所在位置,或直接单击缩略图上的相应位置。此时主窗口界面上将出现一 MARK 点定位框和 MARK 点信息设置框。MARK 点定位框和 MARK 点信息设置如图 4.4.17 所示。

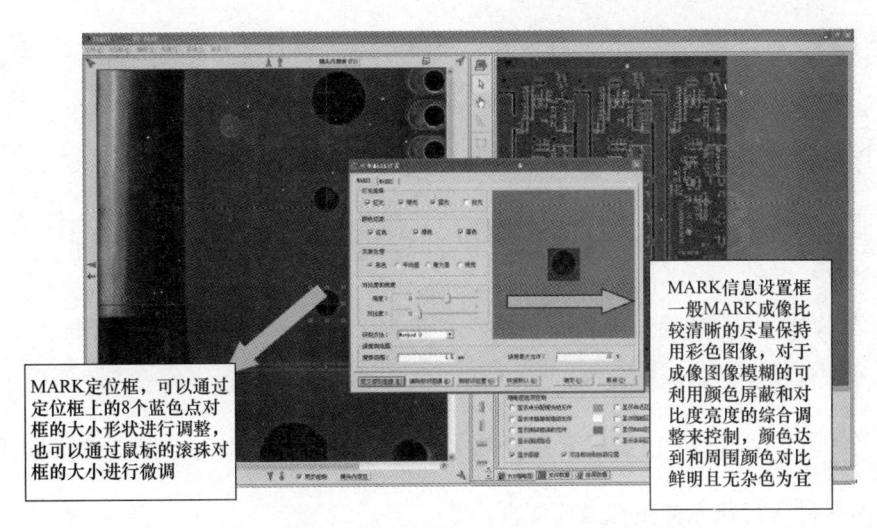

图 4.4.17　MARK 点定位框和 MARK 点信息设置

特别提示：当在测试过程中发现有印制板通过不了 MARK 点校正时，观察一下原因，如果 MARK 定位框位置正确，只是误差值过大通过不了，可以适当调整 MARK 点误差范围，使 MARK 校正通过，注意 MARK 误差范围最大不可超过 20%；如果是 MARK 定位框位置错误，即搜寻不到正确的 MARK 位置时，有三种可能性问题：

① 确定机器轨道宽度与 PCB 之间宽度间隙是否太大，太大只需调小轨道宽度即可。

② 重复检查 PCB 每次定位位置是否在同一位置，如果每次定位位置不在同一位置则说明定位光电开关感应灵敏度不够，需要调节相应的感应开关。

③ 可以适当地调整 MARK 点的识别算法（识别算法包含：Method0 到 Method2），以及调整搜寻范围，最大不可超过 5 mm。

4.4.12　制作回流焊后（炉后）程序检测

程序的检测是 AOI 系统识别检测区域的唯一标准，系统只检测带有检测框的区域，没有检测框的区域将不会检测。制作程序检测框分为手工画框和 CAD 数据导入两种形式。

1. 手工画框

手工画框最好按照顺序，从某一区域开始逐个画下去，以免有遗漏。确定需要画框的位置，根据需要画框的元件类型在工具栏中选择相应的形状，工具栏分别代表的元件类型。

2. 工具栏介绍

表示标准库，单击调出标准库，按 Esc 或关闭键退出（快捷键 F4）。

表示移动，单击图标指向位置，摄像头就可以对准该位置（在这种模式下元件框将不显示）。

表示选择，此种模式下可以选择多个元件框。

单点复制，此种模式下可以快速复制、粘贴。

[镜头内搜索(F3)]表示镜头内搜索，此种模式下可以在镜头内快速搜索到指点元件框（快捷键按 F3）。

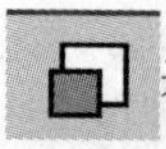

[图标]表示 FOV 大小，此种模式下可便于大元件合并注册。

[镜头内定位]表示镜头内定位，此种模式下可以使偏移检测框快速定位。

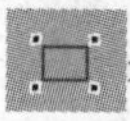

[图标]表示可以修改已有的元件框的大小，同时也可以作为单框直接画框注册标准，用于矩形元件等特殊元件单独做检测框。

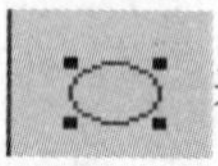

[图标]表示可以修改已有的元件框的大小，同时也可以作为单框直接画框注册标准，用于椭圆形元件等特殊元件单独做检测框。

[C24]表示制作 chip 件无极性电容检测框。

[R02]表示制作 chip 件电阻检测框。

[图标]表示制作 chip 件有极性的元器件检测框，同时也可以用来制作玻璃体二极管。

[图标]表示制作三极管检测框。

[图标]表示制作一边单脚形式的检测框。

[图标]表示制作左右对称的四角元件检测框。

[图标]表示制作五角元件检测框。

[图标]表示制作六角元件检测框。

[图标]表示制作八角元件检测框。

[图标]表示制作 SOP 形式的 IC 的检测框（只能应用于两边焊点形状规则且能在主窗口区域一个屏幕能够完整显示的 SOP）。

[图标]表示制作 QFP 形式的 IC 的检测框（只能应用于四边焊点形状规则且能在主窗口区域一个屏幕能够完整显示的 QFP）。

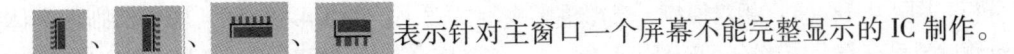

、、、、 表示针对主窗口一个屏幕不能完整显示的 IC 制作。

3. 检测框

检测框的制作方法：以元件本体为基准画检测框，然后对附属框的大小和形状可以分别进行微调（注意：附属框的摆列要对称）。

4. 程序制作的方法

（1）○ 权值图像　权值图像，主要用于字符，IC 焊脚，0402 以下所有元件。

（2）○ IC 短路　二值化检测，主要用于 IC 短路。

（3）○ 相似性　相似性，主要用于元件本体。

（4）○ 颜色提取　颜色提取，主要用于焊点（IC 脚除外）。

（5）○ 通路检测　通路检测，主要用于 FOV 区域内短路检测。

（6）○ OCR/OCV　OCR/OCV，主要用于字符。

4.4.13　权值图像

特别说明：所有元件均可采用权值图像。

1. 字符选用

字符选用要在颜色过滤中去掉红色和灰度处理中选最大值，平滑度、亮度和对比度的调节部分可以任意组合搭配，以图像显示清晰为原则，一般只对元件本体及文字面进行处理，不可对焊点进行处理，否则将影响检测效果。定位检测、定位方法可适当选择当中 4 种其中一种方法，当前注册定位方法默认为 Method1（在 Method1 无法定位时可以选择 Method0 或 Method2）。字符设置如图 4.4.18 所示。

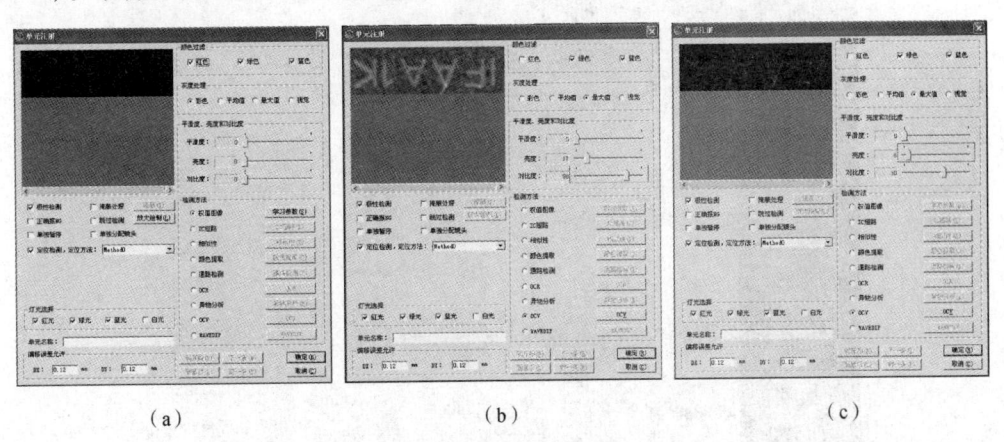

（a）　　　　　　　　　（b）　　　　　　　　　（c）

图 4.4.18　字符设置

（a）显示模糊；（b）字体太亮；（c）合格图

分析：图 4.4.18（a）相对模糊，会严重影响测试效果；图 4.4.18（b）图很清晰但字体太亮，对测试效果会有一定影响；而图 4.4.18（c）清晰度和亮度比较适中，检测效果会比较好。

2. IC 引脚选用

选用 IC 制作检测框要注意 IC 引脚方向要与选用检测框方向一致，IC 引脚方向与选用如图 4.4.19 所示。

图 4.4.19　IC 引脚方向与选用

在单元注册（Alt + R 键），选用 IC 短路，为了更好检测短路，建议把对比度调整以左上黑白图像显示清晰为准即可，在输入单元名称，单击 IC 短路，如图 4.4.20 所示。

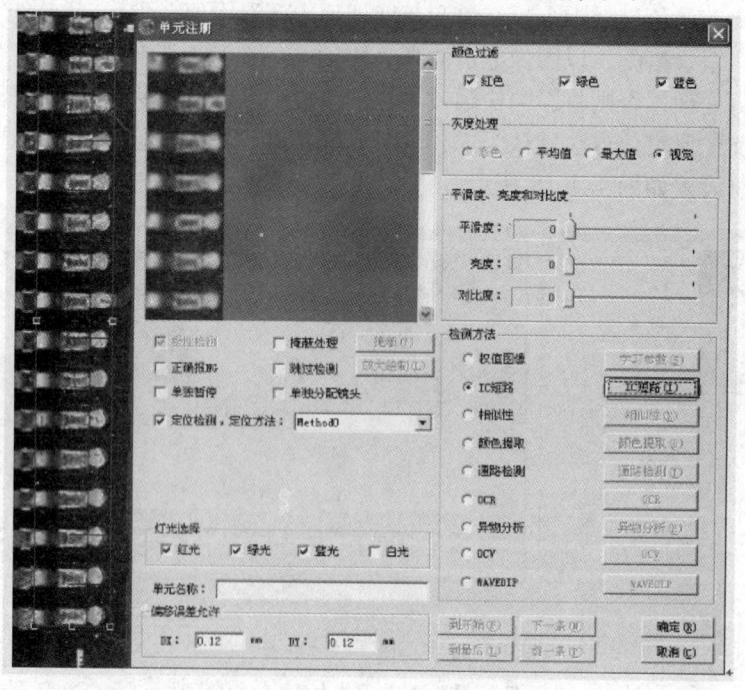

图 4.4.20　输入单元名称并单击 IC 短路

在单元注册窗口选择"IC 短路（I）"将会弹出 IC 桥接分析窗口，在右边 IC 引脚①上绘制其中任意一个参考引角，单击"定义参考引脚（D）"按钮将会对其他引角扩展，如扩展偏多或偏少，可适当地调整脚距倍率。定义参考引脚（D）如图 4.4.21 所示。

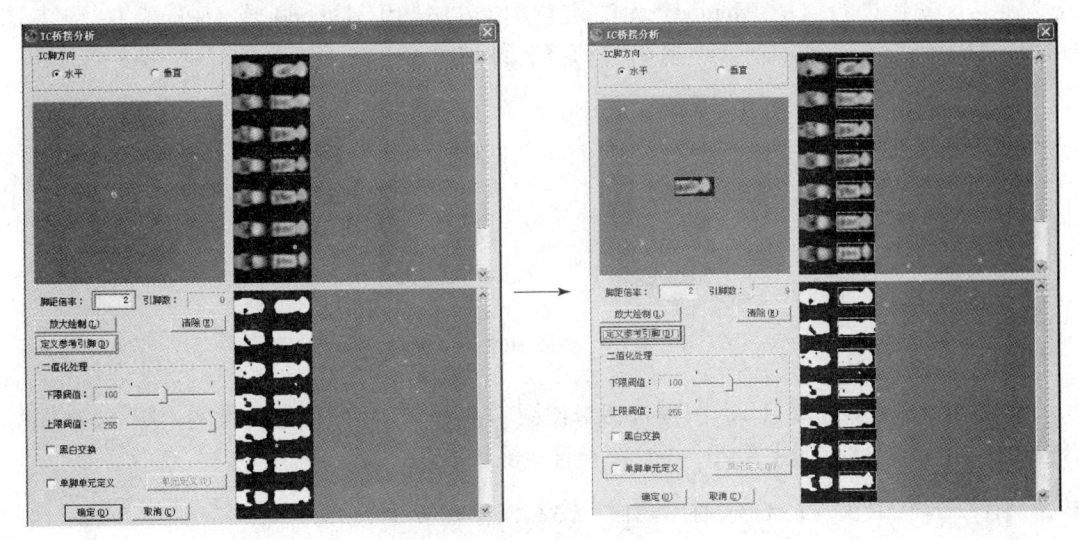

图 4.4.21　定义参考引脚（D）

完成 IC 短路检测设置后，如只需要检测短路可直接单击"确定"按钮。如还需要检测焊脚焊膏不良，则要勾选"单脚单元定义"选项，单击"单元定义（D）"，将会弹出如下窗口，再勾选"定位检测"选项，默认权值图像，单击"确定"按钮即可，如图 4.4.22 所示。

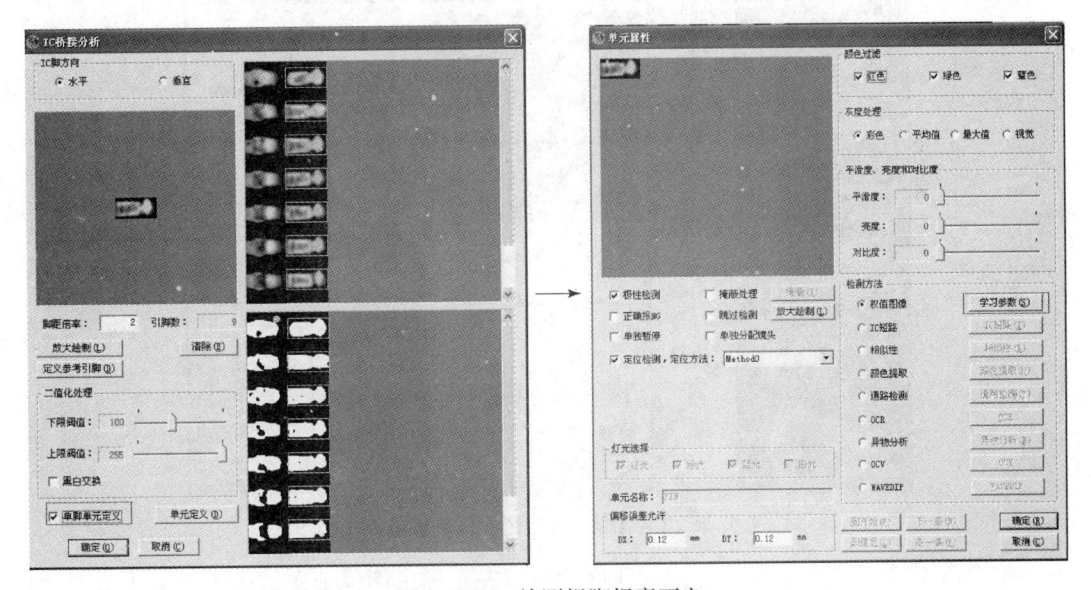

图 4.4.22　检测焊脚焊膏不良

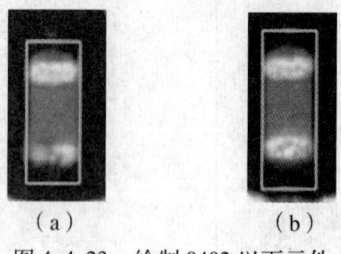

3. 绘制 0402 以下元件

绘制 0402 以下元件，选用 ▢ 矩形绘制当前注册窗口技术参数为默认权值图像，单击"确定"按钮即可（在 Method1 无法定位时可以选用 Method0 或 Method2），参考图 4.4.23（b）所示号元件框选。绘制 0402 以下元件如图 4.4.23 所示。

图 4.4.23　绘制 0402 以下元件

比较两图，图 4.4.23（b）图框选相对比图 4.4.23（a）图框选的大些，图（a）图焊盘框选的太小。因此，图 4.4.23（b）图符合检测要求。

4.4.14　IC 短路（主要用于 IC 短路检测）

IC 引脚选用 ▨、▨、▨、▨ 制作检测框（选用 IC 制作检测框要注意 IC 脚方向要与选用检测框方向一致），在绘制时选择的引脚数量不要太多，最好保证单元注册后彩图能完全显示，如图 4.4.24 所示。

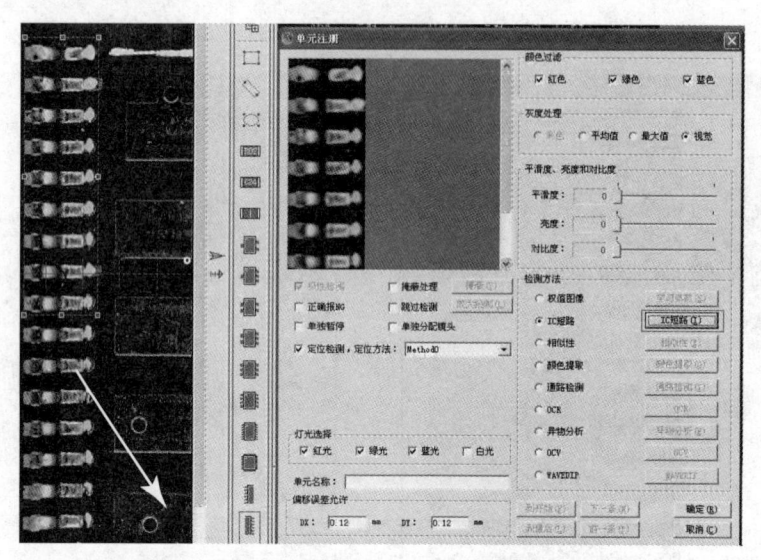

图 4.4.24　IC 引脚方向与选用检测框方向一致

在注册窗口选用"IC 短路"，把对比度调整以左上黑白图像显示清晰为准即可。对比度根据左边图像变化来适当调整如图 4.4.25 所示。

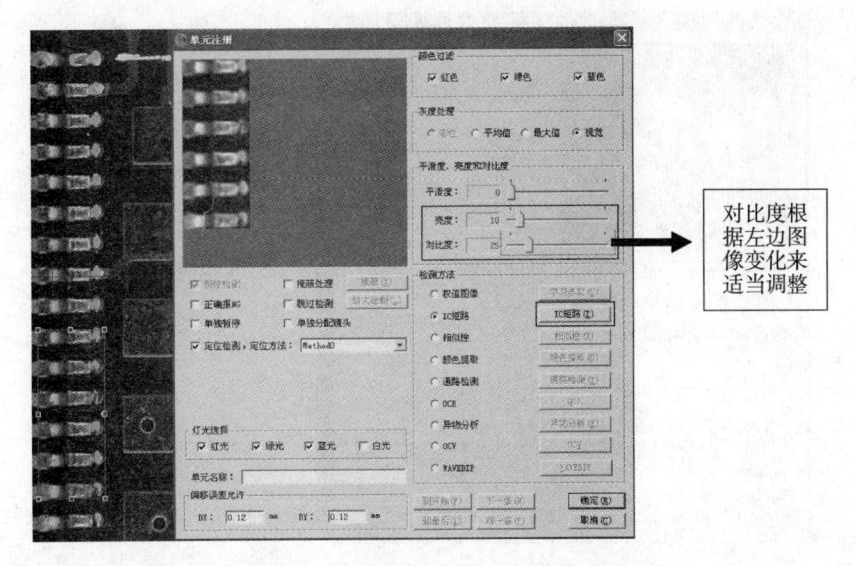

图 4.4.25　对比度根据左边图像变化来适当调整

选择 IC 引脚的方向（以单个引脚方向为准），在一排引脚当中绘制出一个最合适的引脚的图像为标准，定义参考引脚（如扩展框与引脚不吻合，可给脚距倍率数值增大），单击"确定"按钮即可。定义参考引脚如图 4.4.26 所示。

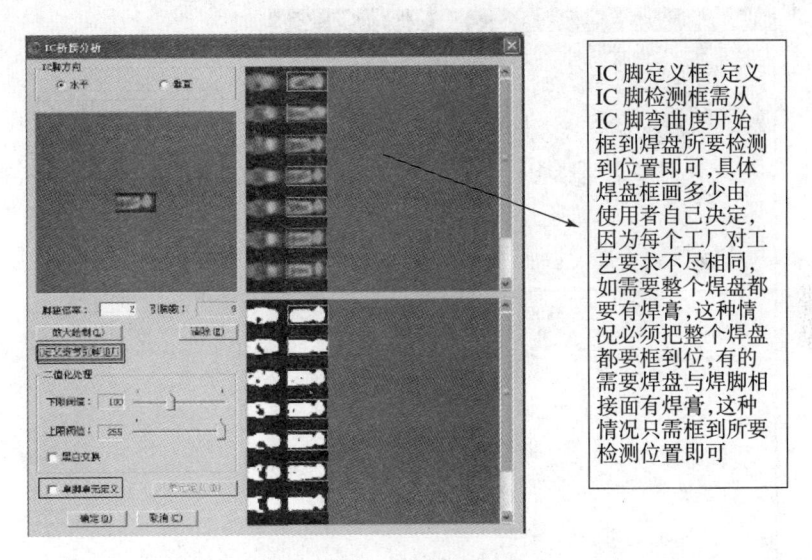

图 4.4.26　定义参考引脚

4.4.15　元件体检测的相似性

0603 以上的元件体都用于相似性检测，当前注册定位检测，定位方法默认为 Method1，如有无法定位时可以改为 Method0 或 Method2。一般情况电阻最大相似值为 25，电容最大值 19，如图 4.4.27 所示。

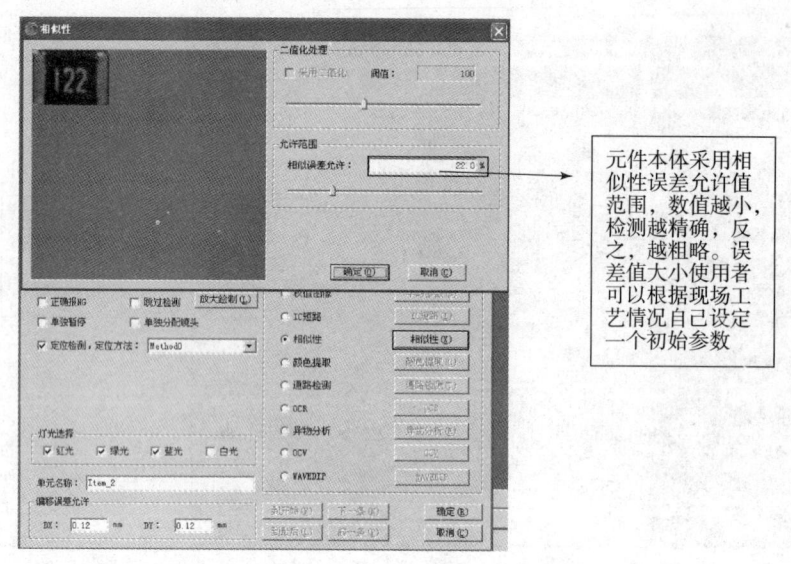

图 4.4.27 相似性检测

参考图 4.4.27，电阻本体一般可以把相似性允许误差稍调高，因为电阻本体比其他元件本体变化大，加上电阻本体还有检测字符，可以说是双重检测，所以电阻本体检测一般把相似误差范围调到 25 以内即可。设定一个初始参数如图 4.4.28 所示。

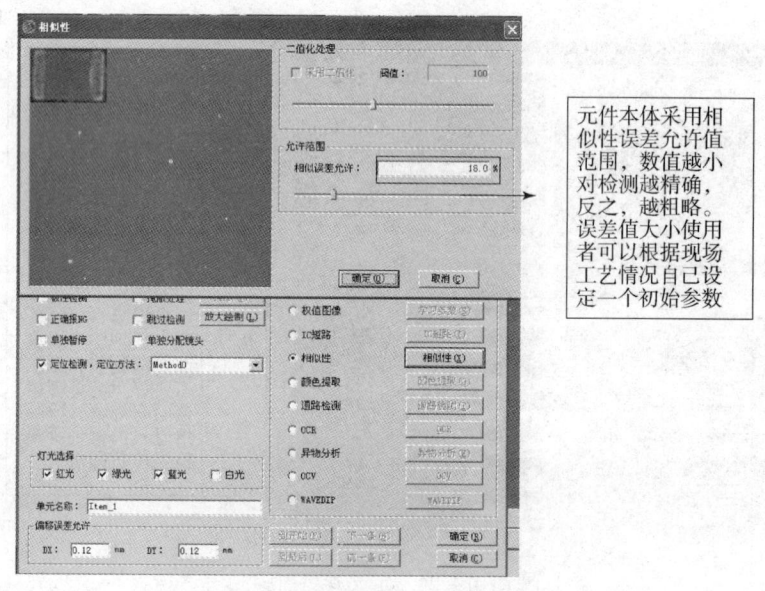

图 4.4.28 设定一个初始参数

参考图 4.4.28 电容本体检测，一般框要比元件大一点，因为同种大小的电容一般有几种大小的料，可能有的长、有的宽，所以框大一点对以后程序调试有帮助，电容本体一般变化比较小，误差范围调到 19 以内即可。

4.4.16 颜色提取（主要针对电阻电容焊点检测）

1. 角度（色彩）

在调试时，下限值一般保持在 170。注意：一般下限值在 170 基本上都可以提出蓝色，如焊点是蓝色，面重比无法提取到时可以在把下限值调小，下限值一般不要低于 160 即可，如图 4.4.29 所示。上限值保持默认 270 不动。

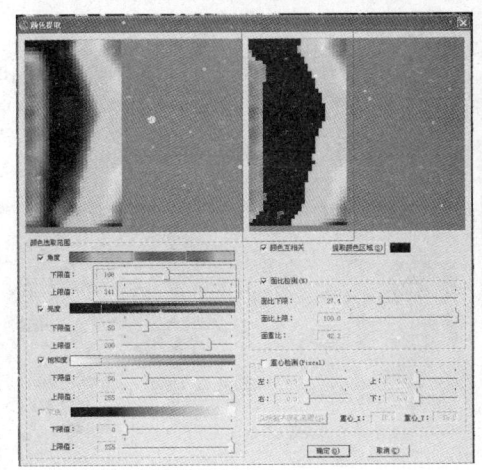

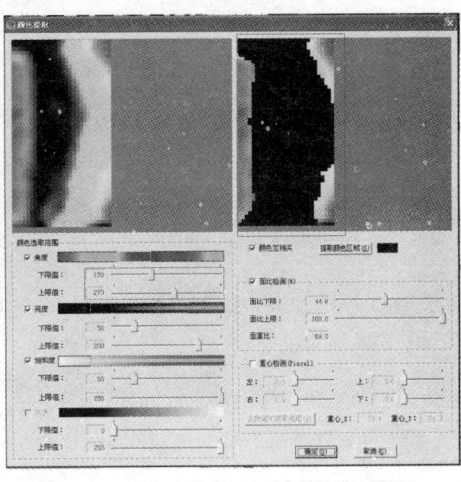

（a）　　　　　　　　　　　　　　（b）

图 4.4.29　角度（色彩）调试

图 4.4.29（a）很明显周围可以提取的颜色都没有被提取到，在这种情况下只有把角度下限调低，图 4.4.29（b）把角度下限调小即可把所需提取进来。

2. 亮度

在调试时，下限值为一般为 50，上限值为 200 左右即可，下限值一般只在焊点边缘或焊点上有黑色的颜色时即需慢慢把下限值调高，当所有接近黑色的颜色不能被提取进来即可；上限值则相反，慢慢把它调低，直到把接近白色的颜色完全不能被提取进来为止，如图 4.4.30 所示。

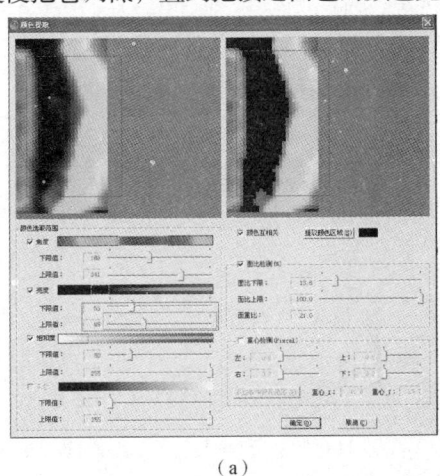

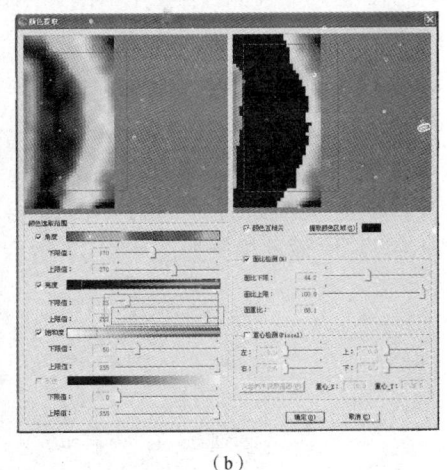

（a）　　　　　　　　　　　　　　（b）

图 4.4.30　亮度调试

（a）提取效果差；（b）提取效果好

图 4.4.30（b）的提取效果要比图 4.4.30（a）的好，图 4.4.30（a）把黑色和白色都提取进来，这样对整体的颜色提取效果有影响，而图 4.4.30（b）把焊点周围的黑色和白色都过滤出去了，这样就会使检测特征更明显，检测效果就更佳。

3. 饱和度

饱和度称为颜色纯度，要提取的颜色是一种混色。比如锡点要提取的是蓝色，但因为光线等原因会造成锡点位置蓝光不足，从而出现一些红色或绿色等，调饱和度尽量把颜色往蓝色方面压缩。

调试饱和度时：下限值一般调到 45 左右（饱和度下限与亮度下限作用基本上相同），只用在焊点边缘或焊点上有黑色而调亮度下限值无法达到要求时，即慢慢把下限值调高即可（即黑色不能被提取进来）；上限值一般情况下为默认值 255，如图 4.4.31 所示。

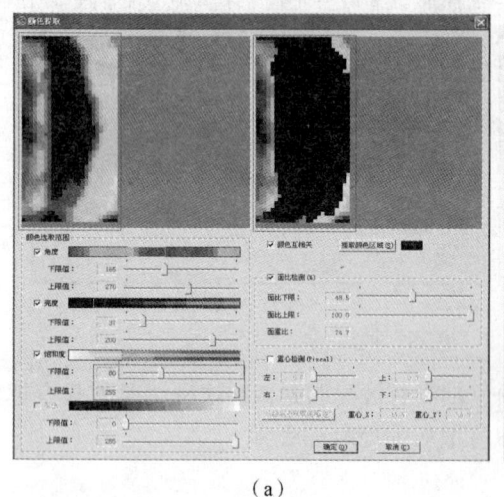

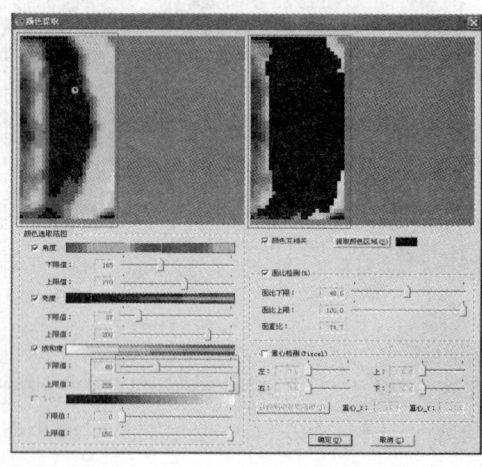

（a）　　　　　　　　　　　　　　　　（b）

图 4.4.31　检测效果

(a) 检测效果差；(b) 检测效果好

图 4.4.31（b）的检测效果要比图 4.4.31（a）的检测效果好，因为图 4.4.31（a）把黑色和白色都已提取进来，这样检测效果不是很好，相反图 4.4.31（b）把焊点周围的黑色和白色都过滤掉了，这样就将检测特征调节得更佳明显，检测效果也就会更佳。

4. 面比检测

面比检测下限值取面重比值的 65% 以上（面比下限数值越大对检测效果越严格），上限值到 100% 即可（一般面重比小于 50 最好采用权值图像，面重比小于 50 采用颜色提取对检测效果不明显）。面比检测如图 4.4.32 所示。

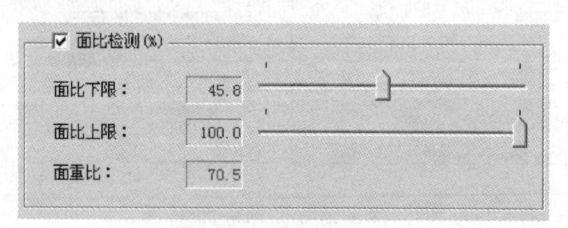

图 4.4.32　面比检测

5. 重心检测

重心检测主要是检测锡膏的中心度偏移量,在提取焊膏时,软件以自动计算出提取焊膏的中心十字架,只需勾选重心检测,框上中心十字架,再单击从绘制中获取范围(此范围是指焊膏中心点偏移范围),如图 4.4.33 所示。

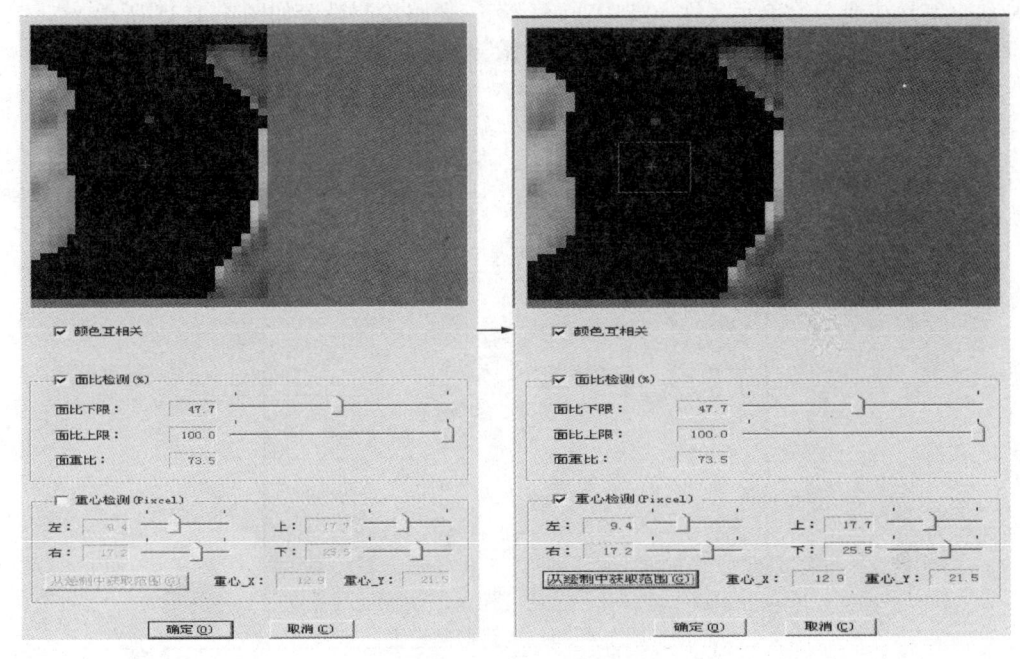

图 4.4.33 重心检测

以上程序参数的设置,可以根据工艺情况自己设定初始值,设定初始值如图 4.4.34 所示。

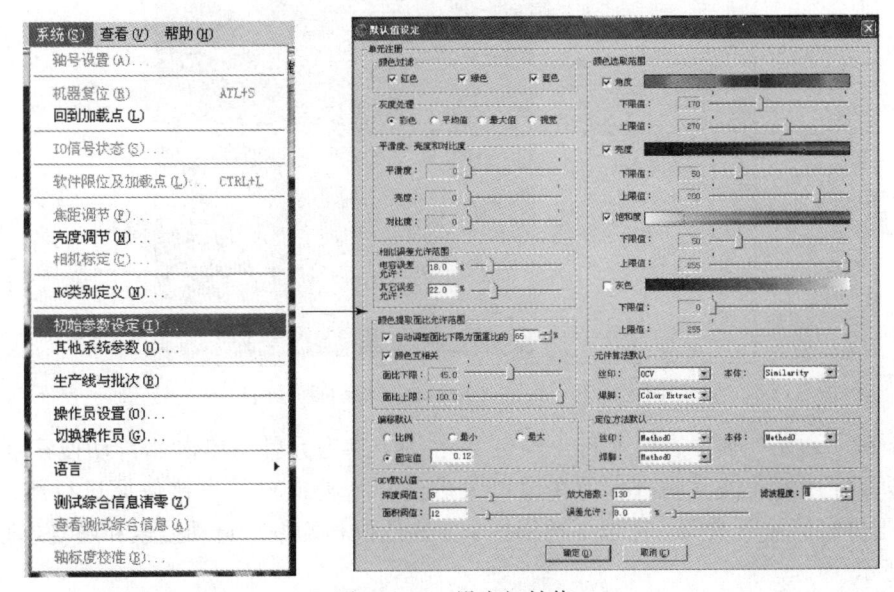

图 4.4.34 设定初始值

4.4.17 通路检测

通路检测，主要用于 FOV 区域内短路检测。

（1）在工具栏中选择一般矩形绘制或椭圆形绘制→在 FOV 区域内画框→调整大小及位置关系→单元注册→给单元名称→选用通路检测，通路检测设置如图 4.4.35 所示。

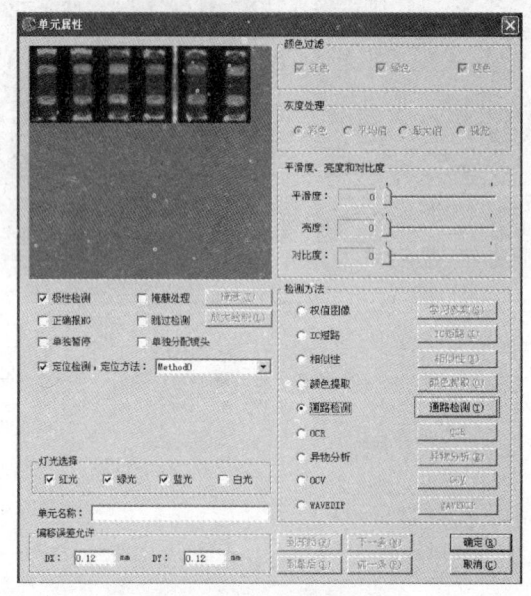

图 4.4.35　通路检测设置

（2）在单元注册窗口单击"通路检测（T）"按钮将会弹出"通路"窗口，在右边元件上绘制其中一个参考元件。在"通路"窗口绘制参考元件如图 4.4.36 所示。

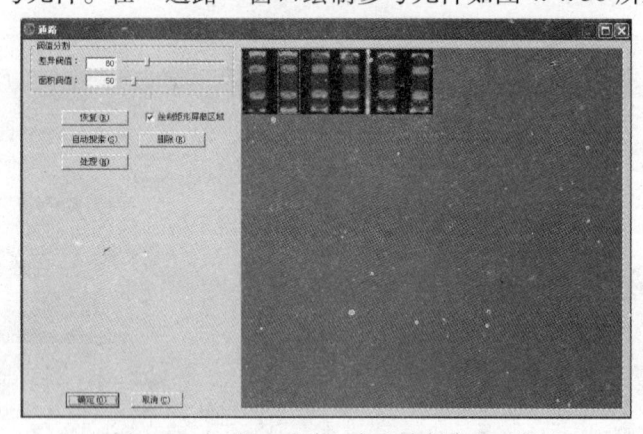

图 4.4.36　在"通路"窗口绘制参考元件

（3）在"通路"窗口右边元件上绘制其中一个参考元件，单击"自动搜索（S）"按钮。如搜索与其他元件不吻合，可在窗口菜单选择恢复或对某个错位框进行删除。先把"绘制矩形屏蔽区域"去勾，也可手动给每个元件绘制检测框。自动搜索和恢复或删除如图 4.4.37 所示。

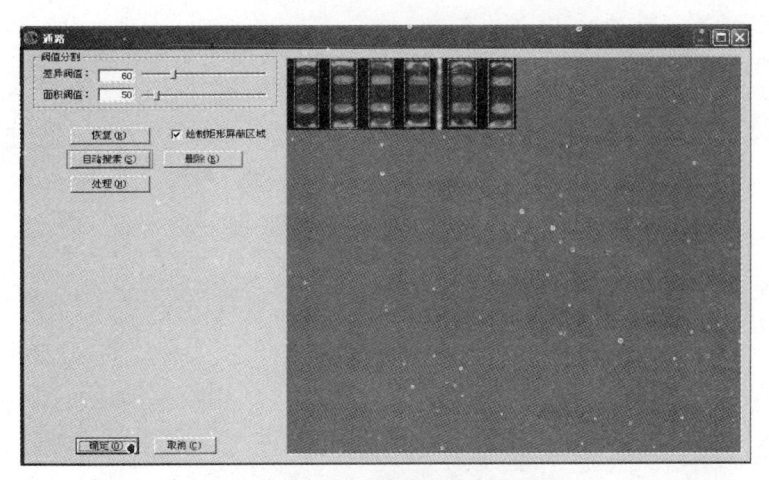

图4.4.37 自动搜索和恢复或删除

（4）在"通路"窗口单击"自动搜索（S）"按钮，再单击"处理（H）"如图4.4.38所示。

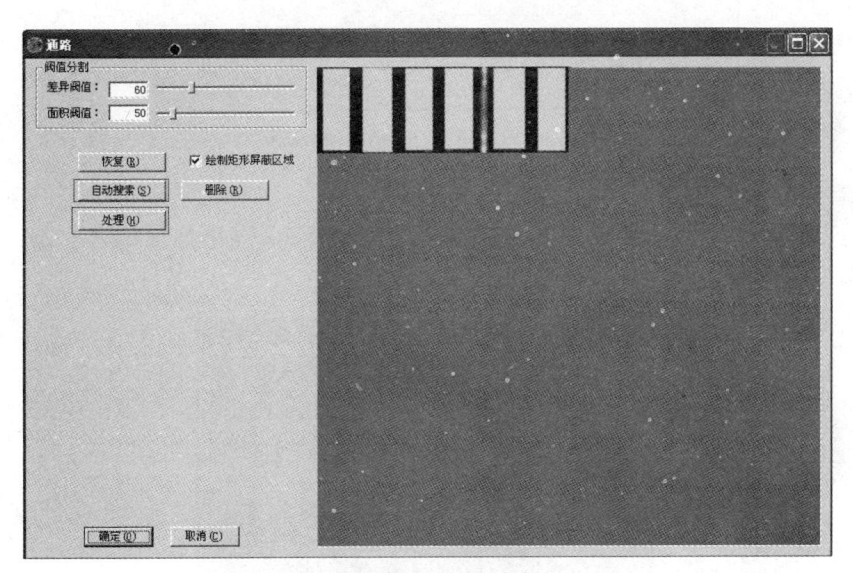

图4.4.38 自动搜索

4.4.18 OCR/OCV

OCR 主要用于清晰度比较好的字符，OCV 适用于所有字符，所以字符一般情况都采用 OCV 会比较好。

1. OCR/OCV 的选用

选用 绘制矩形框，在单元注册窗口选用"OCR/OCV"，图中的颜色过滤、灰度处理与平滑度、亮度和对比度的调节部分，可以任意组合搭配，以图像显示清晰为原则，一般只对元件本体及文字面进行处理。单元注册窗口的勾选如图4.4.39所示。

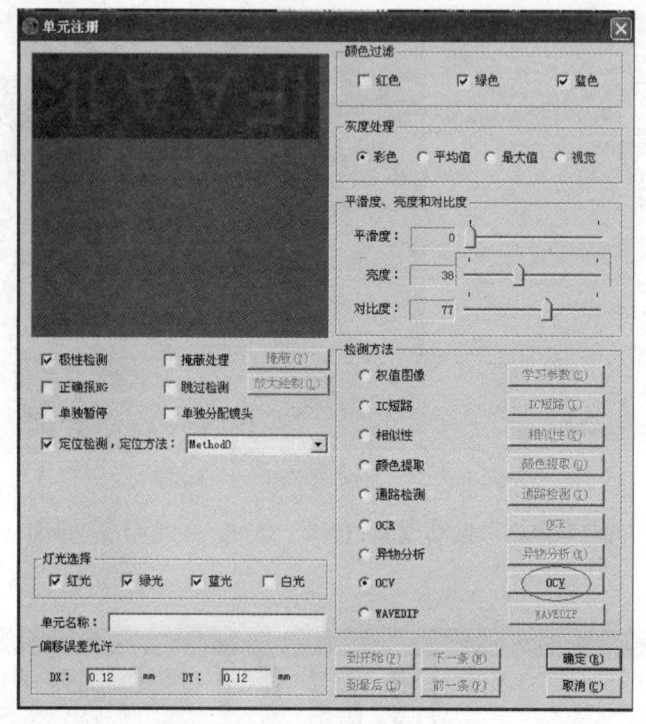

图 4.4.39　单元注册窗口的勾选

2. 调整深度阀值

单击 OCV 标签可调整深度阀值和面积阀值及放大倍数，使图像显示无杂色。OCV 的调整如图 4.4.40 所示。

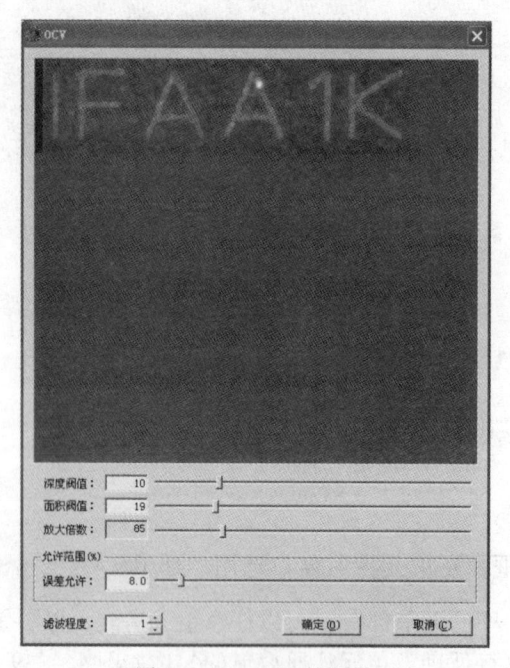

图 4.4.40　OCV 的调整

3. 单元注册窗口

在单元注册窗口单击"OCR"按钮将会弹出"OCR/OCV"窗口,选择字符方向(以正面为准),选择当前字符(白字黑底或黑字白底),然后给左上角字符图像区域中其中一个字符绘框。OCR/OCV 标签的勾选如图 4.4.41 所示。

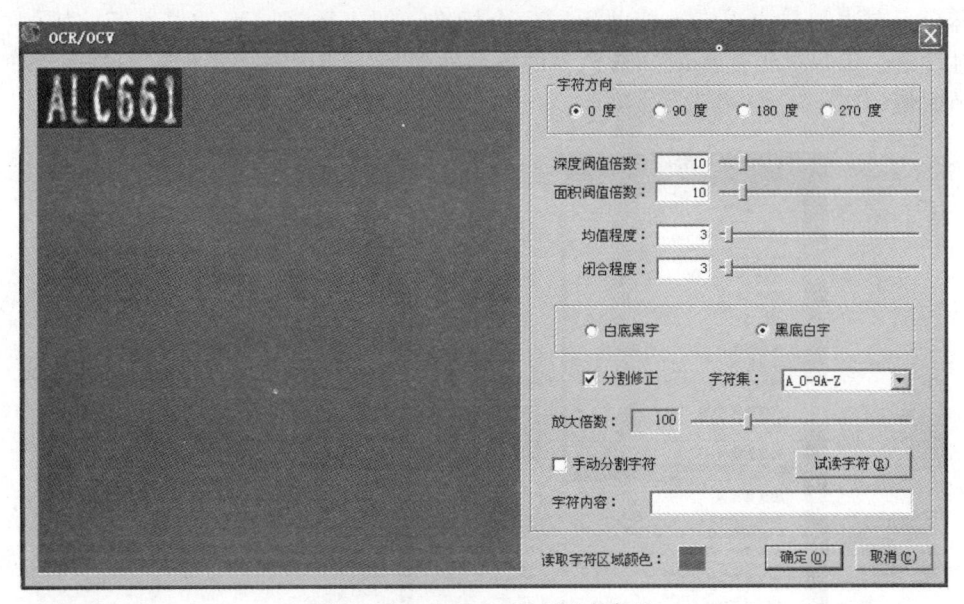

图 4.4.41　OCR/OCV 标签的勾选

4. OCR/OCV 窗口

在 OCR/OCV 窗口单击"试读字符(R)"按钮,即可显示当前字符的内容,同时左上角图像区域被读取,所读取字符全是数字,字符集应选: 字符集: A_0-9 ；如果字符中包含有大写字母,字符集则选择 字符集: A_0-9A-Z 。试读字符(R)的框选如图 4.4.42 所示。

以上是最常用的方法,少数元件可以根据具体情况而定,实践中常遇案例如图 4.4.43 所示。

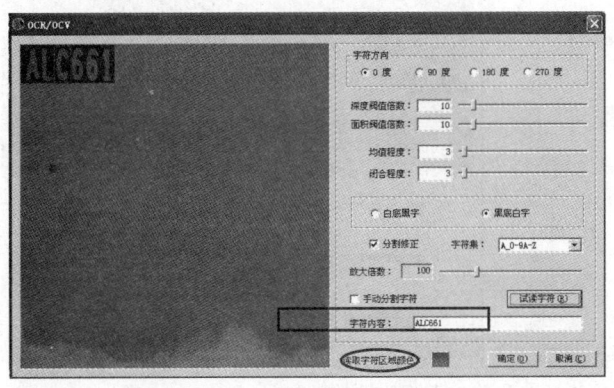

图 4.4.42　试读字符(R)的框选　　　　图 4.4.43　常遇案例

图 4.4.43 所示常遇案例的 0805 电阻只有字符、电阻和焊点。看常遇案例得知字符采用权值或 OCR 都可以，电阻体用相似性范围为 23 以内，焊点用颜色提取，而从图 4.4.43 可以看到左边的焊点是暗黑色的（这种情况一般是元件旁边有高脚元件把它光线给遮住所以焊点是暗黑色的，无法用颜色提取来做），而右边是蓝色，一般正常情况下焊点是蓝色，左边和右边焊点不能共用同一个标准，即先取消暗黑的焊点所链接的标准，再单独注册，因焊点无法提取到蓝色，即单独注册所选用权值图像即可；单独注册所选用权值图像如图 4.4.44 所示。

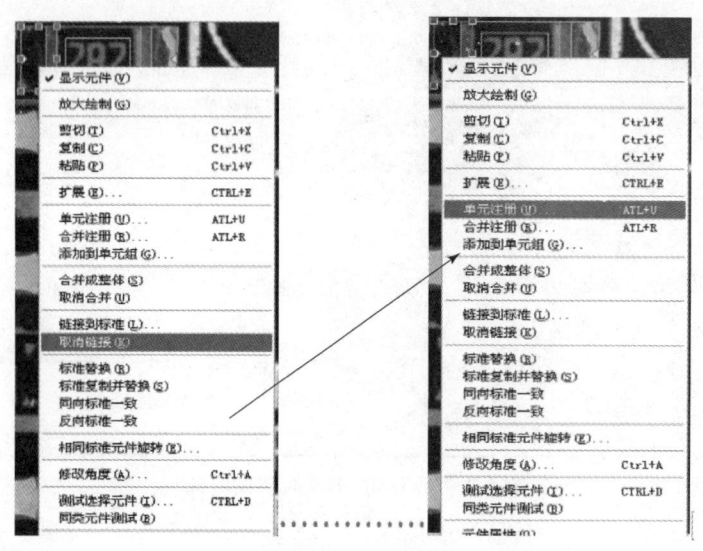

图 4.4.44　单独注册所选用权值图像

如焊点光线被遮挡，焊点颜色是暗黑色的，此时的暗黑颜色无法提取到正常颜色，而且每块板可能光线遮住的程度不一样，所以在正常情况下，仪器也会经常报错，这种情况很难调试。此时，将光线被遮住的焊点采用权值图像，单击"确定"按钮即可。光线被遮住的焊点采用权值图像如图 4.4.45 所示。

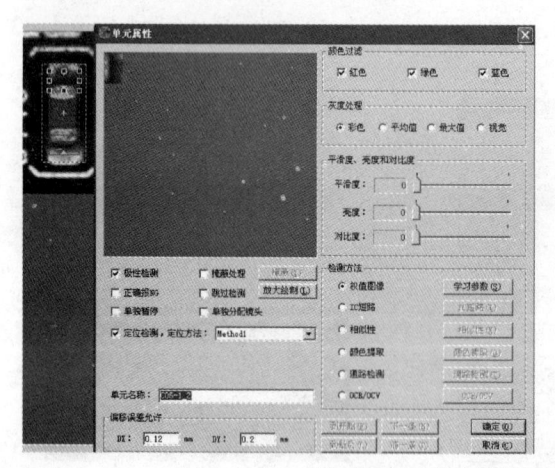

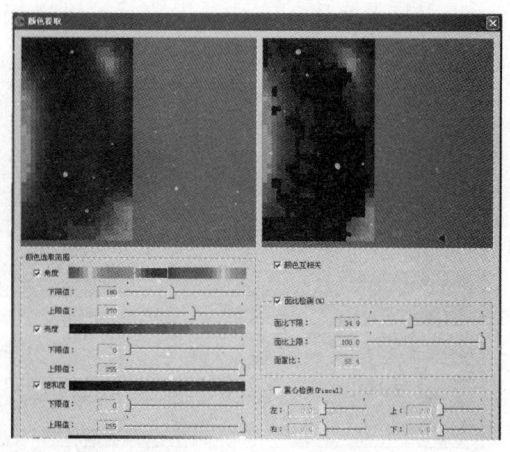

图 4.4.45　将光线被遮住的焊点采用权值图像

常用电阻元件的画框如图 4.4.46 所示。

图 4.4.46　常用电阻元件的画框

给电阻画框时，注意电阻的字符框不要太大，把字符刚好框到就可以了。画电阻框时，两边焊点框大小尽量保持与焊盘大小一致，焊点框尽量画到元件体，可以方便定位。同样，也要给电容画框，基本和画电阻框一样。常用电容元件的画框如图 4.4.47 所示。

图 4.4.47　常用电容元件的画框

给电容画框时，注意电容框尽量比本体大一点，因为同类大小电容一般有几种大小，为以后编组可以把整个本体都框住做好准备，两边焊点框大小尽量保持与焊盘大小一致，焊点框尽量带上点元件本体方便定位。

二极管画框时注意极性点，可能会有点偏动，所以极性框要比极性点大一点为以后偏动做好准备，两边焊点框大小尽量保持与焊盘大小一致，焊点框尽量带上点元件本体方便定位。二极管画框如图 4.4.48 所示。

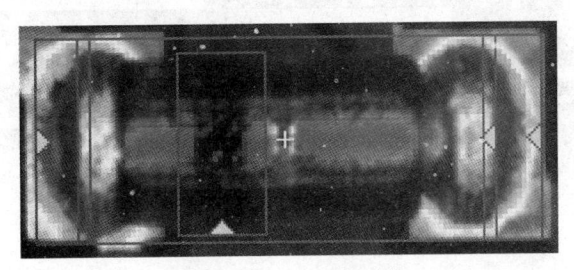

图 4.4.48　二极管画框

三极管画框时要注意字符框尽量框大一点，在字符变动时也在检测框内，本体框把本体大一点，尽量把三个引脚带上一点，这样比较好定位，两边焊点框大小尽量保持与焊盘大小一致，焊点框尽量带上点元件本体方便定位。三极管画框如图 4.4.49 所示。

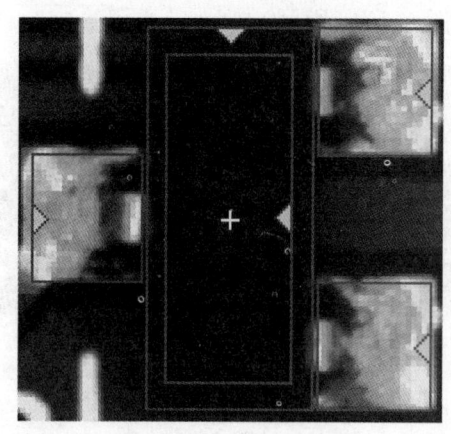

图4.4.49　三极管画框

4.4.19　常见标准注册举例

1. 电阻的画框

电阻的画框如图4.4.50所示。

图4.4.50　电阻的画框

2. 快捷键 Alt + R

使用快捷键 Alt + R 或在所画的元件框内单击右键选择"合并注册",弹出对话框如图4.4.51所示。

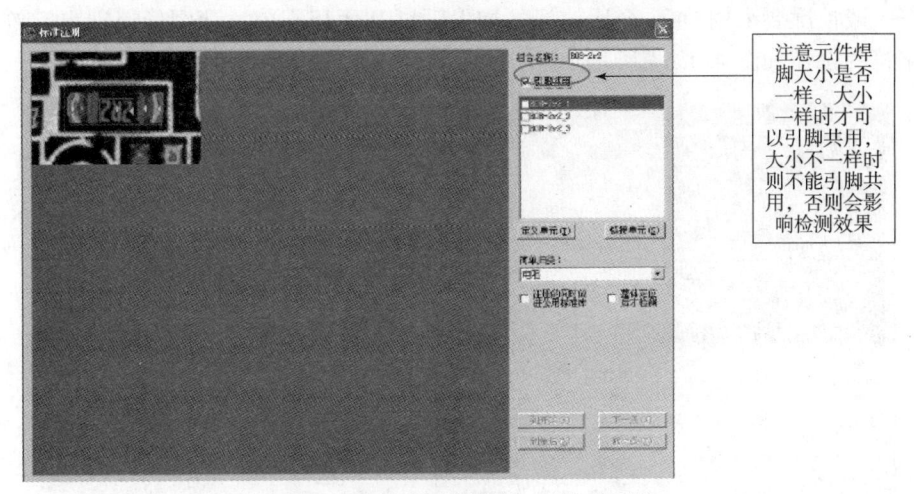

图 4.4.51 "合并注册"后的对话框

焊点相同即可勾选引脚共用,选择 1 检测区域,单击"定义单元"按钮弹出对话框,可以进行权值图形设置。权值图形设置如图 4.4.52 所示。

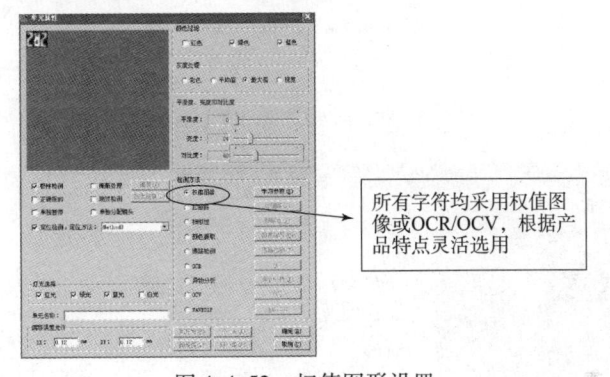

图 4.4.52 权值图形设置

OCR 主要用于清晰度比较好的字符。清晰度比较好的字符如图 4.4.53 所示。

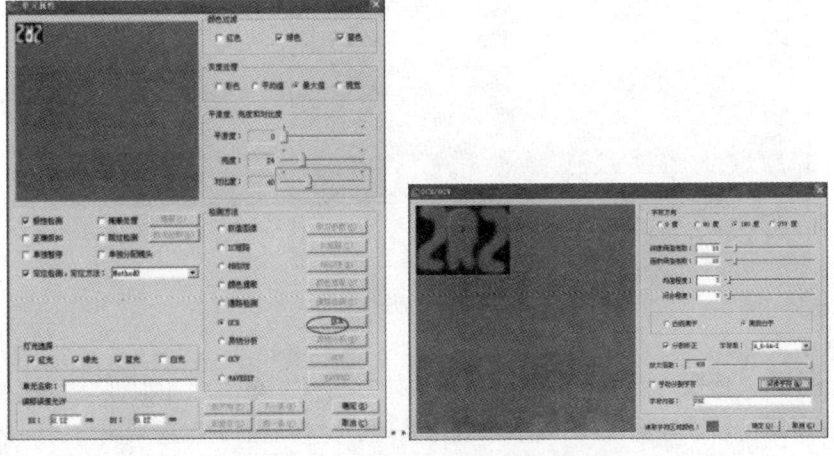

图 4.4.53 清晰度比较好的字符

字符一般情况要采用 OCV 会比较好。加大深度和面积阀值，让图像识别出字符并且杂色少。字符的选用如图 4.4.54 所示。

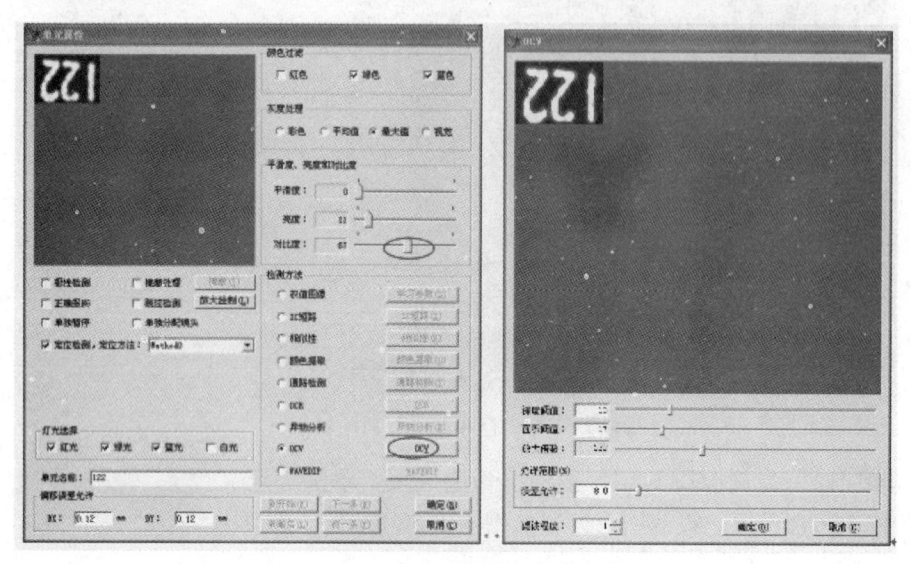

图 4.4.54　字符的选用

3. 定义单元

选择 2 检测区域，单击"定义单元"按钮，如图 4.4.55 所示。

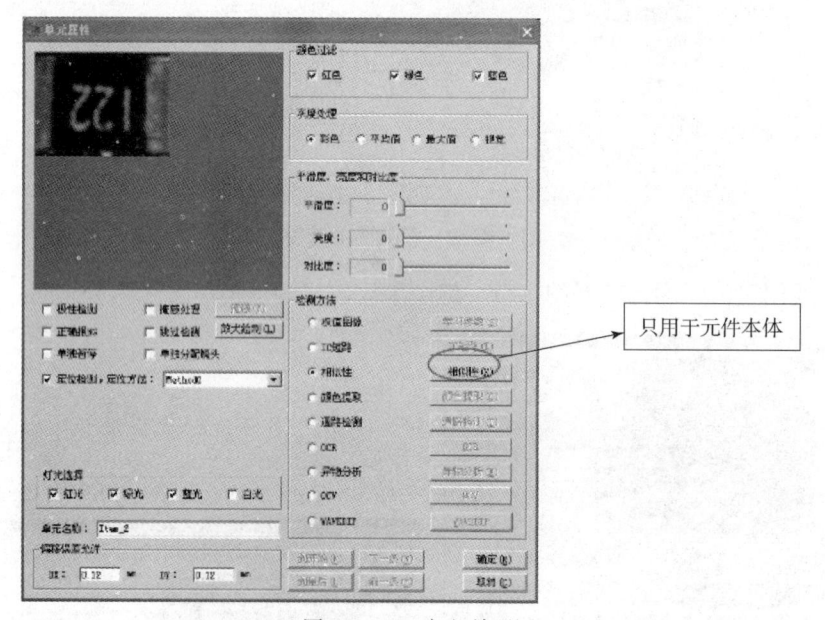

图 4.4.55　定义单元

4. 检测方法

图 4.4.55 所示检测方法为区域采用"相似性"方法。单击"相似性"按钮，将会弹出如图 4.4.56 所示窗口。在图 4.4.56 中二值化处理与允许范围可以适当调整，一般二值化处理保持默认状态，允许范围相似误差允许在 23 以内。

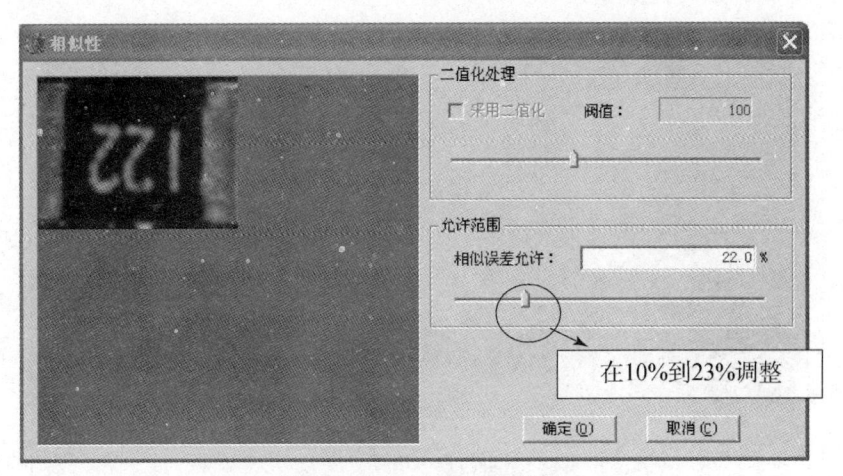

图 4.4.56　相似误差的选择

选择 3 检测区域，单击"定义单元"按钮，弹出"单元属性"对话框进行检测区域及颜色选择。检测区域及颜色选择如图 4.4.57 所示。

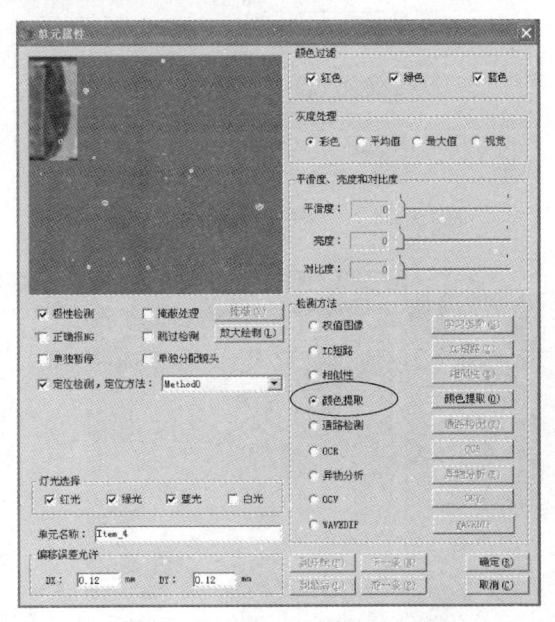

图 4.4.57　检测区域及颜色选择

5. 定位检测

在图 4.4.57 中勾选"定位检测"，在检测方法区域采用单击"颜色提取（O）"按钮将会弹出"颜色选取范围"对话框，如图 4.4.58 所示。

（1）IC 检测。IC 检测一般有字符、极性、本体、IC 脚及 IC 脚短路，IC 单元注册表的勾选如图 4.4.59 所示。

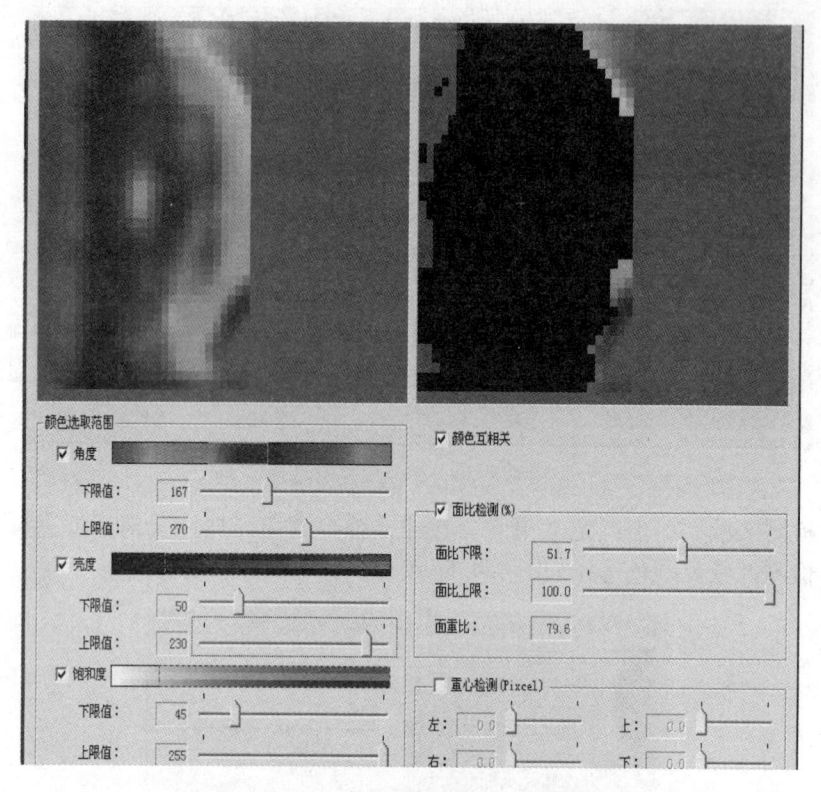

图 4.4.58 "颜色选取范围"对话框

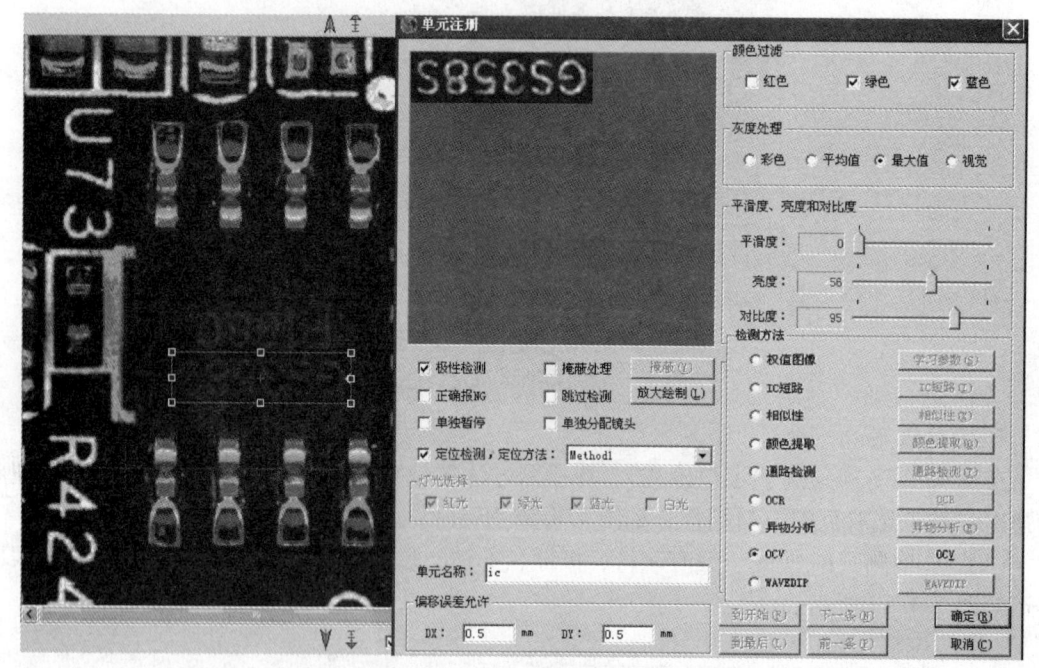

图 4.4.59 IC 单元注册表的勾选

在字符检测时，需在颜色过滤中去掉红色和灰度，处理中选最大值，平滑度、亮度和对比度的调节部分可以任意组合搭配，设置时以图像显示清晰为原则，图像显示清晰如图 4.4.60 所示。

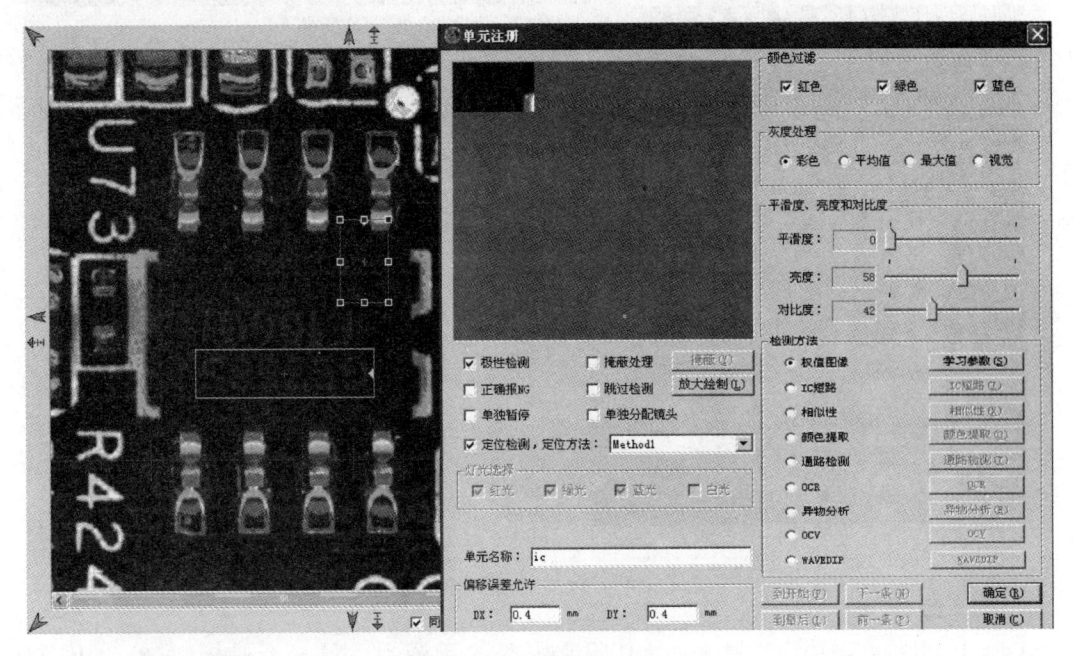

图 4.4.60　图像显示清晰

（2）极性点检测。极性点的检测，框极性点时最好框上一点引脚，这样可以方便定位，颜色可以随意定义，以图像显示清晰为原则。极性点检测图像要清晰，如图 4.4.61 所示。

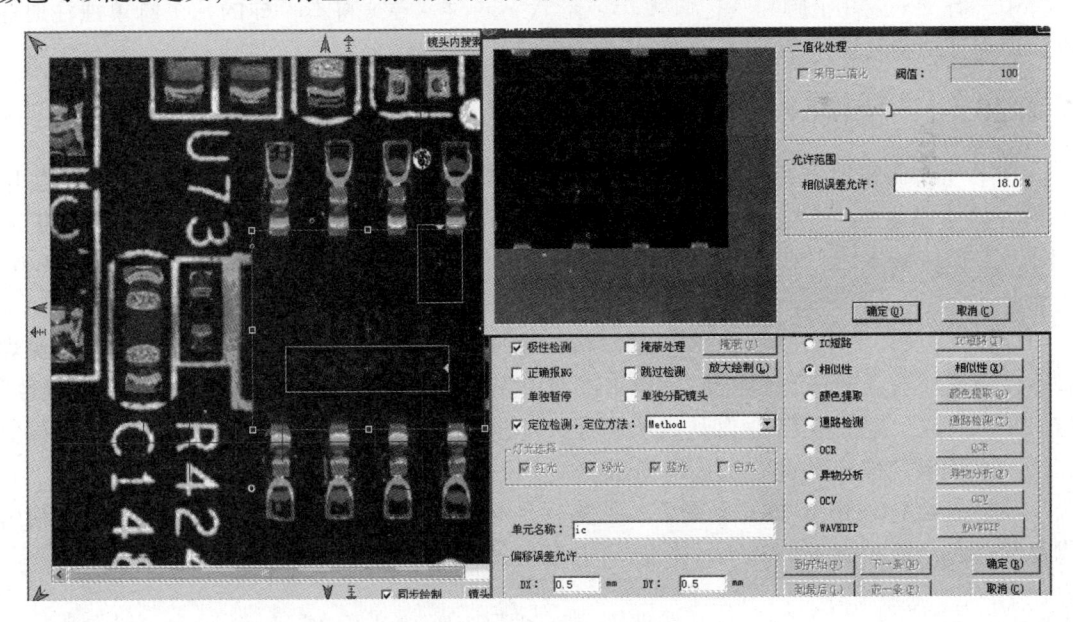

图 4.4.61　极性点检测图像

（3）图4.4.61中元件体的检测采用相似性，适当调节元件体的清晰度，相似误差允许在18以内即可。IC元件体的检测要求如图4.4.62所示。

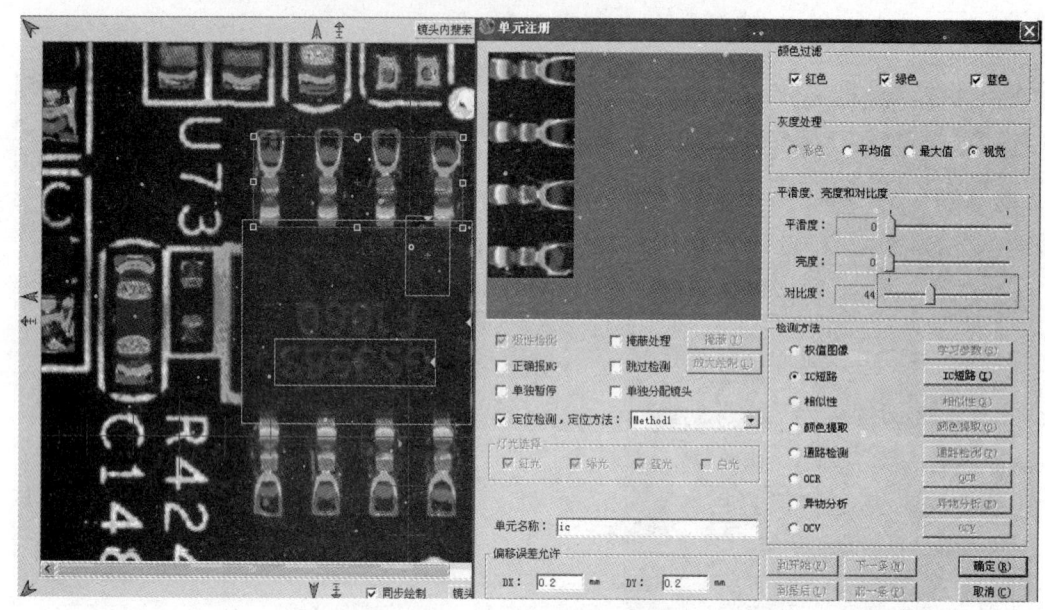

图4.4.62　IC元件体的检测要求

（4）IC引脚检测选用注意事项。IC引脚检测选用 ▮ 、▮ 、▮ 、▮ 。IC制作检测框绘制（选用IC制作检测框，要求IC引脚方向要与选用检测框方向一致），在绘制时选择的引脚数量不要太多，最好保证单元注册后彩图能完全显示。当在一排IC脚或一个IC元件中，有一个或几个脚和其他脚大小或形状不同时，必须将不一样的几个脚单独注册标准，以保证检测效果。

4.4.20　IC桥接分析

在单元注册窗口选择"IC短路（I）"将会弹出"IC桥接分析"窗口，在右边IC引角上。绘制第一个参考引脚，单击"定义参考引脚（D）"按钮将会对其他引角扩展2图，需扩展偏多或偏少只要将脚距倍率改大即可。IC脚距倍率的修改如图4.4.63所示。

如图4.4.63所示，已完成IC引脚短路的检测，单击"确定"按钮既可。如需要检测焊脚不良则要勾选"单脚单元定义"，再单击"单元定义（D）"按钮，将会弹出"单元属性"窗口，再勾选"定位检测"，默认权值图像，单击"确定"按钮。IC引脚一般都采用权值算法。IC引脚定位检测如图4.4.64所示。

观察图4.4.64中IC的对脚是否与所做标准相同，相同IC引脚只需做一次，将其他引脚复制过去，如IC的对脚和所做标准不同则需另外做标准。

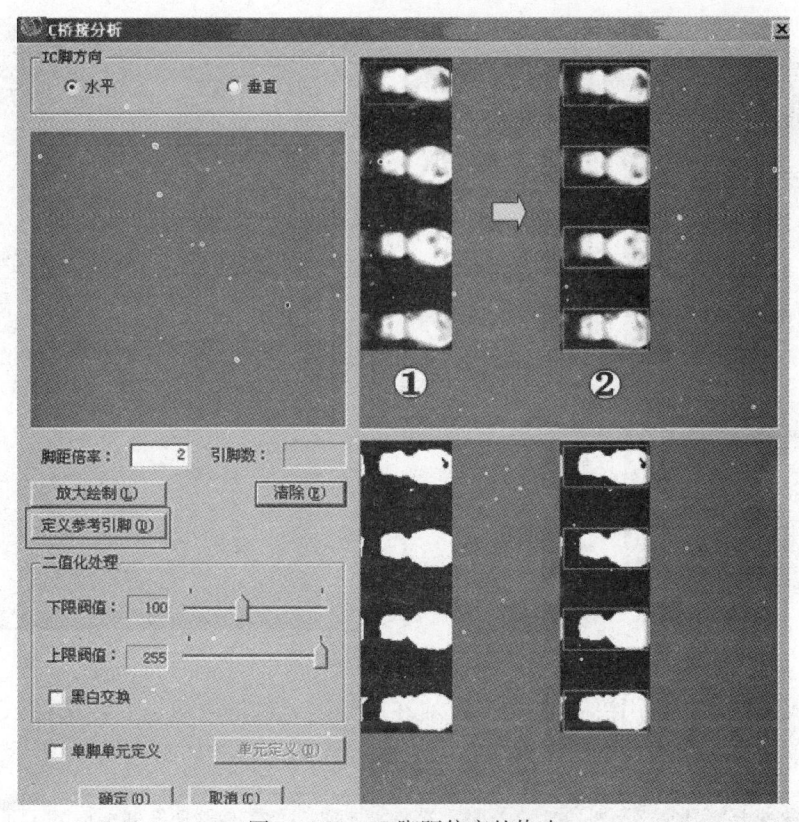

图 4.4.63　IC 脚距倍率的修改

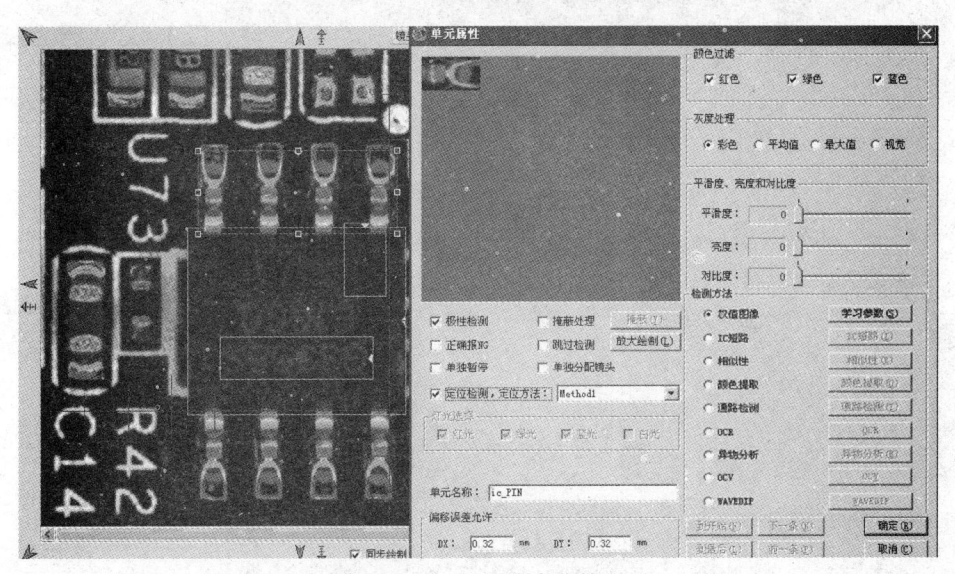

图 4.4.64　IC 引脚定位检测

在绘制完 IC 检测框后将所画的元件框全选，单击右键选择"合并成整体"，如图 4.4.65 所示。

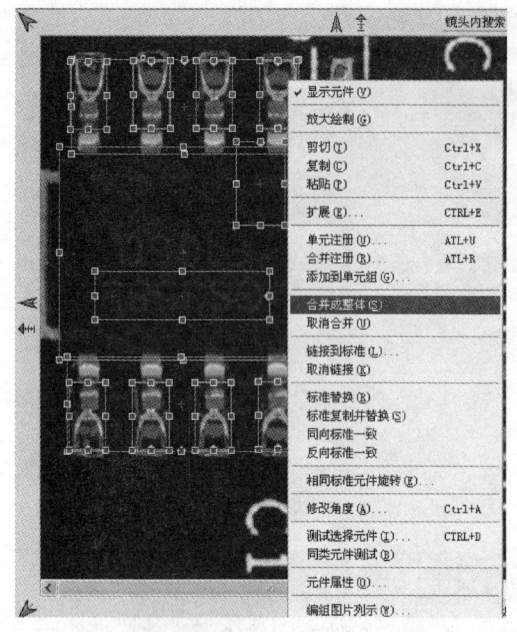

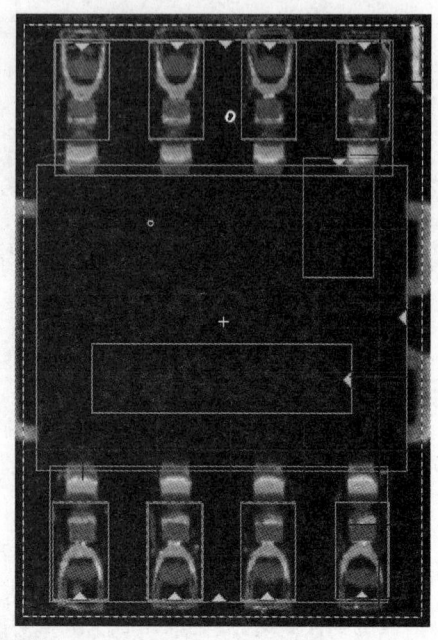

图 4.4.65 合并成整体

在合并成整体后，使用快捷键 Alt + R 或在所画的元件框内单击右键选择"合并注册"，再将元件简单归类，单击"确定"按钮。元件合并注册与归类如图 4.4.66 所示。

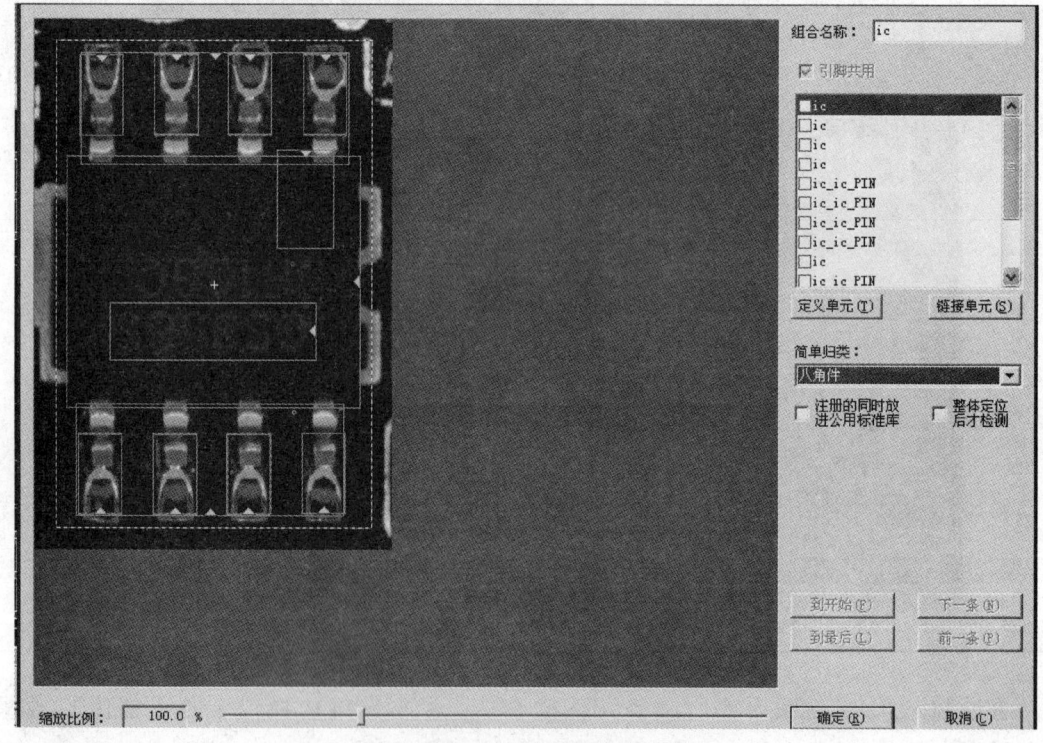

图 4.4.66 元件合并注册与归类

4.4.21 元件的标准命名规则

1. 电阻、电容、电感、排阻、三极管、IC

电阻：R+元件尺寸+元件本体丝印（0402及以下的元件无丝印，用序号代替），如丝印为"103"，大小为0603的电阻，则可命名为R0603-103；0402的电阻可以命名为R0402-01。

电容：C+原件尺寸+本体丝印（序号），如C0603-106，C0603-01，C0805-03。

电感：L+本体丝印（序号）。

排阻：RN+本体丝印（序号）。

三极管：Q+本体丝印（序号）。

IC：IC部分特征文字+序号。

2. 多角度元件标准的制作

选中所需要注册的标准模型→在元件处画一个元件框→在框内单击右键选择修改角度或者使用快捷键进行角度旋转，R为逆时针方向旋转，T为顺时针方向旋转→调整到标准框的方向位置与元件的位置关系吻合→修改元件本体框和附属框的大小→注册标准。

特别提示： 无论元件在PCB板上是什么角度贴装，在注册标准时都是自动以水平方式放置，在标准库中的存在也是以水平方式放置。

对于多角度的（除0°、90°、180°、270°外的角度）标准，从标准库中拖拽出来不能执行自动定位，需要执行手动旋转。画框、旋转如图4.4.67所示。注册标准如图4.4.68所示。

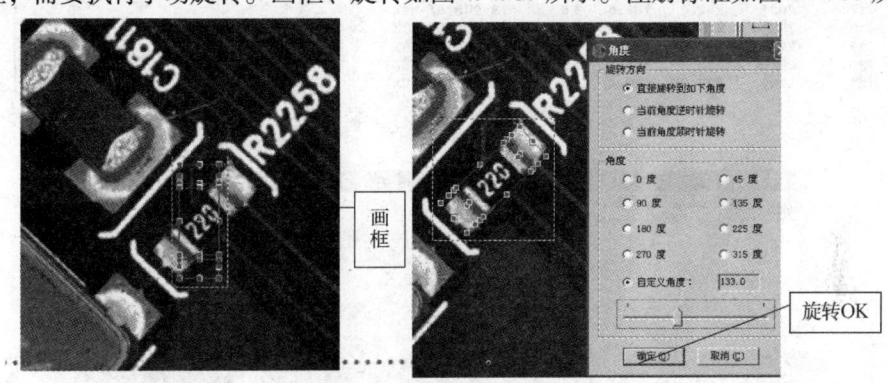

图4.4.67 画框、旋转

图4.4.68 注册标准

4.4.22 CAD 数据导入编辑程序

利用 CAD 数据导入的方法编辑程序，可以提高编程速度，减少错误的链接，有效地提高编程效率，CAD 编程要有编辑好的 PCB 板的 CAD 数据，该数据包含的要素有元件脚位、元件坐标（X&Y 坐标）、贴片角度、元件物料代码。

1. 操作方法

从贴片机或坐标机上将"元件脚位、元件坐标（X&Y 坐标）、贴片角度、元件物料"代码数据的文件以 TXT 文本文件的形式导出来，通过 Excel 将该 TXT 文档多余的参数去掉（只需要单片板的文档），参数之间用统一的制表符或逗号或分号或空格等分割开，如图 4.4.69 所示记事本和图 4.4.70 所示 CAD 数据导入。

图 4.4.69　记事本

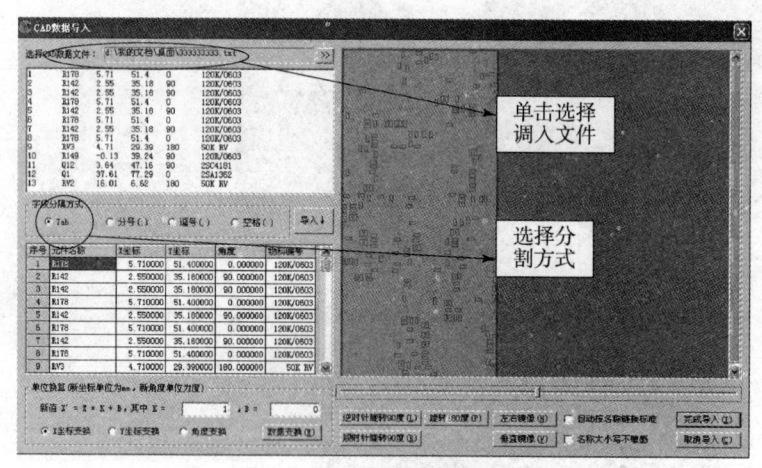

图 4.4.70　CAD 数据导入

2. CAD 数据导入注意事项

分析数据单位和角度时，有些程序数据的单位用厘米、毫米、微米、英寸等表示，此时可以通过公式转换为所需的单位（毫米）。

3. CAD 数据格式

CAD 数据格式中的四种主要格式：

(1) 英寸：则 $K=25$；

(2) 1/1 000 英寸，则 $K=25.4/1\,000$；

(3) 毫米，则 $K=1$；

(4) 1/100 毫米，则 $K=1/100$。

观察导入前的零件分布是否与所测 PCB 板上方向一致，如果不一致可以通过旋转或镜像将其调整为一致。

完成导入后，可以看到所有元件框都偏离元件所在的位置，这是正常情况。因为贴片机的坐标原点与 AOI 的坐标原点不同，可以按照以下方式进行调整。

任意选择一个由 CAD 文件形成的独立的元件框，在 PCB 上找到这个框所对应的元件，在缩略图窗口单击右键弹出菜单选择"全选"，然后在主窗口中以刚才找到的那一点为基准，对元件框进行整体移动，对准一个元件框即可对准所有的元件框。

4. 镜头优化

初始标准建立完成后，系统要对所有要检测的元件框分配镜头，即计算机会根据元件框的分布来计算出一个最短的镜头拍摄路径将所有的元件检测框串接起来。操作方法为：单击菜单栏"编辑"按钮，在下拉菜单中选择"镜头优化"（快捷键 F2），系统会自动完成优化。操作中的注意事项如下：

在编程过程中，有的标准框画得太大超出了一个镜头所能拍摄的范围（一般注册标准，画框的大小不能超出 FOV 的 2/3），或者所画的元件框不在最初定义的 PCB 尺寸的范围之内，系统会自动提示有多少元件未能分配镜头，这时需要检查元件标准及位置，对不满足要求的元件标准进行修改后重新进行镜头优化。在对程序修改时，如果有增加或删除检测框，一定要重新进行镜头优化。

5. 调试程序

调试程序的过程就是要对元件及焊点设置的相关参数进行校正，部分通过权值分析技术的测试内容需要通过人为判断，统计系列的合格样品，计算出元件的允许偏差，形成有特定误差范围的标准，从而达到自动检测的效果。而要达到检测效果，必须要统计一系列的合格样板（一般在 20 块左右），人为判断其合格与否，这样系统才能通过统计计算出一个比较接近现场工艺水平的测试标准。具体的操作方法如下：

单击模式设置标志 ⚙，弹出"模式设置"对话框，将模式设置为"全部学习""缩略图勾选确认"（其他模式默认不改动），确定后开始测试，通过人为判定把合格样品进行学习，直到程序测试稳定。根据个人情况"缩略图勾选确认"此项可选可不选，选用此项在调试过程中，它是把一个镜头所有不良全部都显示出来确认，对调试程序速度上是有所提高，去掉此项，调试程序是把一个一个不良显示，相对调试起来比较慢，建议前几块板钩上此项，当程序相对稳定时再去掉。在调试程序完成后，正常测试必须把"全部学习"改"正常检测"，如图 4.4.71 所示模式设置标签中的勾选。

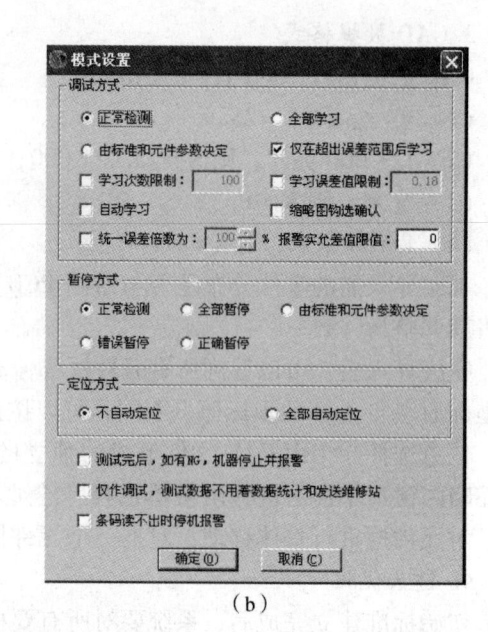

图 4.4.71　模式设置标签中的勾选

(a) 全部学习；(b) 正常检测

4.4.23　调试技巧

按照上面所说将"全部学习"模式设置好后，按操作窗口"测试 ▶ "键，开始测试，在测试过程中会弹出如下对话框，如图 4.4.72 所示。

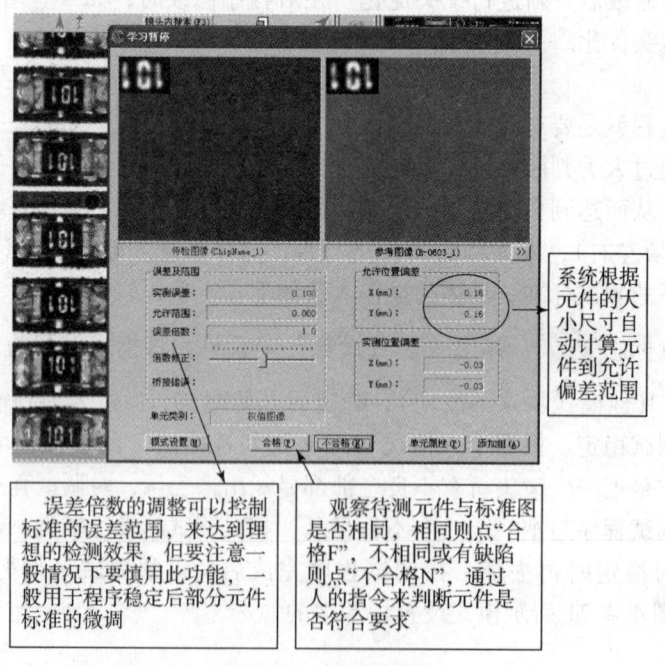

图 4.4.72　开始测试

按照上面所说将"全部学习"和"缩略图勾选确认"模式都设置好后，按操作窗口"测试▶"键开始测试，在测试过程中会弹出"批量确认"对话框。"批量确认"对话框如图 4.4.73 所示。

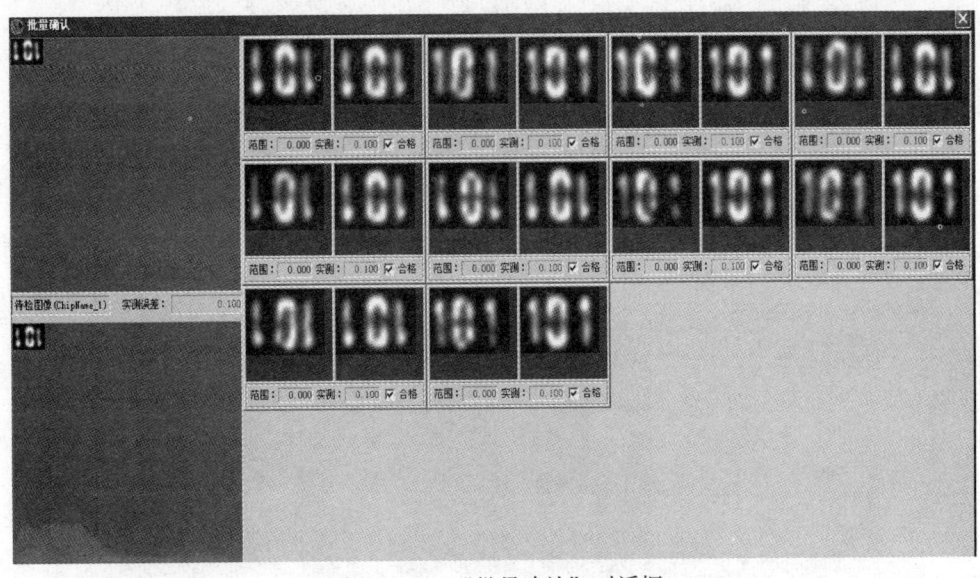

图 4.4.73 "批量确认"对话框

此调试比之前调试要快，它可一次性把一个镜头待调试元件显示出来，如所有待检图片都符合标准，则直接单击、确定学习即可，如有不符合元件则取消单个点合格选项，再单击确定即可。第一次调试时要小心仔细，切不可匆忙，通过第一次调试可以检查注册的标准是否规范，元件的链接是否有误，元件的角度是否正确等，便于修正。

相似性调试主要是改变相似性允许误差值大小来调试或编组。允许误范围如图 4.4.74 所示。调大待检图像的允许误范围如图 4.4.75 所示。

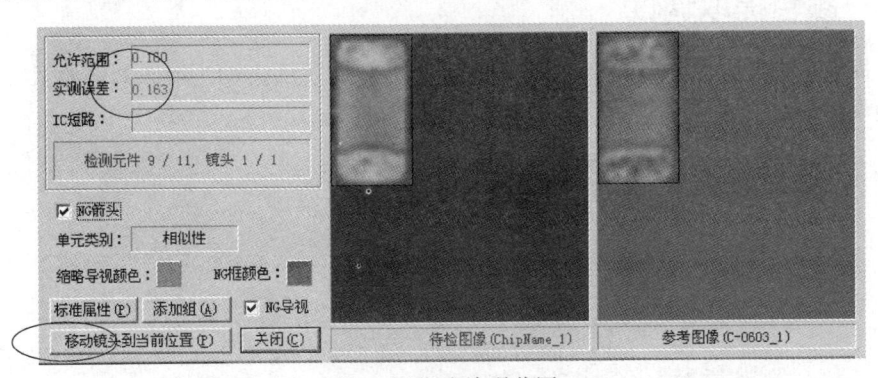

图 4.4.74 允许误范围

如图 4.4.75 所示，可以看出标准相似性允许误差是 16，待检图与标准之间实际误差是 16.3，根据上述可以得知电容体相似性误差一般在 18 以内，所以将标准属性误差倍数调大即可。待检图像的允许误差如图 4.4.76 所示。

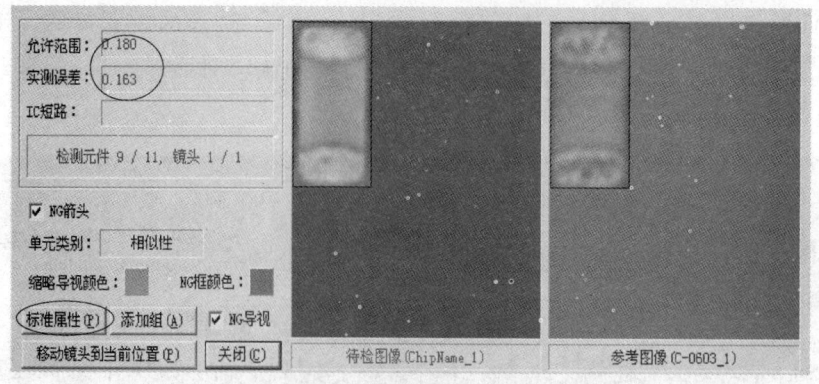

图4.4.75　调大待检图像的允许误范围

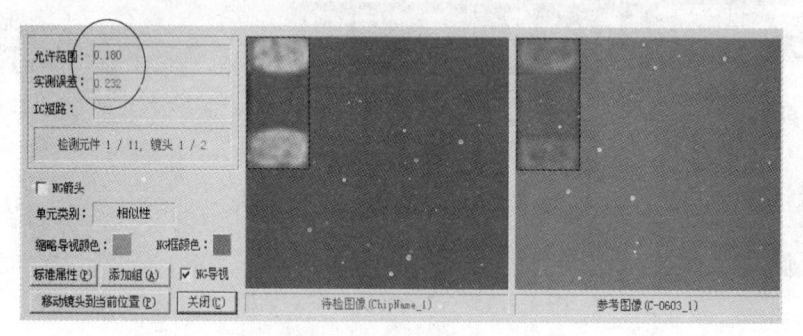

图4.4.76　待检图像的允许误差

如图4.4.76所示，标准图与待检图像明显颜色不一样，标准相似性允许误差是18，待检图与标准之间实际误差是23.2，根据上述可以得知电容本体相似性误差一般在18以内，在待检图像没有错料和损坏的情况下，把待检图像添加组即可。添加组是指同一类元件同时存在有一个或几个标准，测试时软件会自动在组里寻找与其最相近一个做参考。

4.4.24　颜色提取调试

颜色提取调试主要是改变面比下限值，如面比下限无法再调小时，可将面比下限调小。调小实训误差值如图4.4.77所示。

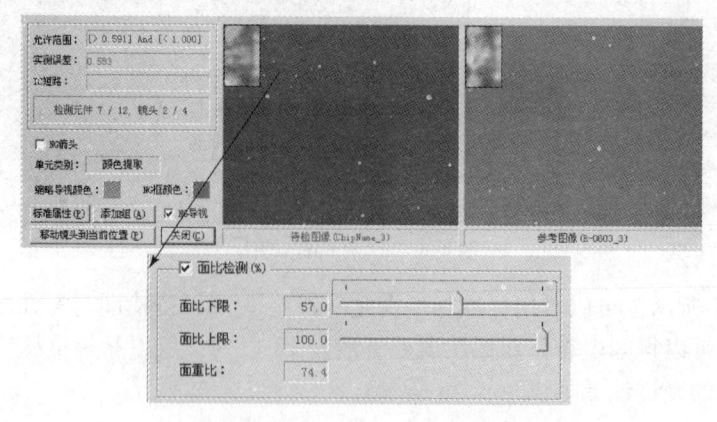

图4.4.77　调小实训误差值

从图 4.4.77 可以看出标准颜色提取范围为 59.1~100，标准与待检图像提取值是 58.3，此时可以适当把面比下限调小即可。

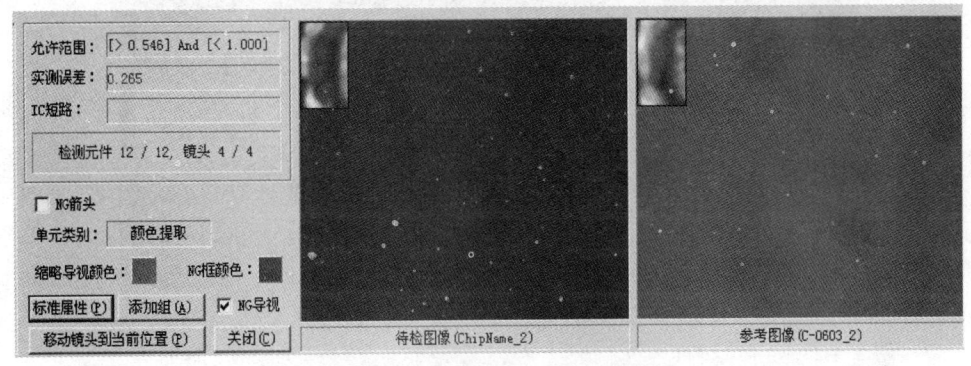

1. 标准图与待检图像颜色不一样的处理

图像颜色不一样的处理如图 4.4.78 所示，当标准图与待检图像颜色明显不一样时，标准颜色提取范围为 54.6~100，标准与待检图像提取值是 26.5，与标准面比下限值相差太大无法调节面比下限来达到要求，此时把待检图像添加组（切记像待检图像这样无法采用颜色提取时，在编组时软件自动会引用之前标准参数，就要将当前编组改为权值图像）或把镜头移到错误图像位置，再取消链接后，单独注册标准。

图 4.4.78　图像颜色不一样的处理

2. 正常测试

当程序调试完成后，将模式改为"正常检测"，单击"确定"按钮。正常检测如图 4.4.79 所示。

图 4.4.79　正常检测

3. 错误图片的查看

每块板测试完成后都会自动弹出缺陷图片的对话框，参考 NG 页面的设置，如图 4.4.80 所示。几个位置点设置提示：当前 NG 元件和标准图，当前测试 PCB 板的面及 NG 总数，NG 点在 PCB 板的详细位置。NG 点在缩略图上的具体位置，并以所设定的错误元件的颜色来显示错误点。

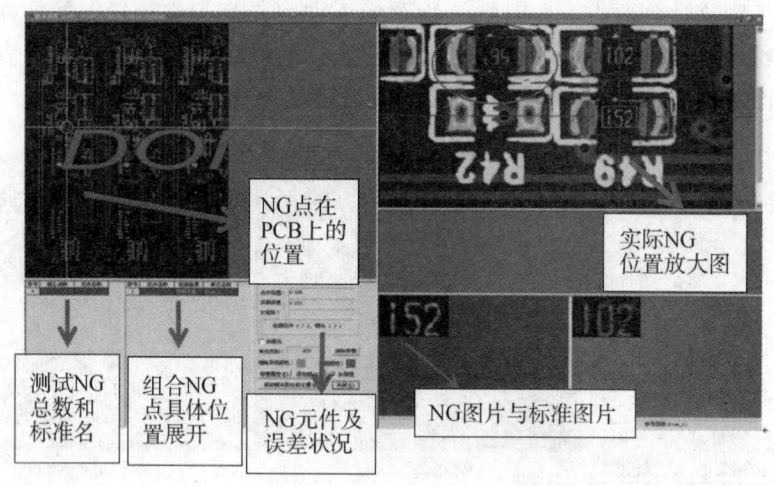

图 4.4.80 NG 页面的设置

按界面上的翻页键来翻看不同 NG 点的位置，分别代表到第一页、后翻、前翻、到最后一页，或者使用键盘上的左右光标进行前后翻页。

在设备测试的同时，可以翻看上一次测试的 PCB 板的 NG 图片，以节省看板的时间。保留下所测试的 PCB 板的 NG 图页面数，就可以在系统设置里面进行设置。具体设置方法见"NG 页面的设置"。

4.4.25 元件标准修改

在程序调试和使用中，发现原有的标准比较模糊、在检测过程中误报过多或者发生漏检时，必须及时对该元件标准进行修改。具体的修改方法有以下几种。

1. 误差倍数的调整

在 PCB 板上找到该元件的具体位置，在其元件框内单击右键弹出"元件属性"菜单，"元件属性"菜单如图 4.4.81 所示。单击"对应标准属性"如图 4.4.82 所示。

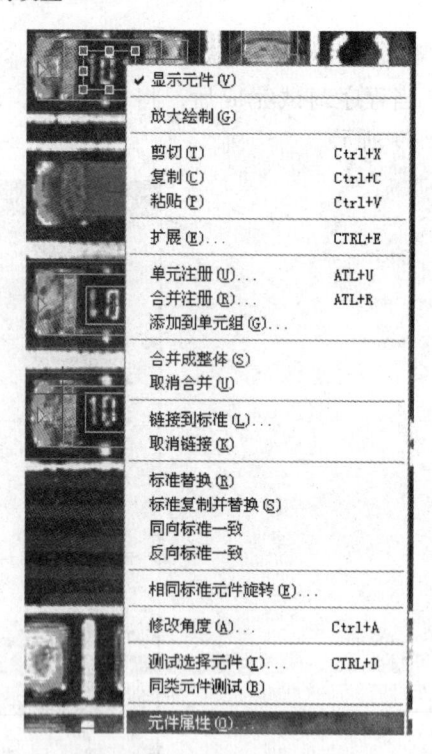

图 4.4.81 "元件属性"菜单

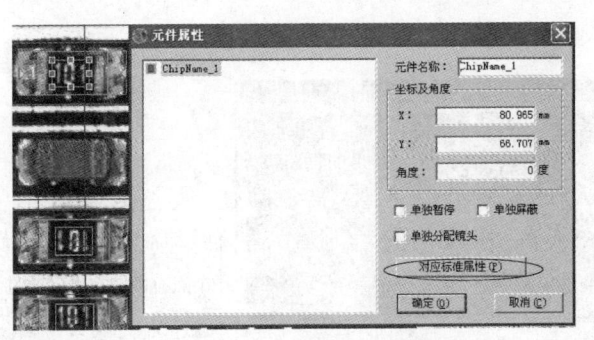

图 4.4.82 单击"对应标准属性"

单击"对应标准属性"会弹出"单元属性"窗口;在"单元属性"窗口单击"学习参数"如图 4.4.83 所示。

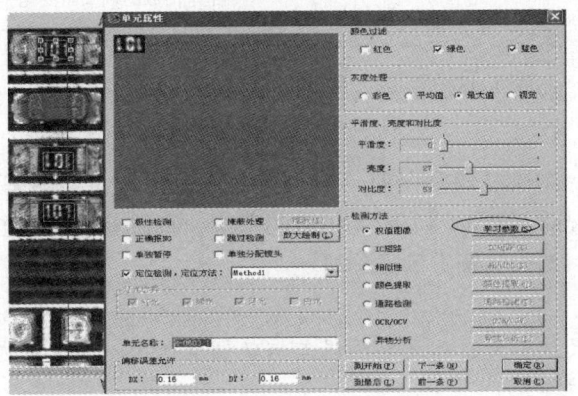

图 4.4.83 单击"学习参数"

单击"学习参数"会弹出"学习参数"窗口如图 4.4.84 所示。从图 4.4.84 中可以看到该元件学习参数,所有采用权值图像误差倍数都是默认 1 倍,可以根据情况改变误差倍数。

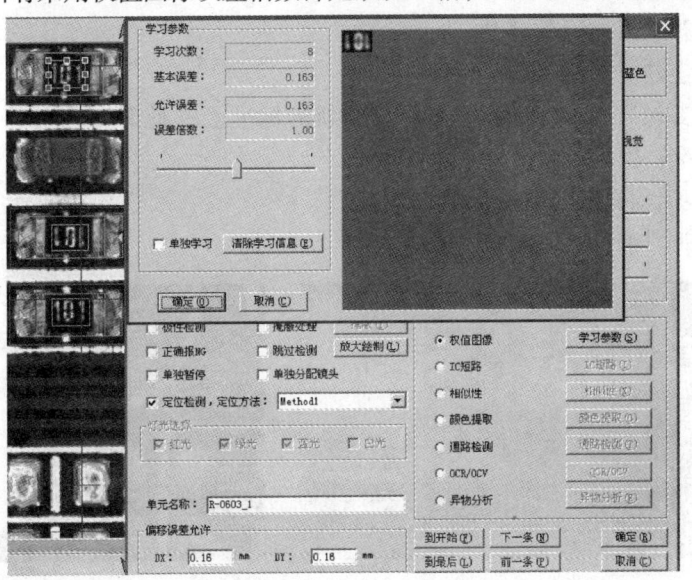

图 4.4.84 "学习参数"窗口

误差范围如图4.4.85所示。

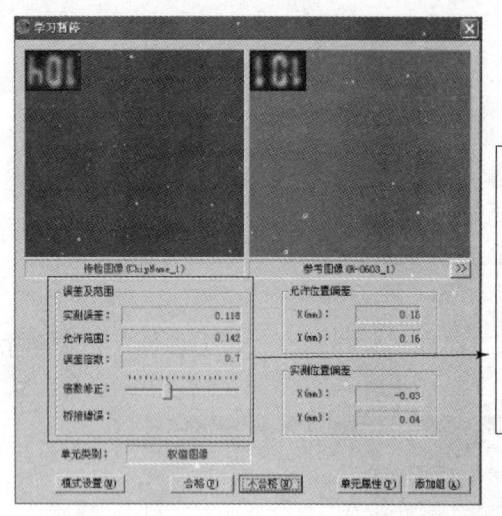

图4.4.85 误差范围

要将问题点测出,需通过调整误差倍数,将允许范围调至实测差异之下,即可检测出来。当遇到漏判的情况时,通过调节误差倍数的范围,将误差范围调至实测差异的一个百分点以下,就可以保证对类似问题点的准确检测。

特别提示:

误差倍数的可调尺度不大,如果要将误差倍数调至0.5以下方能达到要求时,建议重新注册标准,将原标准替换。

2. 标准的替换

当程序原有的标准不能适应程序测试,需要替换时,根据以下步骤通过新注册标准,将原标准替换。

(1) 将需要被替换的元件移开。

(2) 在元件上建立新的标准并注册。

(3) 选中需要被替换的标准,将鼠标移到新的标准上(此时不需要选中)直接单击鼠标右键选择"标准替换"。

(4) 替换成功,将多余的标准删除。

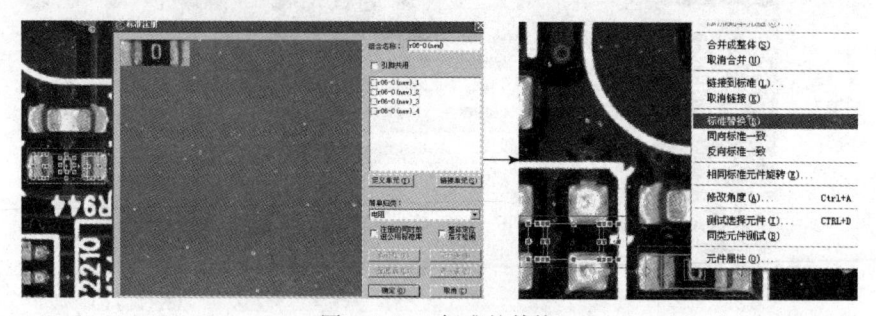

标准的替换如图4.4.86所示。

图4.4.86 标准的替换

3. 标准转换的公用标准

转换方法：首先从程序的主菜单标准里面打开标准集，选中需要移入公用标准库的元件标准，单击"移动到公用标准"按钮则会有信息提示，确定后则标准移入公用标准库。移入公用标准库如图4.4.87所示。

特别提示：

在确定之前，一定要认真地阅读信息提示，确保不会影响程序测试的稳定性。

4.4.26 共用库使用的两种方式

1. 物料

对于在教学实验过程中经常使用的物料，在一次编辑程序的过程中可将其注册标准调试正常后，再将当前标准转存为公用标准，使其成为公

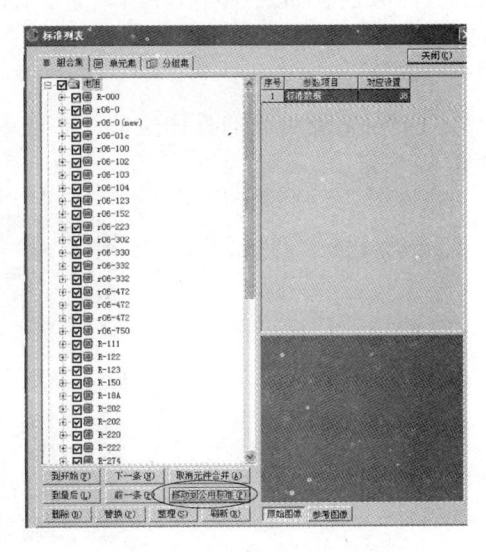

图4.4.87 移入公用标准库

用标准库中的标准。以后实验时，只要在公用标准库中将已存的标准调出来直接使用就行。

2. 再次新建程序

再次新建程序时，对于共用库已存在与当前程序同类的元件时，在 CAD 导入时，勾选上"自动按名称链接"和"名称大小写不敏感"，软件会自动把相同元件自动替换上。相同元件自动替换如图4.4.88所示。

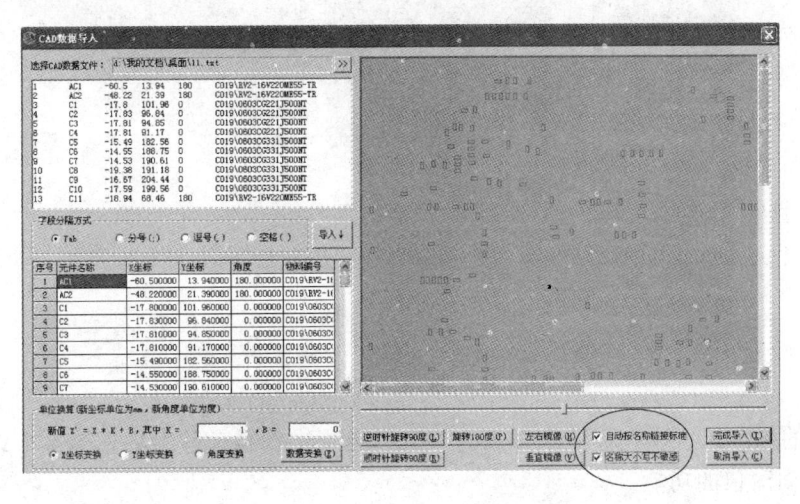

图4.4.88 相同元件自动替换

3. 元件的编组

对于在实验和生产线上出现的同一位置多种来料或者同一种来料焊点变化较大的情况，可以通过编组的方式进行处理。所谓组的概念即将这些同一个位置的可以互相替换的元件注册多标准，然后将这些标准全部编入一个小组里面。在测试过程中待测元件和有组的标准进行比对时，会自动和组里面的每一个点都进行比对，只要其中有一个能使待测点通过，这个

点就是 OK 的，如果待测点和组里面所有的点比对，实测差异都大于误差范围，则这个点就被判 NG，不能使用。

（1）编组的步骤。

①选择需要编组的具体位置，右键单击"添加到单元组"，右击添加到单元组，如图4.4.89 所示。

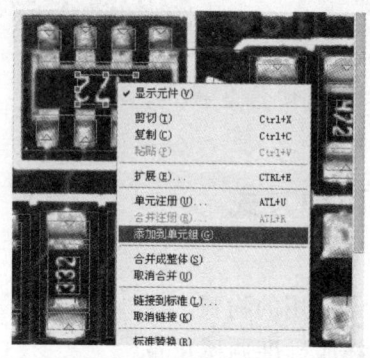

图 4.4.89　添加到单元组

②选择需要编组的单元进行相关参数设置，单击"确定"按钮。相关参数设置如图4.4.90 所示。

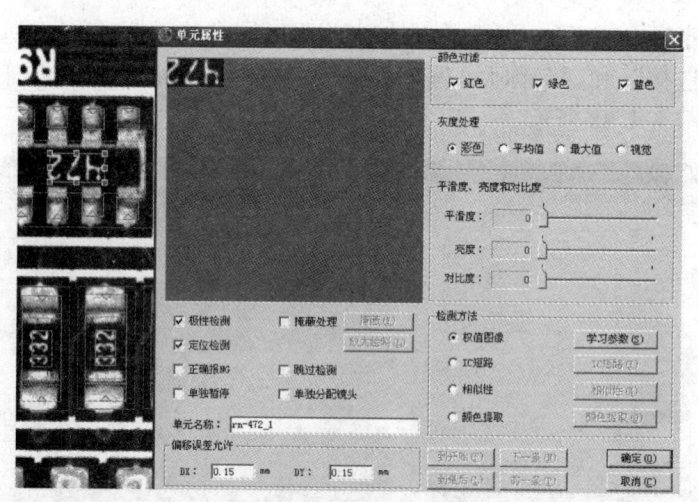

图 4.4.90　相关参数设置

所编辑的标准组可以在标准集里面的"分组集"中查看，分组集如图 4.4.91 所示。

（2）界面窗口的功能。

①缩略图窗口。缩略图窗口可显示当前测试 PCB 板的缩略图及镜头路径，以及对缩略图进行操作的相关选项。

②显示未分配镜头的元件。缩略图窗口中会根据所定义的"未分配镜头元件"的颜色，显示未分配镜头的元件，图 4.4.92 中元件框为紫色表示这两个元件未分配镜头。未分配镜头的元件不在摄像头取像的范围内，系统将不会对此进行检测。显示未分配镜头的元件如图 4.4.92 所示。

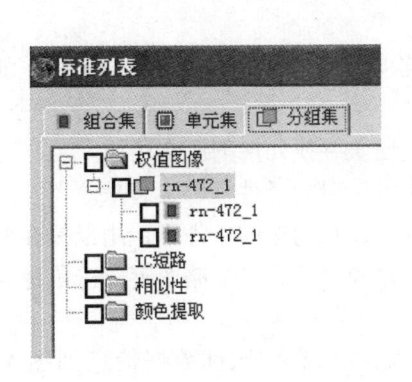

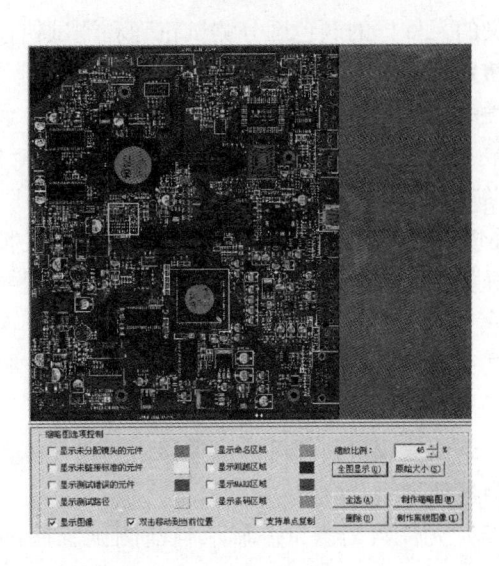

图 4.4.91　分组集　　　　　　　　图 4.4.92　显示未分配镜头的元件

③显示未关联标准图库的元件。缩略图窗口中会根据所定义的"未关联标准图库元件"的颜色，显示没有与标准相链接的元件，图 4.4.93 中元件框为浅蓝色的表示这个元件未与标准链接。在测试过程中对于未与标准相链接的元件系统也不会进行检测。

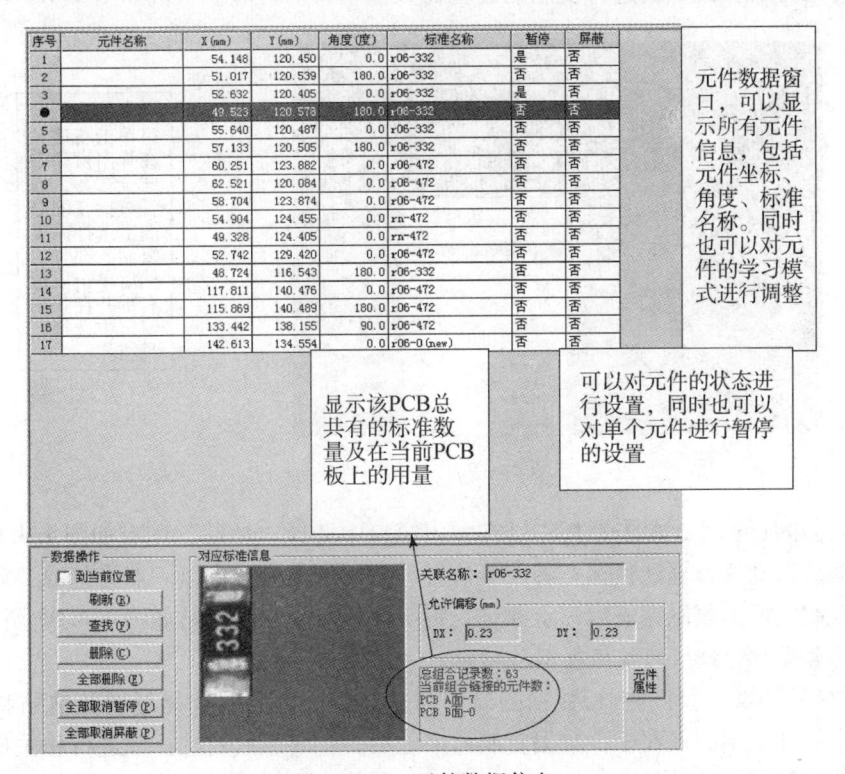

图 4.4.93　元件数据信息

④显示测试正确的元件。显示测试错误的元件，指在测试完成后，缩略图窗口中会根据

所定义的元件框的颜色区分测试正确和测试错误的元件，两者可以同时显示。

特别提示：

缩略图窗口中的第一项、第二项和第三、四项排斥关系，即这三种之中每次只能显示其中的某一类。如在选择"显示未分配镜头的元件"时，再选择"显示未关联标准图库的元件"将不会显示后者。

⑤显示图像。显示图像为默认选择项，去掉对此项的选择后将不显示缩略图，一般用于方便寻找其他各项的元件框。

⑥显示分区。将缩略图平均分割成100个区域，便于寻找元件的所在区域。

⑦显示镜头路径。显示镜头的运行路径，是将所有注册的元件框串接起来。

⑧双击移动到当前位置。这个选项也是默认选择项，在勾选的条件下，用鼠标在缩略图任何一个位置双击，都可将镜头移动到这个位置，去掉勾选后，在缩略图上双击鼠标，镜头将不会移动到所选位置。

（3）元件数据窗口。显示当前测试程序的元件数据信息，元件数据信息如图4.4.93所示。

4.4.27 拼板的复制与粘贴及屏蔽测试

1. 平行对称的拼板复制

对平行对称拼板的数据进行复制的过程比较简单，平行对称拼板如图4.4.94所示。

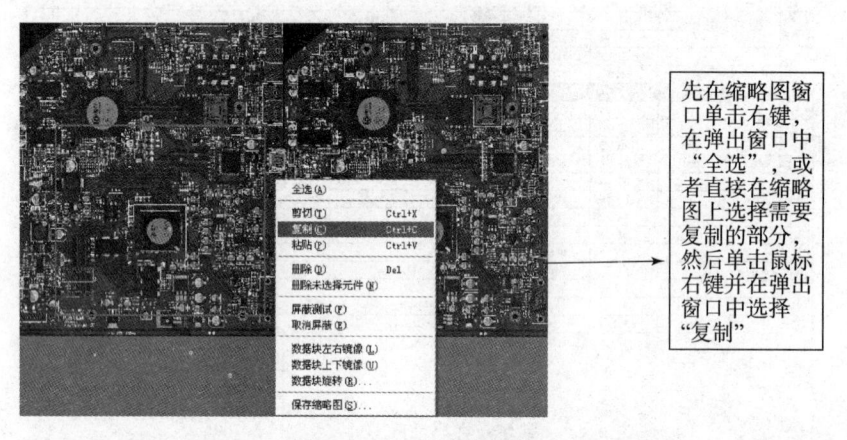

图4.4.94 平行对称拼板

复制数据的目标点，单击鼠标右键在弹出窗口中选择"粘贴"则有如图4.4.95（a）所示的选择框，移动选择框到目标点的大概位置，然后在主窗口中以一点为基准，调整整体框的偏位，复制完成。复制完成后一定要进行镜头优化。复制与粘贴如图4.4.95所示。

2. 180°角度对称拼板的数据复制与粘贴

对于数据呈180°对称的拼板数据的复制与粘贴，前部分的选择复制及粘贴和平行对称的拼板操作一样，不同点在于将数据复制过来之后，仍要继续对选择框进行相关操作，180°对称板的数据复制与粘贴如图4.4.96所示。

图 4.4.95　复制与粘贴

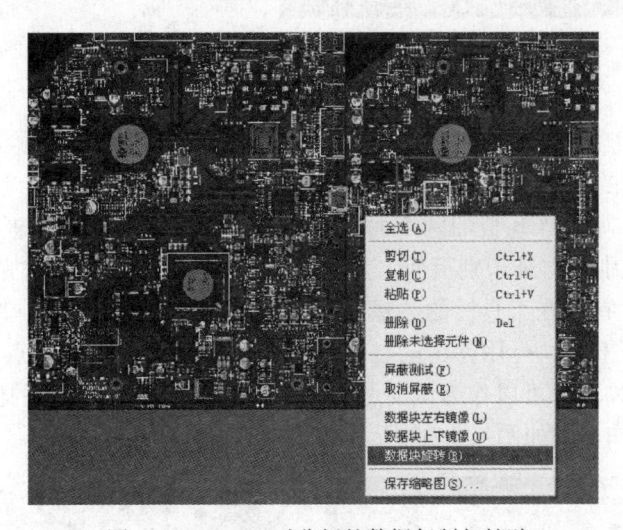

图 4.4.96　180°对称板的数据复制与粘贴

数据平移到目标板后，在选择框内单击鼠标右键，在弹出窗口中选择"数据块旋转"，选择需要旋转的角度，确定即可。同理，也可用上述右键提示栏中的相关选项进行数据块与原始数据块上下或左右数据的镜像操作。

3. 屏蔽测试

在正常的检测过程中常会遇到某些板，因为生产或来料的原因而报废，这样就很可能导致测试过程中会出现大量的误判，从而影响测试速度。对于这种情况可以利用软件里面专有的屏蔽测试功能。可以对测试的部分位置进行屏蔽，屏蔽之后进行镜头优化，屏蔽处将不分配镜头路径。如不重新优化镜头，其路径不会改变，屏蔽的区域仍然有镜头分配，但是这一区域的 NG 将不会报出。

屏蔽的操作方法如下：

首先要将整块板全图显示在缩略图窗口→勾选允许选择功能→在缩略图上将需要屏蔽的部分用选择框选中→在选择框内单击鼠标右键→在弹出的菜单内选择"屏蔽测试"→正常进行测试。屏蔽测试如图 4.4.97 所示：

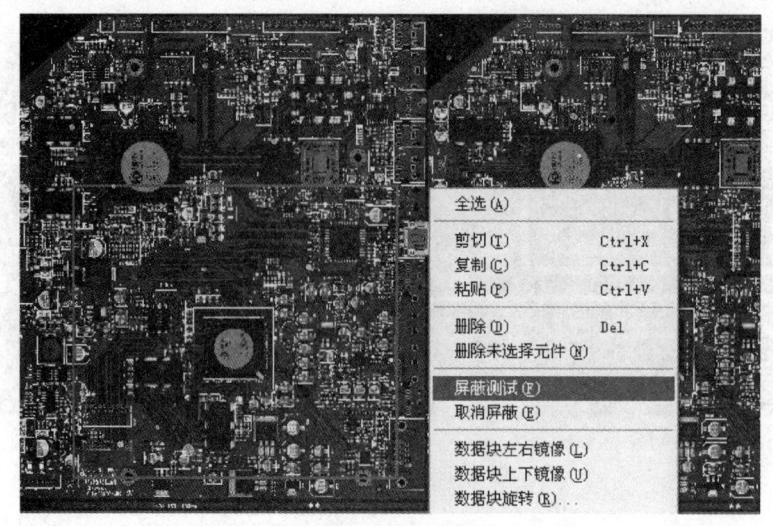

图 4.4.97　屏蔽测试

4. 双面板测试

在 SMT 的生产过程中经常会遇到两边都有贴装元件，两边都需要检测的 PCB 板，对于这种板，可以用常规的方式进行编程检测，也可以使用双面板测试功能来进行测试。但要求是在制作程序初期，就将 PCB 板的两个面放在同一个程序里面。该测板方式是根据在制作程序时设置板面的识别标志来识别板面，自动切换成相应的板面程序来完成测试。

（1）操作步骤。首先在工具栏的"编辑"里面打开"程序设置"，并在"板面标志识别图像"这一栏中打上钩。再用弹出的红色小框，框住该面某一识别点，然后单击"定义图像"（丝印、MARK 点都可以作为识别点，但是 A、B 面不要在同样的位置设置同样的点，以免识别错误）。操作步骤如图 4.4.98 所示。

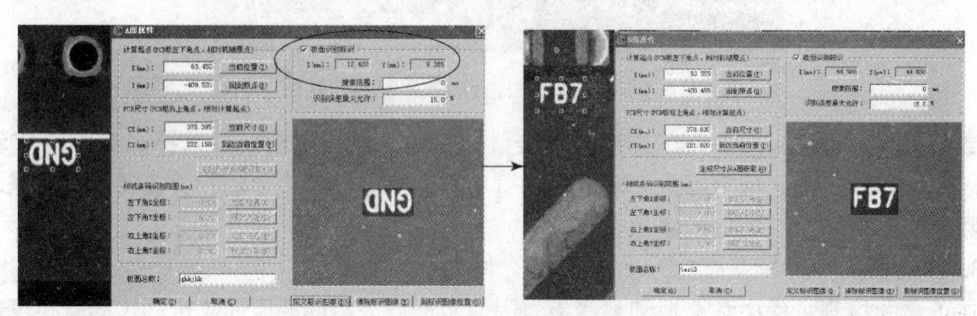

图 4.4.98　操作步骤

（2）A、B 面的识别标志都定义好之后，从工具栏的"系统"菜单栏中打开"其他设置"，并在 AB 面"自动识别"选项中打上钩，即可进行自动识别板面的测试。自动识别板面的测试如图 4.4.99 所示。制作贴片后，程序检测框及调试技巧与炉后做法及调试相同。

（3）制作印刷后程序检测框。印刷后主要检测焊膏不良，因没有元器件只需采用颜色提取算法，选用 ▭ 矩形绘制框把焊膏颜色提取为 OK 颜色即可，相对炉后比较简单，制作缩略图及 MARK 点与炉后相同。制作缩略图及 MARK 点如图 4.4.100 所示。

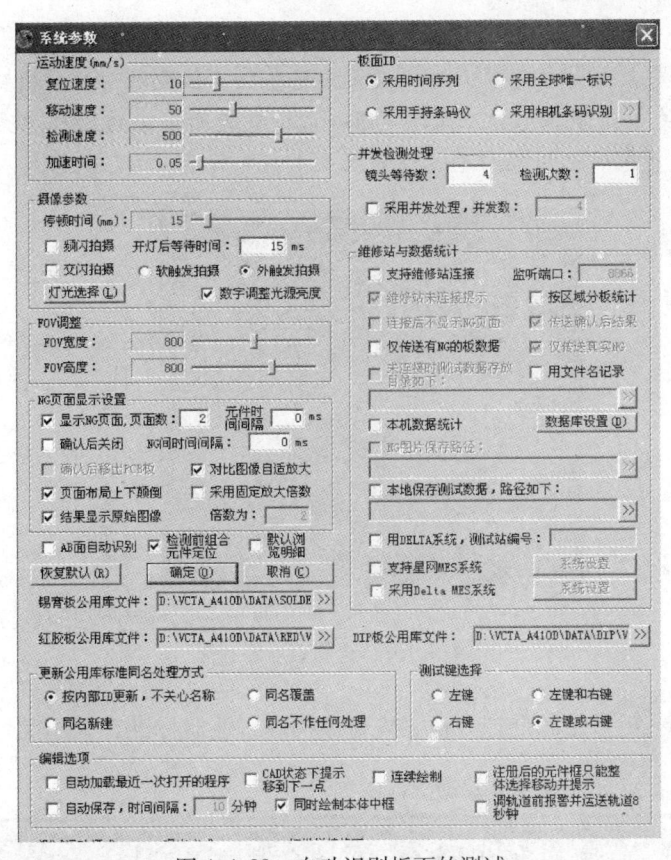

图 4.4.99　自动识别板面的测试

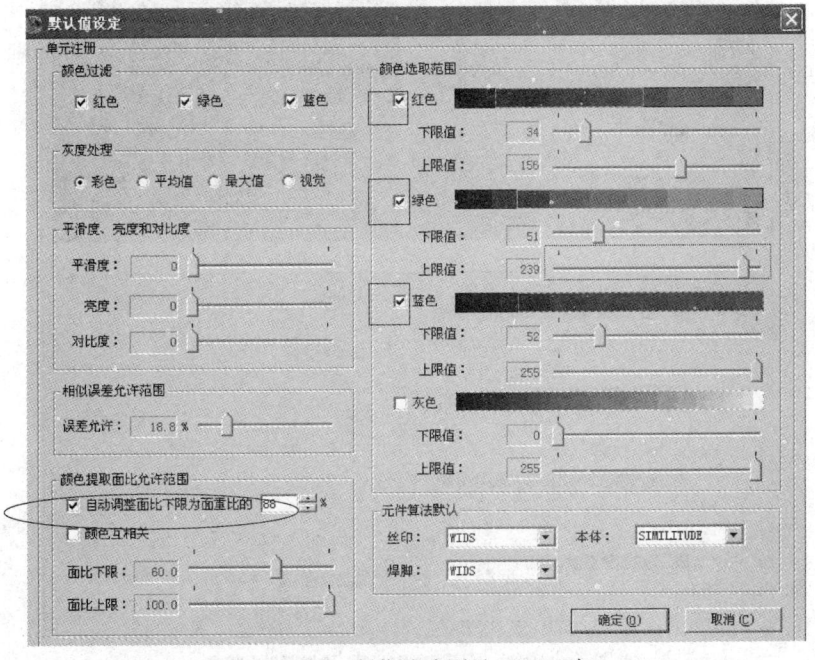

图 4.4.100　制作缩略图及 MARK 点

特别提示：

在图 4.4.100 中，制作程序前，可以设置初始参数，但要注意炉前检测的方式和炉后不一样，"颜色互相关"必须取消掉，面比下限一般设置为面重比的 88% 左右，颜色选取范围变为红色、绿色、蓝色。选用矩形绘制框如图 4.4.101 所示。

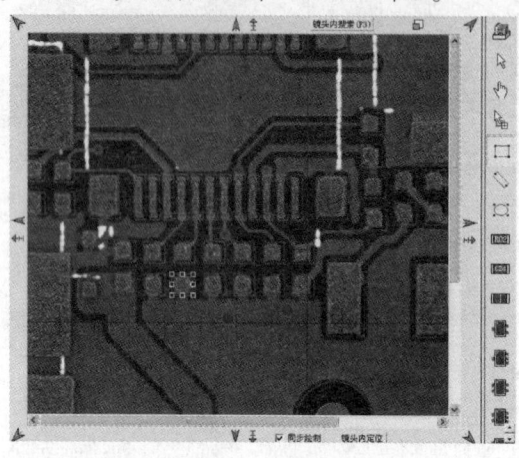

图 4.4.101　选用矩形绘制框

只需选用 矩形绘制框把要检测焊膏点框好，注册标准，采用颜色提取即可。焊膏颜色提取及检测焊膏点如图 4.4.102 所示。

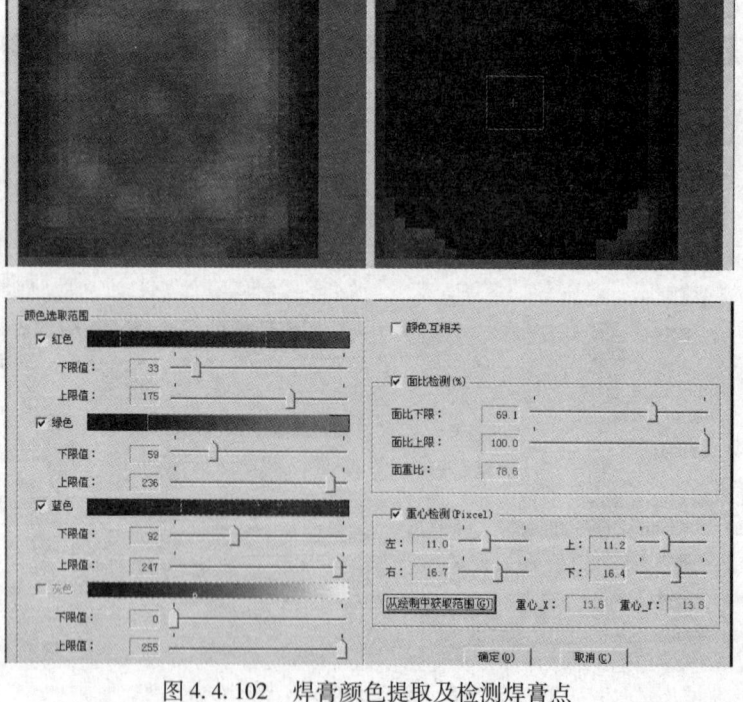

图 4.4.102　焊膏颜色提取及检测焊膏点

（1）只需把焊膏颜色提取为黑色即可（黑色代表是焊膏正常颜色）。

（2）面比下限一般设置为面重比的88%左右（面比下限值可以调大也可调小，主要是根据现场对工艺要求而定）。

（3）重心检测主要是检测焊膏偏移，在焊膏颜色提取完后，在焊膏中心出现一个小十字架，只需把小十字架图框上再单击从绘制中获取范围即可。

（4）检测焊膏之间短路做法与炉后相同。

（5）相同焊膏大小只需做一个标准，其他复制或采用CAD替换即可。

4.4.28 系统参数

设备的系统参数设置须进入管理员模式才可以进行。系统设置里面主要包括限位及加载位置的设置、相机高度的调整、光源亮度检测、摄像头标定、其他设置和切换测试模式等几个选项的操作。

1. 系统参数设置

（1）操作员列表的设置。打开系统中的操作员设置如图4.4.103所示。添加一个管理权限、一个测试权限。管理权限设置如图4.4.104所示。切换操作员，输入相应密码。

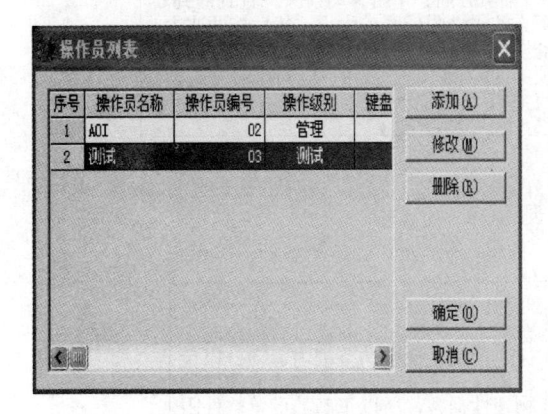

图4.4.103　操作员设置　　　　　　　　图4.4.104　管理权限设置

（2）限位及加载位置的设置。为保护X/Y驱动系统，本设备有三重保护措施，分别为驱动器限位、运动卡限位和软件限位。驱动器限位和运动卡限位是通过限位开关来实现的，两种限位开关独立工作，只要任何一个限位开关起作用，都可使电动机停止运动而达到保护的目的。

（3）软件限位。软件限位是除了驱动器限位开关、运动卡限位开关的第三重防线，是为了防止电动机在运动过程中超过机械测试范围而造成设备物理性的损害，但是错误的设置软件限位可能导致测试过程中有些位置无法到达，所以软件限位一定要正确设置，具体设置步骤如下：执行"系统"→"限位及加载设置"命令，弹出窗口中显示为默认状态，在这种情况下，软件限位不起作用。限位及加载设置如图4.4.105所示。

图4.4.105　限位及加载设置

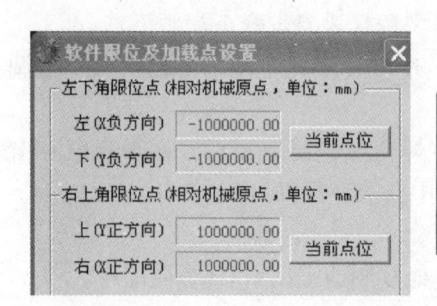

软件限位参数，分别有X轴的正负限位、Y轴的正负限位(统一以托盘为参照物)。此时软件限位的所有的参数属于初始状态，不起保护作用

设置方法如图4.4.106所示。设置软件限位加载点如图4.4.107所示。

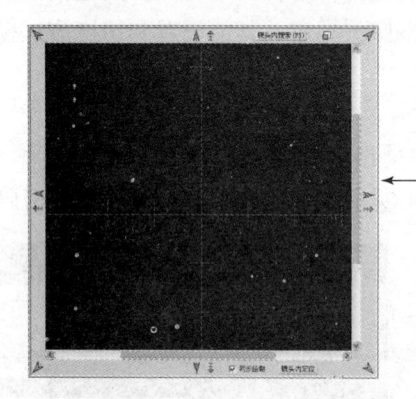

设置方法：按主窗口的方向键移动X/Y平台，两种箭头分别代表快速移动和慢速移动。以设置X的软件限位为例，按左边的快速移动键移动X轴直到镜头撞到X轴左边的限位开关为止，然后按两次右边的慢速移动键，同理，Y轴负方向，单击移动箭头，直到撞到Y轴下方的硬件限位开关为止，然后按两次上边的慢速移动键，此时单击"左下角限位点"选项中的"当前位置"按钮；以同样的方式设置"右左下角限位点"

图4.4.106　设置方法

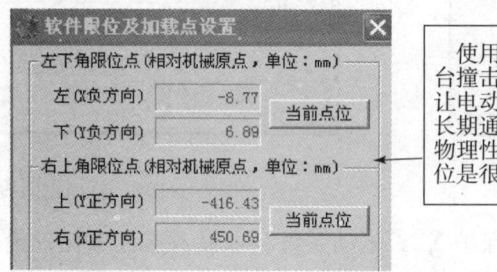

使用软件限位实质上就是在X/Y平台撞击硬件限位之前通过软件控制来让电动机在设定的范围内运动，以免长期通过硬件的限位控制造成硬件的物理性损害，所以正确的设置软件限位是很重要的

图4.4.107　设置软件限位加载点

（4）PCB板加载位置的设置。PCB板的加载位置是指每次测试完成之后X/Y平台的复位点，加载位置的设置是为了方便测试过程中PCB板的取放。设备在出厂前PCB板的加载位置已设好，一般不需要更改。只有当原来的设置不方便于PCB板的取放时，可以重新对加载位置进行设置。

具体的设置方法为：

在软件及加载位置窗口中有如下内容，此时PCB板的加载位置为默认值。将X/Y平台移动到合适的位置，加载点位如图4.4.108所示。

操作方法：按X轴方向左边的快速移动键，移动到X轴软件限位附近单击左图的"x 当前点位"，然后按移动Y轴方向下的快速移动键，一直移动到固定夹条上的压扣翘起为止，然后通过Y轴上下的慢速移动键来调节Y轴的加载点到合适位置，以刚刚能够取出PCB板为宜（翘立太高会使固定夹条上的挡块弹簧长期承受较大的张力，容易导致弹簧的断裂）

图 4.4.108　加载点位

4.4.29　相机高度的调节

相机高度的调节步骤为，"系统"→"调整相机高度"→弹出如下窗口（前一栏为当前的清晰度，后一栏表示在相机的上下伸缩过程中的最大清晰度）→松开固定摄像机机座的四个腰孔螺钉，将相机（连同机座）上下移动，此时当前最大清晰度里面会记录这一区间的最大清晰度，然后通过微调相机机座使"当前清晰度"接近于最大清晰度即可。相机高度的调节如图 4.4.109 所示。

使"当前清晰度"接近"当前最大清晰度"为最主要的判断标准，当两者相等时为最理想状态，但是调节起来有一定难度，一般情况下接近即可。
（注意：调节相机高度时要以一固定的镜头位置为参考）

图 4.4.109　相机高度的调节

1. 校准光源亮度

在软件菜单栏的系统中选亮度调节，调节各颜色占比达到左边设置的参考值（一般先选用参考值四，设备出厂时都已校准）。校准光源亮度如图 4.4.110 所示。

2. 摄像头标定

镜头标定主要是用于测试及记录摄像机准确的分辨率和安装角度。设备摄像机的标准分辨率为 20 μm/像素，角度为零。在摄像机的安装过程中，因设备装配的微小差异，可能令摄像头偏斜。正确地进行摄像头标定是令摄像头准确的抓取图像和定位框准确定位的一个重要保证。

摄像头标定一般选取 PCB 板板面上的字符或定位孔进行标定，注意所标定图像周围要没有类似形状的图像，否则可能导致标定的参数不准。

摄像头标定操作方法如图 4.4.111 所示。

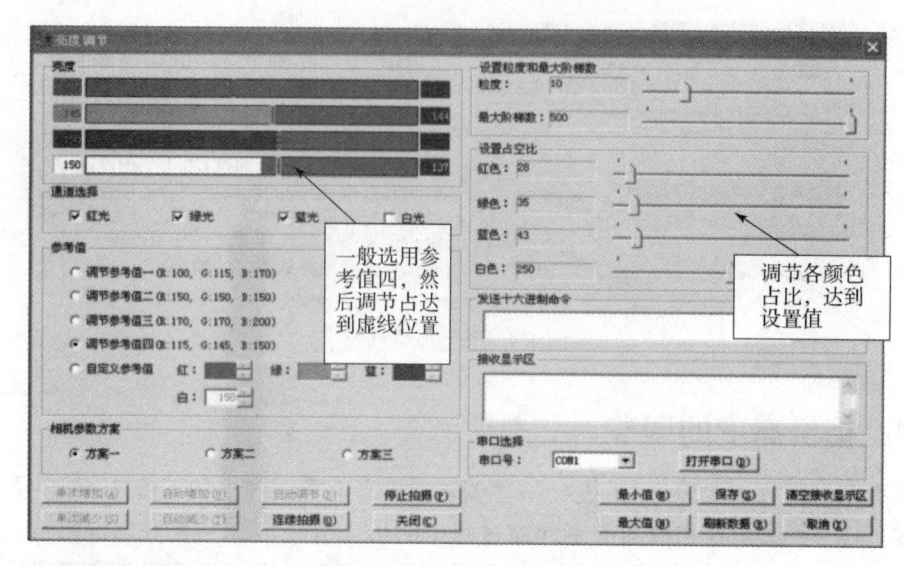

图 4.4.110　校准光源亮度

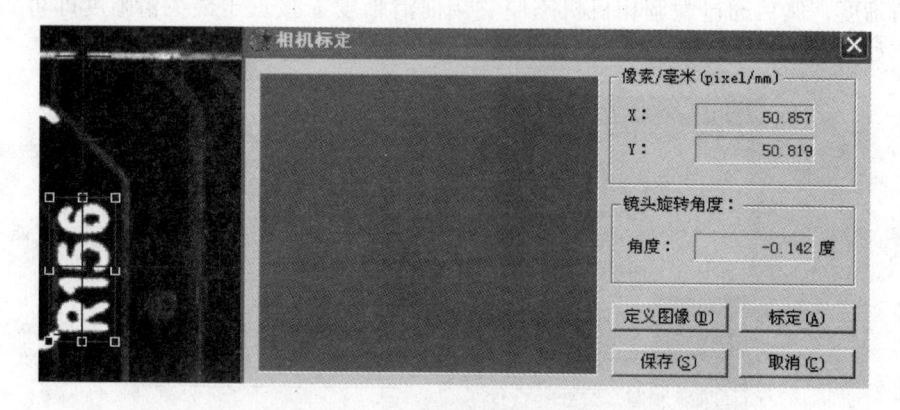

图 4.4.111　摄像头标定操作方法

将标定定位框调整到合适大小后,单击定义标定图像,然后单击"标定"按钮即可。镜头标定完成后,单击"保存"按钮,标定过程完成。标定值正常情况下是在 48.5~51.5。

4.4.30　系统的安装及恢复

本设备在出厂前都做了一个系统备份文件置于计算机 F 盘的名为 BACKUP 的文件夹中（后缀为 GHO）,当系统出现不明故障时可以通过 GHOST 软件恢复系统的形式来处理。

1. 系统的安装

（1）安装光盘里面的 Windows XP。

（2）安装显卡驱动程序,根据显卡类型安装相应的显卡驱动程序,安装完成之后需要重启,设置屏幕分辨率 1 680×1 050,频率为 60 Hz。

（3）安装主板相关驱动（包括芯片组 CHIPSET、声卡 AUDIO、网卡 LAN）路径：DRIVERS\MAINBOARD\相应主板型号,运行 SETUP,将里面的三项安装（每一板块安装后都按提示重新启动）。

（4）安装运动控制卡驱动。鼠标右键"我的电脑"→硬件→设备管理器→PCI（现在应该只有一个带 PCI 的没有安装）→右键，重新安装驱动→指定位置→光盘：\DRIVERS\MOVECTRL\LEISAI\相应运动控制卡\DRIVER\运动控制卡内容，安装完成后直接从光盘里面进入文件。光盘：\DRIVERS\MOVECTRL\LEISAI\相应运动控制卡\DRIVER，运行 REGIST2K，重启，运动控制卡安装完成。

（5）安装图像采集卡驱动。光盘：\DRIVERS\IMAGEBOARD\图像采集卡驱动安装，双击运行安装，并重启电脑。

2. 系统的恢复

本设备的系统备份文件置于计算机 F 盘的名为 BACKUP 的文件夹中（后缀为 GHO），当系统出现不明故障时可以通过 GHOST 软件恢复系统的形式来处理，操作步骤：

通过光盘启动计算机→弹出光盘信息时选择 GHOST V8.2 →执行 Local →Partition → Form Image 命令→在下拉菜单中选择 F：→ BACKUP →后缀名为 GHO 的文件→在弹出的窗口中选择第一个分区，并按照系统提示完成系统恢复。

系统恢复操作步骤如图 4.4.112～图 4.4.114 所示。

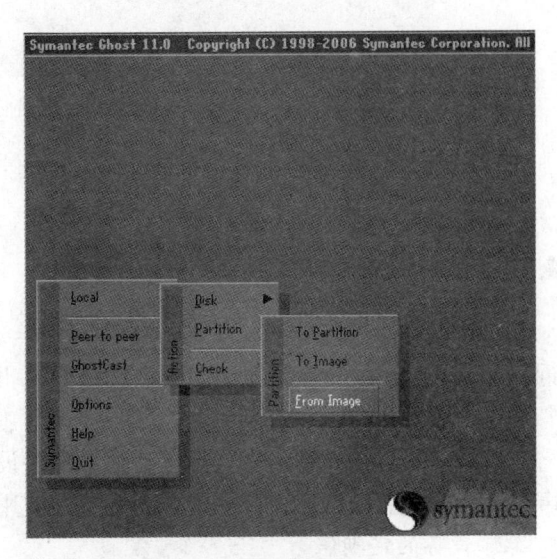

图 4.4.112　系统恢复操作步骤一

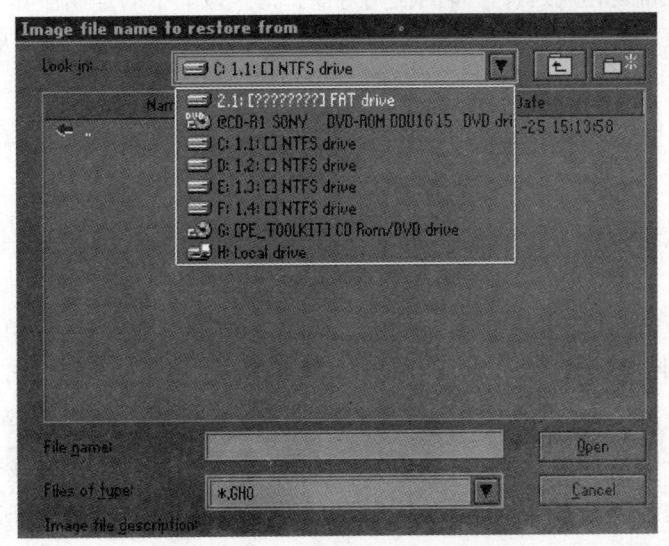

图 4.4.113　系统恢复操作步骤二

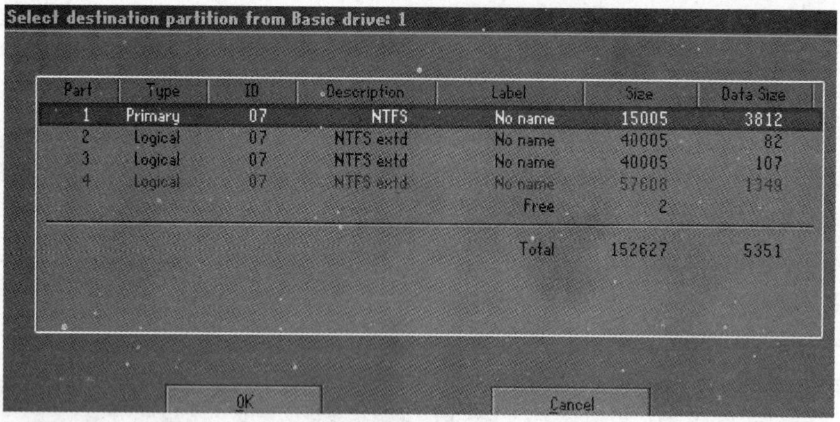

图4.4.114　系统恢复操作步骤三

特别提示：系统恢复操作步骤及图片仅供参考，实际操作以随机所配说明书和光盘为准。

4.4.31　设备维修保养

仪器设备使用过后都需要进行维修和保养，希望使用者能够按照实验室的规章制度执行，并认真填写使用登记册，出现故障请及时报修。离开实验室，请关好电源及门窗。

1. 调整水平

设备安装时，要确定安装位置，然后调整设备放置水平，确保设备运行顺畅，开机后噪声小，无振动后的移位，否则会减少设备的使用寿命。

2. 设备的定期保养

为了设备能正常运作及延长设备的使用寿命，请执行如下的定期保养工作：

当天工作结束后，关掉计算机和设备的电源，对设备台面的灰尘用吸尘器吸干净（或用毛巾擦拭设备台面以将板屑灰尘等从台面上清除）。

注意：不能用风枪吹灰尘、碎屑。风枪会将灰尘、碎屑吹入设备台面内，并附着在丝杠、导轨或镜头上，将严重影响设备的正常运作。

注意：不要用有机溶剂（如洗板水）来擦拭设备表面，那样可能会损坏设备表面的油漆。

每一个月对丝杠和导轨进行保养，先用干净的白布清除陈油，然后用10～11号油画笔将油脂均匀地涂刷到丝杠上。

注意：润滑脂和润滑油一定要用优质的。否则会增加丝杠或导轨的表面摩擦，从而缩短丝杠和导轨的使用寿命，影响机器的定位精度。推荐用德国OKS特级油脂OKS 422。

每一个月清洗一次工业计算机面板左侧的过滤棉。过滤棉清洗后需晾干水分后再装回原位。

3. 光源校验

每三个月对光源进行一次校验。因为LED灯使用半年后其亮度可能有轻微的变化，为了保证测试的正常，需对光源进行一次校验。

4. 相机效验

每三个月对相机进行一次效验（镜头标定）。相机经过每天不停地运动，需查看相机螺钉和镜头螺钉是否紧固，查看相机标定值是否在合格范围内，以保证相机测试的正常运作。

4.4.32　各部件的详细检测过程

1. 原点信号灯

确定各个原点信号灯是否正常工作，该设备上共有 2 组及 2 个原点信号开关，分别控制 X、Y 轴原点信号。正常情况下信号灯会熄灭，无遮盖时信号灯会亮灯。X/Y 原点感应开关如图 4.4.115 所示。

2. 丝杠、导轨部分润滑保养

丝杠、导轨是设备运行的主要传动部件，保养工作做得好才能保证设备的传动和定位精度。在年度大保养时要注意清除陈油及灰尘，重新涂注新油。具体操作步骤如下：

（1）使用布条将丝杠/导轨上的陈油擦下来，如图 4.4.116 所示。

图 4.4.115　X/Y 原点感应开关 　　　图 4.4.116　使用布条擦除陈油

（2）使用专用油枪将润滑脂均匀涂抹在丝杠表层，并通过来回移动 X/Y 轴，使其吸收，如图 4.4.117 所示。

（3）除去滑轨上滑块的注油嘴保护盖（尖嘴钳拧），如图 4.4.118 所示。

图 4.4.117　均匀涂抹润滑脂 　　　图 4.4.118　除去注油嘴保护盖

（4）将注油枪头插入滑块注油嘴，并压紧，轻轻压注油枪压杆，让润滑脂均匀注入滑块之中，并让滑块在滑轨上来回滑动，使润滑脂均匀涂入，如图 4.4.119 所示。

图 4.4.119　润滑脂注入滑块

测试过程/结果的确认如表 4.4.3 所示。

表 4.4.3　测试过程/结果的确认

序号		检查内容	检查结果	检验人	备注
1	硬件部分	检查电源布线是否良好；检查接地是否良好			
2		检测工控机后的电源及信号接线是否接触良好，重点检查运动控制卡和图像采集卡			
3		检查摄像机固定螺钉是否牢固			
4		检查光源连接是否稳固，晃动光源线时光源是否会闪烁			
5		检查光源外罩是否会碰撞机器外壳；用光盘检查光源是否有不亮的 LED			
6		检查轨道螺钉是否紧固			
7		检查机器侧罩按钮是否有标注功能			
8		检查设备电源总开关是否正常工作并检查其是否锁紧			
9		检查相机外罩是否安装妥当			
10		反复开关显示器翻盖，观察是否会出现图像显示异常等状况			
11		检查工控机是否螺钉固定			
12		检查并清洗工控机前端过滤网			
13		检查显示器是否正常工作，各按钮是否操作有效，表面是否有刮花等			
14	软件部分	清除硬盘中非设备所必需文件			
15		打开机器状态检测窗口检查 X/Y 的原点和限位、到位信号是否正常			
16		检查 X/Y 工作区是否都在相机的可视范围内			
17		检查相机的镜头上的光圈和调焦螺钉是否锁紧			
18		反复开关程序，看是能否正常开启 AOI 软件，是否有报错产生			
19		打开光源亮度检测窗口，用色卡将光源调节到标准值			
20		取一片 PCB 板做镜头标定（48.5～51.5，角度在 ±0.1° 以内）			
21		用 PCB 简单地做一个程序：检查标准的注册是否正常及测试过程中检测框是否会偏位			
22		检查夹具、夹板是否正常（板是否固定牢）			
23		检查设备系统备份是否正常			

序号	检查内容	检查结果	检验人	备注
	异常情况、处理及结果			

备注：1. 表中○表示正常，△表示异常；
   2. 凡出现异常，必须填写异常情况、处理及结果，并由责任部门主管签字确认

设备保养人：   批准：   审核：

4.4.33 设备常见故障及排除方法

  机器在使用过程中的故障及排除方法，仅供参考。使用者要将故障发生情况和解决方法做详细的记录，积累经验，便于查询。机器只有保养维修，方可延长使用周期，才能确保教学与实验的正常开展。

  1. 机器运行过程中晃动

  原因及解决方法：机器水平未调好，使用水平仪将机器调水平，拧紧固定地脚的螺钉。调整机器水平步骤如下：

  先将机器四脚悬空，将机器左右调至水平（因机器的重心在后方，需调机器后方的两个地脚）。再将机器前后调至水平（只需调前方的一只地脚即可，三点可定一面），放下机器悬空的地脚，拧紧固定地脚的螺钉。

  2. 触摸机器遭电击

  原因及解决方法：机器地线接触不良或根本没有接地，机器运行过程中通过伺服驱动器会释放出一定电压的感应电。具体方法是：通过接地保护解决这一问题，从机器的后盖螺钉上引出一根线，接到车间的专用接地线上即可。注意：切不可将静电线与地线混淆或接错。

  3. 运行程序时提示 X 或 Y 轴不能移动

  原因一：运动控制卡的接口接触不良。解决方法：关闭程序，拔出运动控制线的接口，检查接口处是否有堵塞或偏斜，排除问题后重新接上。

  原因二：X 或 Y 滤波器处接触不良或脱落。解决方法：关闭电源，打开机器外壳确认是否有接触不良。

  原因三：运动控制卡上的接线松动。解决方法：打开机器后盖，使用万用表检测，锁紧松动处。

  4. 显示器黑屏

  原因：显示器电源未开或其信号线没有接好导致接触不良。解决方法：检查显示器电源线和信号线。

  5. 左右或前后移动摄像头时元件框偏移

  原因：镜头标定不准确。解决方法：进行镜头标定。选取当前测试 PCB 板面上的一处

清晰的字符或者定位孔进行镜头标定，标定区域附近要没有类似的图案，否则会导致标定结果不准确。

6. 正常测试中误判过多

原因一：元件框偏移。解决方法：①检查 PCB 是否固定，固定好 PCB 板和固定夹具。②先让机器回计算起点，看是否元件的坐标整体有偏移，重新定义坐标起点即可。

原因二：来料有更改（使用了待用料）。解决办法：再以新的元件重新注册一个标准，将原来的标准与新建的标准放在同一个组里面。

原因三：学习调试不充分导致误报。解决方法：再多调试几块板。

7. 元件漏判

原因一：元件未注册标准。解决方法：给该元件注册标准，并进行镜头优化。

原因二：增加元件后未进行镜头优化。解决方法：优化镜头。

原因三：与该元件相链接的标准误差范围过大。解决方法：通过缩小误差倍数降低该元件标准的误差范围或者重新注册标准将原来的标准替换掉。

8. 个别元件在测试过程中偏移或反向

原因一：元件框已偏。解决方法：将镜头移到该元件位置，将元件框拉正。

原因二：元件来料已变更或者丝印变化。解决方法：将现在的元件再重新注册一个标准并和原来的标准放在同一个组中。

9. IC 脚短路漏测

原因一：IC 脚未做短路检测。解决方法：在标准图库中将该元件的标准进行短路检测。

原因二：短路检测阈值调得太大。解决方法：在标准图库中将元件的短路检测阈值缩小。

10. MARK 点识别

现象：MARK 点识别不能通过导致无法测试。

原因一：PCB 板没有固定好。解决方法：锁好固定 PCB 的夹具将板固定好。

原因二：PCB 板没有按缩略图的方向放置。解决方法：将 PCB 板按照缩略图的方向放置。

原因三：程序调入错误。解决方法：检查测试机名称，调入正确的测试程序。

原因四：原来的 MARK 点没取好，或者 PCB 上 MARK 点已氧化，颜色差异过大。

解决方法：取消所有 MARK，重新找点定义 MARK 点。

11. 程序互换

现象：两台机器所做的程序互换后测试不能正常运行。

原因：在机器制造过程中无法保证各个机器的机械原点处于同一位置，而做程序的坐标原点又是相对于机械原点的。

解决方法：两台机器互换程序后，重新定义坐标原点，然后将换过来的程序调试一两块板即可。

12. 无异物却总报警

现象：设备平台内无异物却总报警，机台内有异物

原因：设备运动控制卡接触不良或者安全光幕损坏。

解决方法：先尝试将安全光幕上的接线断开，看是否还报错，如果光幕线拔下后不报警，就说明是安全光幕损坏，可联系供应商更换；如果还是报错，那就说明是运动控制卡有接触不良，需要检查运动控制卡的三个接头检查是否有针变形或者短路，然后重新插好。

4.4.34 运输和储存的注意事项

本设备属于精密仪器，当需要运输本设备时，要妥善包裹设备的各个部件，不得让设备受到撞击或强烈的振动，否则可能会因此而导致设备精度影响或者其他故障。

如暂停使用本设备时，请将设备保管在以下场所：环境温度为 $-30\ ℃ \sim 70\ ℃$；相对湿度为 $35\% \sim 80\%$；无阳光直射，不会结露水，不会溅起水、油等化学液体的场所。为了防尘，请用仪器罩将其遮盖。

以上注意事项，请使用人员参照实验室管理办法共同执行。违者按照实验室规章制度执行，上报分院及学院设备管理部门。

4.5 TY – BF300 待检测接驳台

接驳台具有操作方便、精确快速的功能，在取代人工将机板搬运到下一台工作机的基础上，大大提高了工作效率及工作质量。其适用于 SMT 贴片机联机工作，可跟不同牌子的机器进行信号连接。

本机带有工作台板，可作在线检测插件或 IC 放置。

4.5.1 待检测接驳台旋钮功能介绍

待检测接驳台如图 4.5.1 所示。待检测接驳台的开关及旋钮功能与应用如图 4.5.2 所示。

图 4.5.1 待检测接驳台

Auto为直接过板状态,当旋钮开关置Manual时,PCB会在中间感应器停止,此时可人工拣板检测,检测完毕将板放回中间感应器位置,用脚踩踏开关,PCB会流向下个工作站 注:CJ-100D3型号的无此功能

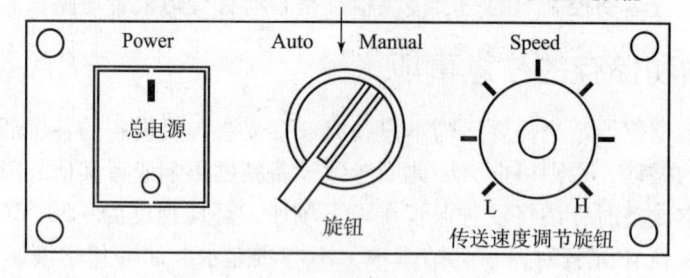

图 4.5.2　开关及旋钮功能与应用

待检测接驳台基本故障分析与排除:
(1) 传送皮带不动。检查皮带是否被物品卡紧或皮带过松。
(2) 掉皮带。检测皮带轮转动是否灵活,及螺钉是否紧固。
(3) 传动电动机不转。首先检查电源是否正常,指示灯是否亮。检查 Speed 旋钮是否调得太小、速度太慢无法启动。

4.5.2　电路图简介

1. 电箱接线分布图

电箱接线分布如图 4.5.3 所示。

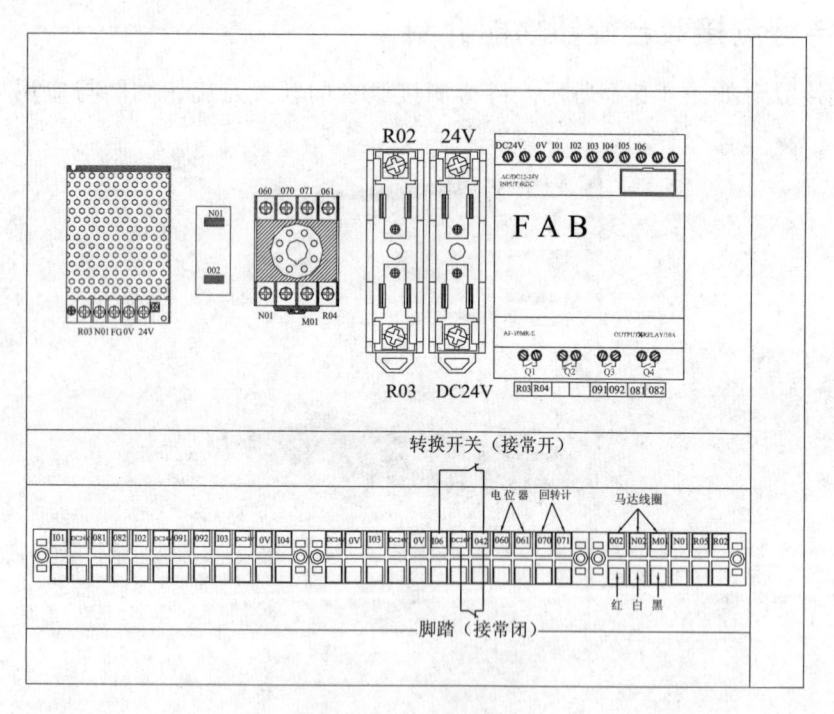

图 4.5.3　电箱接线分布

2. 面板接线图（面板背面）

面板接线如图 4.5.4 所示。

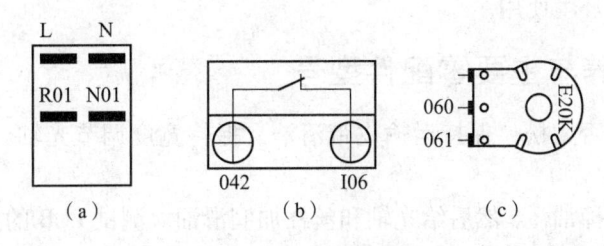

图 4.5.4　面板接线

(a) 电源开关；(b) Auto/Manual 旋钮；(c) 电动机调速电位器

3. 信号连接说明

当接驳台与前工程机信号连接后，1 号、2 号会发出"要板"信号给前工程机，而发出的信号为保持开关信号，一直到 PCB 完全流入传送机后才会取消此信号。3 号、4 号为接收"请求出板"信号。接收的信号为开关信号，或者是 200 Ω 以下的电阻信号，在正确接收到信号后，本传送机的输送皮带会在前工程机输出 PCB 前运转，以达到更好的传送效果。

后工程机插头如图 4.5.5 所示。CT-100D3 连接标识如图 4.5.6 所示。

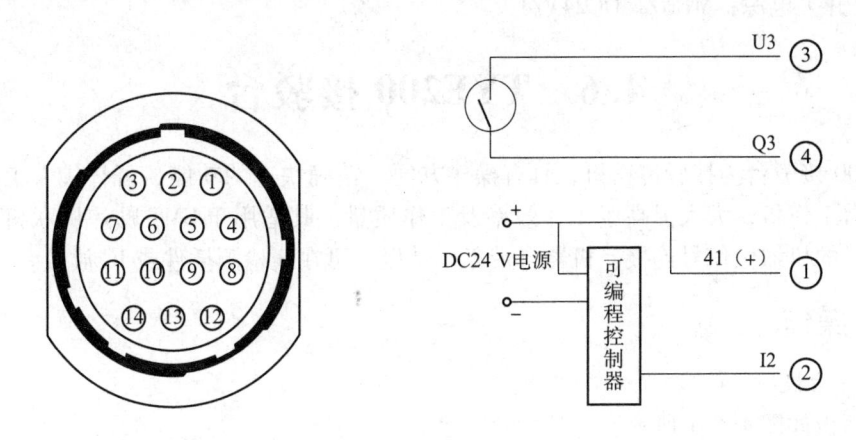

图 4.5.5　后工程机插头　　　图 4.5.6　CT-100D3 连接标识

当接驳台与后工程机信号连接时，1 号、2 号为接收"要板"信号。接收由后工程机发出"要板"信号，接收的信号类型为开关信号或者 200 Ω 以下的电阻信号。发出"要板"信号给后工程机，要板信号为保持开关信号，直到 PCB 完全输出传送机后 1 秒钟才会取消此信号。

4.5.3　注意事项

使用前将机器调整为水平状态，开机前要检查电源是否与本传送机规格相符（单相 AC 220 V/60 Hz）。

如电源供应不稳定，必须装设电源稳压器。机器必须安全接地，地线必须良好固定在机身部分。为保证机器的正常运行，切勿自行更改控制电路。机器长期不使用，应切断电源。

勿把机械安装于多灰尘、油污、有导电性尘粉、腐蚀性气体、易燃烧性气体、潮湿、冲击振动、高温及室外环境使用。

4.5.4　维护保养与主要零配件型号

检查运输皮带是否太松，保持运输皮带清洁。保持宽度调节光轴、丝杠以及传动轴的清洁。

用无纺布或纸擦掉油污，然后给光轴和丝杠加润滑油。测试 PCB 的传送是否顺畅。

（1）皮带：周长 2 345 mm，厚度 1.5 mm，宽度 4.5 mm。
（2）链条：2 号。
（3）直线轴承：LM12。
（4）光轴：ϕ12 mm 硬铬轴。
（5）调节丝杠：M14 丝杠。
（6）传动轴：14 六角铁。
（7）保险管：2 A。
（8）调速电动机/减速机：YN60 - 6/60JB - 15G10。
（9）光电感应器：SICK/CCD - 11P。
（10）开关电源：MENZI/DC24V/1A。

4.6　TYE200 接驳台

TYE200 接驳台为接驳传送机，具有操作方便、精确快速的功能，可替代人工将机板搬运到下一台工作机，大大提高了工作效率及工作质量。其适用于 SMT 贴片机联机工作，可与不同牌子的机器做信号连接。机器自带工作台板，可在线检测插件或 IC 放置。

4.6.1　操作

1. 操作面板

操作面板如图 4.6.1 所示。

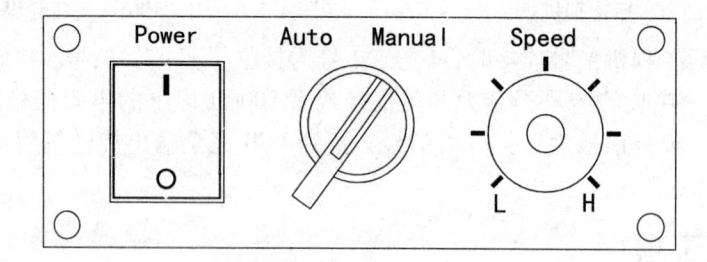

图 4.6.1　操作面板

（1）Power 开关：此开关控制机器的总电源。
（2）Auto/Manual 旋钮：Auto 为直接过板状态，当旋钮开关置 Manual 时，PCB 会在中间感应器停止，此时可人工拣板检测，检测完毕将板放回中间感应器位置，然后踩脚踏开关，PCB 继续流向下个工作站（CT-100D3 无此功能）。

（3）Speed 旋钮：接驳机传送速度调节。

2. 基本故障排除

（1）传送皮带不动：检查皮带是否被物品卡紧或皮带过松。

（2）掉皮带：检测皮带轮转动是否灵活，及螺钉是否紧固。

（3）传动电动机不转：首先要检查电源是否正常，指示灯是否亮。再检查 Speed 旋钮是否调得太小，速度太慢无法启动。

4.6.2 电路图简介

1. 电箱接线分布

电箱接线分布如图 4.6.2 所示。

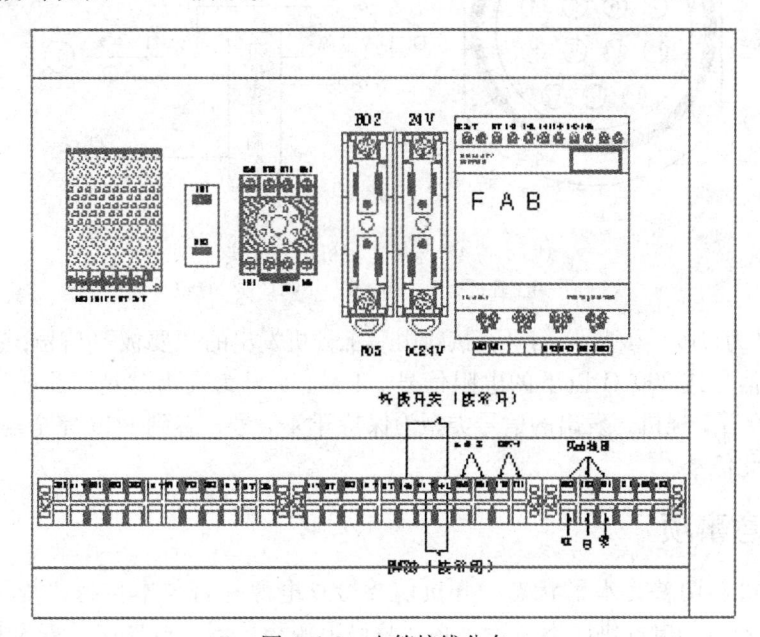

图 4.6.2 电箱接线分布

2. 面板接线图

面板接线图在面板的背面，面板接线如图 4.6.3 所示。

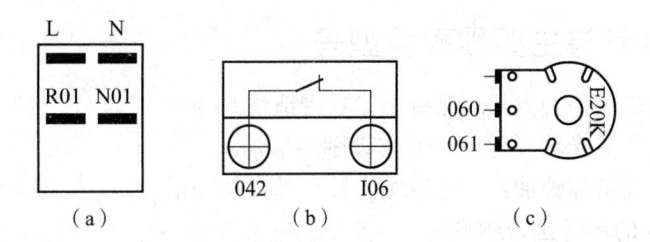

图 4.6.3 面板接线

(a) 电源开关；(b) Auto/Manual 旋钮；(c) 电动机调速电位器

3. 信号连接说明

当与前工程机信号连接好，1号、2号就会发出"要板"信号。"要板"信号发给了前工程机，发出的信号为保持开关信号，直到PCB完全流入本传送机后才会取消此信号。3号、4号为接收"请求出板"的信号，接收由前工程机发出的"请求出板"信号，信号类型为开关信号或者200 Ω以下的电阻信号，在正确接收到信号后，传送机的输送皮带会在前工程机输出PCB前运转，以达到更好的传送过效果。与后工程机信号连接如图4.6.4所示。

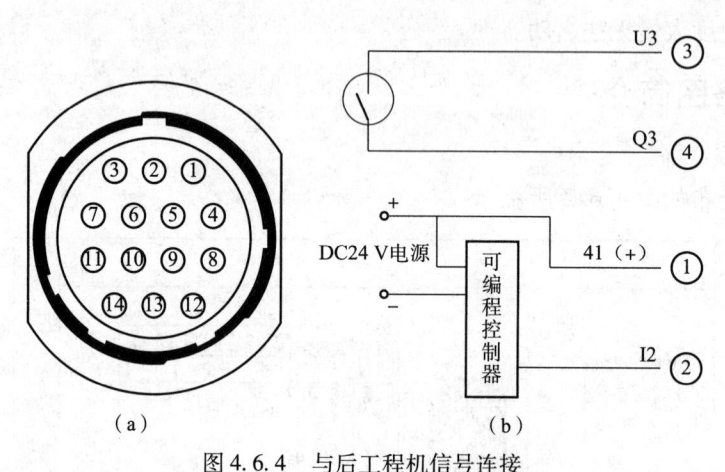

图4.6.4 与后工程机信号连接
(a) 后工程机插头；(b) CT-100D3 连接标识

1号、2号为接收"要板"信号，接收由后工程机发出的"要板"信号，接收的信号为开关信号，该信号或200 Ω以下的电阻信号。3号、4号为发出"请求出板"信号，发出"要板"信号给后工程机，发出的信号类型为保持开关信号，直到PCB完全输出传送机后1秒钟才会取消此信号。

4.6.3 注意事项

使用前将机器调整为水平状态，开机前要检查电源是否与本传送机规格相符（单相AC220 V/60 Hz）。如电源供应不稳定，必须装设电源稳压器。机器必须安全接地，地线必须良好固定在机身部分。为保证机器的正常运行，切勿自行更改控制电路。机器长期不使用，应切断电源。切勿把机械安装于多灰尘、油污、有导电性尘粉、腐蚀性气体、易燃烧性气体、潮湿、冲击振动、高温及室外环境使用。

4.6.4 维护保养与主要零配件型号

(1) 检查运输皮带是否太松，保持运输皮带清洁。
(2) 保持宽度调节光轴、丝杠以及传动轴的清洁。
(3) 用无纺布或纸擦掉油污，然后给光轴和丝杠加润滑油。
(4) 测试PCB的传送是否顺畅。
(5) 皮带：周长2 145 mm，厚度1.5 mm，宽度4.5 mm。
(6) 链条：2号。

(7) 直线轴承：LM12。
(8) 光轴：ϕ12 mm 硬铬轴。
(9) 调节丝杠：M14 丝杠。
(10) 传动轴：14 六角铁。
(11) 保险管：2 A。
(12) 调速电动机/减速机：YN60 – 6/60JB – 15G10。
(13) 光电感应器：SICK/CCD – 11P。
(14) 开关电源：MENZI/DC24V/1A。

第 5 章

实践与创新

电子系统的微型化和集成化是当代技术革命的重要标志,也是未来发展的重要方向。日新月异的各种高性能、高可靠性、高集成化、微型化、轻型化的电子产品,正在改变我们的世界,影响人类文明的进程。

安装技术是实现电子系统微型化和集成化的关键。20 世纪 70 年代问世,80 年代成熟的表面安装技术(Surface Mounting Technology,简称 SMT),从元器件到安装方式,从 PCB 设计到连接方法都以全新面貌出现,它使电子产品体积缩小,质量变小,功能增强,可靠性提高,推动信息产业的高速发展。SMT 已经在很多领域取代了传统的通孔安装(Through Hole Technology,简称 THT),并且这种趋势还在发展,预计未来 90% 以上的产品将采用 SMT。通过 SMT 实习,学生可以了解 SMT 的特点,熟悉它的基本工艺过程,掌握最基本的操作技艺,迈出并跨进电子科技大厦的第一步。通过一些具体的课题与实验原理,实验课成为既有技术又有趣味的电子实验,既解释实验的原理,又结合培养学生的观察能力和发现问题的能力。

5.1 MF47 型万用表的安装与调试

MF47 型万用表是具有多功能、多量程、便携式的指针式电工仪表,可测量电阻、电流、电压等物理量,也可测量电容、功率、晶体管共射极直流放大系数等,该万用表是教学实验及电工必备仪表。万用表可分为指针式万用表和数字式万用表。

5.1.1 实验目的

(1)了解万用表的工作原理,学会分析万用表的原理图、安装图。要求学生通过实验,能够看懂、读懂万用表的技术文件,例如,装配图、仪器外壳零件图等文件。

(2)用 AD10 软件绘制万用表的原理图和印制版图(要求一人一机,上机操作)。

(3)正确识别、检测所用元器件,判断元件管脚,区分元件的好坏。

(4)掌握万用表的安装工艺要求,掌握万用表的调试方法。

5.1.2 实验器材

计算机一台、雕刻机一台、万用表一块、常用电工组合工具一套、实验器件一套。

5.1.3 元器件清单

本次实验所用元器件清单如表5.1.1所示。

表5.1.1 MF47型万用表配套元器件清单

元件名称	文字符号	参量/数量	元件名称	文字符号	参量/数量
电阻	R_1	0.47(1/2)Ω	电阻	R_{24}	20 kΩ
电阻	R_2	5(1/2)Ω	电阻	R_{25}	20 kΩ
电阻	R_3	50.5 Ω	电阻	R_{26}	6.75(1/2)MΩ
电阻	R_4	555 Ω	电阻	R_{27}	6.75(1/2)MΩ
电阻	R_5	15 kΩ	分流电阻	R_{28}	0.025 Ω
电阻	R_6	30 kΩ	压敏电阻	YM_1	27 V
电阻	R_7	150 kΩ	二极管	$D_1 \sim D_6$	1N4007
电阻	R_8	800 kΩ	电位器	WH_1	10 k
电阻	R_9	84 kΩ	电位器	WH_2	500
电阻	R_{10}	360 kΩ	电容	C_1	10 μF/16 V
电阻	R_{11}	1.8 MΩ	电容	C_2	0.01 μF
电阻	R_{12}	2.25 MΩ	晶体管插座		1
电阻	R_{13}	4.5(1/2)MΩ	晶体管插片		6
电阻	R_{14}	17.3 kΩ	表棒插座		4
电阻	R_{15}	55.4 kΩ	挡位旋钮		1
电阻	R_{16}	1.78 kΩ	熔丝夹		2
电阻	R_{17}	165(1/2)Ω	FU		0.5 A
电阻	R_{18}	15.3(1/2)Ω	V形电刷		1
电阻	R_{19}	6.5 Ω	面板+表头		46.2 μF
电阻	R_{20}	4.15 kΩ	表棒		1副
电阻	R_{21}	20 kΩ	J_1(短路线)		1根
电阻	R_{22}	2.69 kΩ	电源线		5根
电阻	R_{23}	141 kΩ	电池夹		4

5.1.4　指针式万用表的基本工作原理

图5.1.1所示为指针式万用表基本工作原理。它由表头、电阻测量挡、电流测量挡、直流电压测量挡和交流电压测量挡几个部分组成，图中"＋"为红表笔插孔，"－"为黑表笔插孔。

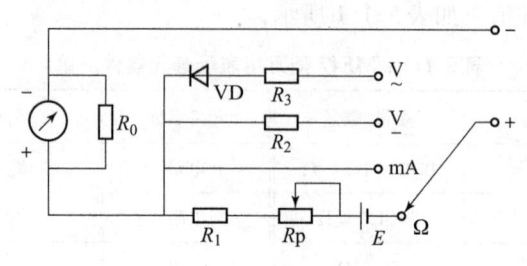

图5.1.1　万用表的基本工作原理

用万用表测量电压或电流时，万用表的外部有电流流入表头，因此不需内接电池。当将万用表挡位开关旋钮SA拨置交流电压挡时，由于二极管VD的整流，电阻R_3则限流，由表头显示出来；当拨置直流电压挡位时，不需二极管整流，但是电阻R_2限流，表头则可显示读数；将万用表置直流电挡时既不需二极管整流，也不需电阻R_2限流，表头即可显示；测电阻时将转换开关SA拨置"Ω"挡，这时外部没有电流通入，因此必须使用内部电池作为电源，设外接的被测电阻为R_X，表内的总电阻为R，形成的电流为I，由R_X、电池E、可调电位器R_P、固定电阻R_1和表头部分组成闭合电路，形成的电流I使表头的指针偏转。红表笔与电池的负极相连，通过电池的正极与电位器R_P及固定电阻R_1相连，经过表头接到黑表笔与被测电阻R_X形成回路产生电流使表头显示读数。

1. MF47型万用表的工作原理

图5.1.2所示为MF47型万用表的原理。它的显示表头是一个直流μA表，WH_2是电位器用于调节表头回路中的电流大小，VD_3、VD_4两个二极管反向并联并与电容并联，用于保护限制表头两端的电压起保护表头的作用，使表头不致电压、电流过大而烧坏。电阻挡分为×1、×10、×100、×1 k、×10 k几个量程，当转换开关打到某一个量程时，与某一个电阻形成回路，使表头偏转，测出阻值的大小。

原理图的组成包括公共显示部分、直流电流部分、直流电压部分、交流电压部分和电阻部分。线路板上每个挡位的分布如图5.1.3所示，上面为ACV交流电压挡，左边为DCV直流电压挡，下面为DC直流mA挡，右边是Ω挡。

2. MF47型万用表的实物图

图5.1.4所示为MF47型万用表的实物图。

图 5.1.2 MF47 型万用表的原理

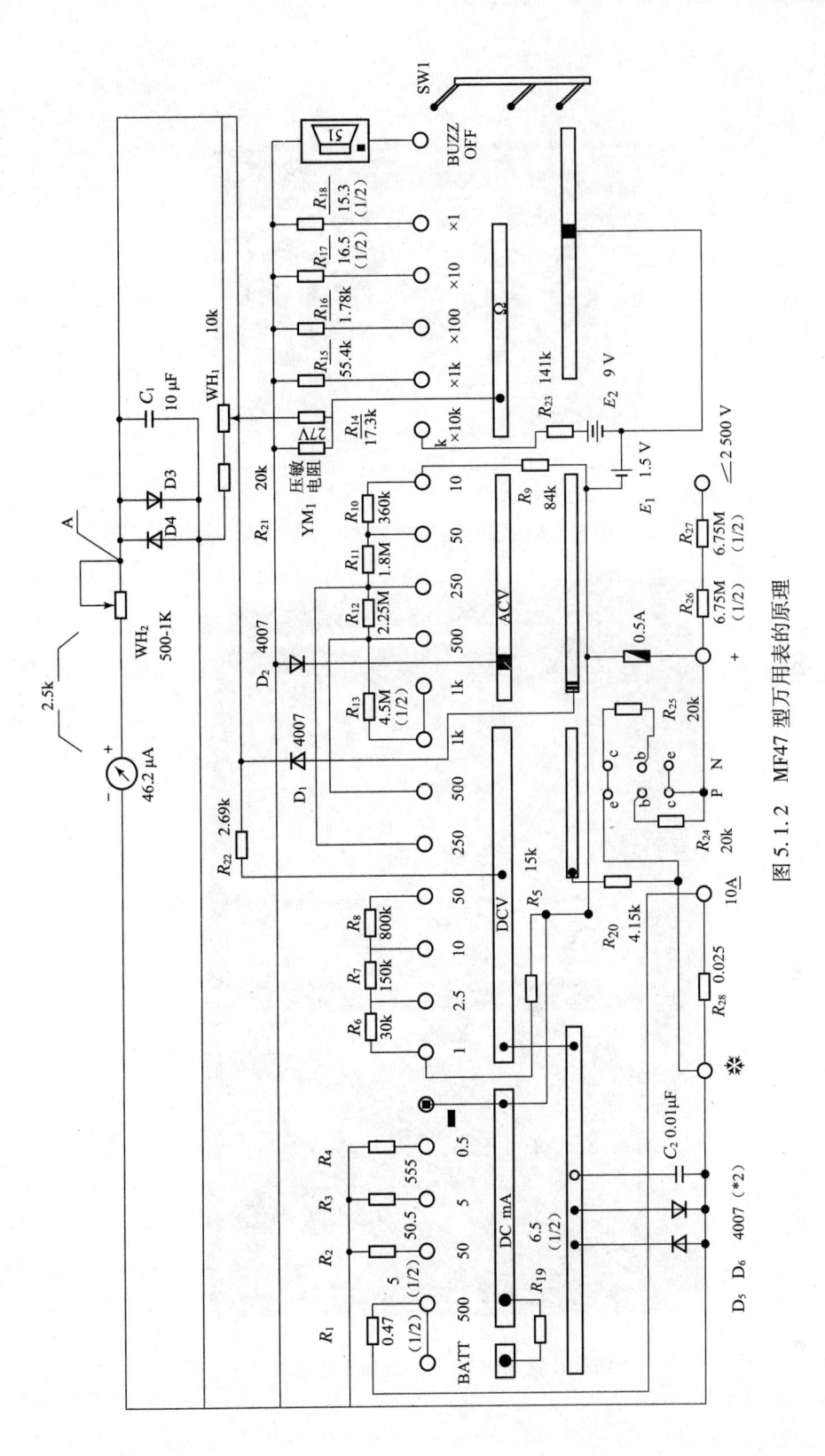

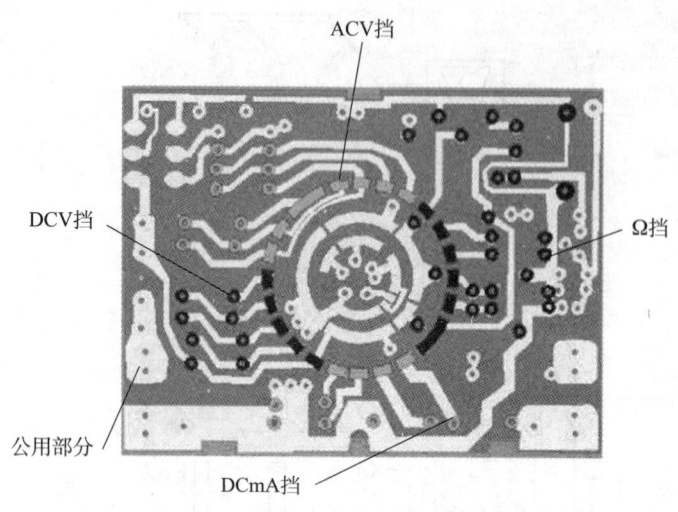

图 5.1.3　线路板上每个挡位的分布

图 5.1.4　MF47 型万用表的实物图

5.1.5 元器件识别与检测

部分元器件的检测可扫二维码，观看视频教学，进一步巩固元器件识别方法与测量。

电路元器件分类与检测如下：

(1) 电阻、电位器、电容器、二极管等的检测，参照前面章节所学内容。

(2) 压敏电阻 YM_1。

检测方法：万用表的 $R \times 1$ k 挡测量压敏电阻两引脚之间的正、反向绝缘电阻，均为无穷大，否则，说明漏电流大。若所测电阻小于 500 kΩ，说明压敏电阻已损坏，不能使用。

5.1.6 整机装配

首先要学会认识装配图，MF47 型万用表装配图如图 5.1.5 所示。要求印制板插件位置正确，元器件极性正确，元器件、导线安装及字标方向均应符合工艺要求。接插件、紧固件安装可靠牢固，印制板安装对位，无烫伤和划伤处，要求整机清洁无污物。

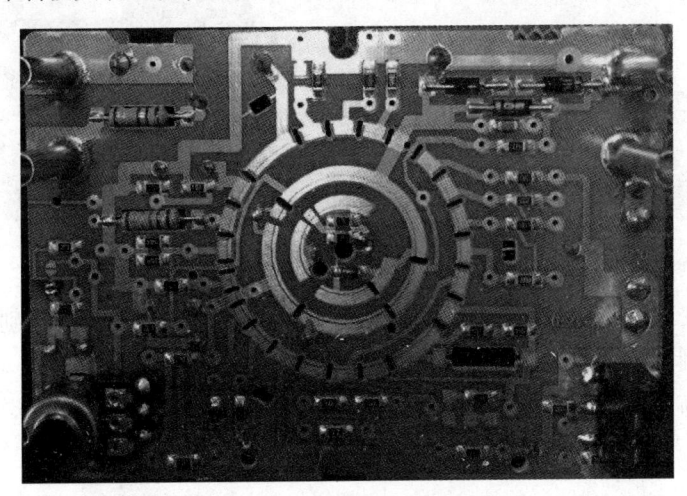

图 5.1.5　MF47 型万用表装配图

(1) 元器件引脚成形加工。

(2) 元器件插装。

(3) 整机组装。

①将弯制成形的元器件对照图样插放到线路板上。先焊电阻、二极管，再焊电解电容，注意电解电容的正、负极性不能插错位置。三极管要注意管脚不要插错、焊电阻时要求读数方向排列整齐，横排的必须从左向右读，竖排的从上向下读，保证读数一致。

②电位器的安装。电位器要装在线路板的焊接绿色面，不能装在黄色面。

③输入插管的安装。输入插管装在绿色面，是用来插表笔的，要求焊接牢固可靠。将输入插管插入线路板中，用尖嘴钳在黄色面轻轻捏紧，将其垂直固定，然后将两个固定点焊接牢固。

④晶体管插座的安装。晶体管插座装在线路板绿色面，用于判断晶体管的极性。在绿色面的左上角有 6 个椭圆的焊盘，中间有两个小孔，用于晶体管插座的定位，将其放入小孔中检查是否合适，如果小孔直径小于定位突起物，应用锥子稍微将孔扩大，使定位突起物能够

插入，如图 5.1.6 所示。

⑤电池极板的焊接。焊接前先要检查和调整电池极板的松紧，如果太紧需要将其调整。调整时，用尖嘴钳将电池极板侧面的突起物稍微夹平，使它能顺利地插入电池极板插座，且不能松动。

⑥电刷的安装。将电刷旋钮的电刷安装卡转向朝上，V 形电刷有一个缺口，应该放在左下角，因为线路板的 3 条电刷轨道中间 2 条间隙较小，外侧 2 条间隙较大，与电刷相对应，当缺口在左下角时电刷接触点上面 2 个相距较远、下面 2 个相距较近，不能放错。电刷的安装如图 5.1.7 所示，电刷四周都要卡入电刷安装槽内，用手轻轻按，检查是否有弹性，并能自动复位。

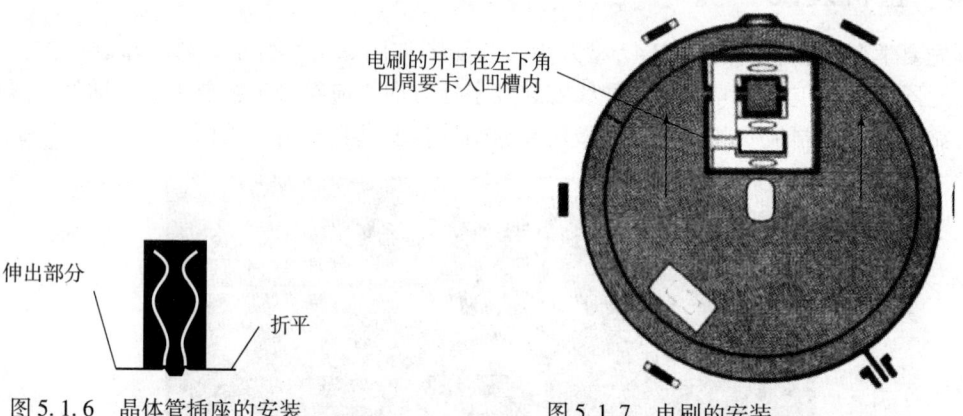

图 5.1.6　晶体管插座的安装

图 5.1.7　电刷的安装

⑦线路板的安装。安装线路板前先检查线路板焊点的质量及高度，特别是外侧两圈轨道的焊点，由于电刷要从中通过，安装前一定要检查焊点高度，不能超过 2 mm，直径不能太大。如果焊点太高会影响电刷的正常转动甚至刮断电刷。MF47 万用表 PCB 板线路的安装如图 5.1.8、图 5.1.9 所示。

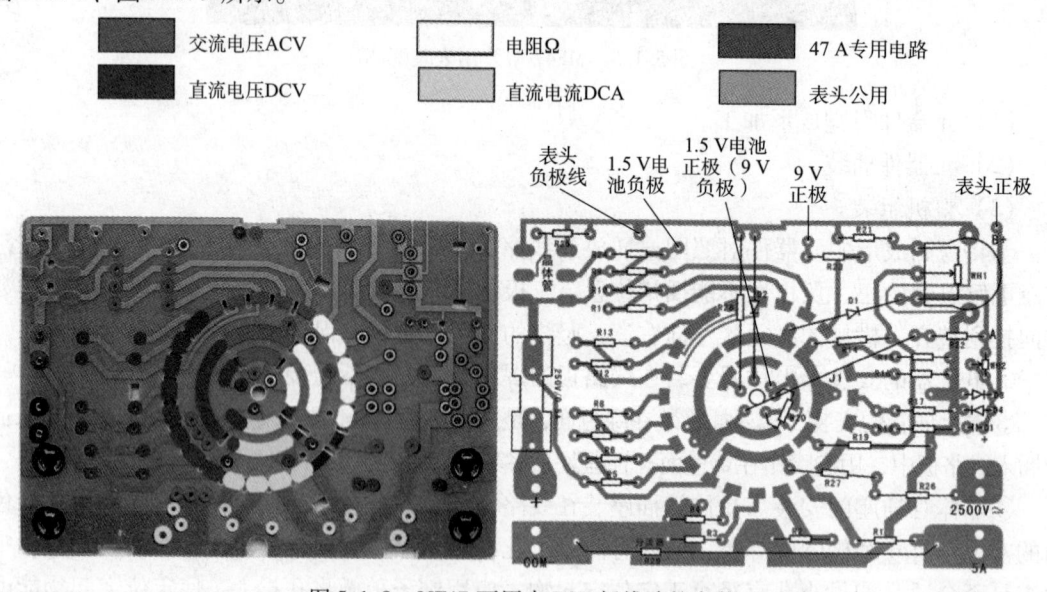

图 5.1.8　MF47 万用表 PCB 板线路的安装

线路板用三个固定卡固定在面板背面，将线路板水平放在固定卡上，依次卡入即可。如果要拆下重装，依次轻轻扳动固定卡。注意在安装线路板前先应将表头连接线焊上。

最后是装电池和后盖，装后盖时左手拿面板，稍高，右手拿后盖，稍低，将后盖向上推入面板，拧上螺钉，注意拧螺钉时用力不可太大或太猛，以免将螺孔拧坏。

白色的焊点在电刷中通过，安装前一定要检查焊点高度，不能超过 2 mm，直径不能太大，否则会把电刷刮坏。

图 5.1.9　已安装的 MF47 万用表 PCB 板

5.1.7　万用表整机的调试与检修

万用表完成电路组装后，要进行详细的检查、校验和调试，使各挡测量的准确度达到设计的技术要求。按照电表校正测试规定，标准电表的准确度等级至少要比被校表高两级。

万用表调试的方法如下：首先用校准直流电压挡为例说明测试的方法，校准直流电压挡电路接线如图 5.1.10 所示，调节稳压电源的输出电压 U_s 或调节电位器 R_p，使被调表的指针依次指在标尺的整刻度值，调试标尺的 A、B、C、D、E 五个位置如图 5.1.11 所示，分别记下标准表和被调表的读数 U_0 和 U_x，则在每个刻度值上的绝对误差为 $\Delta U = U_x - U_0$，取绝对误差中的最大值 ΔU_{max}，按下式计算被调万用表电压挡的准确度等级 A。

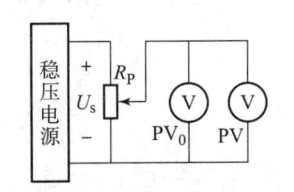

图 5.1.10　万用表直流电压　　　　图 5.1.11　调试标尺

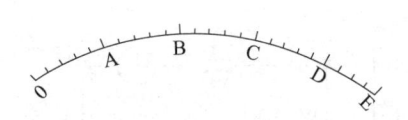

$$A\% = \frac{\Delta U_{max}}{U_m} \times 100\%$$

式中，U_m 为被调表的量限。

若准确度已达到设计的技术要求，则认为合格，若低于设计的指标，必须重新调试和检查，直到符合要求为止。对于其他挡的调试，均可按此方法进行。

1. 调试的步骤

(1) 直流量限的调整。万用表直流电流测量电路，一般与其他测量电路有不同形式的联系，在不同程度上成了各类测量电路的公共电路。所以在调整其他测量电路之前必须先调整好直流电流测量电路。

(2) 基准挡的选择与调整。一般以直流电流最小量限作为基准挡。

基准挡选定后，就可以将被调电表接入如图 5.1.12 所示的电路，调节 W_1、W_2 或电源，使被调表达到满刻度，记下标准表读数并与之进行比较。若被调表指示值偏离标准值较大，可调节与表头相串联的可调电阻，直至被调表指示与标准表指示一致为止。

(3) 直流电流其他挡的调整。基准挡调好以后，还应对直流电流其他各挡进行调整，直流电流调试电路通常由最大量程开始，因为最大量程的分流电阻阻值小，前面量程带来的误差可以忽略，依次逐挡调整，使各挡误差均符合基本误差，否则应更换相应的电阻元件。当然，也可采取统一补偿法，即在允许误差范围内，适当调整基准挡的电流值，使各挡都不超过允许误差。

(4) 直流电压挡的调试。直流电压挡的调整是在直流电流挡已经调整好的基础上进行的。当直流电流挡调好后，直流电压及其他部分的故障就相对地减少了。万用表直流电压电路接线如图 5.1.12 所示，调节 W_2 或稳压电源的输出，使被调表达到较大值，记下标准表的读数并与之比较，确定准确度等级。若准确度不符合要求，需检查或更换分压电阻。

(5) 交流电压挡的调整。

①基准挡的选择。交流电压挡的调整是在完成了直流量限调整的基础上进行的。万用表一般都设有交流电压挡。由于低压挡受二极管内阻不一致影响，误差较大，一般作为基准挡，因此可以选择 100～300 V 的某一量限作为基准挡，因此，MF47 型万用表应选 250 V 挡。

②基准挡的调整。基准挡选定后，交流电压调试电路如图 5.1.13 所示电路接线。调节自耦变压器或电阻，比较被调表和标准表的读数，计算出误差范围。当被调表超出误差范围，可移动整流元件输出端可变电阻的动触片，当被调表指示值偏大时，应增大表头支路的电阻（即滑动头向上移）；当被检表指示值偏小时，应减小表头支路的电阻（即滑动头向下移），直至达到规定指示值为止。

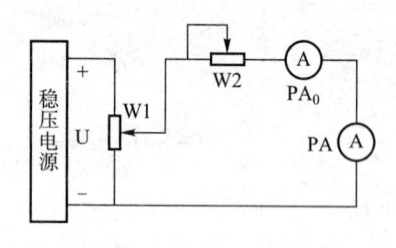

图 5.1.12　直流电流调试电路

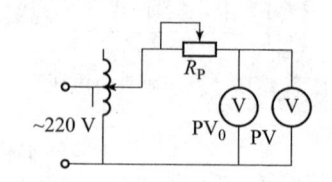

图 5.1.13　交流电压调试电路

③其他量限的调整。基准挡调整好后，还应对其他各量限逐挡调整，方法和基准挡一

样，各挡误差都应满足规定的精度，否则应更换相应的元件。在对小量限交流电流挡的调整中，还应注意电源内阻的影响。

（6）电阻量限的调整。电阻量限的调整也是在直流电流挡调整好之后进行的。

①基准挡的选择。对于 MF47 型万用表通常选择 ×1 k 挡，即一般选择不加限流电阻的那一挡。

②基准挡的调整。基准挡的调整是将标准电阻串入电路中，看被检表指示与标准表指示是否一致来确定被检表的误差。在实验室中通常用标准电阻箱来检定。校准检查分为三点进行，即中心值、刻度长的四分之一、四分之三处的欧姆指示值。

③其他量限的调整。当基准挡调整好后，应对所有量限逐挡给定标准电阻校验该挡，其误差均应在规定的范围内。由于电阻测量电路与直流电流有共用的电路部分，调整时应保证直流电流已经调整好的误差不致被改变，最好不调分流电阻，而适当调整电阻挡限流电阻。

2. 万用表的检修

对于刚刚组装好的万用表可能出现的故障是多方面的，最好在组装好后，先仔细地检查线路安装是否正确，焊点是否焊牢，这样可降低故障的可能性，然后进行调试和检修。

（1）直流电流挡的常见故障及原因。

标准表有指示，被调表各挡无指示。可能是表头线头脱焊或与表头串联的电阻损坏、脱焊、断头等。

标准表与被调表都无指示，可能是公共线路断路。

被调表某一挡误差很大，而其余挡正常。可能是该挡分流电阻与邻挡分流电阻接错。

（2）直流电压挡常见故障及原因。

标准表工作，而被调表各量程均不工作，可能是最小量程分压电阻开路或公共的分压电阻并路；也可能是转换开关接触点或连线断开。

某一量程及以后量程都不工作，其以前各量程工作，可能是该量程的分压电阻断开。

某一量程误差突出，其余各量程误差合格，可能是该挡其分压电阻与相邻挡分压电阻接错。

（3）交流电压挡常见故障及原因。

在检修交流电压挡故障时，由于交、直流电压挡共用分压电阻，因此在排除直流电流挡的故障时，还应在排除直流电压挡故障后，再去检查交流电压挡；这样做会使故障范围缩小。

被调表各挡无指示，而标准表工作，可能是最小电压量程的分压电阻断路或转换开关的接触点、连线不通，也可能是交流电压用的与表头串联的电阻断路。

被调回路虽然通但指示极小，甚至只有 5%，或者指针只是轻微摆动，可能是整流二极管被击穿。

（4）电阻挡常见故障及原因。电阻挡有内附电源，通常仪表内部电路的通断情况的初检就用电阻挡来进行检查。

①全部量程不工作。其原因可能是电池与接触片接触不良或连线不通，也可能转换开关没有接通。

②个别量程不工作。其原因可能是该量程的转换开关的触点或连线没有接通，或该量程专用的串联电阻断路。

③全部量程调不到零位。其原因可能是电池的电能不足或调零电位器中心头没有接通。

④调零位指针跳动。其原因可能原因是调零电阻的可变头接触不良。

⑤个别量程调不到零位。其原因可能是该量程的限流电阻变化。

故障现象虽相同，故障位置不一定相同，经验靠积累，以上故障解决方法仅供参考。

5.1.8 实验报告

实验报告在实习结束后7天交给班长，由班长收齐后，按照学号由小到大的顺序排列整齐，上交老师。

5.2 DT9205A 数字万用表的安装与调试

DT9205A 数字万用表的安装与调试的安全操作规程如下：

焊接时注意防护眼睛；不要将焊膏放入口中玩耍，焊膏中含铅和其他有毒物质，手工焊接后须清洁双手，确信焊接现场有足够的通风。

说明：好的焊接方法是安装 DT9205A 数字万用表元件最重要的因素，合适的电烙铁也十分重要。本指导说明书推荐使用 40 W 的外热式电烙铁，并请随时保持烙铁头的清洁和镀锡。

5.2.1 实验目的

（1）了解万用表的工作原理，学会分析万用表的原理图、安装图。要求学生通过实验，能够看懂、读懂万用表的技术文件，例如，装配图、仪器外壳零件图等文件。

（2）用 AD10 软件绘制万用表的原理图和印制版图（要求一人一机，上机操作）

（3）正确识别、检测所用元器件，判断元件管脚，区分元件的好坏。

（4）掌握万用表的安装工艺要求，掌握万用表的调试方法。数字万用表原理如图 5.2.1 所示（具体的图纸以实验套装内的图纸为标准）。

5.2.2 实验器材

计算机一台、雕刻机一台、万用表一块、常用电工组合工具一套、实验器件一套。

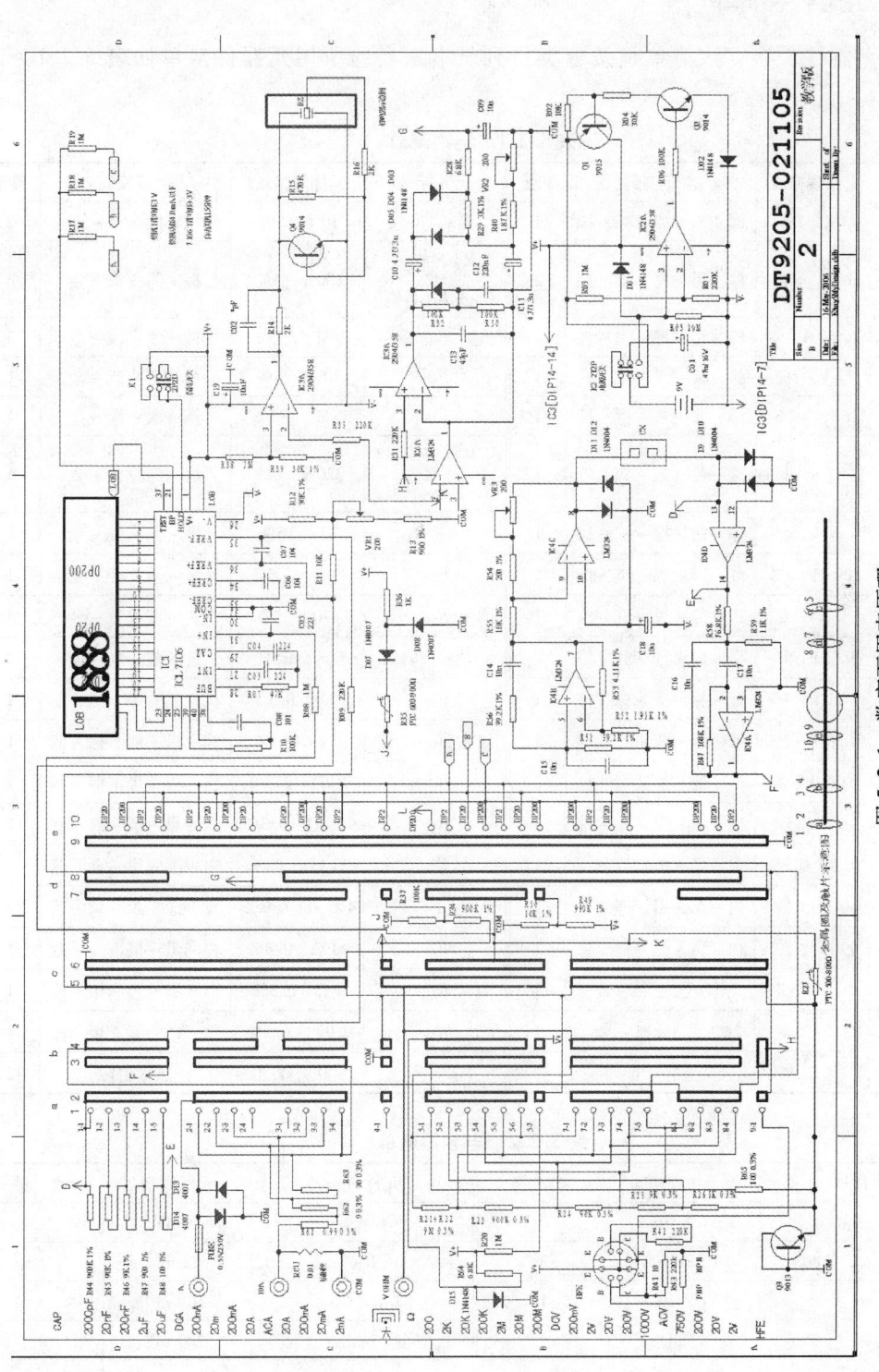

图 5.2.1 数字万用表原理

5.2.3 元器件清单

由于元器件较多,该清单是按分类所列。本次实验所用元器件清单如表5.2.1～表5.2.4所示。

表5.2.1 电阻清单

元件标号	元件规格/Ω	色环编码	数量	元件标号	元件规格/Ω	色环编码	数量
R_{29}	3 k 1%	橙-黑-黑-棕-棕	1	R_{02}、R_{11}	10 k 5%	棕-黑-橙-金	2
R_{50}、R_{55}	10 k 1%	棕-黑-黑-红-棕	2	R_{06}、R_{10}、R_{30}～R_{32}、R_{37}	100 k 5%	棕-黑-黄-金	6
R_{48}	100 0.3%	棕-黑-黑-黑-棕	1	R_{03}、R_{08}、R_{20}	1 M 5%	棕-黑-绿-金	3
R_{59}	11 k 1%	棕-棕-黑-红-棕	1	R_{05}	10 M 5%	棕-黑-蓝-金	1
R_{57}	168 k 1%	棕-蓝-灰-橙-棕	1	R_{38}	2 M 5%	红-黑-绿-金	1
R_{40}	1.87 k 1%	棕-灰-紫-棕-棕	1	R_{01}、R_{09}、R_{33}、R_{42}、R_{43}	220 k 5%	红-红-黄-金	5
R_{52}	1.91 k 1%	棕-白-棕-棕-棕	1	R_{04}、R_{39}	30k 5%	橙-黑-橙-金	2
R_{54}	200 Ω 1%	红-黑-黑-黑-棕	1	R_{07}	47 k 5%	黄-紫-橙-金	1
R_{12}	30 k 1%	橙-黑-黑-红-棕	1	R_{17}～R_{19}、R_{15}	470k 5%	黄-紫-黄-金	4
R_{51}、R_{56}	39.2 k 1%	橙-白-红-红-棕	2	R_{28}、R_{64}	6.8 k 5%	蓝-灰-红-金	2
R_{53}	4.11 k 1%	黄-棕-棕-棕-棕	1	R_{65}	100 0.3%	棕-黑-黑-黑-蓝	1
R_{58}	76.8 k 1%	紫-蓝-灰-红-棕	1	R_{26}	1 k 0.3%	棕-黑-黑-棕-蓝	1
R_{13}、R_{47}	900 0.3%	白-黑-黑-黑-棕	2	R_{25}	9 kΩ 0.3%	白-黑-黑-棕-蓝	1
R_{46}	9 k 0.3%	白-黑-黑-棕-棕	1	R_{24}	90 kΩ 0.3%	白-黑-黑-红-蓝	1
R_{45}	90 k 0.3%	白-黑-黑-红-棕	1	R_{23}	900 kΩ 0.3%	白-黑-黑-橙-蓝	1
R_{34}、R_{44}	900 k 0.3%	白-黑-黑-橙-棕	2	R_{21}、R_{22}	4.5 M 0.3%	黄-绿-黑-黄-蓝	2
R_{49}	990 k 1%	白-白-白-橙-棕	1	R_{63}	90 Ω 0.3%	白-黑-黑-金-蓝	1
R_{41}	10 5%	棕-黑-黑-金	1	R_{62}	9 Ω 0.3%	白-黑-黑-银-蓝	1
R_{36}	1 k 5%	棕-黑-红-金	1	R_{61}	0.97 0.5%	黑-白-紫-银-绿	1
R_{14}、R_{16}	2 k 5%	红-黑-红-金	2	R_{27}、R_{35}	600～900 Ω	热敏电阻	2

表5.2.2 电容器清单

元件符号	元件规格	数量	元件符号	元件规格	数量
C_{11}、C_{110}	3.3 μF/16 V	2	C_{14}～C_{17}	10 nF	4
C_{09}、C_{18}、C_{19}	10 μF/16 V	3	C_{05}	22 nF	1
C_{01}	47 μF/16 V	1	C_{06}、C_{07}	100 nF	2
C_{13}	47 pF	1	C_{03}、C_{04}、C_{12}	220 nF	3
C_{08}	100 pF	1			

表 5.2.3 半导体器件

元件名称	元件符号	元件规格	数 量
二极管	$D_{07} \sim D_{14}$	1N4004	8
二极管	$D_{01} \sim D_{05}$、D_{15}	1N4148	6
三极管	Q_3	9013	1
三极管	Q_2、Q_4	9014	2
三极管	Q_1	9015	1

表 5.2.4 其他元器件

名 称	数量	名 称	数量
上下外壳	1	9 V 叠层电池	1
液晶显示器总成	1	电源线 (6.5 cm)	1
电容插座	2	导电胶条(其中两条在液晶总成里)	4
输入插座	4	钢珠 $\phi 3$ mm	2
旋钮	1	齿轮弹簧	2
功能面板	1	2×6 自攻螺钉(液晶总成及折叠簧片)	4
屏蔽纸	1	3×8 自攻螺钉(锁线路板)	1
护套	1	3×12 自攻螺钉(锁后盖)	3
开关	2	2×8 机制螺钉(锁液晶和锁转盘)	6
IC：7106A(已贴在印制板上)	1	螺母 M2	6
IC：2904	2	电位器 220 Ω (VR1～VR3)	3
IC：324	1	锰铜丝(RCU) 1.6 mm × 40 mm	1
表笔 WB～06	1	屏蔽弹簧	1
说明书	1	三端蜂鸣器总成	1
保险管座	1	导线 (8 cm)	2
晶体管插座	1	折叠弹簧	2
二接触片	5		

5.2.4 各种器件识别

IC1（7106）已经绑定在线路板上，这种方式一般称为 COB（Chip On Board），绑定后公司已经测试过。部分元件实物及数字万用表如图 5.2.2 所示。

1. 电阻值识别

电阻值识别如图 5.2.3 所示。

根据以下各色环所代表意义，正确识别色环电阻值如表 5.2.5 所示。

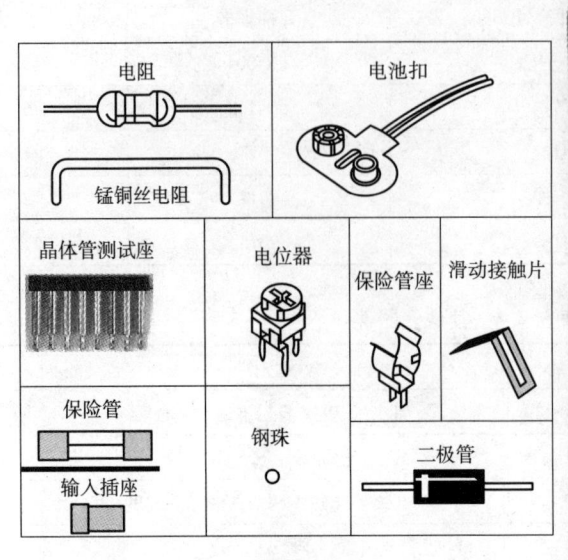

图 5.2.2 部分元件实物及数字万用表

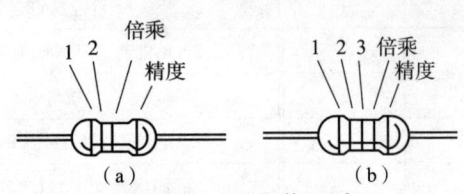

图 5.2.3 电阻值识别
(a) 四色环电阻表示法；(b) 五色环电阻表示法

表 5.2.5 色环电阻识别表

第1色环 第1位数		第2色环 第2位数		第3色环 如果使用		倍乘数		精度	
颜色	数字	颜色	数字	颜色	数字	颜色	倍数	颜色	数字
黑	0	黑	0	黑	0	黑	1	银	±10%
棕	1	棕	1	棕	1	棕	10	金	±5%
红	2	红	2	红	2	红	100	棕	±1%
橙	3	橙	3	橙	3	橙	1 k	红	±2%
黄	4	黄	4	黄	4	黄	10 k	橙	±3%
绿	5	绿	5	绿	5	绿	100 k	绿	±0.5%
蓝	6	蓝	6	蓝	6	蓝	1 M	蓝	±0.3%
紫	7	紫	7	紫	7	金	0.1	紫	±0.1%
灰	8	灰	8	灰	8	银	0.01		
白	9	白	9	白	9				

2. 电容值识别法

电容的常用单位为 pF（皮法）、nF（纳法）、μF（微法）。大多数电容的电容值是直接打印在电容上的，部分电容的电容值是按下列方法打印在电容上，电容的最大耐压也打印在电容上。电容值识别法如表 5.2.6 所示。

表 5.2.6　电容值识别法

数字	0	1	2	3	4	5	8	9
倍乘数								
倍乘	1	10	100	1 k	10 k	100 k	0.01	0.1

图示：第二位数、第一位数、倍乘数、精度、最大工作电压（103K 100 V）
上面表示值为 10 × 1 000 = 10 000 pF 或 0.01 μF 100 V

注意：字母 R 相当于小数点
字母 M 代表的精度为：±20%
字母 K 代表的精度为：±10%
字母 J 代表的精度为：±5%

3. 公制单位换算

公制单位换算如表 5.2.7 所示。

表 5.2.7　公制单位换算

符号	名称	乘数	科学计数法	
p	皮	0.000 000 000 001	10^{-12}	1 000 p = 1 n
n	纳	0.000 000 001	10^{-9}	1 000 n = 1 μ
μ	微	0.000 001	10^{-6}	1 000 μ = 1
m	毫	0.001	10^{-3}	1 000 = 1 k
-	个	1	10^{0}	1 000 k = 1 M
k	千	1 000	10^{3}	
M	兆	1 000 000	10^{6}	

5.2.5　整机装配

1. 焊接方法

在没有特别指明的情况下，元件必须从线路板正面装入。线路板上的元件符号图指出了每个元件的位置和方向，根据指导说明书只推荐使用 63/37 铅锡合金松香芯焊锡丝。禁止使用酸性助焊剂焊锡丝，严禁私自带酸性助焊剂焊锡丝进入实验室。

焊接方法对比如表5.2.8所示。

表5.2.8 焊接方法对比

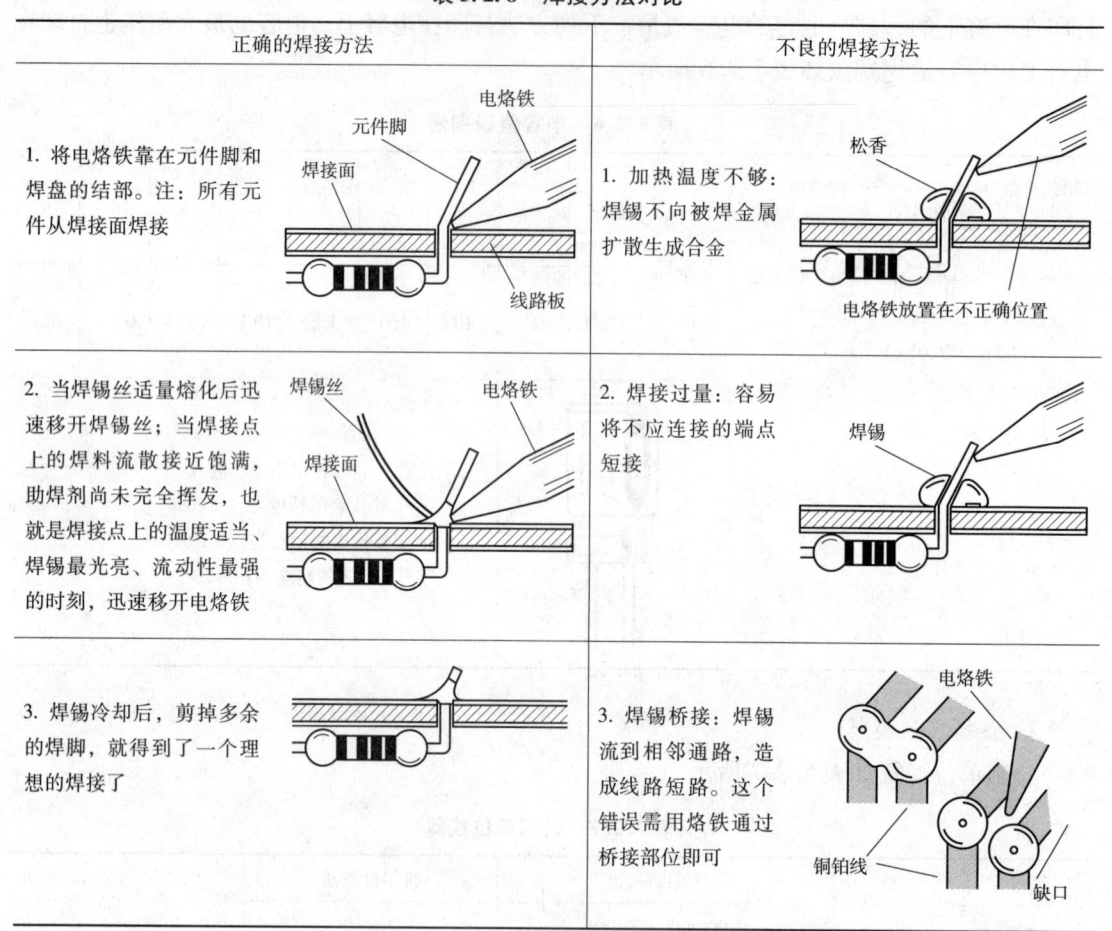

正确的焊接方法	不良的焊接方法
1. 将电烙铁靠在元件脚和焊盘的结部。注：所有元件从焊接面焊接	1. 加热温度不够：焊锡不向被焊金属扩散生成合金。电烙铁放置在不正确位置
2. 当焊锡丝适量熔化后迅速移开焊锡丝；当焊接点上的焊料流散接近饱满，助焊剂尚未完全挥发，也就是焊接点上的温度适当、焊锡最光亮、流动性最强的时刻，迅速移开电烙铁	2. 焊接过量：容易将不应连接的端点短接
3. 焊锡冷却后，剪掉多余的焊脚，就得到了一个理想的焊接了	3. 焊锡桥接：焊锡流到相邻通路，造成线路短路。这个错误需用烙铁通过桥接部位即可

2. 焊接9205A注意事项

当所要的插件完成后，可以先用一块软垫或海绵覆盖在插件的表面，反转线路板时，用手指按住线路板再进行焊接，或者在每插一个零件后，将零件的两只脚掰开，这样在焊接线路板时，零件就不会从线路板上掉下来，如图5.2.4所示。但是对诸如开关、电容插座、电源线、输入插座的焊接，应当逐一进行。焊接好的线路板如图5.2.5所示。

（a）　　　　　　　　　（b）

图5.2.4　插完元件的板子
（a）元件面；（b）将海绵垫在PCB板下面

第 5 章 实践与创新 | 265

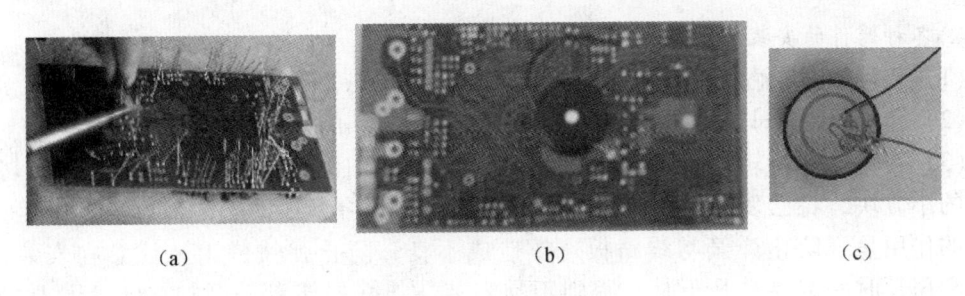

(a) (b) (c)

图 5.2.5 焊接好的线路板
(a) 焊点大小要一致；(b) 焊接三端蜂鸣器；(c) 蜂鸣器

3. 线路板安装如图 5.2.6 和图 5.2.7 所示。

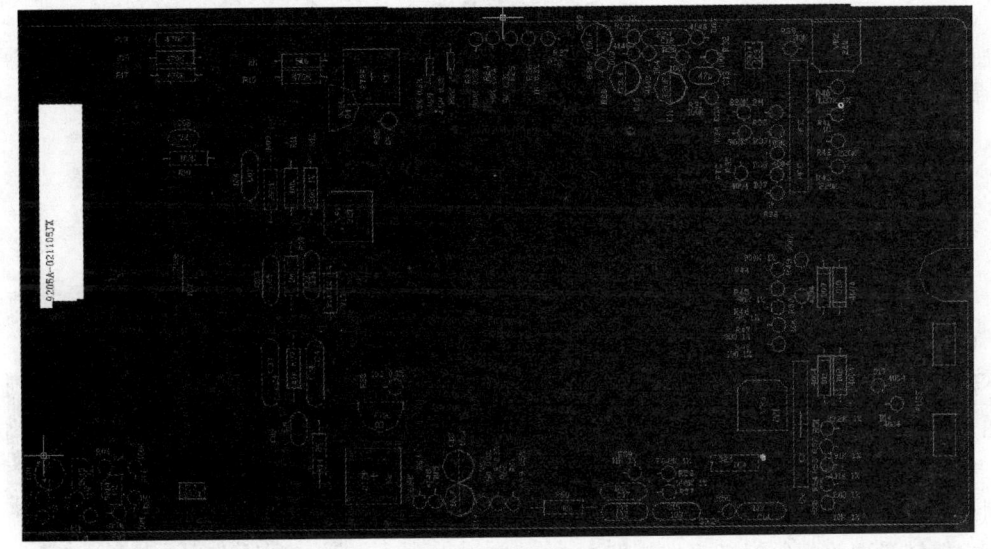

图 5.2.6 原件图

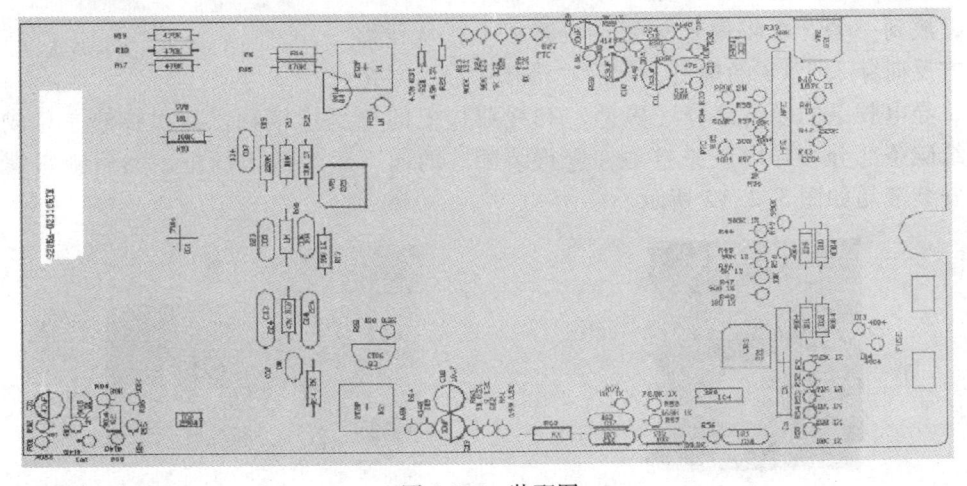

图 5.2.7 装配图

4. 各种器件的安装

（1）装触片。将触片装到触片横条上，注意安装顺序和位置。

（2）转盘圈装螺母。直接把 4 个 M2 螺母套入转盘圈的相应位置。

（3）装转盘（将转盘套入转盘圈中）。先将弹簧和钢珠粘上凡士林，安装到转盘圈凸起的小方块，将已装好触片的内转盘斜插入转盘圈中，在凸起的部分盖上压片。（小压片的作用是：防止弹簧与线路板摩擦造成不良，防止弹簧弹出）注意在安装弹簧、钢珠和压片时一定要粘凡士林，否则不易安装。装好的转盘是倒扣在转盘圈上的如图 5.2.8 所示。

图 5.2.8　装好的转盘

（4）转盘安装到线路板上。如图 5.2.9 所示，触片朝下注意手势。然后将转盘扣入线路板，用手拿好转盘如图 5.2.10 所示。手要压紧，不让钢珠和弹簧弹出。

（5）锁转盘。将转盘与线路板对准后用 4 个 2×8 的机制螺钉锁上，在锁时最好对角先锁这样转盘比较容易固定。锁转盘要将螺钉对角先锁如图 5.2.11 所示。

（6）安装液晶总成。先把 2 个 M2 螺母套入厚片孔中，放到一旁，再将薄片放置在线路板上，从线路板下方反向穿入 2×8 的螺钉，然后在沟槽中放入导电胶条，导电胶条的导电部分（黑色）和线路板上的金手指接触。其次将液晶总成中的电缆纸碳条部分和导电胶条接触，进行装配。面向下最后放大压框，然后锁紧螺钉即可。安装液晶如图 5.2.12 所示。

图 5.2.9　安装转盘

图 5.2.10　拿好转盘触片朝下 　　图 5.2.11　锁转盘要将螺钉对角先锁

将液晶总成套入前盖，锁上折叠弹片，摇动液晶就可以选择观察液晶的角度了。

（6）装旋钮。先把 9 V 电池扣上，打开开关，如果显示器上显示出"1"是电阻挡，那么旋钮箭头竖标向上拨到基本挡 200 MV，如果显示器显示出"0"是电容挡旋钮箭头竖标向下。

（7）锁线路板。用 1 个 3×8 的自攻螺钉锁上，盖上后盖锁上 3 个 3×12 自攻螺钉即可。

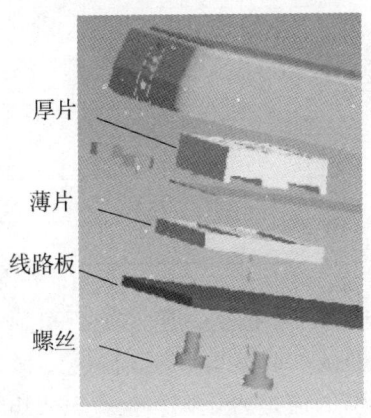

图 5.2.12　安装液晶

5.2.6　测试、校准及故障维修

（1）正常显示测试。

测试笔不要连接到仪表，转动拨盘，仪表在各挡位的读数如表 5.2.9 所示，负号（−）可能会在各和为零的挡位中闪动显示。如果仪表各挡位显示与上述所列不符，请确认以下故障现象事项。

表 5.2.9　故障现象

功能量程		显示数字		功能量程		显示数字
DCV	200 mV	00.0	可能有几个字不回零	hFE	三极管	000
	2 V	0.000		Diode	二极管	1
	20 V	0.00		Ω	200 Ω	1
	200 V	00.0			2 kΩ	1
	1 000 V	000			20 kΩ	1
DCA	200 mA	00.0	可能有几个字不回零		200 kΩ	1
	20 mA	0.00	可能有几个字不回零		2 MΩ	1
	2 mA	000			20 MΩ	1
	10 A	0.00			200 MΩ	1
				通断测试	30 Ω 以下	1

续表

功能量程		显示数字		功能量程	显示数字
ACV	200 mV	00.0			
	2 V	0.000			
	20 V	0.00		2 000 pF/2 nF	0.000
	200 V	00.0		20 nF	0.00
	750 V	000	电容挡	200 nF	00.0
DCA	200 mA	00.0		2 μF	0.000
	20 mA	0.00		20 μF	0.00
	2 mA	000			
	10 A	0.00			

（2）不显示：检查电池电量是否充足，连接是否可靠。关机电路中是否存在问题，7106 集成是否正常工作，液晶总成和线路板是否正确连接。

（3）不回零：检查表头电阻的值是否正确。检查表头电容的值是否正确，检查两接触片是否组装正确、接触是否良好。短接输入端是否回零。由于此类仪表输入阻抗极高，200 mV 可以允许 5 个字以内不回零。

（4）笔画多笔画少。检查液晶片电缆纸是否有装好，检查 7106 对应的功能脚是否正常。

（5）故障维修。

①校准。校准前请查阅仪表说明书关于表笔连接和测量部分。

②A/D 转换器校准。将被测仪表的拨盘开关转到 20 V 挡位，插好表笔；用另一块已校准仪表做监测表，监测一个小于 20 V 的直流电源（例如 9 V 电池），然后用该电源校准装配好的仪表，调整电位器 VR_1 直到被校准表与监测表的读数相同（注意不能用被校准表测量自身的电池）。当两个仪表读数一致时，套件安装表就被校准了。将表笔移开电源，拨盘转到关机位。

③如果校准头错误。首先检查线路板是否有短路，焊接不良现象。检查使用的电阻值和表头的电容值。检查分压电阻是否有插错、虚焊等现象。

（6）直流 10 A 挡校准。直流 10 A 挡校准需要一个负载能力约为 5 A、电压为 5 V 的直流标准源。将被校准表的拨盘转到"10 A"位置，表笔连接如说明书所示，如果仪表显示高于 5 A，在锰铜丝上增加焊锡使锰铜丝电阻在 10 A 和 COM 输入端之间的截面面积相对减小，直到仪表显示 5 A；如果仪表显示小于 5 A，将锰铜丝从线路板上焊起来一点点，使锰铜丝电阻在 10 A 和 COM 输入端之间的阻值增大，直到仪表显示 5 A。

特别提示：在焊接锰铜丝时，锰铜丝的阻值会随它的温度变化而变化，只有等到冷却时才是最准确的。剪锰铜丝时使它的截面面积减小，从而使阻值增大。

（7）直流电压测试。如果有一个直流可变电压源时，只要将电源分别设置在 DCV 量程各挡的中值，然后对比被测表与监测表测量各挡中值的误差，要求满足本指导说明书后面所列对 DCV 精度要求。

如果没有可变电源时，可以采取以下两种测量方法：

①将拨盘转到 20 V 量程，用说明书中测量直流电压的方法测量 9 V 叠层电池，调节电位器 VR_1，使表头显示 9.0 V 为止。

②将拨盘转到 2 V 量程，如说明书中测量直流电压的方法测量 1.5 V 通用碱性电池，使表头显示 1.5 V 数值。

（8）交流电压测试。交流电压测试，需要交流电压源，市电是最方便的。

特别提示：用市电 220 VAC 做电压源要特别小心，在表笔连接市 220 VAC 前要将拨盘转到 750 VAC。

拨盘转到 750 VAC 量程，然后测量市电 220 VAC，与监测表对比读数，如果不准确可调节电位器 VR_2。要求达到本书所要说明书所要求的精度。

①如果上面的测量有问题：检查交流电路中的电阻、电容的数值和焊接情况。

②检查二极管的安装方向及焊接情况是否正常。检查集成 IC2（2904）是否正常工作。再重新校准是否直流电压存在问题。

（9）直流电流测量。将拨盘转到 200 μA 挡位，依照说明书连接仪表，当 RA 等于 100 kΩ 时回路电流约为 90 μA，对比被测表与监测表的读数。

将拨盘转到表 5.2.9 中的各电流挡，同时按表 5.2.10 改变 RA 的数值，对比被测表与监测表的读数。

表 5.2.10　对比被测表与监测表的读数

量程	RA	电流（大约）	备　注
200 μA	10 kΩ	900 μA	如果 200 mA 挡的偏高，可以改变 0.99 Ω 的阻值，从而使它正常，在 0.99 Ω 的电阻旁 R_X 上并联一个电阻
20 mA	1 kΩ	9 mA	
200 mA	470 Ω	19 mA	

如果上面的测量有问题：检查保险管是否正常，检查分压电阻的数值和焊接情况。

（10）电阻/二极管测试。用每个电阻挡满量程一半数值的电阻测试挡，对比安装表与监测表各自测量同一个电阻的值。

用一个好的硅二极管（如 1N4004）测试二极管挡，读数应约为 650，对于功率二极管显示数值要低一些，请与监测表对比使用。

如果上面的测量有问题：检查分压电阻的数值是否正常；检查表头电阻电容是否正常；检查热敏电阻是否击穿。

（11）通断测试。将待测表功能旋钮转至音频通断测试挡（与二极管挡同挡），输入 50 Ω 以下的电阻值，蜂鸣器应能发声，声音应清脆无杂音；输入 100 Ω 不发声。

如果没有声音：应检查蜂鸣器线是否焊接正确或蜂鸣器总成本身是否有问题。检查蜂鸣器电路中的电压比较电路是否存在问题。检查由 Q_4、R_{14}、R_{15}、R_{16} 及陶瓷晶片组成的音频振荡电路是否存在问题。

（12）hFE 测试。将拨盘转到 hFE 挡位，用一个小的 NPN（9014）和 PNP（9015）

晶体管，并将发射极、基极、集电极分别插入相应的插孔。被测表显示晶体管的 hFE 值，晶体管的 hFE 值范围较宽，可以参考监测表使用。如果上面的测量有问题，请检查以下问题：

①检查晶体管测试座是否完好、焊接是否正常，有否短路、虚焊、漏焊等。

②检查两个对应的 220 kΩ 电阻和 10 Ω 的数值及焊接是否正确。

（13）电容测量。将转盘拨至 200 nF 量程，取一个标准的 100 nF 的金属电容，插在电容夹的两个输入端，注意不要短路，如有误差可调节 VR_3 电位器直到读数准确。如果测量有问题，请检查以下问题：

①检查电容电路是否有问题。

②检查 10 nF 电容是否有损坏。

③检查 39.2 kΩ 电阻是否有虚焊变值现象。

④检查 324 集成是否正常工作。

（14）安装后盖、护套、支架。

5.2.7　实验报告

实验结束 7 天内，由班长收齐交给任课老师。

5.3　HX108-2 七管半导体收音机组装与调试

HX108-2 型半导体收音机频率范围：525～1 605 kHz；输出功率：100 mW（最大）；扬声器：φ57 mm，8 Ω；电源：5 号电池二节。本机由 3 V 直流电压供电。为提高功放的输出功率，因此，3 V 直流电压由滤波电容 C_{15} 去耦滤波后，直接给低频功率放大器供电。其他各级电路是用 3 V 直流电压经过由 R_{12}、VD_1、VD_2 组成的简单稳压电路稳压后（稳定电压约为 1.4 V）供电。

5.3.1　实习目的

（1）通过对收音机的安装、焊接、调试，对电子产品的生产制作过程有一个初步的认知。

（2）按照图纸焊接元件，组装一台收音机，要求掌握其调试方法。

（3）掌握简单电路元件装配、焊接、对故障的诊断和排除。

（4）了解 HX108-2 半导体收音机的原理。

（5）掌握电子元器件的识别及检测。

（6）学会利用工艺文件独立进行整机的装焊和调试。

（7）学会用 AD10 画出电路原理图并生成 PCB 板图。

5.3.2　实验器材

（1）常用工具一套，万用表，电脑，软件（DXP 软件、Keil 软件），雕刻机，贴片机等。

（2）元器件一套、装配图、说明书、元件清单等由收音机套件商家提供。

5.3.3 元器件清单

元件清单如表5.3.1所示（要求清点）。

表 5.3.1 HX108-2型七管半导体收音机配套元器件清单

元器件位号目录				结构件清单		
位号	名称规格	位号	名称规格	序号	名称规格	数量
R_1	电阻 100 kΩ	C_8	圆片电容 0.022 μF	1	前框	1
R_2	电阻 2 kΩ	C_9	圆片电容 0.022 μF	2	后盖	1
R_3	电阻 82 Ω	C_{10}	电解电容 100 μF	3	网罩	1
R_4	电阻 20 kΩ	C_{11}	电解电容 100 μF	4	周率板	1
R_5	电阻 150 Ω	C_{12}	电解电容 4.7 μF	5	调谐盘	1
R_6	电阻 1 kΩ	C_{13}	电解电容 4.7 μF	6	电位盘	1
R_7	电阻 62 kΩ	C_{14}	圆片电容 0.033 μF	7	指针	1
R_8	电阻 51 Ω	C_{15}	圆片电容 0.033 μF	8	磁棒支架	2
R_9	电阻 680 Ω	C_{16}	电解电容 100 μF	9	扬声器压板	2
R_{10}	电阻 51 Ω	B_1	磁棒 B5×13×100	10	正极片	1
R_{11}	电阻 220 Ω		磁性天线线圈	11	负极簧	1
R_{12}	电阻 820 Ω	B_2	振荡线圈（红）	12	印制板	1
R_{13}	电阻 20 kΩ	B_3	中周（黄）	13	拎带	1
R_{14}	电阻 15 kΩ	B_4	中周（白）	14	双联螺钉	
R_{15}	电阻 15 Ω	B_5	中周（黑）		M2.5×4	2
R_{16}	电阻 270 Ω	B_6	输入变压器（兰）	15	调谐盘螺钉	
R_{17}	电阻 3 kΩ	B_7	输出变压器（黄）		M2.5×5	1
R_{18}	电阻 15 kΩ	V_1	三极管 9018H	16	喇叭自攻螺钉	
W	电位器	V_2	三极管 9018H		M3×6	2
	k4 短轴 5 k	V_3	三极管 9018H	17	机芯自攻螺钉	
C_1	双联 CBM223P	V_4	三极管 9018H		M2.5×8	1
C_2	圆片电容 0.022 μF	V_5	三极管 9018H	18	电位器螺钉	
C_3	圆片电容 0.01 μF	V_6	三极管 9018H		M1.7×4	1
C_4	圆片电容 10 μF	V_7	三极管 9013H	19	导线红色 170 mm	1
C_5	圆片电容 0.022 μF	V_8	三极管 9013H		导线黑色 120 mm	1
C_6	圆片电容 0.022 μF	D_1	二极管 IN4148		导线色 120 mm	2
C_7	圆片电容 0.022 μF	Y	2 1/2 扬声器 8 Ω	20	原理与装配图	1

5.3.4 收音机原理图

ZX-921型超外差收音机电路如图5.3.1所示。

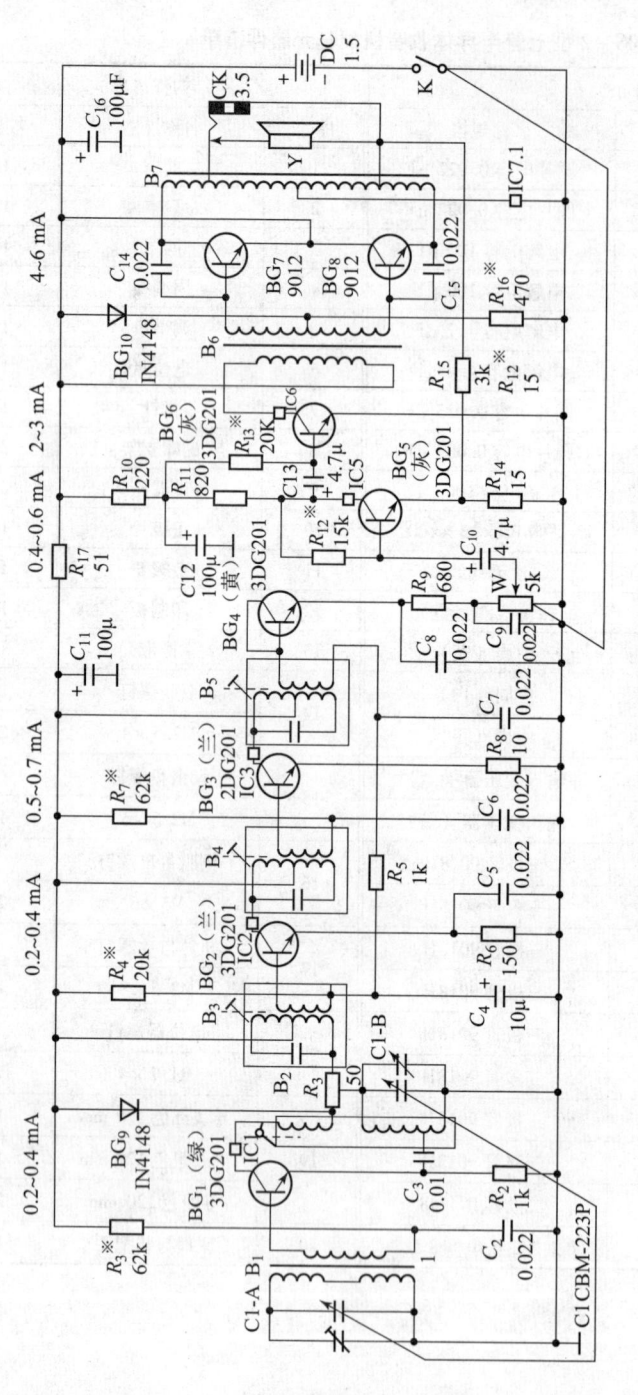

图 5.3.1 ZX-921 型超外差收音机电路

5.3.5 整机装配

1. 焊接步骤及准备

(1) 准备焊锡丝和烙铁。
(2) 加热焊件时电烙铁接触焊接点要使焊件均匀受热。
(3) 当焊件加热到能熔化焊料的温度时,将焊丝置于焊点,焊料开始熔化并湿润焊点。
(4) 当熔化一定量的焊锡后,将焊锡丝移开。
(5) 当焊锡完全湿润焊点后,移开烙铁。

2. 注意事项

(1) 按照装配图,正确插入元件,其高低、极性方向应符合图纸规定。
(2) 焊点要光滑,大小最好不要超出焊盘,不能有虚焊、搭焊、漏焊。
(3) 注意二极管、三极管的极性以及色环电阻的识别,如图 5.3.2 所示。

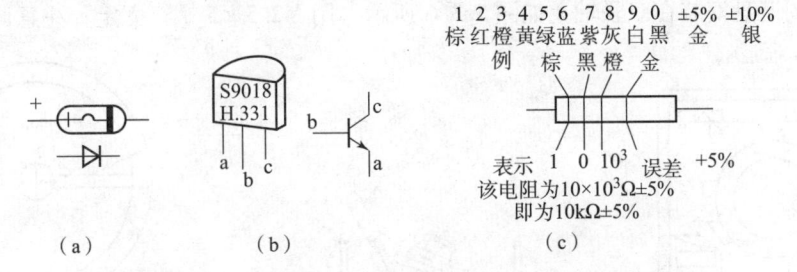

图 5.3.2 二极管、三极管的极性以及色环电阻的识别
(a) 二极管;(b) 三极管;(c) 色环电阻

(4) 输入(绿或蓝色)、输出(黄色)变压器不能调换位置。
(5) 红中周 B_2 插件后外壳应弯脚焊牢,否则会造成卡调谐盘。

3. 组合件准备

(1) 将电位器拨盘装在 W-5K 电位器上,用 M1.7×4 螺钉固定。
(2) 将磁棒按照图 5.3.3 所示,套入天线线圈及磁棒支架。

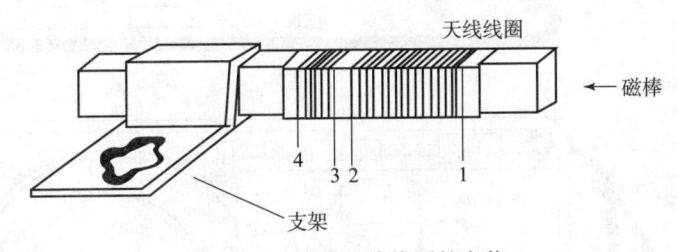

图 5.3.3 磁棒天线线圈的安装

4. 装大件

(1) 将双联 CBM-223P 安装在印刷电路板正面,将天线组合件上的支架放在印刷电路板反面双联上,然后用 2 只 M2.5×5 螺钉固定,如双联引脚超出电路板部分,弯脚后焊牢。
(2) 天线线圈的 1 脚焊接于双联天线联 C1-A 上,2 脚焊接于双联中点地线上,3 脚焊接于 V_1 基极(b)上,4 脚焊接于 R_1、C_2 公共点。磁棒天线线圈的安装如图 5.3.3 所示。

（3）将电位器组合件焊接在电路板指定位置。

5. 开口检查与试听

收音机装配焊接完后，检查元件有无装错位置，焊点是否脱焊、虚焊、漏焊。要求所焊元件无短路或损坏。发现问题及时修理、更正。用万用表进行整机工作点、工作电流测试，如检查满足要求，即可进行收台试听。

6. 前框准备

（1）将电池负极弹簧、正极片安装在塑壳上，如图 5.3.4 所示，同时焊好连接点及黑色、红色引线。

（2）将周率板反面双面胶保护纸去掉，然后贴于前框，注意要安装到位，并撕去周率板正面保护膜。

（3）将喇叭安装于前框，用小螺钉导入压脚，用烙铁热铆三只固定脚如图 5.3.5 所示，然后将拎带套在前框内。

（4）将调谐盘安装在双联轴上如图 5.3.6 所示，用 M2.5×5 螺钉固定，注意调谐盘方向。

图 5.3.4　电池弹簧的安装　　图 5.3.5　喇叭的安装　　图 5.3.6　调谐盘的安装

（5）根据装配图，分别将两根白色导线焊接在喇叭与线路板上。

（6）将正极、负极电源线分别焊在线路板指定位置。将组装完毕的机心按图 5.3.7 所示装入前框。

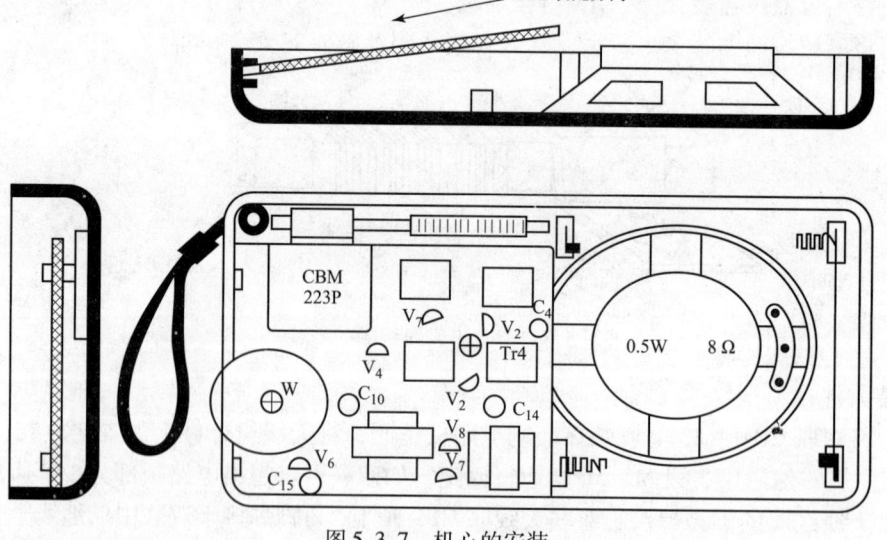

图 5.3.7　机心的安装

5.3.6 整机调试工艺

1. 仪器设备

常用仪器设备有：两节 5 号电池组成的稳压电源（200 mA、3 V）、XFG-7 高频信号发生器、多功能万用表、矩形天线（调 AM 用）、无感应螺丝批、毫伏表。如无高频信号发生器，只能靠手感进行调试或选一台标准收音机，将频率调到最高点或最低点的位置，作为标准频率校准。

2. 收音机的调试步骤

(1) 在元器件装配焊接无误及机壳装配好后，将机器接通电源，当在中波段内能收到本地电台后，即可进行调试工作。测试仪器连接如图 5.3.8 所示。

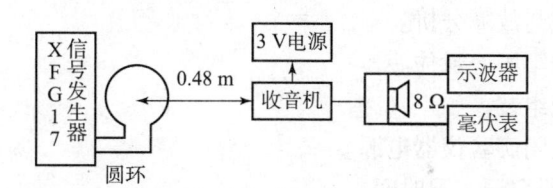

图 5.3.8 测试仪器连接图

(2) 中频调试。

将双联旋至最低频率点，XFG-7 信号发生器置于 465 kHz 频率处，输出场强为 10 mV/M，调制频率为 1 000 Hz，调幅度为 30%。收音机收到信号后，示波器应有 1 000 Hz 信号波形，用无感应螺钉批依次调节黑、白、黄三个中周，且反复调节，使其输出最大，此时，465 kHz 中频即调好（根据地区不同，自行调整频率）。

(3) 频率覆盖。

将 XFG-7 置于 520 kHz，输出场强为 5 mV/M，调制频率 1 000 kHz，调幅度 30%。双联调至低端，用无感应螺钉批调节红中周（振荡线圈），收到信号后，再将双联旋至最高端，XFG-7 信号发生器置于 1 620 kHz，调节双联振荡联微调电容 C_1B，收到信号后，再重复将双联旋至低端，调红中周，以此类推。高低端反复调整，直至低端频率为 520 kHz，高端频率为 1 620 kHz 为止，完成频率覆盖的调节。

(4) 统调。将 XFG-7 置 600 kHz 频率，输出场强 5 mV/M 左右，调节收音机调谐钮，收到 600 kHz 信号后，调节中波磁棒线圈位置，使输出到最大，将 XFG-7 旋至 1 400 kHz，调节收音机，在收到 1 400 kHz 信号后，调双联微调电容 C_1A，使输出为最大，重复调节 600 kHz 和 1 400 kHz 统调点，至两点均为最大为止，统调可以结束。

在中频、覆盖、统调结束后，收音机应该收到高、中、低端电台，要求频率与刻度基本相符。此时可装入 2 节 5 号电池，进行试听，当高、中、低端都能收到电台后，即可将后盖盖好。

5.3.7 实验要求

(1) 对元器件清单目录表检查元件是否齐全；如缺少元件，请马上报告老师，给予补齐。

（2）识别各种元器件，知其作用。

（3）学习收音机调频、调幅的工作原理。

（4）元器件的焊接、安装（安装时应检测元器件的好坏）。

（5）学习自己检查电路，将安装好的收音机和电路原理图对照检查以下内容：

①各级晶体管的型号，安装位置和管脚是否正确。

②各级中周的安装顺序，初次级的引线是否正确。

③电解电容的引线正负接法是否正确。

④磁性天线线圈的初、次级安装位置是否正确。

⑤指针式万用表 $R \times 100$ 挡测量整机电阻，用红表笔接电源负极，黑表笔接电源正极引线，测得整机电阻值应大于 $500\ \Omega$。

（6）学会基本调试与故障分析。

（7）该固定的地方牢固地封住。

（8）电路板与外壳组装。

（9）检查验收、关闭实验仪器电源。

（10）在实验登记册登记实习时间。

（11）打扫实习场地。

（12）写实习报告及实习总结。

5.3.8 实验报告

实验结束 7 天内，由班长收齐交到任课老师办公室。

5.4 ZX620 调频调幅收音机制作与调试

ZX620 调频/调幅两波段收音机的接收频率范围：AM：535～1 605 kHz；FM：64～108 MHz。调频/调幅两波段收音机以集成电路为主，采用芯片为专用，本机采用的芯片为 CXA1191M，该芯片内部集成电路有：调频高放、变频、中放、鉴频电路；调幅变频、中放。

检波电路：电子音量控制、低频放大、电源稳压电路等。由于其功能全、灵敏度高、性能稳定可靠、静噪功能良好，在高校实习实训中应用比较广泛。

5.4.1 实验目的

（1）了解调频调幅收音机的电路原理。

（2）学会原理图和印制电路板图对照解读。

（3）认识元器件并检测。对照色环和标注符号确认其参数值。

（4）焊接技能训练，元器件安装要整齐美观，焊点光滑无虚焊。

（5）整机调试性能要求在两个频段均达到良好，能接收到较多电台且均匀。

（6）用 AD10 画原理图并转换为单层 PCB 印制板。

5.4.2 实验器材

(1) 万用表、计算机、AD10 画图软件等、雕刻机、贴片机等；
(2) 常用工具一套；
(3) 元器件一套。

5.4.3 元器件清单

元件清单如表 5.4.1 所示。

表 5.4.1 元件清单

序号	名称	型号规格	位号	数量	序号	名称	型号规格	位号	数量
1	集成电路	CD1691CB	IC	1片	26	电解电容	10 μF	C_8、C_{12}、C_{13}、C_{17}	4只
2	发光二极管	φ3 红	LED	1只	27	电解电容	220 μF	C_{19}、C_{21}	2只
3	磁棒及线圈	5×13×55	T_1	1套	28	电解电容	4.7 μF	C_6	1只
4	振荡线圈	红色中周	T_2	1只	29	四联电容	CBM-443 pF	C(1,2,3,4)	1只
5	中频变压器	黑色中周	T_3	1只	30	波段开关		K_2	1只
6	滤波器	10.7 M 三脚	CF_1	1只	31	耳机插座	φ3.5 mm	CK	1只
7	滤波器	455 kHz	CF_2	1只	32	焊片	φ3.2 mm		1只
8	鉴频器	10.7 M 二脚	CF_3	1只	33	刻度面板			1块
9	空心电感	φ3×4.5T	L_2	1只	34	调谐拨盘			1只
10	空心电感	φ3×5.5T	L_1	1只	35	电位器拨盘			1只
11	扬声器	0.25 W 4~16 Ω	BL	1只	36	磁棒支架			1只
12	电位器	50 kΩ	R_P	1只	37	印刷电路板			1块
13	电阻	100 Ω	R_4	1只	38	装配说明			1份
14	电阻	150 Ω	R_2	1只	39	电池极片	三件		1套
15	电阻	330 Ω	R_5	1只	40	导线	红、黑、黄		5根
16	电阻	2 kΩ	R_3	1只	41	机壳上盖			1个
17	电阻	100 kΩ	R_1	1只	42	机壳下盖			1个
18	瓷片电容	1 pF	C_5	1只	43	平机螺钉	φ2.5×5		4粒
19	瓷片电容	15 pF	C_3、C_4	2只	44	圆机螺钉	φ1.6×4		1粒
20	瓷片电容	30 pF	C_1、C_2	2只	45	自攻螺钉	φ3×6		2粒
21	瓷片电容	121 pF	C_{16}	1只	46	拉杆天线			1根
22	瓷片电容	221 pF	C_{11}	1只	47	指针纸片			1片
23	瓷片电容	103 pF	C_9、C_{10}、C_{22}	3只	48	喇叭压板			2个
24	瓷片电容	223 pF	C_{15}	1只	49	开关拨钮			1个
25	瓷片电容	104 pF	C_7、C_{14}、C_{18}、C_{20}	4只	50	自攻螺钉	φ2×5		1粒

5.4.4 收音机电路原理图

电路原理如图 5.4.1 所示。

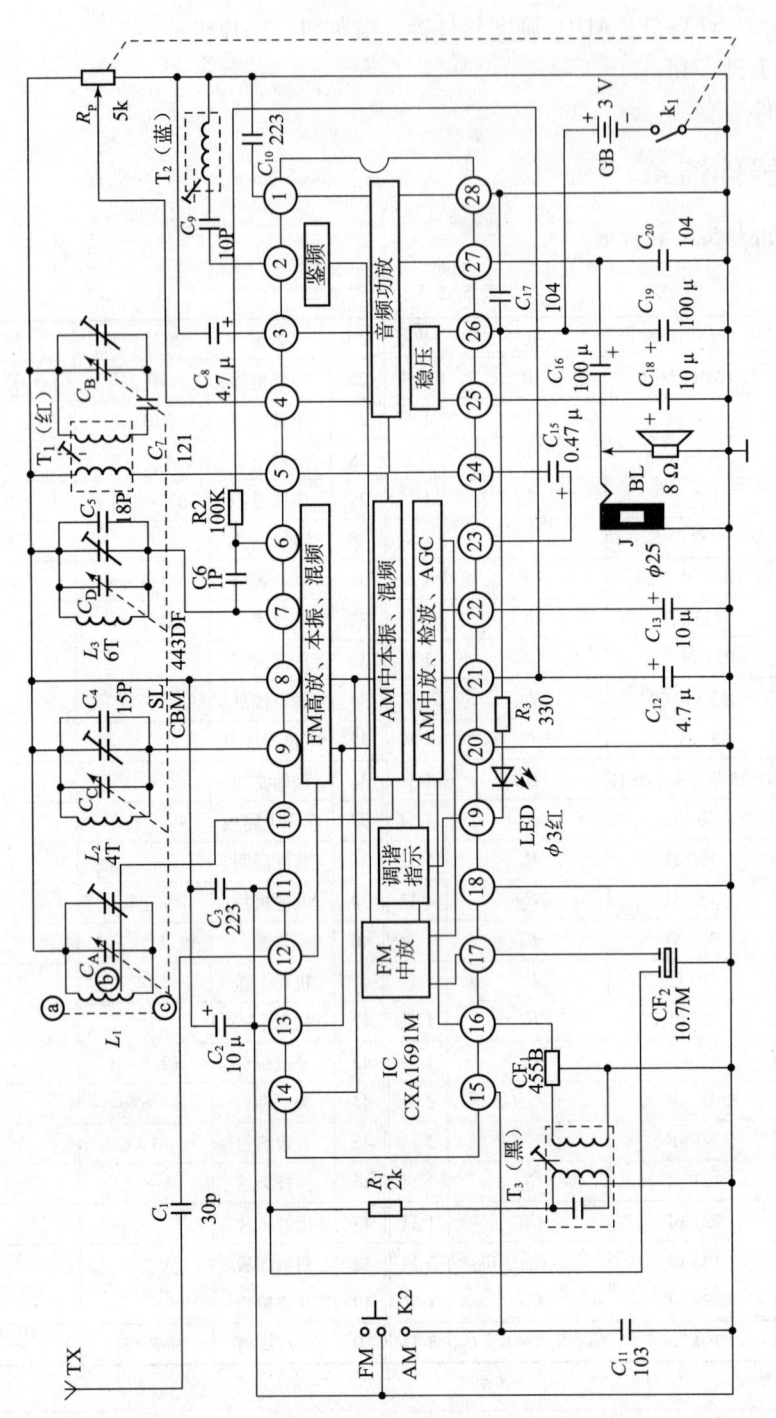

图 5.4.1 电路原理图

5.4.5 印刷电路板及四联电容器

印刷电路板及四联电容器外形如图 5.4.2 所示，有 FC 的两个是 FM 连，印有 C 或 AC 的两个是 AM 连。

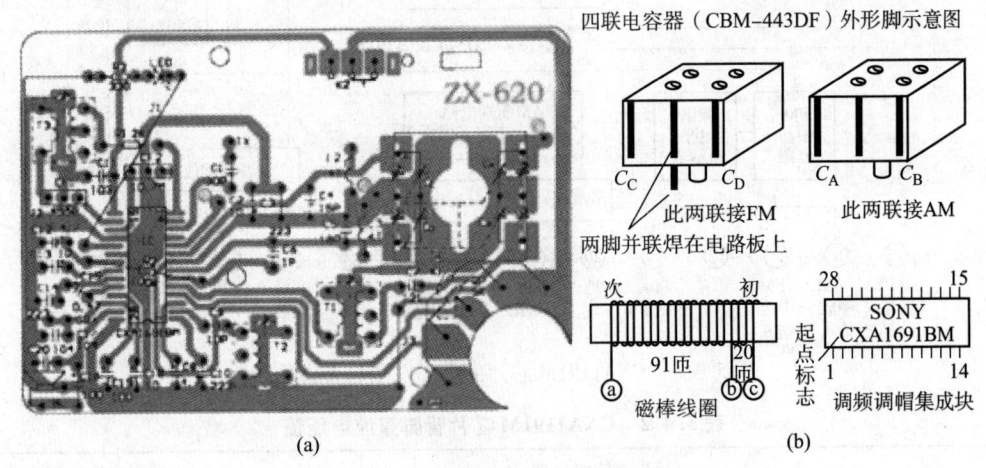

图 5.4.2 印刷电路板及四联电容器
(a) 印刷电路板；(b) 四联电容器

四联电容器的调试原理：收音机波段开关置于 FM，高频信号发生器调制方式置于 FM，调制度频偏 40 km，载频调为 108 MHz，输出幅度为 40 μV 左右，信号由拉杆天线端输入，四联置于高端，调节四联微调电容 C_2，收到信号后再调 C_3 使输出为最大，然后将四联电容旋至低端，载频调为 64 MHz，输出幅度为 40 μV 左右，调节 L_2 磁芯电感，收到信号后调 L_1 磁芯电感使输出为最大，高端 108 MHz 和低端 64 MHz，重复以上步骤，直至使输出最大为止。四联引脚如图 5.4.3 所示。

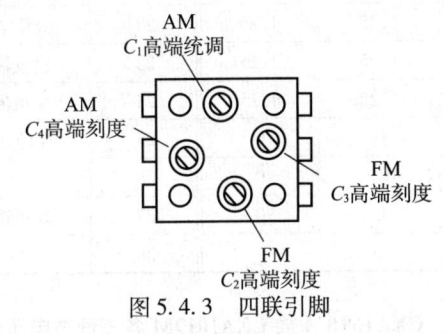

图 5.4.3 四联引脚

5.4.6 集成芯片

1. 集成 CXA1191M 芯片

集成 CXA1191M 芯片的内部框图、管脚功能如图 5.4.4 所示。集成 CXA1191M 芯片管脚功能和管脚直流电压值（$V_{CC}=3$ V）。CXA1191M 芯片管脚直流电压值如表 5.4.2 所示。

2. 集成 CXA169BM 或 CXA1019M 芯片各脚静态电压参考值

CXA169BM 或 CXA1019M 各脚静态电压参考值如表 5.4.3 所示。

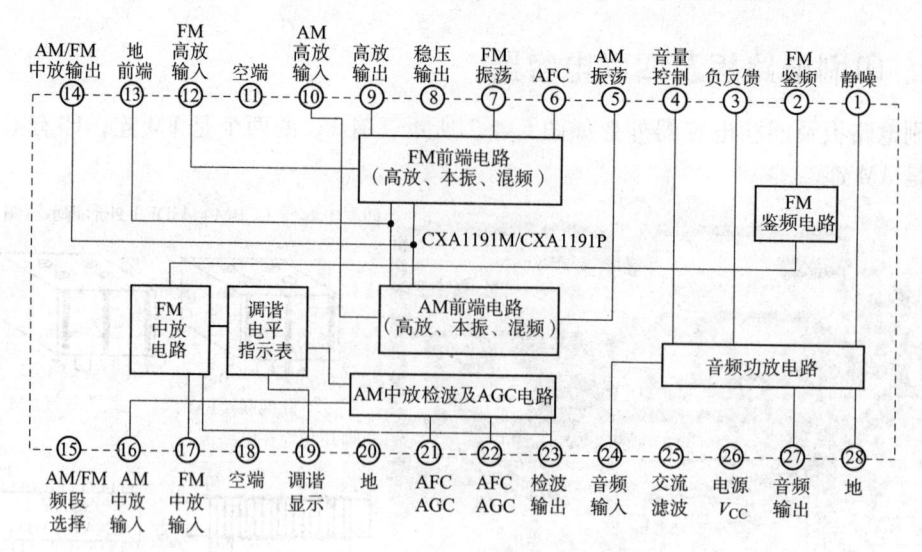

图 5.4.4　CXA1191M 芯片的内部框图与管脚功能

表 5.4.2　**CXA1191M 芯片管脚直流电压值**

管脚号	功能	管脚直流电压值/V FM	管脚直流电压值/V AM	管脚号	功能	管脚直流电压值/V FM	管脚直流电压值/V AM
1	静噪	0	0	15	AM/FM 频段选择	0.84	0
2	FM 鉴频	2.18	2.7	16	AM 中放输入	0	0
3	负反馈	1.5	1.5	17	FM 中放输入	0.34	0
4	音量控制	1.25	1.25	18	空端	0	0
5	AM 振荡	1.25	1.25	19	调谐显示	1.6	1.6
6	AFC	1.25		20	地	0	0
7	FM 振荡	1.25	1.25	21	AFC/AGC	1.25	1.49
8	稳压输出	1.25	1.25	22	AFC/AGC	1.25	1.25
9	高放输出	1.25	1.25	23	检波输出	1.25	1.0
10	FM 高放输入	1.25	1.25	24	音频输入	0	0
11	空端	0	0	25	交流滤波	2.71	2.71
12	FM 高放输入	0.3	0	26	V_{CC}	3.0	3.0
13	地前端	0	0	27	音频输出	1.5	1.5
14	AM/FM 中放输出			28	地	0	0

表 5.4.3　**CXA169BM 或 CXA1019M 各脚静态电压参考值**

脚位	1	2	3	4	5	6	7	8	9	10	11	12	13	14
FM 电压	0	2.18	1.5	1.25	1.25	1.25	1.25	1.25	1.25	1.25		0.3		0.36
FM 电压	0	2.7	1.5	1.25	1.25		1.25	1.25	1.25	1.25	0	0		0.2
脚位	15	16	17	18	19	20	21	22	23	24	25	26	27	28
FM 电压	0.84	0	0.34	0	1.6	0	1.25	1.25	1.25	0	2.71	3.0	1.5	0
FM 电压	0	0	0	0	1.6	0	1.49	1.25	1.0	0	2.71	3.0	1.5	0

5.4.7 ZX620 收音机的调试

（1）静态调整：如收音机未收到任何电台或音量很小，测量电流参考值如表 5.4.4 所示。万用表测量显示电流小，查元件可能有脱焊和虚焊的现象。

表 5.4.4 万用表测量电流

AM 位		FM 位	
参考值	实测值	参考值	实测值
3.4 mA		5.3 mA	

（2）集成电路各脚直流工作电压，在无台情况时，音量收听最小。检查电压如表 5.4.5 所示。测量时，电压会有上下浮动，如与各脚直流电压参考值相差太大，应要检查对应的有问题的脚位周围的元器件和 PCB 板有无断开或短路的地方。

表 5.4.5 集成电路各脚直流工作电压测量参考

管脚号		1	2	3	4	5	6	7	8	9	10	11	12	13	14
AM	参考值								1.2 V						
	实测值														
FM	参考值								1.2 V						
	实测值														

管脚号		15	16	17	18	19	20	21	22	23	24	25	26	27	28
AM	参考值												3 V		
	实测值														
FM	参考值												3 V		
	实测值														

5.4.8 实验报告

书写 ZX620 调频调幅收音机实验报告，内容如下。

1. 基本元器件

电阻、电容、电感、二极管、三极管。

2. 焊接知识及注意事项

（1）在焊接时按先小元件，后大元件开始，最后焊接成块的原则进行操作。元件尽量贴着底板，"对号入座"不能将元件插错，集成块 CXA1691BM 是日本索尼公司生产的双排 28 脚贴片式结构，其脚排列密集，焊接时用尖铬铁头进行快速焊接，如果一次焊不成功，等冷却后再进行下一次焊接，可免烫坏集成块，焊完后须反复检查有无虚焊、假焊、错焊，有无拖锡短路造成故障，按照上述要求焊接组装，装上电池即可收到广播（AM 段），焊上天线即可收到 FM 广播，若收不到广播，再次检查电路有没有焊装错误，参考本说明书的附表 IC 的各脚电压参考值（静态），可对调试有很大的帮助，（CXA1191M 可直接代换 CXA1691M）。注意用导线连接跳线 J_1 和 J_2。

（2）中波（AM）的调整：由于各种参数都设计在集成块上，故调试很简单，只需将电台都拉在中波段即可，L_1 和 T_1 是分别调整高频部分的覆盖（配合调 CA 顶端的微调）和中波振荡频率（配合调 CB 顶端的微调），T_3 调中频频率。

（3）调频波 FM 的调整（调整前要焊好天线）：L_2 和 L_3 是分别调整高频部分的覆盖（配合调 CC 顶端的微调）、振荡频率（配合调 CD 顶端的微调），调整时只用无感起子拨动它们的松紧度，这里 L_3 的调整非常重要，直接影响到收台的多少，即覆盖和收不收得到电台，当拨动 L_3 的松紧度仍收不到或收的台不够时，请将 L_3 的圈数适当增减以达到满意的效果为止。T_2 是调 10.7 MHz 的中频频率，T_1、T_2、T_3 在出厂前均已调在规定的频率上，在调整时只需左右微调一下即可。

3. 电路的检测方法

（1）元器件的检测；

（2）安装焊接顺序；

（3）测量静态值；

（4）试听与动态调试；

（5）分析产生故障原因及排除情况；

（6）简述动态调试过程。

5.5　ZX2031 收音机的贴装与安装

ZX2031 收音机的电路核心是单片 FM 收音机集成电路 SC1088，SC1088 采用的是 SOT16 脚封装，电路简单，调试方便，低中频 70 Hz。外围无中频变压器及陶瓷滤波器。

调频信号由耳机线馈入，通过 $C_{13}/C_{14}/C_{15}$ 和 L_1 的输入电路送入 IC 的⑪、⑫脚混频电路。这时所有的调频信号都可以进入，但是，此时的 FM 信号是没有调谐的调频信号。

5.5.1　SMT 简介

THT 与 SMT 的安装焊接如图 5.5.1 所示，THT 与 SMT 的安装比较如图 5.5.2 所示。THT 与 SMT 的区别与比较如表 5.5.1 所示。

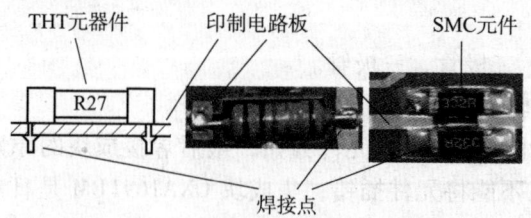

图 5.5.1　THT 与 SMT 安装焊接

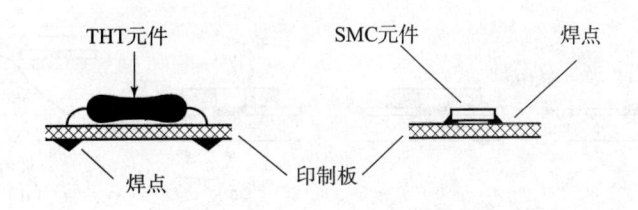

图 5.5.2　THT 与 SMT 的安装比较

表 5.5.1　THT 与 SMT 的区别与比较

	技术缩写	年代	代表元器件	安装基板	安装方法	焊接技术
通孔安装	THT	20 世纪 60~70 年代	晶体管、轴向引线元件	单、双面 PCB	手工/半自动插装	手工焊、浸焊
		20 世纪 70~80 年代	单、双列直插 IC，轴向引线元器件编带	单面及多层 PCB	自动插装	波峰焊、浸焊、手工焊
表面安装	SMT	20 世纪 80 年代开始	SMC、SMD 片式封装 VSI、VLSI	高质量 SMB	自动贴片机	波峰焊、再流焊

5.5.2　SMT 主要特点

（1）高密集性：SMC、SMD 的体积只有传统元器件的 1/3~1/10，可以装在 PCB 的两面，有效利用了印刷板的面积，减轻了电路板的质量。一般采用 SMT 后可使电子产品的体积缩小 40%~60%，质量减小 60%~80%。

（2）高可靠性：SMC 和 SMD 无引线或引线很短，质量小，因而抗振能力强，焊点失效率可比 THT 至少降低一个数量级，大大提高产品可靠性。

（3）高性能：SMT 密集安装减少了电磁干扰和射频干扰，尤其高频电路中减小了分布参数的影响，提高了信号传输速度，改善了高频特性，使整个产品性能提高。

（4）高效率：SMT 更适合自动化大规模生产。采用计算机集成制造系统（CIMS）可使整个生产过程高度自动化，将生产效率提高到新的水平。

（5）低成本：SMT 使 PCB 面积减小，成本降低；无引线和短引线使 SMD、SMC 成本降低；安装中省去引线成形、打弯、剪线的工序；频率特性提高，减小调试费用；焊点可靠性提高，减小调试和维修成本。一般情况下采用 SMT 后可使产品总成本下降 30%以上。

5.5.3　SMT 工艺

SMT 工艺设备简介及 SMT 的两种焊接方法。

（1）波峰焊：波峰焊—SMT 焊接工艺如图 5.5.3 所示。

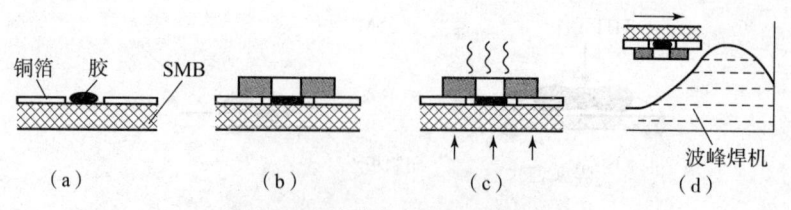

图 5.5.3　波峰焊—SMT 焊接工艺

(a) 点胶：用手动/自动点胶机；(b) 贴片：手动/自动贴片机；

(c) 固化：加热使贴片固化；(d) 焊接：用波峰焊机焊接

此种方式适合大批量生产，对贴片精度要求高，生产过程自动化程度要求也很高。

(2) 再流焊—SMT 焊接工艺如图 5.5.4 所示。

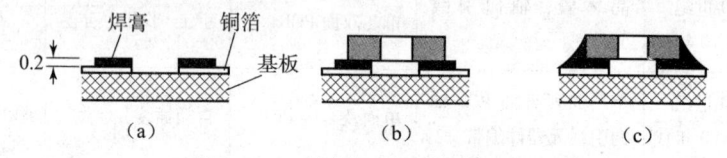

图 5.5.4　再流焊—SMT 焊接工艺

(a) 印焊膏：在 PCB 上用印刷机印制焊膏；

(b) 贴片：用手动/半自动/自动贴片机贴片；(c) 焊接：用再流焊机焊接

这种方法较为灵活，视配置设备的自动化程度，既可用于中小型批量生产，又可用于批量型生产。混合安装方法，需要根据产品，将两种方法交替使用。

5.5.4　SMT 元器件及设备

1. 表面贴装元器件 SMD（Surface Mounting Devices）

SMT 元器件由于安装方式的不同，与 THT 元器件主要区别在外形封装。另一方面由于 SMT 重点在减小体积，故 SMT 元器以小功率元器件为主。又因为大部分 SMT 元器件为片式，故通常又称片状元器件或表贴元器件，一般简称 SMD。

1）片状阻容元件

表面贴装元件包括表面贴装电阻、电位器、电容、电感、开关、连接器等。使用最广泛的是片状电阻和电容。片状电阻、电容的类型、尺寸、温度特性、允差等，目前还没有统一标准，各生产厂商表示的方法也不同。目前我国市场上片状电阻、电容以公制代码表示外形尺寸。

(1) 片状电阻。表 5.5.2 所示为常用片状电阻的主要参数。

表 5.5.2　常用片状电阻的主要参数

参数＼代码	1608 ＊0603	2012 ＊0805	3216 ＊1206	3225 ＊1210	5025 ＊1010	6332 ＊2512
外形（长×宽）	1.6×0.8	2.0×1.25	3.2×1.6	3.2×2.5	5.0×2.5	6.3×3.2
功率/W	1/16	1/10	1/8	1/4	1/2	1
电压/V		100	200	200	200	200

特别提示：表 5.5.2 中的 * 表示英制代号、片状电阻厚度为 0.4~0.6 mm，最新片状元件为 1005（0402），而 0603（0201）目前应用较少、阻值采用数码法直接标在元件上，阻值小于 10 Ω 用 R 代替小数点，例如 8R2 表示 8.2 Ω，OR 为跨接片，电流容量不超过 2 A。

（2）片状电容。片状电容是陶瓷叠片的独石结构，其外形代码与片状电阻含义相同，主要有：1005/*0402，1608/*0603，2012/*0805，3216/*1206，325/*1210，4532/*1812。

片状电容元件厚度为 0.9~4.0 mm。片状陶瓷电容依所用陶瓷不同分为三种，其代号和特性分别为

①NPO：Ⅰ类陶瓷，性能较稳定，用于要求较高的中低频场合。
②X7R：Ⅱ类陶瓷，性能较稳定，用于要求较高的中低频场合。
③Y5V：Ⅲ尖低频陶瓷，比容大，稳定性差，用于容量、损耗要求不高的场合。

片状陶瓷电容的电容值也采用数码法表示，但不印在元件上。其他参数如偏差、耐压值等表示方法与普通电容相同。

2）表面贴装器件

表面贴装器件包括表面贴装分立器件（二极管、三极管、晶闸管等）和集成电路两大类。表面贴装分立器件除部分二极管采用无引线圆柱外形，常见外形封装有 SOT 型和 TO 型。常用外形封装如表 5.5.3 所示。常用的还有 SC-70（2.0×1.25）、SO-8（5.0×4.4）等封装。由于生产厂家产品的外形封装没有完全统一，请在设计电路时，注意查询封装尺寸和外形。

SMD 集成电路常用双列扁平封装，SOP 常用四列扁平封装，带圆点为第一脚，如图 SOP。QFP（Quad Flat Package）球栅阵列封装 BGA，如图 5.5.6 所示。前两种封装属于有引线封装，后一种封装属于无引线封装。

2. 印制板 SMB（Surface Mounting Board）

（1）SMB 的特殊要求。

①外观要求光滑平整，不能翘曲或高低不平。
②热膨胀系数小，导热系数高，耐热性好。
③铜箔黏合牢固，抗弯强度大。
④基板介电常数小，绝缘电阻高。

（2）焊盘设计。片状元器件焊盘形状对焊点强度和可靠性关系重大，片状阻容元件如图 5.5.7 所示。

（3）片状元器件焊盘设计。片状元器件焊盘形状对焊点强度和可靠性影响较大，以片状阻容元件为例，如图 5.5.8 所示。大部分 SMC 和 SMD 在 CAD 软件中都有对应焊盘图形，只要正确选择，可满足一般设计要求。

其中：$A = b$ 或者 $b - 0.3$　　　$B = h + T + 0.3$（电阻）

$B = h + T - 0.3$（电容）　$G = L - 2T$

表 5.5.3 常用外形封装

封装	SOT-23	SOT-89	TO-252
外形			
引脚功能	1. 发射极 2. 基极 3. 集电极	1. 发射极 2. 基极 3. 集电极	1. 基极 2. 集电极 3. 发射极
功率	≤300 mW	0.3~2 W	2~50 W

图 5.5.5　SOP-28/16条引线/节距1.27　SOP常用双列扁平封装

图 5.5.6　QFP-100条引线/节距0.65　QFP球栅阵列封装

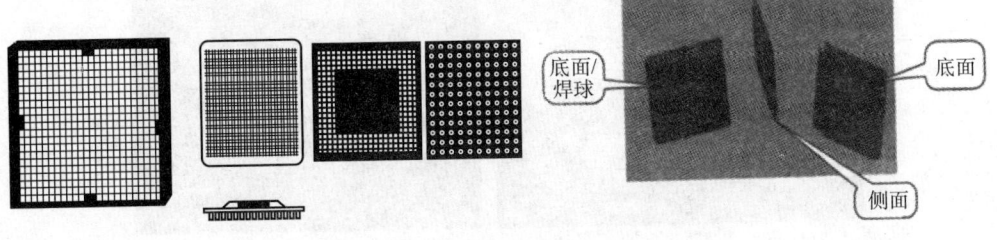

图 5.5.7　GA 集成电路封装

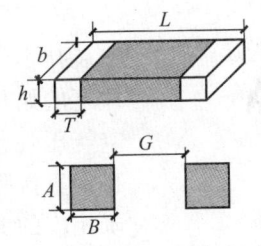

图 5.5.8　片状元器件焊盘

5.5.5　小型 SMT 设备

1. 焊膏印制

焊膏印制机如图 5.5.9 所示。

操作方式：手动；最大印制尺寸 320 mm × 280 mm。

技术要求：定位精确、模板制造。

图 5.5.9　焊膏印刷机

在钢板上按照PCB板中的贴片元器件对应的位置打孔，有多少贴片元件就打多少孔，不能有偏差，尺寸要求绝对精确。

2. 手工贴片

(1) 镊子拾取安放，如图5.5.10所示。
(2) 真空吸取手工贴片。

图5.5.10 镊子拾取和放置

图5.5.11 人工贴片笔

人工贴片笔（图5.5.11）是手动表面贴装技术的重要工具，它主要是人工模拟贴片笔的贴片嘴，通过人工贴片笔自身产生的空气压强差（反向真空），将贴片元器件从料带直接吸起，然后通过人工将元器件放置于相应的PADS位上，通过已调整的气压吸力，人工贴片笔吸着力小于锡浆（贴片胶）的黏着力，元器件自动放置在相应的PADS上。另可通过调节开关调节吸力的大小以适应不同大小质量的元器件。人工贴片笔比传统的镊子更稳定，效率更高。人工贴片笔直接从料带拿料，避免浪费元器件，同时没有元件正反面及方向性的问题，使贴片效率更高，同时人工贴片笔直接吸着元器件的背面，避免镊子夹元器件的边位，破坏焊盘位，造成锡珠、连焊及焊桥等现象。而且，使用吸笔吸放IC的背面等，避免IC脚歪斜可能造成的假焊、连焊等现象。人工贴片笔与全自动SMT生产线配合使用，对拾放异形元器件，提高整条生产线的生产效率有着重要意义。而且配合全自动SMT生产线时，对小批量生产或试验以及生产紧张时使用，这是一个比较好的替代办法。

5.5.6 再流焊设备

台式自动再流焊机如图5.5.12所示。

电源电压220 V、50 Hz，额定功率2.2 kW，有效焊区尺寸240 mm×180 mm。

再流焊机的加热方式：远红外+强制热风。

再流焊工艺温度曲线如图5.5.13所示。工作过程自动，标准工作周期：约4分钟。

图 5.5.12　台式自动再流焊机

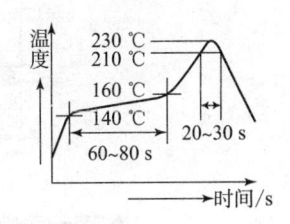

图 5.5.13　流焊工艺温度曲线

1. SMT 焊接质量

（1）SMT 典型焊点。SMT 焊接质量要求同 THT 基本相同，要求焊点的焊料的连接面呈半弓形凹面，焊料与焊件交界处平滑，接触角尽可能小，无裂痕、针孔、夹渣，表面有光泽且光滑。

由于 SMT 元器件尺寸小，安装精确度和密度高，焊接质量要求更高。另外还有一些特有缺陷，如立片。两种典型的焊点现象如图 5.5.14 和图 5.5.15 所示。

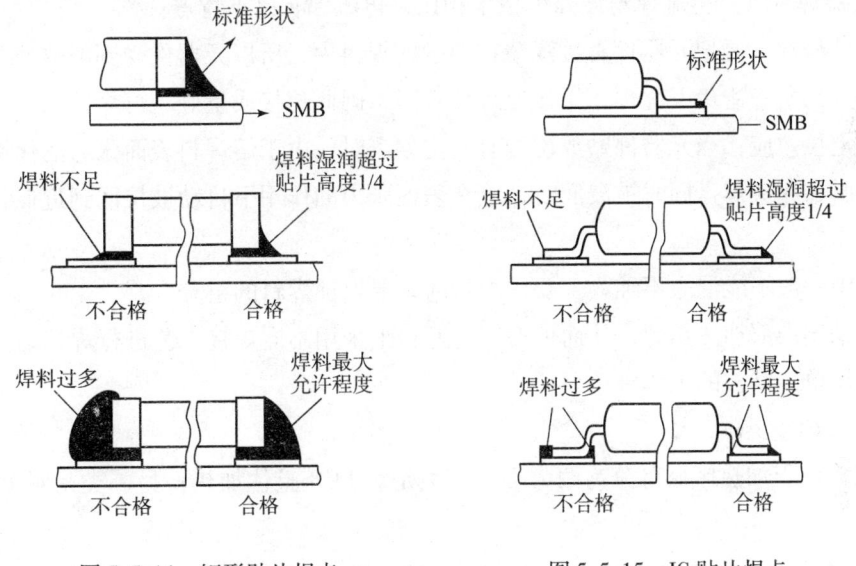

图 5.5.14　矩形贴片焊点

图 5.5.15　IC 贴片焊点

（2）常见 SMT 焊接缺陷。几种常见 SMT 焊接缺陷如图 5.5.16 所示，采用再流焊接工艺时，焊盘设计和焊膏印制对控制焊接质量起关键作用。例如立片主要是两个焊盘上焊膏不均，一边焊膏太少甚至漏印而造成的。

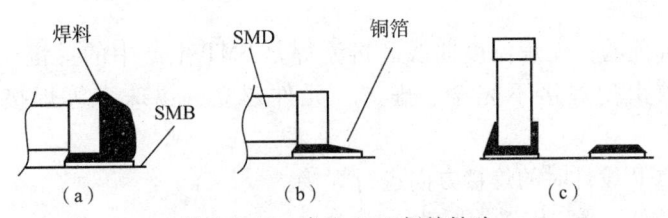

图 5.5.16　常见 SMT 焊接缺陷

(a) 焊料过多；(b) 未湿润漏焊；(c) 立片；

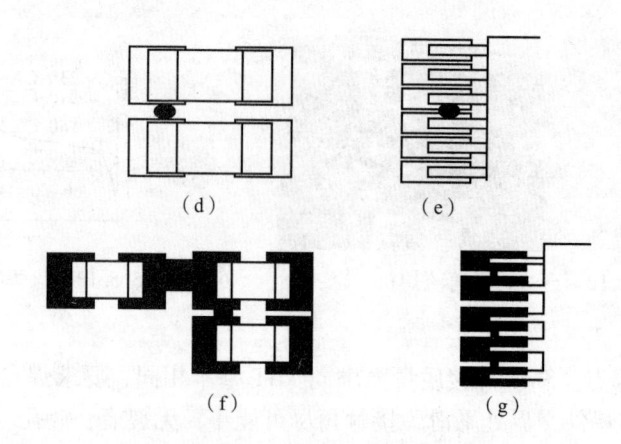

图 5.5.16　常见 SMT 焊接缺陷（续）

(d)、(e) 焊球现象；(f)、(g) 桥接

（3）再流焊特点。再流焊与波峰焊技术相比，再流焊有以下特点：

①不像波峰焊，要把元器件直接浸渍在熔融的焊料中，所以元器件受到的热冲击小。能控制焊料的施加量，避免了虚焊、桥接等焊接缺陷，因此焊接质量好，可靠性高。

②有自定位效应，当元器件贴放位置有一定偏离时，由于熔焊料表面张力的作用，当全部焊端或引脚与相应焊盘同时被浸润时，能在表面张力的作用下自动被拉回到近似目标位置的现象。

③焊接中一般不能混入不纯物，要用焊膏时，要保证焊料的组分。

④可以采用局部加热热源，从而可在同一基板上采用不同焊接工艺进行焊接。

⑤工艺简单，修板的工作极小。

2. 再流焊的分类

（1）按再流焊加热区域可分为两大类：一类是对 PCB 整体加热；另一类是对 PCB 局部加热。

（2）对 PCB 整体加热再流焊可分为：热板再流焊、红外再流焊、热风再流焊、热风加红外再流焊、气相再流焊。

（3）对 PCB 局部加热再流焊可分为：激光再流焊、聚焦红外再流焊、光束再流焊、热气流再流焊。

3. 再流焊的工艺要求

（1）要设置合理的再流焊温度曲线。再流焊是 SMT 生产中的关键工序，不恰当的温度曲线设置会导致出现焊接不完全、虚焊、元件翘立、锡珠多等焊接缺陷，影响产品质量。

（2）要按照 PCB 设计时的焊接方向进行焊接。

（3）焊接过程中，严防传送带振动。

（4）再流焊必须对首块印制板的焊接效果进行检查。检查焊接是否完全，有无焊膏融化不充分的痕迹，焊点表面是否光滑，焊点开头是否呈半球状、焊料球和残留物、连焊和虚焊的情况等；此外，还要检查 PCB 表面颜色变化情况。要根据检查结果适当调整温度曲线。在批量生产过程中要定时检查焊接质量的情况，及时对温度曲线进行调整。

5.5.7 FM 微型（电调谐）收音机

1. FM 微型（电调谐）收音机特点

采用电调谐单 FM 收音机集成电路，调谐方便、接收频率为 87~108 MHz、接收灵敏度，外形小巧，便于随身携带，如图 5.5.17 所示。

图 5.5.17 FM 微型收音机

电源范围大（1.8~3.5 V），充电电池（1.2 V）和一次性电池（1.5 V）均可工作。

2. 工作原理

电路的核心是单片收音机集成电路 SC1088，它采用特殊的低中频（70 MHz）技术，外围电路省去了中频变压器和陶瓷滤波器，使电路简单可靠，调试方便。SC1088 采用 SOT16 脚封装，SC1088 的功能引脚如表 5.5.4 所示。

表 5.5.4 FM 收音机集成电路 SC1088 引脚功能

引脚	功能	引脚	功能	引脚	功能	引脚	功能
1	静噪输出	5	本振调谐回路	9	IF 输入	13	限幅器失调电压电容
2	音频输出	6	IF 反馈	10	IF 限幅放大器的低通电容器	14	接地
3	AF 环路滤波	7	1 dB 放大器的低通电容器	11	射频信号输入	15	全通滤波电容 搜索调谐输入
4	V_{CC}	8	IF 输出	12	射频信号输入	16	电调谐 AFC 输出

3. FM 信号输入

FM 微型（电调谐）收音机原理如图 5.5.18 所示。调频信号由耳机线经 C_{14}、C_{15} 和 L_3 的输入电路进入 IC 的 11、12 脚混频电路，此处的 FM 信号没有调谐的调频信号，即所有调频电台信号均可进入。

4. 本振调谐电路

本振电路中关键元件是变容二极管，它是利用 PN 结构的结电容与偏压有关的特性制成的"可变电容"。

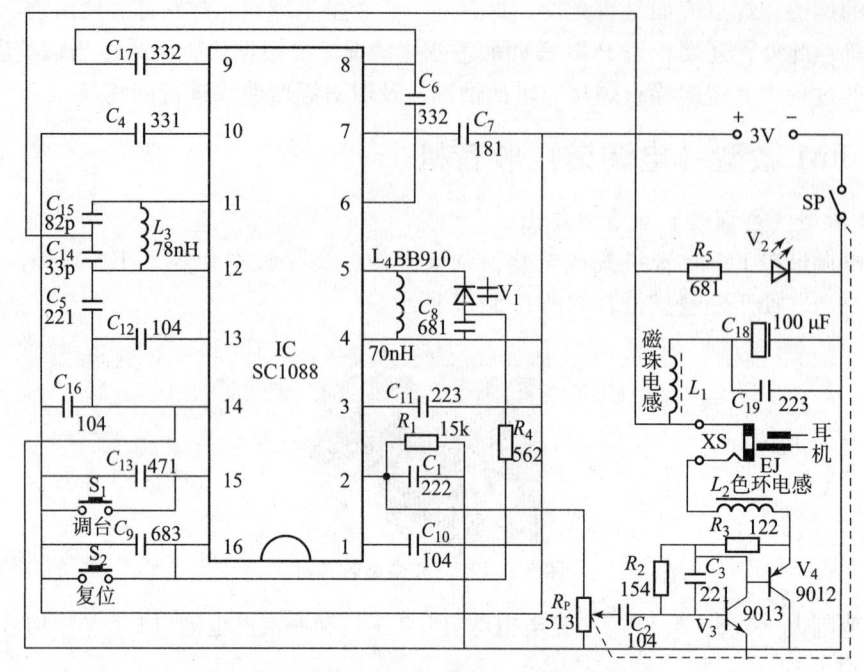

图 5.5.18 FM 微型（电调谐）收音机原理图

如图 5.5.19（a）所示，变容二极管加反向电压 U_d，其结电容 C_d 与 U_d 的特性如图 5.5.19（b）所示，是非线性关系。这种电压控制的可变电容广泛应用于电调谐、扫频仪等电路。

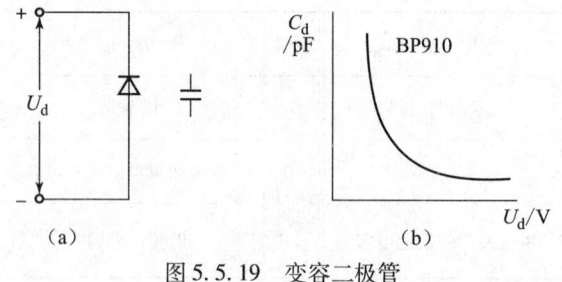

图 5.5.19 变容二极管
(a) 电路图；(b) 特性曲线

图 5.5.18 中，控制变容二极管 V_1 的电压由 IC 第 16 脚给出，当按下扫描开关 S_1 时，IC 内部的 RS 触发器打开恒流源，由 16 脚向电容 C_9 充电，C_9 两端电压不断上升，V_1 电容量不断变化，由 V_1、C_8、L_4 构成的本振电路的频率不断变化而进行调谐。当收到电台信号后，信号检测电路使 IC 内的 RS 触发器翻转，恒流源停止对 C_9 充电，同时在 AFC（Automatic Freguency Control）电路作用下，锁住所接收的广播节目频率，从而可以稳定接收电台广播，直到再次按下 S_1 开始新的搜索。当按下 Reset 开关 S_2 时，电容 C_9 电波，本振频率回到最低端。

5. 中频放大

限幅与鉴频电路的中频放大，限幅及鉴频电路的有源器件及电阻均在 IC 内。FM 广播信号和本振电路信号在 IC 芯片中混频 70 kHz 的中频信号，经内部 1 dB 放大器、中频限幅器，送到鉴频器检出音频信号，经内部环路滤波后由 1 脚输出音频信号。电路中 1 脚的 C_{10} 为静噪电容，3 脚的 C_{11} 为 AF（音频）环路滤波电容，6 脚的 C_6 为中频反馈电容，7 脚的 C_7 为低通电容，8 脚与 9 脚之间的电容 C_{17} 为中频耦合电容，10 脚的 C_4 为限幅器的低通电容，13 脚的 C_{12} 为中限幅器失调电压电容，C_{13} 为滤波电容。

6. 耳机放大电路

由于用耳机收听，所需功率很小，本机采用了简单的晶体管放大电路，2 脚输出的音频信号经电位器 R_P 调节电量后，由 V_3、V_4 组成复合管甲类放大。R_1 和 C_1 组成音频输出负载，线圈 L_1 和 L_2 为射频与音频隔离线圈，这种电路耗电大小与有无广播信号以及音量大小关系不大，因此不收听时要关断电源。

7. 实习产品安装工艺

FM 微型（电调谐）收音机的安装流程和步骤如图 5.5.20 所示。

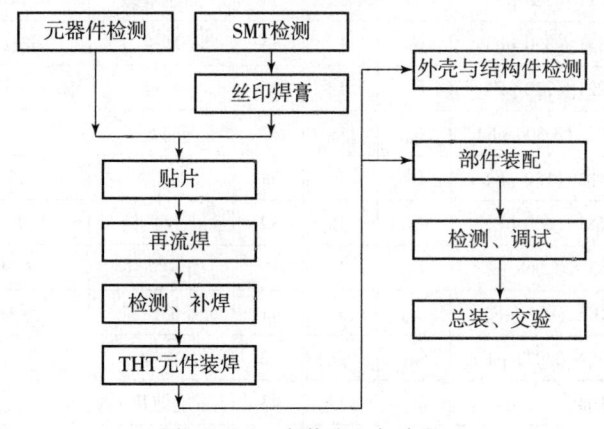

图 5.5.20　安装流程与步骤

8. SMT 的基本知识

（1）SMT 及 SMD 特点及安装要求。

（2）SMB 设计及检测。

（3）SMT 工艺过程。

（4）再流焊工艺及设备。

（5）SMT 收音机的简单原理。

（6）SMT 收音机的结构及安装要求。

9. 验仪器与器材

（1）焊膏印刷机 1 台（分组共用）。

（2）台式焊膏印刷机 1 台（分组共用）。

（3）焊接工具 1 套。

（4）FM47 万用表 1 块。

（5）ZX2031 收音机套件 1 套。

10. FM 收音机材料清单

FM 收音机材料清单如表 5.5.5 所示，请按照材料清单检查 FM 收音机元器件。

表 5.5.5 FM 收音机材料清单

序号	名称	型号规格	位号	数量	序号	名称	型号规格	位号	数量
1	贴片电阻	153（15 kΩ）	R_1	1	26	贴片集成块	SC1088	IC	1
2	贴片电阻	154（150 kΩ）	R_2	1	27	贴片三极管	9014	V_3	1
3	贴片电阻	122（1.2 kΩ）	R_3	1	28	贴片三极管	9012	V_4	1
4	贴片电阻	562（5.6 kΩ）	R_4	1	29	二极管	BB910	V_1	1
5	插件电阻	681（680Ω）	R_5	1	30	二极管	LED	V_2	1
6	电位器	51 kΩ	R_P	1	31	磁珠电感		L_1	1
7	贴片电容	222（2 200 pF）	C_1	1	32	色环电感		L_2	1
8	贴片电容	104（0.1 μF）	C_2	1	33	空芯电感	78 nH 8 圈	L_3	1
9	贴片电容	221（220 pF）	C_3	1	34	空芯电感	70 nH 5 圈	L_4	1
10	贴片电容	331（330 pF）	C_4	1	35	耳机	32Ω×2	EJ	1
11	贴片电容	221（220 pF）	C_5	1	36	导线	φ0.8 mm×6 mm		2
12	贴片电容	332（3 300 pF）	C_6	1	37	前盖			1
13	贴片电容	181（180 pF）	C_7	1	38	后盖			1
14	贴片电容	681（680 pF）	C_8	1	39	电位器钮	内、外	SCAN 键	各1
15	贴片电容	683（0.068 μF）	C_9	1	40	开关按钮	有缺口	Reset 键	1
16	贴片电容	104（0.1 μF）	C_{10}	1	41	开关按钮	无缺口		
17	贴片电容	223（0.022 μF）	C_{11}	1	42	挂钩		（3 件）	1
18	贴片电容	104（0.1 μF）	C_{12}	1	43	电池片	正、负、连体片		各1
19	贴片电容	471（470 pF）	C_{13}	1	44	印制板	55 mm×25 mm	S_1、S_2	1
20	贴片电容	33（33 pF）	C_{14}	1	45	轻触开关	6×6 二脚		各2
21	贴片电容	82（82 pF）	C_{15}	1	46	耳机插座	φ3.5 mm	XS	1
22	贴片电容	104（0.1 μF）	C_{16}	1	47	电位器螺钉	φ1.6×5		1
23	插件电容	332（3 300 pF）	C_{17}	1	48	自攻螺钉	φ2×8		2
24	电解电容	100 μF（φ6×6）	C_{18}	1	49	自攻螺钉	φ2×5		1
25	插件电容	223（0.022 μF）	C_{19}	1	50	实习指导书	12 页		1

5.5.8 安装前的检查

1. SMB 的检查

要求图形完整、无短、断缺陷；孔位和尺寸正确；表面涂覆（阻焊层）完整。

2. 外壳和结构件

按材料清单清点零件、元器件数量和规格（除表贴元器件外），并检查外壳有无缺陷和外观损伤及耳机。PCB 印刷电路板如图 5.5.21 所示。

(a)　　　　　(b)　　　　　(c)

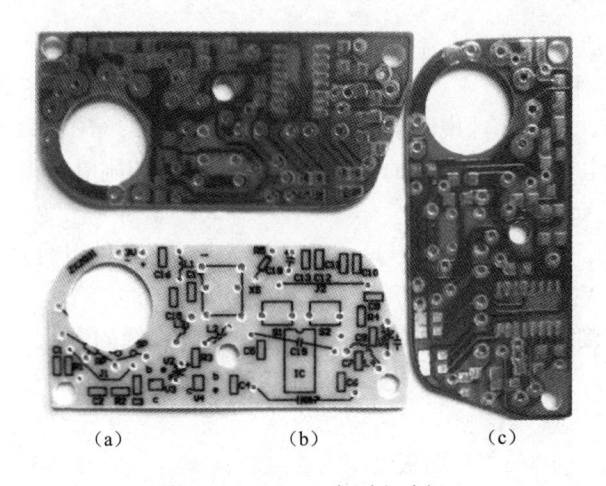

图 5.5.21　PCB 印刷电路板

(a) SMT 贴片安装；(b) THT 插件安装；(c) SMT/THT 综合安装

3. THT 元件的检查

电位器的调节与检查、LED、线圈、电解电容、插座、开关的好坏。V_1 变容二极管、LED、BB9010 二极管的极性如图 5.5.22 所示。

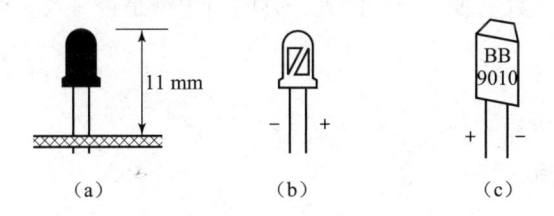

(a)　　　　　(b)　　　　　(c)

图 5.5.22　V_1 变容二极管、LED、BB9010 二极管的极性

(a) LED 安装；(b) LED 正负极；(c) BB910 二极管的极性

5.5.9　贴片与焊接

1. 贴片与焊接要求

贴片与焊接要求详见套件说明书。

(1) 丝印焊膏、检查印刷情况。

(2) 按工序的流程进行贴片。

顺序：C_1/R_1、C_2/R_2、C_3/V_3、C_4/V_4、C_5/R_3、C_6/SC1088、C_7、C_8/R_4、C_9、C_{10}、C_{11}、C_{12}、C_{13}、C_{14}、C_{15}、C_{16}。

特别提示：①SMC 和 SMD 不能用手拿。

②用镊子夹元件时不能夹到引线上。

③IC1088 的标记方向不要认错。

④贴片电容表面没有标签，需要及时、准确、无误地贴到指定的位置。

(3) 及时检查贴片数量和位置。

(4) 再流焊机焊接。

（5）检查焊接的质量和修补不合格的元器件。

2. 安装THT元器件

安装THT元器件，详见套件说明书。

（1）安装和焊接电位器 R_P，安装时电位器要贴紧PCB印刷电路板。

（2）装耳机插座XS。

（3）轻触开关 S_1、S_2，跨接线 J_1、J_2（可用剪下来的元器件引线）。

（4）变容二极管 V_1 极性不能搞错，详见套件说明书。

（5）焊接电源连接线 J_3、J_4，注意区分电源正、负连接线的颜色。

（6）电感线圈 $L_1 \sim L_4$，L_1用磁环电感，L_2用色环电感，L_3用8匝空心线圈，L_4用5匝空心线圈。

（7）电解电容 C_{18}（100 μF）贴板装。

（8）发光二极管 V_2，注意管脚的高度、极性，详见套件说明书。

5.5.10 调试与安装

1. 调试

（1）元器件焊接完成后，要仔细检查有无虚焊、错焊、漏焊、桥接、飞溅等缺陷现象。元件的型号、规格、数量级、安装位置，方向与图纸是否一致。检查无误后，进行下一步测量总电流。

（2）测量总电流。

①将电源线焊到电源卡子上；

②关闭电位器开关后，装上电池；

③插入耳机；

④用数字万用表200 mA或指针式万用表的50 mA挡，将表笔跨接在开关两端，测量电流，指针式万用表的红表笔接正极，黑表笔接负极，如图5.5.23所示。

注意：测量时，如果电流为零或超过35 mA应检查电路。正常电流应为7~30 mA（与电源的电压有关），LED电源指示灯点亮。电流和电压参考数字如表5.5.6所示。

（3）搜索电台广播。如果电流在正常范围内，可按 S_1 搜索电台广播，只要元器件质量完好，安装正确，焊接可靠，不用调任何部分即可接收到电台广播。

如果收不到广播应仔细检查电路，特别要检查有无错装、虚焊、漏焊等缺陷。

（4）调接收频段（调覆盖）。我国调频广播的频率范围为87~108 MHz，调试时可找一个当地频率最低的FM电台（例如：北京文艺台为87.6 MHz）适当改变 L_4 的匝间距，使按Reset（S_1）键后第一次按Scan（S_2）键可收到这个电台。由于SC1008集成度高，如果元器件一致性比较好，一般收到低端电台后均可覆盖FM频段，故可不调高端而仅做检查（可用一个成品FM收音机对照检查）。

（5）调灵敏度。本机灵敏度由电路及元器件决定，一般不用调整，调好覆盖后即可正常收听，无线电爱好者可在收听频段中间电台（例为97.4 MHz音乐台）时适当调整 L_4 匝间距，使灵敏度最高（耳机监听音量最大），不过实际效果不太明显。

(a)   (b)

图 5.5.23　万用表检测电压和电流

(a) 万用表测量电压；(b) 万用表测量电流

表 5.5.6　电流和电压参考数字

工作电压/V	1.8	2	2.5	3	3.2
工作电流/mA	8	11	17	24	28

2. 安装

（1）蜡封线圈。调试完成后将适量泡沫塑料载入线圈 L_4（注意不要改变线圈形状及匝距），滴入适量蜡油使线圈固定。

（2）固定 SMB/装外壳。

①将外壳面板平放到桌面上（注意不要划伤面板）。

②将两个按钮帽放入孔内，如图 5.5.24 所示。

注意：Scan（S_2）键帽上有缺口，放键帽时要对准机壳上的凸起（即放在靠近耳机插座这边的按键孔内），Reset 键帽上无缺口（即放在 R_4 这边的按键孔内）。

③将 SMB 对准位置放入壳内。

注意对准 LED 位置，若有偏差可轻轻掰动，偏差过大必须重焊。注意三个孔与外壳螺柱的配合。注意电源线，不妨碍机壳装配。

④装上中间螺钉，螺钉旋入手法，如图 5.5.25 所示。

⑤装电位器旋钮，注意旋钮上凹点位置（参照图 5.5.17 外形图）。

⑥装后盖，拧紧两边的两个螺钉。

⑦装卡子。

3. 验收

总装完毕，装入电池，插入耳机进行检查，要求：

（1）电源开关手感良好。

（2）音量正常可调。

图 5.5.24　螺钉位置　　　　　图 5.5.25　紧固螺钉

（3）收听正常。
（4）表面无损伤。

5.5.11　实验报告

书写 ZX2031 调频收音机实验报告（内容如下）。
（1）SMT 知识链接。
（2）常用贴片元件的介绍：
①SMT 贴片电阻。
②SMT 贴片电容。
③SMT 贴片电容特性及作用。
　a. 耦合电容；
　b. 滤波电容；
　c. 退耦电容；
　d. 旁路电容；
　e. 负载电容；
　f. 加速电容。
④二极管的检测与极性的判别。
⑤贴片三极管型号。
⑥贴片三极管检测与极性的判别。
⑦THT 与 SMT 的区别。
⑧个人实习心得体会。

5.6　频率显示器的设计与制作

学会频率、时基、闸门、译码显示电路的设计和制作。频率显示器要将所测交流信号进行降压、整形后形成脉冲信号，其频率与被测信号的频率相同。时基电路提供标准时间基准信号，电路的高电平能持续时间为 1 s，此时闸门电路打开，被测脉冲信号通过闸门时，计数器开始计数，直到 1 s 信号结束时，闸门才关闭，停止计数。1 s 时间内通过闸门脉冲个数为被测信号的频率值。要求电路简单易行,能够对频率进行监测和显示。

5.6.1 实验目的

测试技术指标:
(1) 要求电源输出 5 V 电压。
(2) 要求分频电路输出 1 Hz 的脉冲信号。
(3) 要求电路能够计数和译码,并能够驱动数码管显示数字。
(4) 用电路设计自动化 EDA(Electronic Design Automation)绘制电路原理图、PCB 印制电路板图、电路仿真(Simulation)。画 PCB 板时,接地线、电源线的线宽设置为:接地线 100 mil,电源线 40 mil,信号线 20 mil,数码管器件在绘制时,应注意各引脚与实物图的对应关系。数码管正面朝上,从左往右为 1~5 引脚,分别对应 g、f、com、a、b;下面一排 5 个引脚从左往右为 6~10 引脚,分别对应 e、d、com、c、dp。
(5) 用雕刻机雕刻 PCB 板。
(6) 将元器件贴装在 PCB 板。
(7) 调试并检查各参数。

5.6.2 实验设备及器材

(1) 计算机一台。
(2) 雕刻机一台;贴片流水线机组(分组共用)。
(3) 万用表一块。
(4) 常用工具一套。
(5) 套装元器件一袋。
(6) 元件清单(表 5.6.1)。
(7) 贴装要求(参考本书)进行设计。

表 5.6.1 元件清单

序号	名称	型号及参数	数量	序号	名称	型号及参数	数量
1	三端集成稳压器	LM317	1	12	电阻	47 kΩ	1
2	集成芯片	CD4060	1	13		*560 Ω	14
3		CD4013	1	14	电位器	5 kΩ	1
4		CD4017	1	15	电容	0.1 μF	3
5		CD4011	1	16	电解电容	2 200 μF	1
6		CD4026	2	17		10 μF	1
7	变压器	220 V/18 V	1	18		1 μF	1
8	整流二极管	1N4001	6	19	晶体振荡器	32.768 kHz	1
9	电阻	240 Ω	1	20	数码管	七段式共阴极	2
10		1 MΩ	2	21	插座	二脚插座	3
11		100 kΩ	1				

5.6.3 频率显示器工作原理

1. 频率显示电路框图

频率显示器电路以数字器件为核心,由电源电路、时基电路、逻辑控制电路、整形与闸门电路、计数译码电路、显示电路六大部分组成。其原理框图如图5.6.1所示。

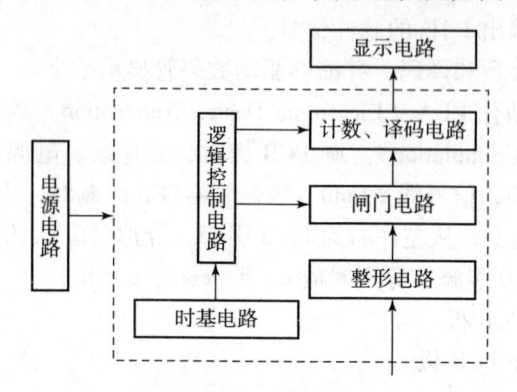

图 5.6.1 频率显示器电路框图

2. 频率显示器原理图(图5.6.2)

5.6.4 电源的制作与电路的仿真验证

1. 稳压电源的制作

电源电路由变压、整流、滤波、稳压电路组成。在此设计中变压电路采用 220 V/18 V 的变压器;整流电路是采用整流桥实现,也可以采用四个整流二极管组成桥式整流(例如用1N4001);滤波采用电容滤波实现;稳压电路采用 LM317 三端集成稳压器实现,本设计中可输出 1.25~27 V 电压,将输出 5 V 直流电压加个芯片供电即可。具体原理图如图5.6.3所示。

2. 贴装要求

贴装要求参考说明书。

5.6.5 思考题

(1) 我国的频率标准为 50 Hz(交流电在 1 s 内正弦参数交变的次数是 50 次)。该频率显示器能否达到显示标准?如何设计?

(2) 如何用单片机设计和显示数码管或液晶屏?

(3) 七段共阴数码管是如何工作的?

5.6.6 实验报告

(1) 请同学们将测试数据填写在稳压电源技术指标测试记录表格中(自制)。

(2) 填写测试报告后由上课老师检验合格、答辩合格,登记打分。

(3) 在登记册上填写实验仪器有无损坏,实验工具有无缺失或损坏,填写实习日期和签名。

第 5 章 实践与创新　**301**

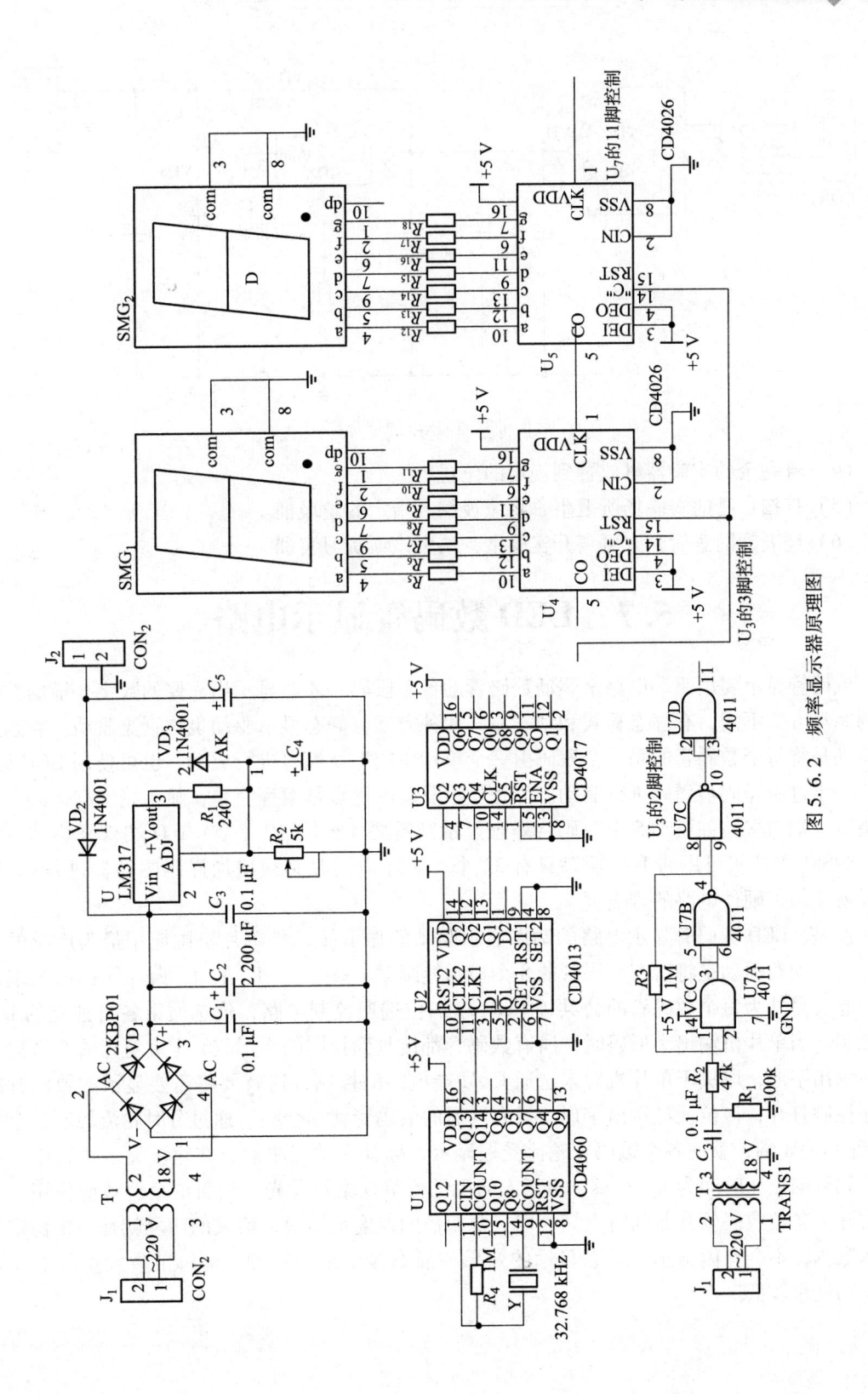

图 5.6.2　频率显示器原理图

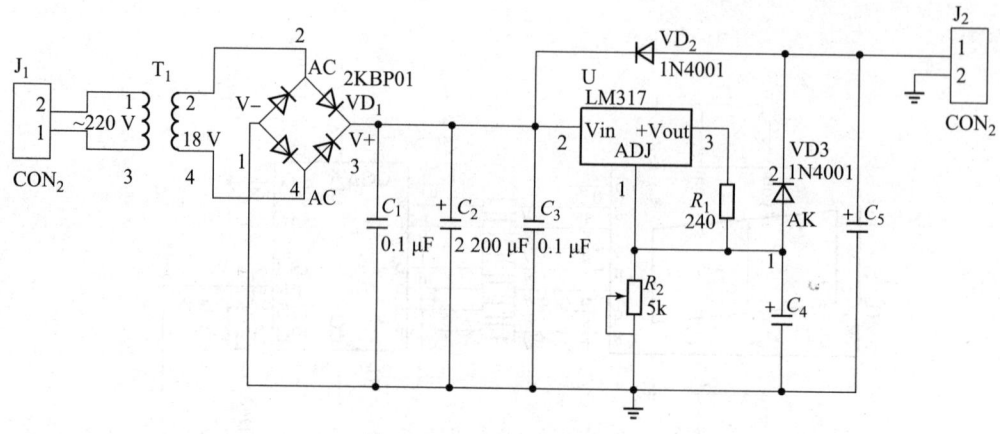

图 5.6.3 稳压电源原理图

（4）将剩余的实验器材放置到规定的位置。
（5）打扫自己的实验场所卫生，将垃圾倒入指定的垃圾桶。
（6）经老师同意后，方可离开实验室，结束该项实习实训。

5.7 LED 数码管显示电路

数码管显示要用驱动电路来驱动数码管的各个段码，才能显示出需要的数字，根据数码管的驱动方式不同，有静态显式和动态显式两种方案，静态显示驱动也称直流驱动。静态显示驱动是将每个数码管的每一个段码由一个单片机的 I/O 端口进行驱动，也可使用 BCD 码，如二—十进制译码器译码进行驱动。静态显示驱动的优点是编程简单，显示亮度高，缺点是占用 I/O 端口多，如驱动 5 个数码管静态显示则需要 $5 \times 8 = 40$（个）I/O 端口来驱动，但是，89S51 单片机可用的 I/O 端口只有 32 个，实际应用时必须增加译码驱动器进行驱动，这样就增加了硬件电路的难度。

但是，LED 数码管显示电路的动态显示驱动的显示接口是单片机中应用最为广泛的显示方式。动态驱动是将所有数码管的 8 个显示笔画"a，b，c，d，e，f，g，g"的同名端连在一起，另外为每个数码管的公共极 COM 增加位选通控制电路，位选通由各自独立的 I/O 线控制，当单片机输出字形码时，所有数码管都接收到相同的字形码，但究竟是哪个数码管会显示出字形，取决于单片机对未选通 COM 端电路的控制，这就要将需要显示的数码管的选通控制打开，该位就显示出字形，没有选通的数码管就不会亮。通过分时轮流控制各个数码管的 COM 端，就使各个数码管轮流受控显示，称其为动态驱动。在轮流显示过程中，每位数码管的点亮时间为 1～2 ms，由于人的视觉暂留现象及发光二极管的余辉效应作用，尽管实际上各位数码管并非同时点亮，但只要扫描的速度足够快，给人的印象就是一组稳定的显示数据，不会有闪烁感，动态显示的效果和静态显示是一样的，能够节省大量的 I/O 端口，功耗也较低。

5.7.1 实验目的

（1）理解 LED 数码管显示电路的动态显示驱动原理。
（2）利用 AD10 软件画原理图和 PCB 板图及贴片元件库的制作。
（3）学会雕刻机的使用和操作。
（4）能进行贴片机的操作与使用。

5.7.2 实践设备及器材

（1）计算机一台；
（2）雕刻机一台，贴片流水线机组（分组共用）；
（3）万用表一块；
（4）常用工具一套；
（5）套装元器件一袋。

5.7.3 元器件清单

元器件清单如图 5.7.1 所示。

```
|-----------------------------------------------------------------------|
|Bill Of Materials for 数管.sch on Tue Jun 21 08:42:25 2016              |
|                                                                       |
|项目 数量 参数号 |元件名称 |制造商       |说明                           |
|----+----+------+---------+-------------+-------------------------------|
|1    |1   |U3    |74LS245, |             |                               |
|     |    |      |74LS245  |             |                               |
|2    |1   |SEG1  |7SEG_1,  |             |                               |
|     |    |      |SEG7_common|           |                               |
|     |    |      |cathode  |             |                               |
|3    |1   |U1    |AT89C2051,|            |                               |
|     |    |      |AT89C2051_SOIC|        |                               |
|     |    |      |20       |             |                               |
|4    |1   |B1    |BUTTON,BUTTON|         |                               |
|5    |1   |C5    |CAP,0.1uF|             |                               |
|6    |2   |C1-2  |CAP,30pF |             |                               |
|7    |2   |C3-4  |CAP+,10uF/25V|         |                               |
|8    |1   |F1    |FUSE_C515,|            |                               |
|     |    |      |500mA    |             |                               |
|9    |1   |LED1  |LED\DS50X|             |                               |
|10   |6   |S1-6  |LOC      |             |location hole                  |
|11   |1   |J1    |MICRO_A, |             |                               |
|     |    |      |MINI-USB |             |                               |
|12   |4   |SH1-4 |MTH157,MTH157|         |                               |
|13   |1   |R9    |RES0402,10k|           |Chip Resistor 0402             |
|14   |1   |R10   |RES0402,1k|            |Chip Resistor 0402             |
|15   |9   |R1-8 R11|RES0402,470|         |Chip Resistor 0402             |
|16   |1   |S7    |SWITCH,switch|         |                               |
|17   |1   |6M    |XTAL     |             |                               |
|-----------------------------------------------------------------------|
```

图 5.7.1 元器件清单

5.7.4 LED 数码管显示电路原理图

LED 数码管显示电路原理如图 5.7.2 所示。

图 5.7.2 LED 数码管显示电路

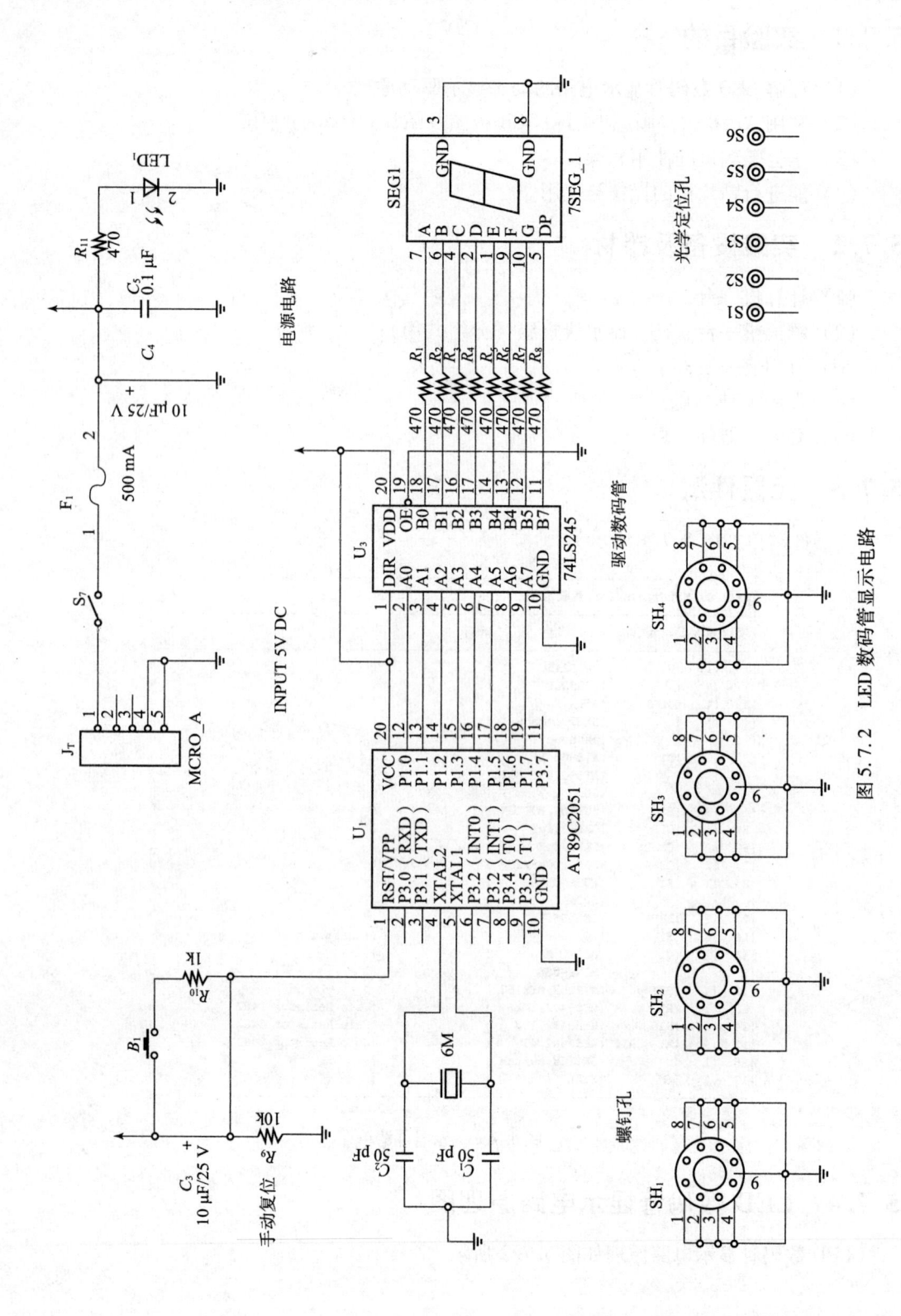

5.7.5 实验报告

实验报告与心得体会（不少于 800 字）。

实习结束后 1 周内上交报告，由班长收齐并排好序，交任课老师。

5.8 手机信号探测电路

移动电话（手机）的信号探测电路，可以检测 GSM 全球移动通信系统频带，在约 900 MHz 的信号。由于信号是数字化编码，它可以检测到活动的信号，而不是语音或消息内容，耳机可听检测到的信号。

5.8.1 实验目的

（1）了解移动电话（手机）的信号探测电路原理。
（2）用 AD10 软件绘制移动电话（手机）的信号探测原理图和印制板图。
（3）正确识别、检测所用元器件，判断元件管脚，区分元件的好坏。
（4）学会安装和测试。

5.8.2 实验设备及器材

计算机一台、雕刻机一台、万用表一块、常用电工组合工具一套、元器件一套。

5.8.3 元器件清单

元件清单如图 5.8.1 所示。

Comment	Description	Designator	Footprint	LibRef
9V Battery	Multicell Battery	BT1	BAT-2	Battery
Cap Semi	Capacitor (Semiconductor)	C1, C2	C0805	Cap Semi
Cap Pol3	Polarized Capacitor (Surfa	C3, C4	C0805	Cap Pol3
BAT43	Default Diode	D1, D2	SMB	Diode
Antenna	Generic Antenna	E1, E2	PIN1	Antenna
Phonejack3	Jack Socket, 1/4" [6.5mn	J2	JACK/6-V3	Phonejack3
Inductor	Inductor	L1, L2	INDC4532	Inductor
LED红	Typical RED, GREEN, YE	LED	C0805	LED2
Res3	Resistor	R1, R2, R3, R4, R5, R6,	C0805	Res3
SW-SPST	Single-Pole, Single-Throw	S1	SPST-2	SW-SPST
LM358AM	Low Power Dual Operatio	U1	M08A_N	LM358AM

图 5.8.1　元件清单

5.8.4 电路原理图

手机信号探测电路原理如图 5.8.2 所示。

图 5.8.2 手机信号探测电路原理

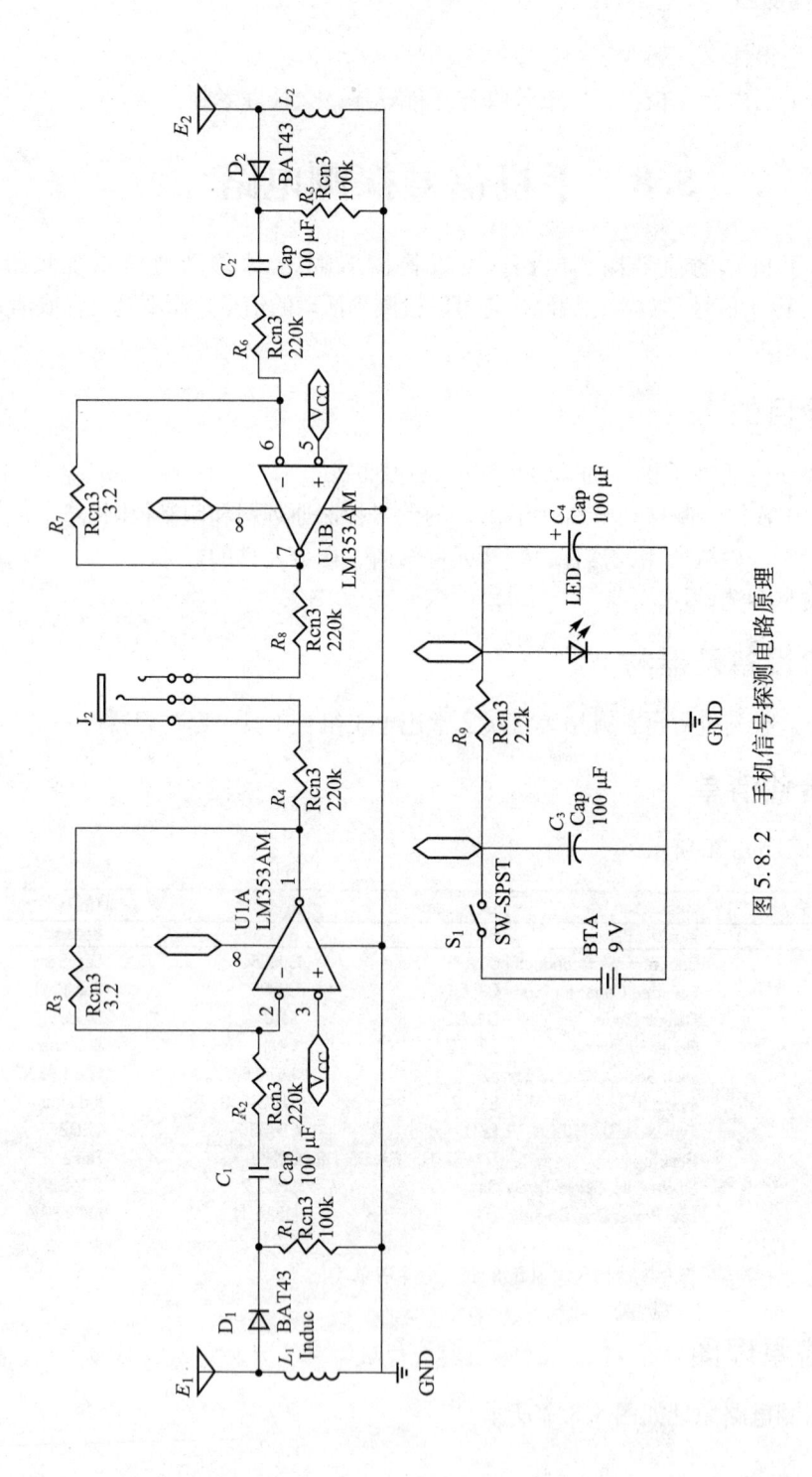

5.8.5 PCB 板图

PCB 板如图 5.8.3 所示。

5.8.6 元器件的识别

（1）贴片电阻识别：学习查封装号，根据电路板的尺寸大小，选择使用的型号和规格。

（2）电容值识别：学习查封装号，根据电路板的尺寸大小，选择使用的型号和规格。

（3）元器件的识别：学习元器件的型号、元器件在印制板上的安装及焊接。在规定时间内焊出一定数量的合格焊点（贴片元器件）。

（4）学会用万用表测量所焊器件的质量好与坏，将测量结果填入表 5.8.1。

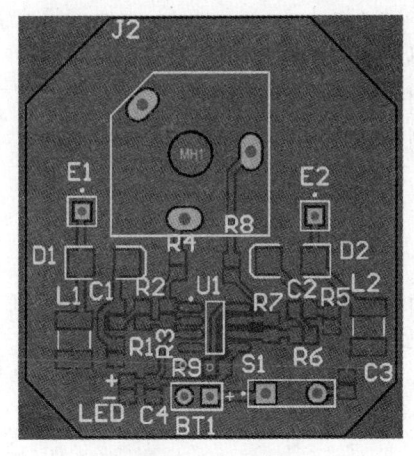

图 5.8.3　PCB 板

表 5.8.1　万用表测量元器件的焊接质量检查数据

序号	元件标志（按标号顺序写）	万用表测量			焊接质量检查	
		万用表量程	读数	阻值	好	坏
1						
2						
3						
4						
5						

（5）学会用万用表测量二极管和三极管的极性。
（6）画出电路的原理图：确定电路中各元件参数。
（7）通过仿真验证电路设计正确性。

5.8.7 实验报告

实验报告与心得体会（不少于 800 字）。

实习结束后 1 周内上交报告，由班长收齐并排好序，交任课老师。

5.9　超声波测距

超声波测距采用 MCS-51 系列单片机作为主控芯片，能够实现超声波测距、数据显示、参数设置等功能。该系统可以通过超声波模块测量系统到障碍物之间的距离并用数码管显示出来，用户还可以通过按键设置下限报警距离，假如测量的距离低于设置的报警值则通过蜂鸣器发声提醒用户超出允许范围。

5.9.1　实验目的

（1）利用学习过的模拟电子技术、数字电路技术、单片机原理与应用等知识，了解超声波测距的原理，并选用合适的元器件和系统设计方案。

（2）完成键盘的设计，分配好各个按键输入对应单片机各口的控制信息。

（3）完成数码管显示电路的设计，实现具体的控制、提示信息的显示。

（4）完成超声波测距电路的设计，使其能够准确测量距离。

（5）查阅文献资料、完成实验报告。

5.9.2　实验设备及器材

（1）万用表、计算机、单片机烧写器软件：AD10 软件、Keil 软件、雕刻机、贴片机等；

（2）常用工具一套；

（3）元器件一套。

5.9.3　元器件清单

元器件清单如表 5.9.1 所示。

表 5.9.1　元器件清单

型号规格	名称	位号	数量
10 k	电阻	R_{14}	1
10 μF	电容	C_1	1
12 M	晶振	Y_1	1
D 指示灯	发光二极管	D_1	1
DS04	数码管	DS_1	1
sw - 灰色	电源开关	SW_1	1
U1	单片机	U_1	1
蜂鸣器	蜂鸣器	B_1	1
9012	三极管	Q_5	1
20	电容	C_2，C_3	2
Header 4	超声波接口	P_1	1
SW - PB 独立按键	按键	S_1，S_2，S_3，S_4	4
9012	三极管	Q_1，Q_2，Q_3，Q_4	4
2 k	电阻	R_4，R_5，R_6，R_7，R_{13}，R_{15}	6
1 k	电阻	R_1，R_2，R_3，R_8，R_9，R_{10}，R_{11}，R_{12}	8

5.9.4　原理图设计

超声波测距电路原理图如图 5.9.1 所示。

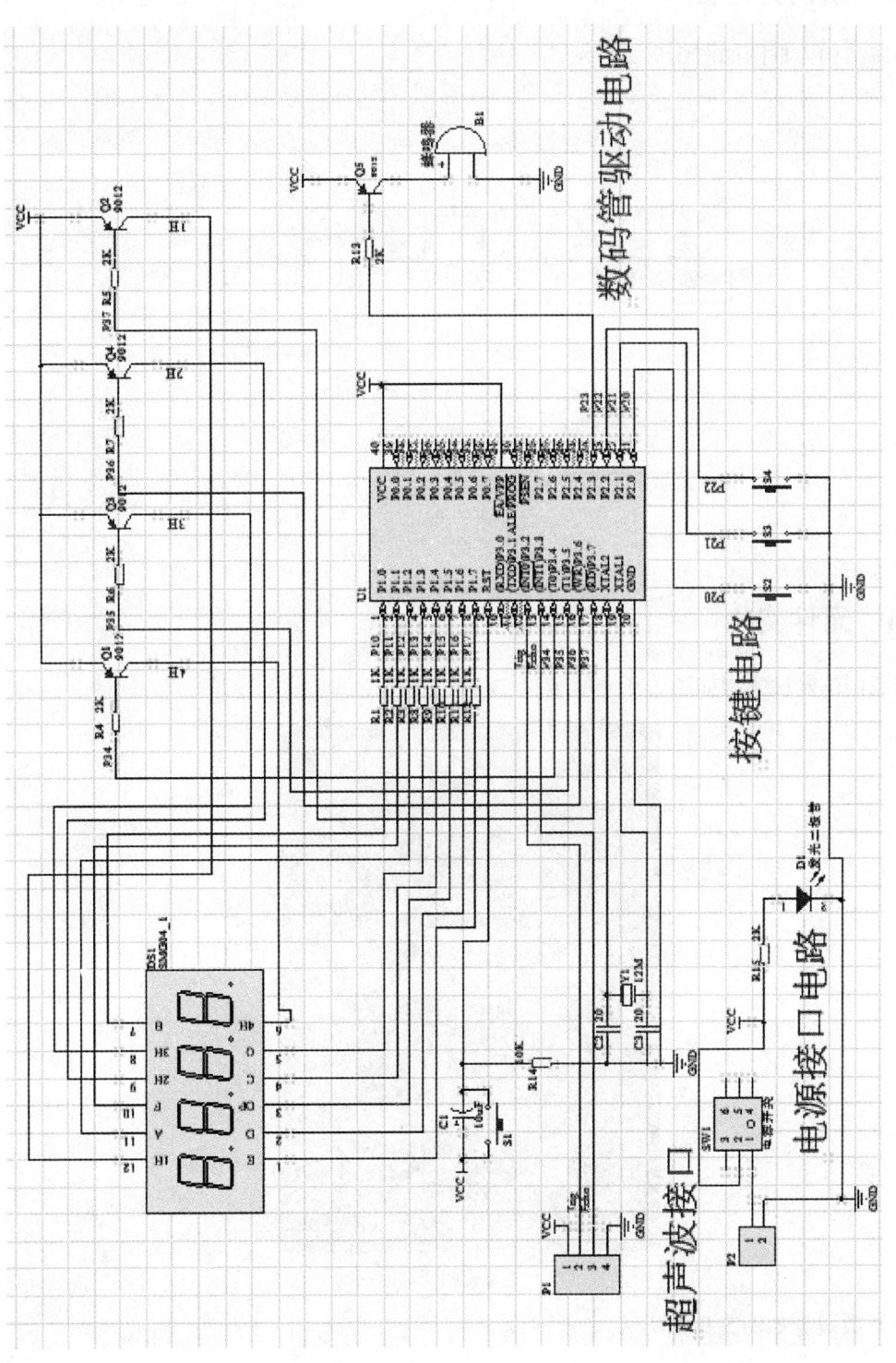

图 5.9.1　超声波测距电路原理图

5.9.5　结构方框图

系统结构方框图如图 5.9.2 所示。

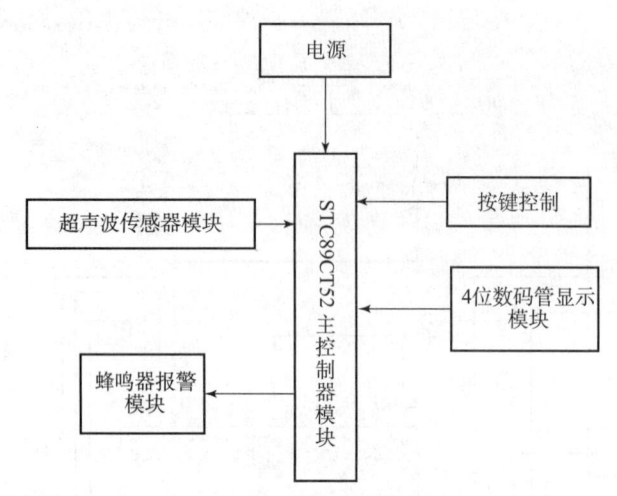

图 5.9.2　系统结构方框图

5.9.6　元件实物

安装调试好后实物如图 5.9.3 所示。

图 5.9.3　安装调试好后实物

（1）数码管如图 5.9.4 所示。

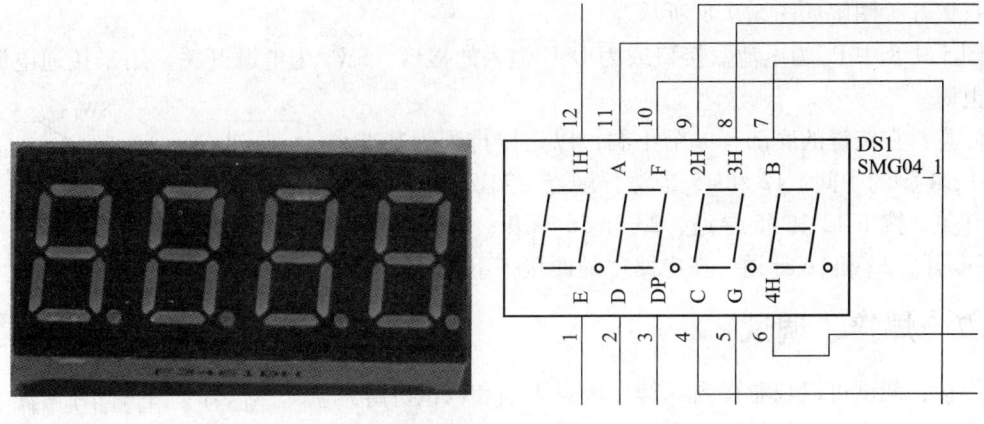

图 5.9.4　数码管

（2）超声波接口如图 5.9.5 所示。

其中 1 脚接正极，2 脚接发射极（P32 口），3 脚接收脚（接 P33 口），4 脚接电源负极（地）。

图 5.9.5　超声波接口

（3）DC 电源插口如图 5.9.6 所示，自锁开关如图 5.9.7 所示。

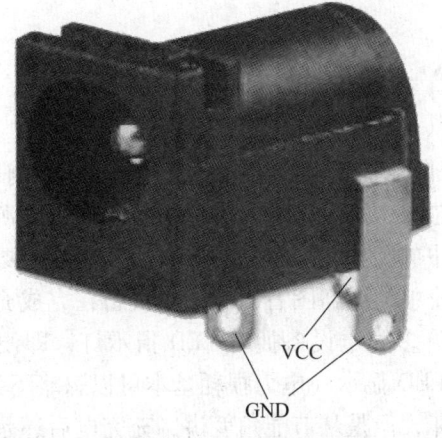

图 5.9.6　DC 电源插口　　　　图 5.9.7　自锁开关

自锁开关图解如图5.9.8所示。

图5.9.8中P_2为电池盒接口或为USB输入的接口；SW_1为电源开关，用来接通电源和断开电源。

注意：在按键的底部有一个小洞，以这样排列为基准小洞在1、4脚的中间。12和45是常开触点，23和56是常闭触点开关，按下13和45导通，23和56断开；开关弹起12和45断开，23和56导通；在电路中随便接一组就可以了。

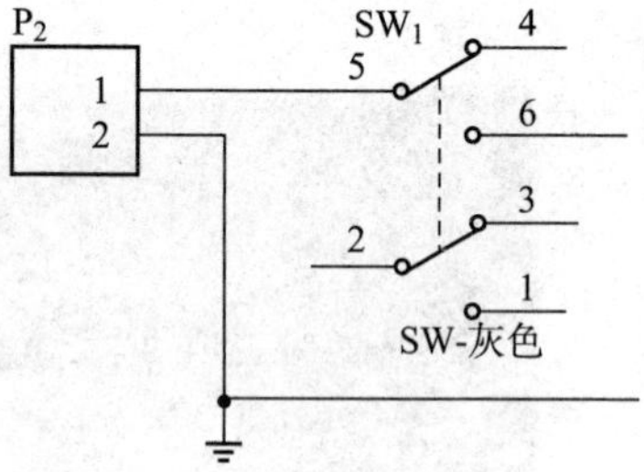

5.9.7 焊接、调试

焊接、调试可以观看视频《焊接注意事项和调试讲解》。

图5.9.8 自锁开关图解

5.9.8 实验报告

（1）写出敏感电阻器应用常识。

①热敏电阻：是一种对温度极为敏感的电阻器，分为正温度系数电阻器和负温度系数电阻器。选用时不仅要注意其额定功率、最大工作电压、标称阻值，更要注意最高工作温度和电阻温度系数等参数，并注意阻值变化方向。

②光敏电阻：阻值随着光线的强弱而发生变化的电阻器，分为可见光光敏电阻、红外光光敏电阻、紫外光光敏电阻，选用时先确定电路的光谱特性。

③压敏电阻：是对电压变化很敏感的非线性电阻器，当电阻器上的电压在标称值内时，电阻器上的阻值呈无穷大状态，当电压略高于标称电压时，其阻值很快下降，使电阻器处于导通状态，当电压减小到标称电压以下时，其阻值又开始增加。压敏电阻可分为无极性（对称型）和有极性（非对称型）压敏电阻。选用时，压敏电阻器的标称电压值应是加在压敏电阻器两端电压的2~2.5倍，另需注意压敏电阻的温度系数。

④湿敏电阻：是对湿度变化非常敏感的电阻器，能在各种湿度环境中使用。它是将湿度转换成电信号的换能器件，选用时应根据不同类型号的不同特点以及湿敏电阻器的精度、湿度系数、响应速度、湿度量程等进行选用。

（2）简述调试过程及心得体会

5.10 开关电源电路

当充电器充电完毕，充电器的IC电路会自动切断电流输入。锂电池设备一般在电路中设有双重保护：第一是机器内部的电源管理芯片；第二是电池的保护板。如果电源管理芯片失去作用，电池的保护板也能防止过充，保护电池。但是正常情况下，建议不要长时间充电，因为，任何产品都有保质期。从充电器简单的电路图看出，充电设备在完成充电后，IC电路会自动判断并切断电源输入，但是由于许多充电设备拥有LED指示灯，即便是断开转换输出后，还是会保留极小一部分电流用于LED显示（电力损耗基本可以忽略不计）。长时间充电不会对数码设备、电池造成影响和损坏，但是从节能角度讲，充完电后还是请将充电器及时拔下来。如需使用请购买正规商家的原配产品。

5.10.1 实验目的

（1）了解开关电源原理。
（2）用 AD10 软件绘制充电器电路原理图和印制版图。
（3）正确识别、检测所用元器件，判断元件管脚，区分元件的好坏。
（4）学会安装和测试。

5.10.2 实验设备及器材

计算机一台、雕刻机一台、贴片机流水线、万用表一块、常用电工组合工具一套、袋装元件 1 套。

5.10.3 元器件清单

开关电源电路元器件清单如图 5.10.1 所示。

聚合的纵队	展示	Comment	Description	Designator	Footprint	LibRef	Quantity
Comment	✓	NPN	NPN Bipolar Transistor	13003	TO-220	NPN	1
Footprint	✓	Cap Pol1	Polarized Capacitor (Radi	C1, C2, C3, C4	RB7.6-15	Cap Pol1	4
		Cap	Capacitor	C5	C2225	Cap	1
		NPN	NPN Bipolar Transistor	C945	TO-226-AA	NPN	1
		Diode 1N4007	1 Amp General Purpose F	D1, D2, D5	SMC	Diode 1N4007	3
		Diode 1N4148	High Conductance Fast D	D3	smc	Diode 1N4148	1
		D Zener	Zener Diode	D4	smc	D Zener	1
		RF93	Default Diode	D6	SMC		1
全部纵队	展示	Res3	Resistor	R1, R4, R5	RESC6332	Res3	3
Address1		Res3	Resistor	R2, R3	C1206	Res3	2
Address2		Trans CT	Center-Tapped Transform	T1	TRF_5	Trans CT	1

图 5.10.1　元器件清单

5.10.4 电路原理图

开关电源电路原理如图 5.10.2 所示。

5.10.5 PCB 板图

开关电源 PCB 板如图 5.10.3 所示。

5.10.6 元器件的识别

（1）贴片电阻识别：学习查封装号，根据电路板的尺寸大小，选择使用的型号和规格。
（2）电容值识别：学习查封装号，根据电路板的尺寸大小，选择使用的型号和规格。
（3）元器件的识别：元器件的型号、元器件在印制板上的安装及焊接。在规定时间内焊出一定数量的合格焊点（贴片元器件）。
（4）学会用万用表测量所焊器件的质量好坏，将测量结果填入表 5.10.1。
（5）学会用万用表测量二极管和三极管的极性。
（6）画出电路的原理图；确定电路中各元件参数。
（7）通过仿真验证电路设计正确性。

表 5.10.1　万用表测量元器件的焊接质量检查数据

序号	元件标志（按标号顺序写）	万用表测量			焊接质量检查	
		万用表量程	读数	阻值	好	坏
1						
2						
3						
4						
5						

5.10.7　实验报告

实验报告与心得体会（不少于 800 字）。

实习结束后 1 周内上交报告，由班长收齐并排好序交任课老师。

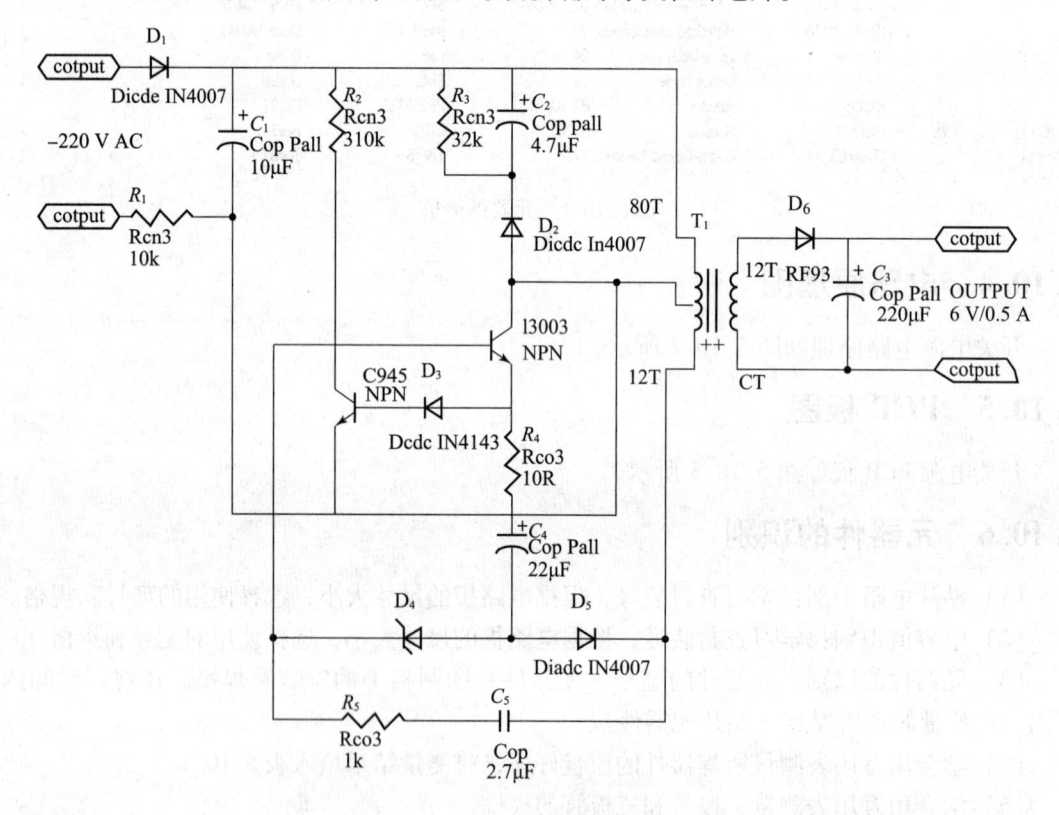

图 5.10.2　开关电源原理

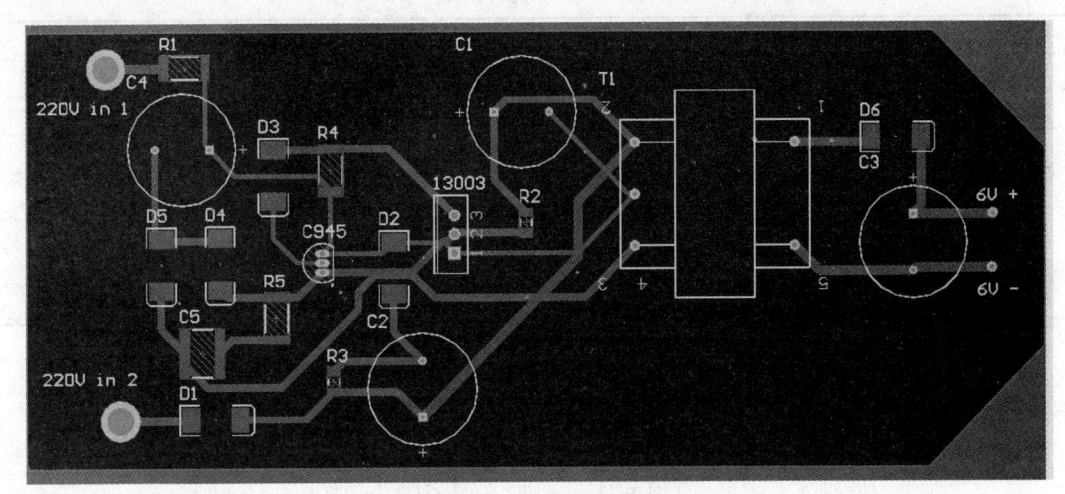

图 5.10.3　开关电源 PCB 板

5.11　基于 LM317 稳压器的设计与制作

LM317 的输出电压是 1.25~37 V（设计输出电压是 1.25~12 V），负载电流最大为 1.5 A。电路设计时，需要两个外接电阻来设置输出电压。要求 LM317 稳压器的线性调整率和负载调整率比标准的固定稳压器好。LM317 内置要有过载保护、安全区保护等多种保护电路。

5.11.1　设计要求

为保证稳压器的输出性能，R 要小于 240 Ω，改变 R_P 阻值即可调整稳压电压值。D_5、D_6 用于保护 LM317。

1. 设计参数

输出电压计算公式：$U_o = (1 + R_P/R) \times 1.25$

2. 性能参数

输入电压：AC≤17 V，DC≤25 V，输出电压：DC1.25~12 V 连续可调，输出电流：1 A。

5.11.2　设计用到的设备和软件

（1）万用表、计算机、AD10 画图软件等，雕刻机、贴片机等。
（2）常用工具一套。
（3）元器件一套。
（4）元件清单。
元件清单如表 5.11.1 所示。

5.11.3　电路原理图

LM317 稳压器电路原理如图 5.11.1 所示。

表 5.11.1 元件清单

序号	名称	型号规格	位号	数量	序号	名称	型号规格	位号	数量
1	电阻	200 Ω	R_1	1	8	散热片			1
2	瓷片电容	104	C_3	1	9	螺丝			1
3	二极管	4007	$D_1 \sim D_6$	6	10	接线座	2P		2
4	熔丝	1 A	F_1	1	11	电位器	5 k		1
5	电解电容	2 200 μF	C_1	1	12	说明书			1
6	电解电容	470 μF	C_2	1	13	电路板			1
7	集成电路	LM317	VR_1	1					

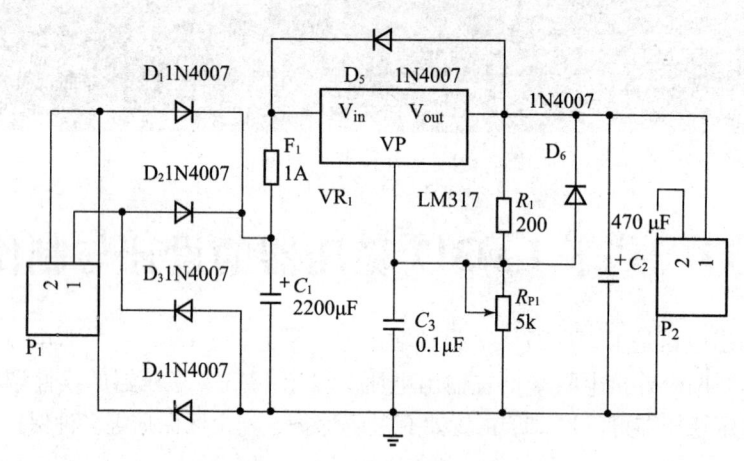

图 5.11.1 LM317 稳压器电路原理

5.11.4 实验报告

（1）调试数据记录。
（2）参考设计参数自己做表格记录。
（3）查阅文献资料、完成实验报告。

5.12 金属传感器

金属传感器通过 CD4069 反相器的同一组输入和输出以及金属线圈产生谐振，在靠近金属时，谐振的频率和幅度会发生变化，正弦波经单稳态多谐振荡器 74HC123D 转换后，变为脉冲信号，经肖特基二极管整流后转变为模拟量输出。

因电容和电阻实际上并不能和计算量完全相等，故若输出电压量偏低，检测距离过小，可通过更换与 74HC123D 的 R_X 相连的电阻大小即可，并且可并联 22 pF 的电容，使电容精调至 1 000 pF。

5.12.1 电路原理图

金属传感器电路原理如图 5.12.1 所示。

图 5.12.1 金属传感器电路原理

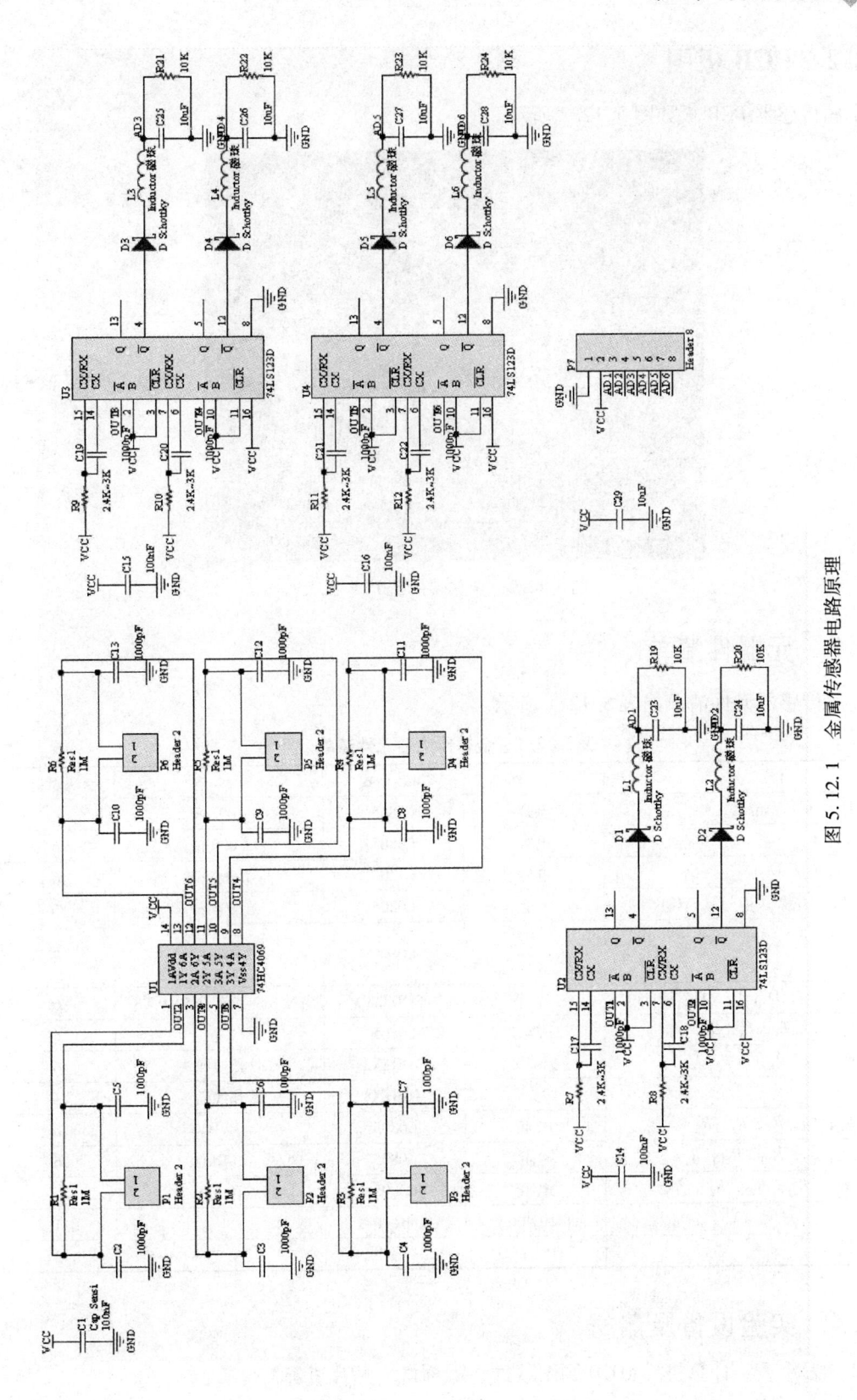

5.12.2 PCB 板图

金属传感器 PCB 板如图 5.12.2 所示。

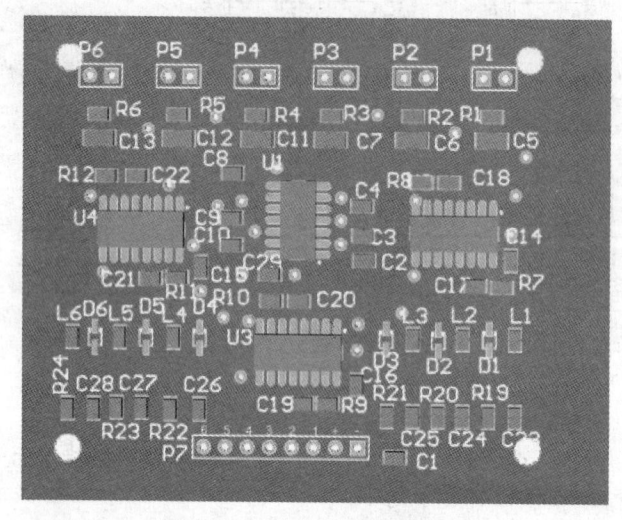

图 5.12.2 金属传感器 PCB 板

5.12.3 元器件清单

金属传感器元件清单如表 5.12.1 所示。

表 5.12.1 金属传感器元件清单

位 号	名 称	封装格式	规 格	数目
C_1,C_{14},C_{15},C_{16}	电容	C0805	100 nF	4
C_2,C_3,C_4,C_8,C_9,C_{10}	电容	C0805	1 000 pF	6
C_5,C_6,C_7,C_{11},C_{12},C_{13}	电容	C1206	1 000 pF	6
C_{17},C_{18},C_{19},C_{20},C_{21},C_{22}	电容	C0805	1 000 pF	6
C_{23},C_{24},C_{25},C_{26},C_{27},C_{28},C_{29}	电容	C0805	10 μF	7
D_1,D_2,D_3,D_4,D_5,D_6	二极管	SOD323	1N5819 或者 IN5819WS	6
L_1,L_2,L_3,L_4,L_5,L_6	磁珠	C0805		6
P_1,P_2,P_3,P_4,P_5,P_6	插头 2	HDR1X2	杜邦线插头	6
P_7	插头 8	HDR1X8	杜邦线插头	1
R_1,R_2,R_3,R_4,R_5,R_6	电阻	C0805	1 MΩ	6
R_7,R_8,R_9,R_{10},R_{11},R_{12}	电阻	C0805	2.4 kΩ	6
R_{19},R_{20},R_{21},R_{22},R_{23},R_{24}	电阻	C0805	10 kΩ	6
U_1	74HC4069	sop-14		1
U_2,U_3,U_4	74HC123D	sop-16		3

5.12.4 实验设备及器材

(1) 万用表、计算机、AD10 画图软件、雕刻机、贴片机等;

(2) 常用工具一套；
(3) 元器件一套。

5.12.5　调试数据记录

参考设计参数自己做表格记录。

5.12.6　实验报告

(1) 调试数据记录。
(2) 参考设计参数自己做表格记录。
(3) 查阅文献资料、完成实验报告。

5.13　彩灯控制电路 1

5.13.1　实验目的

通过课程实验，主要达到以下目的：
(1) 使学生增进对单片机的感性认识，加深对单片机理论方面的理解。
(2) 使学生掌握单片机的内部功能模块的应用，如定时器/计数器、中断、片内外存储器、I/O 口、串行口通信等。
(3) 使学生初步了解和掌握单片机应用系统的软硬件设计、方法及实现，为以后设计和实现单片机应用系统打下良好基础。
(4) 通过实习学会查阅科技期刊、参考书和集成电路手册，能用计算机软件 AD10 对设计电路进行画图、制图，然后在印制板上焊装。

5.13.2　实验要求、内容与进度安排

1. 要求

(1) 整个实习过程要严肃认真、科学求是，确保实习质量。
(2) 在整个实习过程中要服从领导、听从指挥、遵守纪律。
(3) 认真及时完成实习报告。
(4) 设计报告要方案合理、原理可行、参数准确、结论正确。
(5) 答辩要原理正确、内容充实、思路清晰、语言标准规范。

2. 内容

(1) 为学习设计数字钟电路、水位控制电路、彩灯控制电路、抢答器电路、数字频率计、数字电压表电路、电铃控制器、交通灯控制器、电梯控制器、电子密码锁等打下基础。
(2) 掌握课程设计的方法、步骤和设计报告的书写格式。

5.13.3　实验仪器及器件

计算机一台、雕刻机一台、万用表一块、常用电工组合工具一套、实验器件一套。

彩灯控制电路的元件清单如图5.13.1所示。

	A	B	C	D	E	F	G
1	Comment	Description	Designator	Footprint	LibRef	Quantity	PartType
2	Cap Pol3	10uF/16V	C1	C0805		1	Cap Pol3
3	Cap Semi	30PF *2	C2, C3	C1206		2	Cap Semi
4	LED2		D1, D2, D3, D4, D5, D6, D7, D8, D9, D10, …	3.2X1.6X1.1		24	LED2
5	Res3	1k*7　10k*1	R1, R2, R3, R4, R5, R6, R7	J1-0603		7	Res3
6	AT89C2051		U501	20S-SOIC		1	AT89C2051
7	XTAL	HC49USSMD	Y1	HC49USSMD		1	XTAL

图5.13.1　彩灯控制电路所用元件清单

5.13.4　实验原理

本实验所有单片机型号为AT89C2051，如图5.13.2所示。本实验要做的电路是四路循环灯电路，就是用单片机来实现LED的亮、灭、亮、灭……以达到不停地循环闪烁的目的。

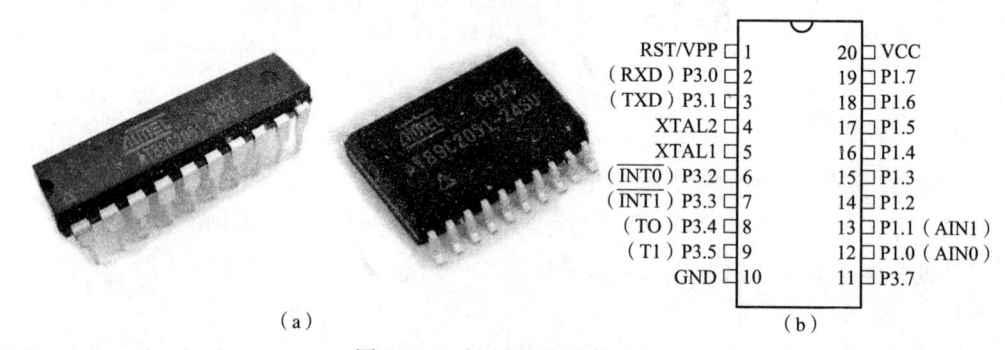

（a）　　　　　　　　　　　　　　（b）

图5.13.2　AT89C2051单片机
（a）实物；（b）引脚

引脚的主要功能如下：

1　复位端
2　输出输入端口P3、0
3　输出输入端口P3、1
4　接晶振
5　接晶振
6　输出输入端口P3、2
7　输出输入端口P3、3
8　输出输入端口P3、4
9　输出输入端口P3、5
10　地
11　输出输入端口P3、7
12　输出输入端口P1、0
13　输出输入端口P1、1
14　输出输入端口P1、2
15　输出输入端口P1、3
16　输出输入端口P1、4
17　输出输入端口P1、5
18　输出输入端口P1、6
19　输出输入端口P1、7
20　电源

彩灯控制电路原理如图5.13.3所示。该电路采用89C2051单片机，其I/O口具有较大的驱动能力和20 mA的灌电流。如图5.13.2所示，P1口的P1.2～P1.7用于对每组灯的亮灭状态进行置位，P3口的A0～A3用于对4组灯进行地址片选。如果要某个灯亮，只要将对应的P1数据口置1（高电平），对应的P3地址线置0（低电平）即可。P1.2～P1.7的6个1 k上拉电阻用于提高灯组的驱动电流。10 k和10 μF电解电容用于对89C2051单片机进行上电复位。彩灯电路PCB板如图5.13.4所示。

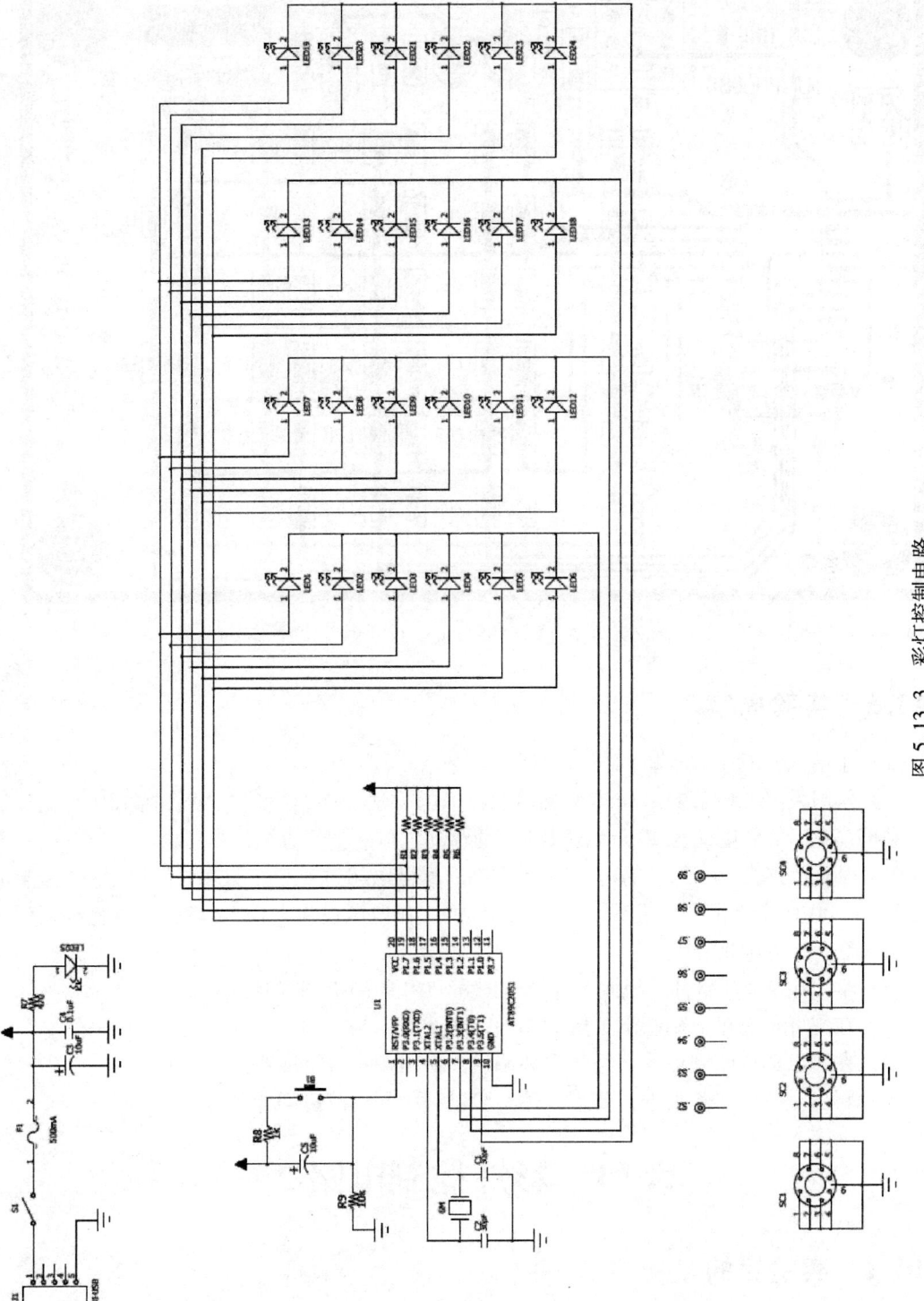

图 5.13.3 彩灯控制电路

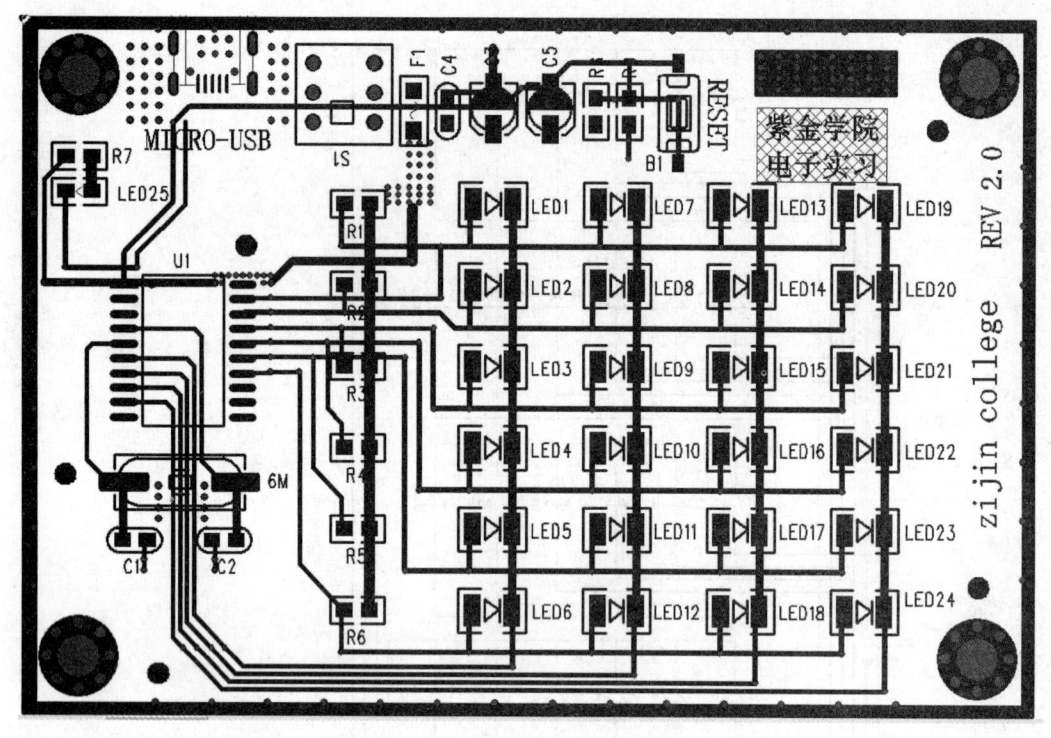

图 5.13.4 彩灯电路 PCB 板

5.13.5 实验内容

（1）了解 89C2051 单片机的技术指标。

（2）学习发光二极管的驱动知识及动态扫描的方法，四组发光二极管指示灯的花样显示，因 89C2051 的灌电流为 20 mA，LED 灯的驱动电流是如何分配的？

在编程显示方式中，每组的灯同时亮的数量不可以超过 4 个，且每个 LED 灯的灌装电流为 5 mA，并且连续显示时间不宜太长。系统的工作电压设为 5 V。电路完成并检查无误后再加电试验（在老师指导下）。

（3）学习用 AD10 软件上机画 Sch 原理图和 PCB 印制板图（单层板）。

（4）在视屏雕刻机上刻制出单层 PCB 印制板图。

（5）在自己刻得印制板上，经过焊装调后，做出一个合格的产品。

（6）写出完整的实验报告：要求详述实验过程中如何解决问题的方法。

5.14 彩灯控制电路 2

5.14.1 实验目的

通过该课程实验，教师可以引导学生从编写和修改小程序开始，联系实际电路，做出一些可应用的实际电路，达到实习实训目的：

(1) 使学生增进对单片机的感性认识,加深对单片机理论方面的理解和兴趣。

(2) 使学生掌握单片机的内部功能模块的应用,如定时器/计数器、中断、片内外存储器、I/O口、串行口通信等。

(3) 使学生初步了解和掌握单片机应用系统的软硬件设计、方法及实现,为以后设计和实现单片机应用系统打下良好基础。

(4) 通过实习使学生学会查阅科技期刊、参考书和集成电路手册,能用计算机软件AD10 和其他应用软件,对设计电路进行画图、制图,然后在印制板上焊装调出实物来。

5.14.2 实验要求、内容与进度安排

1. 要求

(1) 整个实习过程要严肃认真、科学求是,确保实习质量。

(2) 在整个实习过程中要服从领导、听从指挥、遵守纪律。

(3) 认真及时完成实习总结报告。

(4) 设计报告要方案合理、原理可行、参数准确、结论正确。

(5) 答辩要原理正确、内容充实、思路清晰、语言标准规范。

2. 内容

(1) 为学习设计数字钟电路、水位控制电路、彩灯控制电路、抢答器电路、数字频率计、数字电压表电路、电铃控制器、交通灯控制器、电梯控制器、电子密码锁等打下基础。

(2) 掌握课程设计的方法、步骤和设计报告的书写格式。

5.14.3 实验仪器及器件

计算机一台、雕刻机一台、万用表一块、常用电工组合工具一套、实验器件一套。

彩灯控制电路的元件清单如表 5.14.1 所示。

表 5.14.1 彩灯控制电路所用元件清单

位 置	规 格	数 量	封 装
$R_1 \sim R_{56}$、$R_{59} \sim R_{66}$	330 Ω	64	0603
R_{57}	10 kΩ	1	0603
R_{58}	200 Ω	1	0603
R_{67}、R_{68}、R_{69}	470 Ω	3	0603
R_{70}	36 kΩ	1	0603
C_1	22 μF	1	1206
C_2、C_5	10 μF	2	1206
C_3、C_4、C_6	0.1 μF	3	0603
C_7、C_8	30 pF	2	0603

续表

位 置	规 格	数 量	封 装
Q_1、Q_2	8550	2	TS23
Q_3	9013	1	TS23
$U_1 \sim U_7$	HC373	7	TSSOP
U_8	STC89C52RC	1	QFP
U_9	78M05	1	TS89
D_1、D_3、$D_5 \sim D_{57}$	红发光管	29	0805
D_2、D_4、$D_6 \sim D_{56}$	绿发光管	28	0805
D_{58}	IN4007	1	DIP
Y_1	11.0592 晶振	1	DIP
SEG	LG4021FH	1	DIP
BZ_1	封鸣器	1	DIP
K_1	Rest 按键	1	SOP
J_1	电源座	1	DIP

彩灯控制电路原理如图 5.14.1 所示。

5.14.5 实验内容与注意事项

（1）了解 STC89C52RC 的技术指标。

（2）学习发光二极管的驱动知识及动态扫描的方法。

（3）改变亮度方法有两种：

①用 PWM 控制来产生不同的点空比的电流来调整发光二极管的电流，具体参见单片机 PWM 控制；

②用 DA 转换来调整二极管的电流，通过改变 DA 的输出电压来达到调整亮度的目的，例如采用 DA0832，改变输入的数值量就能改变其输出的电压。

以上两种方法都是搭好硬件电路后用程序予以实现的。如 STC89C52 单片机用的是 5 V 供电，要想控制 12 V 电路，可以加三极管或场效应来控制，也可以用继电器控制，单片机不可以直接控制。

（4）学习用 AD10 软件上机画 Sch 原理图和 PCB 印制板图（单层板）。

（5）在视屏雕刻机上刻制出单层 PCB 印制板图。

（6）在自己刻得印制板上，经过焊装调后，做出一个合格的产品。

（7）写出完整的实验报告：要求详述实验过程中如何解决问题的方法。

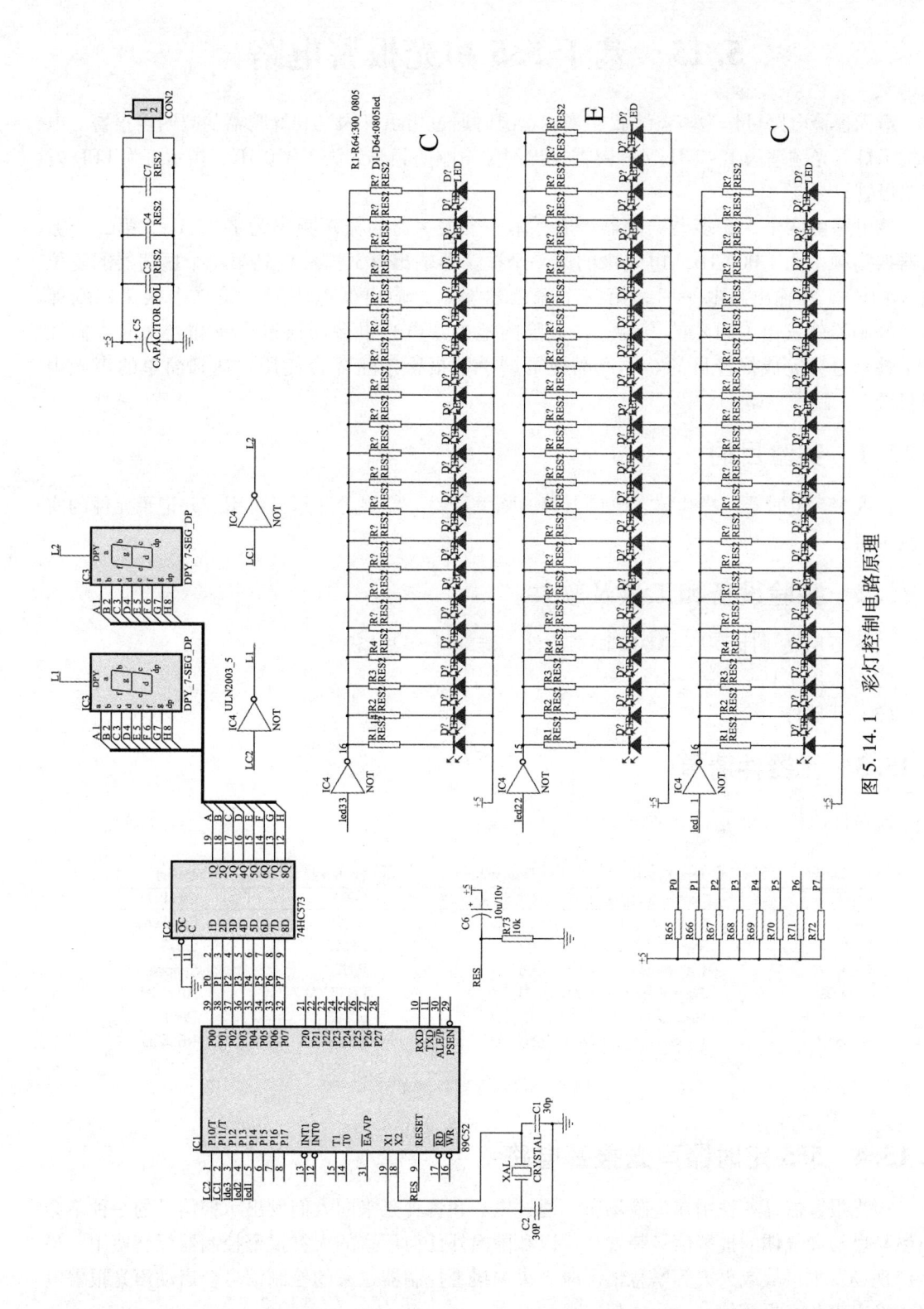

图 5.14.1 彩灯控制电路原理

5.15 基于555声光报警电路

声光报警电路可作为防盗装置，当有情况时通过指示灯闪光和蜂鸣器的鸣叫声报警。电路指示灯闪光频率为1~2 Hz，蜂鸣器发出间隙声响的频率约为1 000 Hz，指示灯为LED发光二极管。

该电路由两个555多谐振荡器组成，第一个振荡器的振荡频率为1~2 Hz，第二个振荡器振荡频率为1 000 Hz。电路中的第一个振荡器输出（3脚）接到第二个振荡器的复位端（4脚）。在输出高电平时，第二个振荡器振荡；输出低电平时，第二个振荡器则停振，蜂鸣器就发出了间隙的声响。在危险的地方，声光报警器通过声音和光来向人们发出示警信号，完成报警目的。本产品也可同手动报警按钮配合使用，达到简单的声光报警目的。

5.15.1 实验目的

查找555定时器、蜂鸣器、电位器等的相关资料，检测元件是否可用，并记录元件的实际测试值。

5.15.2 实验设备和工具及软件

（1）万用表、计算机、AD10画图软件、雕刻机、贴片机等；
（2）常用工具一套；
（3）元器件一套。

5.15.3 元器件清单

元器件清单如图5.15.1所示。

Comment	Description	Designator	Footprint	LibRef
Cap Pol3	Polarized Capacitor (Surfa	C1, C2, C3, C4	C0805	Cap Pol3
Cap Semi	Capacitor (Semiconductor	C1x, C2x	C1206	Cap Semi
LED3	Typical BLUE SiC LED	D1	C0805	LED3
Speaker	Loudspeaker	LS1	PIN2	Speaker
RPot SM	Square Trimming Potentio	R1, R3	POT4MM-2	RPot SM
Res3	Resistor	R2, R4	c0805	Res3
NE555D	General-Purpose Single B	U1, U2	SO8_N	NE555D

图5.15.1 元器件清单

5.15.4 555定时器声光报警电路

声光报警器是一种用在危险场所，通过声音和各种光来向人们发出示警信号的一种不会引燃易燃易爆气体的报警信号装置，可以和国内外任何厂家的火灾报警控制器配套使用。当生产现场发生事故或火灾等紧急情况时，火灾报警控制器送来的控制信号会启动声光报警电路，发出声和光报警信号，完成报警目的。

1. 555 定时器声光报警电路的组成

如图 5.15.2 所示,声光报警电路由闪光灯报警和蜂鸣器报警两部分组成,其中蜂鸣器报警只有在闪光灯报警状态下,随着闪光灯闪烁,蜂鸣器发出间隙声响。

图 5.15.2 报警电路的组成

2. 电路原理图

555 定时器声光报警电路原理用 AD10 软件画,如图 5.15.3 所示。

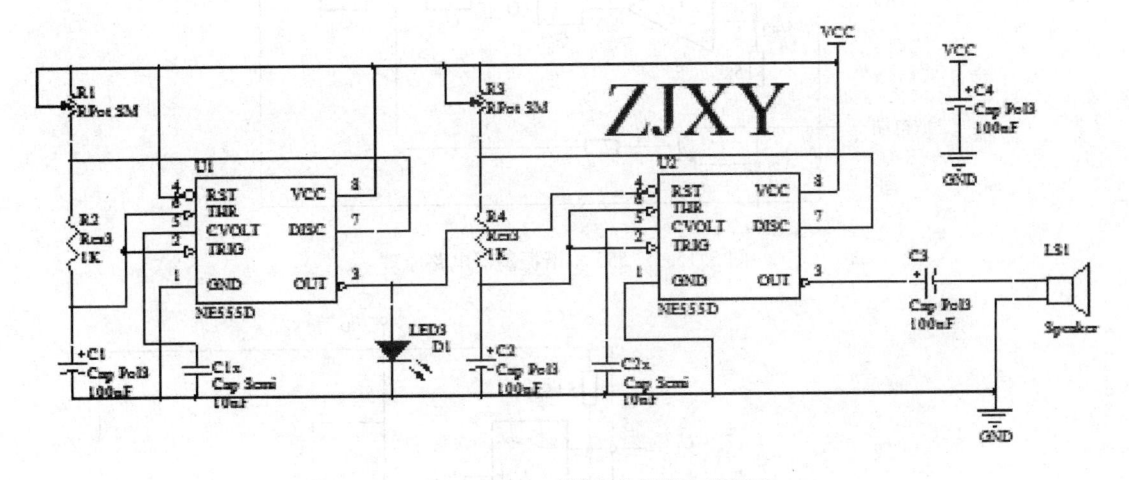

图 5.15.3 555 定时器声光报警电路原理

3. PCB 板图

555 定时器声光报警电路印刷电路板如图 5.15.4 所示。

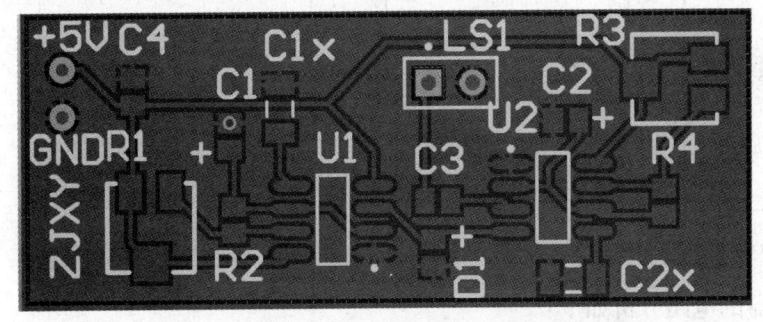

图 5.15.4 555 定时器声光报警电路印刷电路板

555 多谐振荡器电路原理如图 5.15.5 所示,555 多谐振荡器管脚如图 5.15.6 所示。

5.15.5 555 定时器工作原理

555 定时器产品有 TTL 型和 CMOS 型两类。TTL 型产品型号的最后三位都是 555,CMOS 型产品的最后四位都是 7555,它们的逻辑功能和外部引线排列完全相同。555 定时器的电路如图 5.15.7 所示。它由三个阻值为 5 kΩ 的电阻组成的分压器、两个电压比较器 C_1 和 C_2、基本 RS 触发器、放电晶体管 T、与非门和反相器组成。

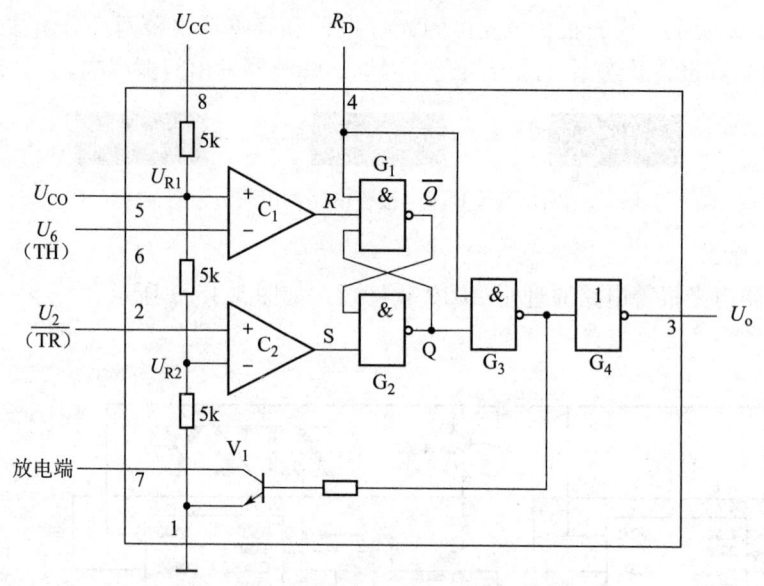

图 5.15.5　555 多谐振荡器电路原理

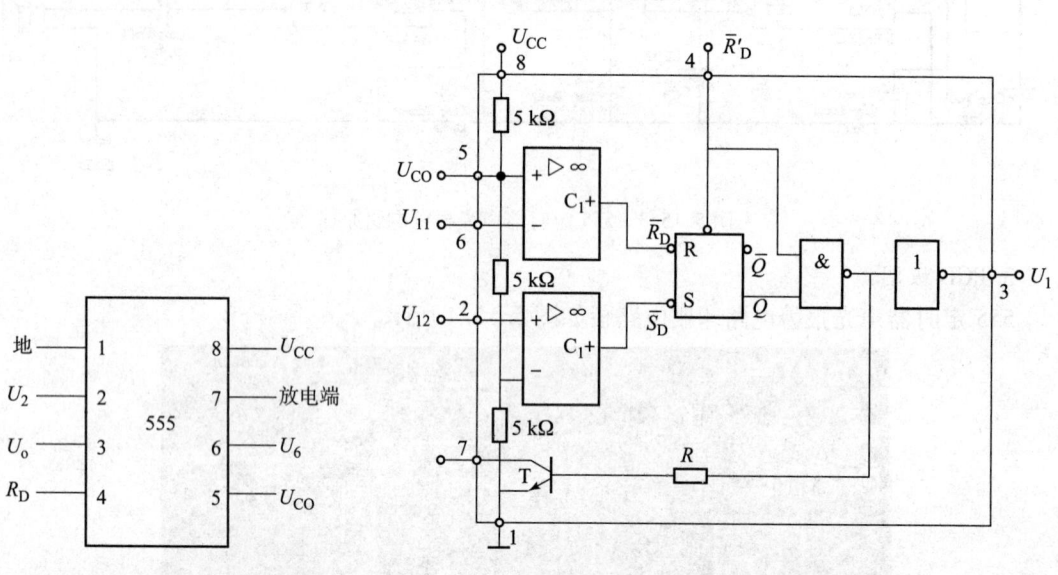

图 5.15.6　555 多谐振器管脚

图 5.15.7　555 定时器的电路

555 定时器的电路分析如下：

分压器为两个电压比较器 C_1、C_2 提供参考电压。当 5 脚悬空，则比较器 C_1 的参考电压为加在同相端，C_2 的参考电压为加在反相端，是复位输入端。

当 $\bar{R}'=0$ 时，基本 RS 触发器被置 0，晶体管 T 导通，输出端 U_0 为低电平。正常工作时，$\bar{R}'=1$。U_{11} 和 U_{12} 分别为 6 端和 2 端的输入电压。当 $U_{11}>2/3U_{cc}$，$U_{12}>1/3U_{cc}$ 时，C_1 输出为低电平，C_2 输出为高电平，即 $\bar{R}=0$，$\bar{S}=1$，基本 RS 触发器被置 0，晶体管 T 导通，输出端 U_0 为低电平。

当 $U_{11} < 2/3U_{cc}$，$U_{12} < 1/3U_{cc}$，时，C_1 输出为高电平，C_2 输出为低电平，$\bar{R}=1$，$\bar{S}=0$，基本 RS 触发器被置 1，晶体管 T 截止，输出端 U_0 为高电平。当 $U_{11} < 2/3U_{cc}$，$U_{12} > 1/3U_{cc}$ 时，基本 RS 触发器状态不变，电路亦保持原状态不变。555 定时器功能如表 5.15.1 所示。

表 5.15.1 555 定时器功能

输入			输出	
复位 $\bar{R}'_D$	U_{11}	U_{12}	输出 U_0	晶体管 T
0	×	×	0	导通
1	$>2/3U_{CC}$	$>1/3U_{CC}$	0	导通
1	$<2/3U_{CC}$	$<1/3U_{CC}$	1	截止
1	$<2/3U_{CC}$	$>1/3U_{CC}$	保持	保持

1 脚：GND（或 VCC）源负端 VSS 或接地，一般情况下接地；

2 脚：TR 低触发端；

3 脚：OUT（或 V_o）输出端；

4 脚：R 直接清零端。当 R 端接低电平，则时基电路不工作，此时不论 TR、TH 处于何电平，时基电路输出为"0"，如果该端暂时不用应接在高电平端；

5 脚：CO（或 VC）为控制电压端。若此端外接电压，则可改变内部两个比较器的基准电压，当该端不用时，应将该端串入一只 0.01μF 电容接地，以防引入干扰；

6 脚：TH 高触发端；

7 脚：D 放电端。该端与放电管集电极相连，用做定时器时电容的放电；

8 脚：V_{CC}（或 V_{DD}）外接电源 V_{CC}，双极型时基电路 V_{CC} 的范围是 4.5~16 V，CMOS 型时基电路 V_{CC} 的范围为 3~18 V，一般用 5 V。

电位器有三个引出端、其阻值可按变化规律调节，当电位器的电刷沿电阻体移动时，在输出端即获得与位移量成一定关系的电阻值或电压。电位器既可作三端元件使用也可作两端元件使用，即可变电阻器。通常电位器靠一个动触点在电阻体上移动，获得部分电压的输出。

电位器可调节电压（含直流电压与信号电压）和电流的大小。电位器的电阻体有两个固定端，通过手动调节转轴或滑柄，改变动触点在电阻体上的位置，则改变了动触点与任一个固定端之间的电阻值，从而改变了电压与电流的大小。

5.15.6 蜂鸣器与发光二极管

1. 蜂鸣器

蜂鸣器是一体化结构的电子讯响器，采用直流电压供电，在电子产品中作发声器件。蜂鸣器主要分为压电式蜂鸣器和电磁式蜂鸣器。蜂鸣器在电路中用字母"H"或"HA"（旧标准用"FM""LB""JD"等）表示。有源蜂鸣器内置振荡电路，直接加电源就可以正常发声，通常频率固定。无源蜂鸣器则需要通过外部的正弦或方波信号驱动，直接加电源只能发出很轻微的振动声。

从驱动/电路来分析：有源和无源这里的"源"不是指电源，而是指振荡源，也就是说，有源蜂鸣器内部带振荡源，所以只要一通电就会叫。而无源内部不带振荡源，所以如果用直流信号无法令其鸣叫，必须用 2~5K 的方波去驱动它。有源蜂鸣器往往比无源的贵，就是因为里面多个振荡电路。

从外观上区别：从图 5.15.8 外观上看，两种蜂鸣器好像一样，但仔细看，两者的高度略有区别，有源蜂鸣器，高度为 9 mm，而无源蜂鸣器的高度为 8 mm。如将两种蜂鸣器的引脚均朝上放置时，可以看出有绿色电路板的一种是无源蜂鸣器，没有电路板而用黑胶封闭的一种是有源蜂鸣器。

万用表测电阻区别：用万用表电阻挡 $R\times 1$ 挡测试：用黑表笔接蜂鸣器"+"引脚，红表笔在另一引脚上来回碰触，如果触发出咔咔声的且电阻只有 8 Ω（或 16 Ω）的是无源蜂鸣器；如果能发出持续声音的且电阻在几百欧以上的，是有源蜂鸣器。同时有源蜂鸣器直接接上额定电源（新的蜂鸣器在标签上都有注明）就可连续发声；而无源蜂鸣器则和电磁扬声器一样，需要接在音频输出电路中才能发声。

无源蜂鸣器的优点是：便宜、声音频率可控，可以做出"哆啦咪发嗦啦西"的效果、在一些特例中，可以和 LED 复用一个控制口，直流、16 Ω 阻值。

有源蜂鸣器电压有 3~5 V 的，优点是：程序控制方便，蜂鸣器如图 5.15.8 所示。

(a)　　　　　　　　(b)

图 5.15.8　蜂鸣器
(a) 有源蜂鸣器；(b) 无源蜂鸣器

2. 发光二极管

发光二极管简称为 LED。由镓（Ga）与砷（AS）、磷（P）的化合物制成的二极管，当电子与空穴复合时能辐射出可见光，因而可以用来制成发光二极管。在电路及仪器中作为指示灯，或者组成文字或数字显示。磷砷化镓二极管发红光，磷化镓二极管发绿光，碳化硅二极管发黄光，如图 5.15.9 所示。

5.15.7　电路板调试

将 5 V 直流电源接到电路板上，根据实验所需的要求，旋转可调电位器，调试两个可调电位器的阻值达到所需要求，让蜂鸣器和发光二极管能够按照所需要求进行工作。

1. 通电

将直流稳压源调节到 5 V 电压，将数字万用表接到直流稳压电源上调试到精确值。将焊接好的 555 定时器声光报警电路的电源线接到 5 V 直流稳压电压源上（注意正负极性），二极管闪烁，蜂鸣器发出鸣叫声。

(2) 调节 R_1，改变了振荡频率，从而控制发光二极管的闪烁频率，蜂鸣器发出的鸣叫声随振荡频率的改变而变化。

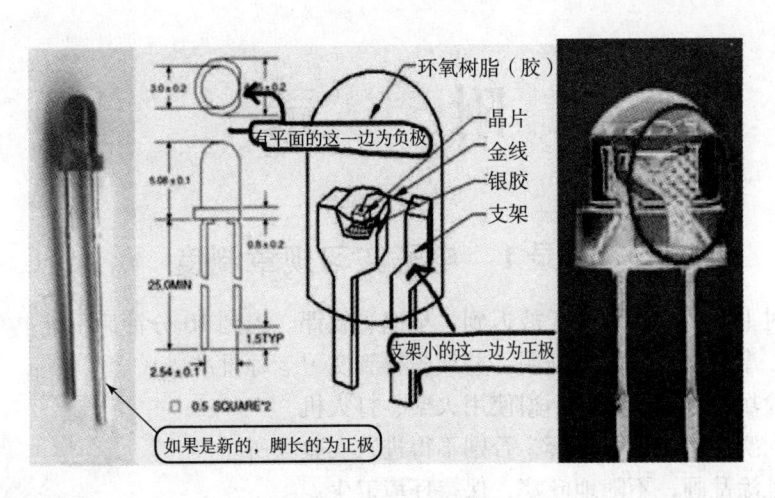

图 5.15.9　发光二极管

5.15.8　思考题

555 定时器声光报警参数计算：

（1）相关性能指标计算。

①电容充电时间 T_1；

②电容放电时间 T_2；

③电路振荡周期 T；

④电路振荡频率 F。

（2）写出实测数值。

①电容充电时间；

②电容放电时间；

③电路振荡周期；

④电路振荡频率。

5.15.9　实验报告

（1）调试数据记录；

（2）参考设计参数自己做表格记录；

（3）查阅文献资料、完成实验报告。

附　录

附录1　电子实习规章制度

（1）准时上、下课，不得无故迟到、早退、缺课。迟到10分钟后不准上实习课。
（2）病、事假须主管部门证明，并须先得到实习老师批准。
（3）实验场地严禁抽烟，不得使用火柴、打火机。
（4）进入实验室必须穿鞋套，否则不得进入实验场所。
（5）不乱涂乱画，不随地吐痰，保持环境卫生。
（6）爱护仪器设备，操作前须熟悉正确使用方法。
（7）使用烙铁时，注意不烫伤人体、塑料导线、仪器外壳，不乱甩焊锡。
（8）所发工具、材料等不得带出实验室外，实习学生每天清点一次工具、材料，实习结束后，经老师清点验收，凡丢失者，照价赔偿。
（9）实习中若不慎损坏元器件，须及时向老师报告并登记。
（10）实习时应严谨认真，不准嬉闹、追逐、聊天等。
（11）违反实习纪律者，老师有权终止违规者当日的实习。

附录2　常用贴片电阻阻值和表示方法速查表

常用贴片电阻阻值和表示方法速查表中列出了常用的5%和1%精度贴片电阻的标称值和换算值，仅供大家使用时参考。

电阻阻值换算关系：$\Omega = \Omega$；$k = k\Omega = 1\ 000\ \Omega$；$M = M\Omega = 1\ 000\ 000\ \Omega$。微型贴片电阻上的代码一般标为3位数或4位数的，3位数精度为5%，4位数的精度为1%见附表1。

附表1　微型贴片电阻上的代码

代码为3位数精度5% 数字代码 = 电阻阻值	代码为3位数精度5% 数字代码 = 电阻阻值	代码为3位数精度5% 数字代码 = 电阻阻值	代码为3位数精度5% 数字代码 = 电阻阻值
1R1 = 0.1 Ω	R22 = 0.22 Ω	R33 = 0，33 Ω	R47 = 0.47 Ω
R68 = 0.68 Ω	R82 = 0.82 Ω	1R0 = 1 Ω	1R2 = 1.2 Ω
2R2 = 2.2 Ω	3R3 = 3.3 Ω	4R7 = 4.7 Ω	5R6 = 5.6 Ω
6R8 = 6.8 Ω	8R2 = 8.2 Ω	100 = 10 Ω	120 = 12 Ω
150 = 15 Ω	180 = 18 Ω	220 = 22 Ω	270 = 27 Ω
330 = 33 Ω	390 = 39 Ω	470 = 47 Ω	560 = 56Ω
680 = 68 Ω	820 = 82 Ω	101 = 100 Ω	121 = 120 Ω

续表

代码为3位数精度5% 数字代码 = 电阻阻值	代码为3位数精度5% 数字代码 = 电阻阻值	代码为3位数精度5% 数字代码 = 电阻阻值	代码为3位数精度5% 数字代码 = 电阻阻值
151 = 150 Ω	181 = 180 Ω	221 = 220 Ω	271 = 270 Ω
331 = 330 Ω	391 = 390 Ω	471 = 470 Ω	561 = 560 Ω
681 = 680 Ω	821 = 820 Ω	102 = 1 kΩ	122 = 1.2 kΩ
152 = 1.5 kΩ	182 = 1.8 kΩ	222 = 2.2 kΩ	272 = 2.7 kΩ
332 = 3.3 kΩ	392 = 3.9 kΩ	472 = 4.7 kΩ	562 = 5.6 kΩ
682 = 6.8 kΩ	822 = 8.2 kΩ	103 = 10 kΩ	123 = 12 kΩ
153 = 15 kΩ	183 = 18 kΩ	223 = 22 kΩ	273 = 27 kΩ
333 = 33 kΩ	393 = 39 kΩ	473 = 47 kΩ	563 = 56 kΩ
683 = 68 kΩ	823 = 82 kΩ	104 = 100 kΩ	124 = 120 kΩ
154 = 150 kΩ	184 = 180 kΩ	224 = 220 kΩ	274 = 270 kΩ
334 = 330 kΩ	394 = 390 kΩ	474 = 470 kΩ	564 = 560 kΩ
684 = 680 kΩ	824 = 820 kΩ	105 = 1 MΩ	125 = 1.2 MΩ
155 = 1.5 MΩ	185 = 1.8 MΩ	225 = 2.2 MΩ	275 = 2.7 MΩ
335 = 3.3 MΩ	395 = 3.9 MΩ	475 = 4.7 MΩ	565 = 5.6 MΩ
685 = 6.8 MΩ	825 = 8.2 MΩ	106 = 10 MΩ	
代码为4位数精度1% 数字代码 = 电阻阻值	代码为4位数精度1% 数字代码 = 电阻阻值	代码为4位数精度1% 数字代码 = 电阻阻值	代码为4位数精度1% 数字代码 = 电阻阻值
0000 = 00 Ω	00R1 = 0.1 Ω	0R22 = 0.22 Ω	0R47 = 0.47 Ω
0R68 = 0.68 Ω	0R82 = 0.82 Ω	1R00 = 1 Ω	1R20 = 1.2 Ω
2R20 = 2.2 Ω	3R30 = 3.3 Ω	6R80 = 6.8 Ω	8R20 = 8.2 Ω
10R0 = 10 Ω	11R0 = 11 Ω	12R0 = 12 Ω	13R0 = 13 Ω
15R0 = 15 Ω	16R0 = 16 Ω	18R0 = 18 Ω	20R0 = 20 Ω
24R0 = 24 Ω	27R0 = 27 Ω	30R0 = 30 Ω	33R0 = 33 Ω
36R0 = 36 Ω	39R0 = 39 Ω	43R0 = 43 Ω	47R0 = 47 Ω
51R0 = 51 Ω	56R0 = 56 Ω	62R0 = 62 Ω	68R0 = 68 Ω
75R0 = 75 Ω	82R0 = 82 Ω	91R0 = 91 Ω	1000 = 100 Ω
1100 = 110 Ω	1200 = 120 Ω	1300 = 130 Ω	1500 = 150 Ω
1600 = 160 Ω	1800 = 180 Ω	2000 = 200 Ω	2200 = 220 Ω

续表

代码为3位数精度5% 数字代码 = 电阻阻值	代码为3位数精度5% 数字代码 = 电阻阻值	代码为3位数精度5% 数字代码 = 电阻阻值	代码为3位数精度5% 数字代码 = 电阻阻值
2400 = 240 Ω	2700 = 270 Ω	3000 = 300 Ω	3300 = 330 Ω
3600 = 360 Ω	3900 = 390 Ω	4300 = 430 Ω	4700 = 470 Ω
5100 = 510 Ω	5600 = 560 Ω	6200 = 620 Ω	6800 = 680 Ω
7500 = 750 Ω	8200 = 820 Ω	9100 = 910 Ω	1001 = 1 kΩ
1101 = 1.1 kΩ	1201 = 1.2 kΩ	1301 = 1.3 kΩ	1501 = 1.5 kΩ
5601 = 5.6 kΩ	6201 = 6.2 kΩ	6801 = 6.8 kΩ	7501 = 7.5 kΩ
8201 = 8.2 kΩ	9101 = 9.1 kΩ	1002 = 10 kΩ	1102 = 11 kΩ
1202 = 12 kΩ	1302 = 13 kΩ	1502 = 15 kΩ	1602 = 16 kΩ
1802 = 18 kΩ	2002 = 20 kΩ	2202 = 22 kΩ	2402 = 24 kΩ
3002 = 30 kΩ	3303 = 33 kΩ	3602 = 36 kΩ	3902 = 39 kΩ
4302 = 43 kΩ	4702 = 47 kΩ	5102 = 51 kΩ	5602 = 56 kΩ
6202 = 62 kΩ	6802 = 68 kΩ	7502 = 75 kΩ	8202 = 82 kΩ
9102 = 91 kΩ	1003 = 100 kΩ	1103 = 110 kΩ	1203 = 120 kΩ
1303 = 130 kΩ	1503 = 150 kΩ	1603 = 160 kΩ	1803 = 180 kΩ
2003 = 200 kΩ	2203 = 220 kΩ	2403 = 240 kΩ	2703 = 270 kΩ
3003 = 300 kΩ	3303 = 330 kΩ	3603 = 360 kΩ	3903 = 390 kΩ
4303 = 430 kΩ	4703 = 470 kΩ	5103 = 510 kΩ	5603 = 560 kΩ
6303 = 630 kΩ	6803 = 680 kΩ	7503 = 750 kΩ	8203 = 820 kΩ
9103 = 910 kΩ	1004 = 1 MΩ	1104 = 1.1 MΩ	1204 = 1.2 MΩ
1304 = 1.3 MΩ	1504 = 1.5 MΩ	1604 = 1.6 MΩ	1804 = 1.8 MΩ
2004 = 2 MΩ	2204 = 2.2 MΩ	2404 = 2.4 MΩ	2704 = 2.7 MΩ
3004 = 3 MΩ	3304 = 3.3 MΩ	3604 = 3.6 MΩ	3904 = 3.9 MΩ
4304 = 4.3 MΩ	4704 = 4.7 MΩ	5104 = 5.1 MΩ	5604 = 5.6 MΩ
6204 = 6.2 MΩ	6804 = 6.8 MΩ	7504 = 7.5 MΩ	8204 = 8.2 MΩ
9104 = 9.1 MΩ	1005 = 10 MΩ		

贴片电阻表示方法如下：

(1) 2位数字后面加1位字母表示法。这种方法前面两位数字表示电阻值的数值，后面的字母表示数值后面应乘以10的多少次方，单位Ω。其标识意义如附表2、附表3所示，如，02C为$102 \times 10^2 = 10.2$（kΩ），27E为$187 \times 10^4 = 1.87$（MΩ）。

附表 2 数字代码

数字代码	表示数字	数字代码	表示数字	数字代码	表示数字	数字代码	表示数字
01	100	26	182	51	332	76	604
02	102	27	187	52	340	77	619
03	105	28	191	53	348	78	634
04	107	29	196	54	357	79	649
05	110	30	200	55	365	80	665
06	113	31	205	56	374	81	681
07	115	32	210	57	383	82	698
08	118	33	215	58	392	83	715
09	121	34	221	59	402	84	732
10	124	35	226	60	412	85	750
11	127	36	232	61	422	86	768
12	130	37	237	62	432	87	787
13	133	38	243	63	442	88	806
14	137	39	249	64	453	89	825
15	140	40	255	65	464	90	845
16	143	41	261	66	475	91	866
17	147	42	267	67	487	92	887
18	150	43	274	68	499	93	909
19	154	44	280	69	511	94	921
20	158	45	287	70	523	95	935
21	162	46	294	71	536	96	956
22	165	47	301	72	549	97	973
23	169	48	309	73	562	98	985
24	174	49	316	74	576	99	998
25	178	50	324	75	590		

附表 3 字母代码含义

字母代码	含义	字母代码	含义	字母代码	含义	字母代码	含义
A	10^0	D	10^3	G	10^6	Y	10^{-2}
B	10^1	E	10^4	H	10^7	Z	10^{-3}
C	10^2	F	10^5	X	10^{-1}		

（2）3 位数字表示法。这种表示方法前两位数字代表电阻值的有效数字，第 3 位数字表示在有效数字后面应添加"0"的个数。当电阻小于 10 Ω 时，在代码中用 R 表示电阻值小数点的位置，这种表示法通常用有阻值误差为 5% 电阻系列中。

如：330 表示 33 Ω，而不是 330 Ω；

221 表示 220 Ω；683 表示 68 000 Ω 即 68 kΩ；

105 表示 1 MΩ；6R2 表示 602 Ω。

（3）4 位数字表示法。这种表示法前 3 位数字代表电阻值的有效数字，第 4 位表示在有效数字后面应添加 0 的个数。当电阻小于 10 Ω 时，代码中仍用 R 表示电阻值小数点的位置，这种表示方法通常用在阻值误差为 1% 精密电阻系列中。

如：0100 表示 10 Ω 而不是 100 Ω；

1000 表示 100 Ω 而不是 1 000 Ω；

4992 表示 49 900 Ω，即 49.9 kΩ；

1473 表示 147 000 Ω 即 147 kΩ；0R56 表示 0.56 Ω。

附录 3　英汉对照

Amplifier：放大器。

Assembly Density：组装密度。

Base：基极。

BGA（Ball Grid Array）：球形触点阵列封装，是表面贴装型封装之一。

BQFP（Quad Flat Package With Bumper）：带缓冲垫的四侧引脚扁平封装。

Capacitance：电容。

CBGA：陶瓷焊球阵列封装。

CERDIP：用玻璃密封的陶瓷双列直插式封装。

CERQUAD：表面贴装型封装之一（陶瓷 QFP）。

CFP：陶瓷扁平封装。

Chip Carrier：芯片载体。

C – Chip Quad Pack：C 形四边封装器件。

CLCC（Ceramic Leaded Chip Carrier）：带引脚的陶瓷芯片载体，表面贴装型封装之一。

COB（Chip On Board）：板上芯片封装，是裸芯片贴装技术之一。

COC：瓷质基板上芯片贴装。

Collector：集电极。

CON SIP：单排多针插座。

CPAC（Globe Top Pad Array Carrier）：美国 Motorola 公司对 BGA 的别称。

CPGA：陶瓷针栅阵列封装。

CQFP（Ceramic Quad Flat Package）：陶瓷四方扁平封装。

CSP：芯片尺寸封装。

Current：电流。

DFP（Dual Flat Package）：双侧引脚扁平封装，是 SOP 的别称。

DIC（Dual In-line Ceramic Package）：陶瓷 DIP（含玻璃封装）的别称。
DTCP（Dual Tape Carrier Package）：双侧引脚带载封装。
DIL（Dual In-line）：DIP 封装的别称，欧洲半导体厂家多用此名称。
Diode：晶体二极管。
DIP（Dual In-line Package）：双列直插式封装。
Dissipation：散耗。
DO：轴向引线封装。
DSO（Dual Small Out-line）：双侧引脚小外形封装。SOP 的别称，部分半导体厂家采用此名称。
Emitter：发射极。
Epitaxial：晶体外延。
FCOB：板上倒装片。
Features：特征。
Fine Pitch：细间距。
Flip-Chip：倒焊芯片，裸芯片封装技术之一。
FP（Flat Package）：扁平封装，表面贴装型封装之一。
FQFP（Fine Pitch Quard Flat Package）：小引脚中心距四侧引脚扁平封装。
FPD：细间距器件。
Frequence：频率。
GPAC：灌封方法密封的封装。
Gull Wing Lead：翼形引线。
H-：表示带散热器的封装。如 HSOP，则是带散热器的 SOP 封装。
IGBT Discrete：IGBT 分立器件。
IGBT Module：IGBT 模块。
I-Lead：I 型引线。
JLCC（J-Leaded Chip Carrier）：J 型引脚芯片载体。
J-Lead：J 型引线。
Junction：结，连接点。
LCC（Leadless Chip Carrier）：无引脚芯片载体。
LCCC（Leadless Ceramic Chip Carrier）：无引脚陶瓷芯片载体。
LDCC（Leaded Ceramic Chip Carrier）：有引脚陶瓷芯片载体。
Lead：引线。
Lead Coplanarity：引脚共面性。
Lead Foot：引脚。
Lead Pitch：引脚间距。
LGA（Land Grid Array）：栅格阵列封装。
LOC（Lead On Chip）：芯片上引线封装。
LQFP（Low Profile Quad Flat Package）：薄型四方扁平封装。

L – Quad：陶瓷 QFP 之一。

Maximum：最大值。

MCM（Multi Chip Module）：多芯片组件。

MCP（Multi Chip Package）：多芯片封装。

MELF（Metal Electrode Face）：圆柱形表面组装元器件。

MFP（Mini Flat Package）：小型扁平封装。塑料 SOP 或 SSOP 的别称，部分半导体厂家采用的名称。

Miniature Plastic Leaded Chip Carrier：微型塑封有引线芯片载体。

MQFP（Metric Quad Flat Package）：按照 JEDEC（美国联合电子产品委员会）标准对 QFP 进行的一种分类。

MQUAD（Metal QUAD）：美国 OLIN 公司开发的一种 QFP 封装。

MSP（Mini Square Package）：QFI 的别称。

Noise：噪声。

OMPAC：用模压树脂密封的封装。

OMPAC（Over Molded Pad Array Carrier）：模压树脂密封凸点阵列载体。

Oscillator：振荡器。

P –（Plastic）：表示塑料封装的记号，如 PDIP 表示塑料 DIP。

PAC（Pad Array Carrier）：凸点阵列载体，BGA 的别称。

Package：封装。

PBGA：塑料焊球阵列封装。

PCLP（Printed Circuit Board Leadless Package）：印制电路板无引线封装。

PFP（Plastic Flat Package）：塑料扁平封装。

PGA（Pin Grid Array Package）：阵列引脚封装。

Piggy Back：驮载封装，是指配有插座的陶瓷封装。

Pin Grid Array Surface Mount Type：表面贴装型 PGA。

PLCC（Plastic Leaded Chip Carrier）：带引线的塑料芯片载体，表面贴装型封装之一。

P – LCC（Plastic Leadless Chip Carrier）（Plastic Leaded Chip Carrier）有时候塑料 QFJ 的别称，有时候是 QFN（塑料 LCC）的别称。

Power：功率。

PQFP（Plastic Quad Flat Pack）：塑料四边扁平封装器件。

QFH（Quad Flat High Package）：四侧引脚厚体扁平封装。

QFI（Quad Flat I – Leaded Package）：四侧 I 型引脚扁平封装。

QFN（Quad Flat Non – Leaded Package）：四侧无引脚扁平封装。

QFP（FP）（QFP Fine Pitch）：小中心距 QFP。

QFP（Quad Flat Package）：四侧引脚扁平封装。

QIC（Quad In – Line Ceramic Package）：陶瓷 QFP 的别称。

QIP（Quad In – Line Plastic Package）：塑料 QFP 的别称。

QTCP（Quad Tape Carrier Package）：四侧引脚带载封装，TCP 封装之一。

QTP（Quad Tape Carrier Package）：四侧引脚带载封装。
QUIL（Quad In – Line）：QUIP 的别称。
QUIP（Quad In – line Package）：四列引脚直插式封装。
Ratings：额定参考。
Rectangular Chip Component：矩形片状元件。
Reflow Soldering：再流焊。
SC（Single – Chip Package）：单芯封装。
SCR & Thyristor Discrete：单向晶闸管。
SDIP（Shrink Dual In – line Package）：收缩型 DIP。
SH – DIP（Shrink Dual In – line Package）：同 SDIP，部分半导体厂家采用的名称。
SIGE：硅锗。
SIL（Single In – line）：SIP 的别称，欧洲半导体厂家多采用 SIL 这个名称。
Silicon：硅。
SIMM（Single In – line Memory Module）：单列存储器元件。
SIP（Single In – line Package）：单列直插式封装。
SK – DIP（Skinny Dual In – line Package）：DIP 的一种。
SL – DIP（Slim Dual In – line Package）：DIP 的一种。
SMA（Surface Mounted Assemblys）：表面组装元件。
SMA、SMB、SMC：标准表面贴装。
SMD（Surface Mount Devices）：表面贴装器件，SMD 封装有六种形式，即 MPAK、MPAK – 4、CMPAK、CMPAK – 4、UPAK、MFPAK。
SMT（Surface Mount Technology）：表面组装技术。
SO（Small Out – line）：SOP 的别称。
SOD（Small Out – line Diode）：小外形晶体二极管。
SOF（Small Out – line Package）：小外形封装。
SOI（Small Out – line I – leaded Package）：I 型引脚小外形封装。
SOIC（Small Out – line Integrated Circuit）：小外形集成电路。
SOJ（Small Out – line J – leaded Package）：J 型引脚小外形封装，表面贴装型封装之一。
SONF（Small Out – line Non – Fin）：无散热片的 SOP。
SOP（Small Outline Package）：小外形封装。
SOT（Small Outline Transistor）：小外形晶体管。
SOW［Small Outline Package（Wide – Type）］：宽体 SOP，部分半导体厂家采用的名称。
SQL（Small Out – line L – Leaded Package）：按照 JEDEC（美国联合电子产品工程委员会）标准对 SOP 所采用的名称。
SSOP（Shrink Small Outline Package）：收缩型小外形封装。
Symbol：符号。
Tapepak Package：带状封装。
Temperature：温度。

Terminations：焊端，无引线表面组装元器件的金属化外电极。
Thyristor Module：晶体管模块。
TO：直插件。
TOSP（Thin Outline Small Package）：薄型小尺寸封装。
TQFP：扁平薄片式封装。
Transistor：晶体管。
Triacs Discrete：双向晶闸管。
TSOP：微型薄片式封装。
Unit：单位。
Voltage：电压。
Wave Soldering：波峰焊。
WLCSP：晶圆片级芯片规格封装。
WSP（Wafer Scale Package）：晶圆级 SCP。
Xtali：晶振。

附录4 SMT—表面组装技术常用语

SMT-表面组装技术、PCB-印制电路板；
SMC/SMD-片式元件片/片式器件；
FPT-窄间距技术（FPT是指将引脚间距为 0.635~0.3 mm 的 SMD 和长乘宽小于等于 1.6 mm×0.8 mm 的 SMC 组装在 PCB 上的技术）；
MELF-圆柱形元器件，SOP-羽翼形小外形塑料封装；
SOJ-J形小外形塑料封装、TSOP-薄形小外塑料封装；
PLCC-塑料有引线（J形）芯片载体；
QFP-四边扁平封装器件；
PQFP-塑料四边引脚扁平封装器件；
BGA-球栅阵列（Ball Grid Array）；
DCA-芯片直接贴装技术；
CSP-芯片级封装（引脚也在器件底下，外形与 BGA 相同，封装尺寸 BGA 小。芯片封装尺寸与芯片面积比≤1.2 称为 CSP）；
THC-通孔插装元器件。

附录5 表面组装技术术语分类

1. 表面组装技术术语（Terminology for Surface Mount Technology）

（1）组装（assembly）　　将若干元件、器件或组件连接到一起。

（2）表面组装技术（surface mount technology，SMT）　　表面安装技术，表面贴装技术。

将无引线的片状元件（表面组装元器件）安放在基板的表面上，通过浸焊或用再流焊等方法焊接的组装技术。

(3) 表面组装组件（surface mount assembly, SMA）　表面安装组件。采用表面组装技术制造的印制电路板组装件。

(4) 表面组装元器件（surface mount component, SMC）。表面安装元器件（surface mount device, SMD）。表面贴装元器件外形为短形片状、圆柱形或异形，其焊端或引脚制作在同一平面内，并适用于表面组装的电子元器件。

(5) 芯片直接组装（chip on board, COB）　一种将集成电路或晶体管芯片直接安装、互联到印制电路板上的组装技术。

(6) 倒装片（flip chip）　一种芯片正面焊区朝下，直接与基板或基座的相应焊区对准焊接的半导体芯片组装互连方法。倒装片互连线最短，占用面积最小，但工艺难度大，散热差。

(7) 组装密度（packaging density）　单位体积内所组装的元器件数目或线路数。

(8) 封装（packaging）　电子元器件或电子组件的外包装，用于保护电路元件及为其他电路的连接提供接线端。

(9) 工艺过程统计控制（statistical process control, SPC）　采用统计技术来记录、分析某一制造过程的操作，并用分析结果来指导和控制在线制程及其生产的产品，以确保制造的质量和防止出现误差的一种方法。

(10) 可制造性设计（design for manufacturing, DFM）　尽可能把制造因素作为设计因子的设计，也泛指这种方法、观念、措施。

2. 元器件术语

(1) 圆柱形元器件（metal electrode face, MELF）　两端无引线，有焊端的圆柱形元器件。

(2) 矩形片状元件（rectangular chip component）　两端无引线，有焊端，外形为矩形片式元件。

(3) 小外形二极管（small outline diode, SOD）　采用小外形封装结构的二极管。

(4) 小外形晶体管（small outline transistor, SOT）　采用小外形封装结构的晶体管。

(5) 小外形封装（small outline package, SOP）　两侧具有翼形或J形短引线的小形模压塑料封装。

(6) 小外形集成电路（small outline integrated circuit, SOIC）　指外引线数不超过28条的小外形集成电路，一般有宽体和窄体两种封装形式。其中具有翼形短引线者称为SOL器件，具有J型短引线者称为SOJ器件。

(7) 扁平封装（flat package）　一种元器件的封装形式，两排引线从元件侧面伸出，并与其本体平行。

(8) 薄型小外形封装（thin small outline package, TSOP）　一种近似小外形封装，但厚度比小外形封装更薄，可降低组装质量的封装。

(9) 四列扁平封装（quad flat pack, QFP）　外形为正方形或矩形，四边具有翼形短引线的塑料薄形封装形式，也指采用该种封装形式的器件。

(10) 塑封四列扁平封装（plastic quad flat pack, PQFP）　近似塑封有引线芯片载体，四边具有翼形短引线，封装外壳四角带有保护引线共面性和避免引线变形的"角耳"，典型引线间距为 0.63 mm，引线数为 84 条、100 条、132 条、164 条、196 条、244 条等。

（11）细间距器件（fine pitch device，FPD）　　相邻两引脚中心距（节距）在 0.5 mm 的器件。

（12）芯片载体（chip carrier）　　一种通常为矩形（大多为正方形）的元器件封装。其芯片腔或芯片组装区占据大部分。封装尺寸，通常其四边均有引出端，分为有引线芯片载体和无引线芯片载体。

（13）有引线芯片载体（leaded chip carrier）　　封装体周围或下面有外援引线的芯片载体。

（14）无引线芯片载体（leadless chip carrier）　　封装体周围或下面无外接引线，但有外接金属端点的芯片载体。

（15）有引线陶瓷芯片载体（leaded ceramic chip carrier）　　近似无引线陶瓷芯片载体，它把引线封装在陶瓷基体四边上，使整个器件的热循环性能增强。

（16）无引线陶瓷芯片载体（leadless ceramic chip carrier）　　四边无引线，有金属化焊端并采用陶瓷气密封装的芯片载体。

（17）塑封有引线芯片载体（plastic leaded chip carrier，PLCC）　　四边具有 J 形短引线，通常引线间距为 0.27 mm，采用塑料封装的芯片载体，外形有正方形和矩形两种形式。

（18）C 形四边封装载体（C－chip quad pack C－chip carrier）　　不以固定的封装体引线间距尺寸为基础，而以规定封装体大小为基础制成的四边带 J 形或 I 形短引线的高度气密封装的陶瓷芯片载体。

（19）焊接用焊端（termination）　　无引线表面组装元器件的金属化外电极。

（20）引线（lead）　　从元器件封装体内向外引出的导线。

（21）翼形引线（gull wing lead）　　从元器件封装体向外伸出的形似鸥翅的引线。

（22）J 形引线（J—lead）　　从元器件封装体向外伸出并向下延伸，然后向内弯曲，形似英文字母"J"的引线。

（23）引脚（pin）　　在元器件中，指引线末端的一段，通过软钎焊使这一段与基板上的焊盘形成焊点。引脚可划分为脚跟（heel）、脚底（bottom）、脚趾（toe）、脚侧（side）等部分。

（24）引脚共面性（lead coplanarity）　　一个器件诸引脚的底面应处于同一平面上。当其不在同一平面上时，引脚底面的最大垂直偏差，称为共面偏差。

（25）球栅阵列（ball grid array，BGA）　　集成电路的一种封装形式，其输入输出端子是在元件的底面上按栅格方式排列的球状焊端。

（26）塑封球栅阵列（plastic ball grid array，PBGA）　　采用塑料作为封装壳体的 BGA。

（27）陶瓷球栅阵列（ceramic ball grid array，CBGA）　　共烧铝陶瓷基板的球栅阵列封装。

（28）柱栅阵列（column grid array，CGA）　　一种类似针栅阵列的封装技术，其器件的外连接像导线陈列那样排列在封装基体上，不同的是，柱栅阵列是用小柱形的焊料与导电焊盘相连接。

（29）柱状陶瓷栅阵列（ceramic column grid array，CCGA）　采用陶瓷封装的CGA。

（30）芯片尺寸封装（chip scale package，CSP）（chip size package）　封装尺寸与芯片尺寸相当的一种先进IC封装形式，封装体与芯片尺寸相比不大于120%。

（31）微电路模块（microcircuit module）　微电路的组合或微电路和分立元件形成的互联组合，是一种功能上不可分割的电子电路组件。

（32）多芯片模块（multichip module，MCM）　将多块封装的集成电路芯片高密度安装在同一基板上构成一个完整的部件。

（33）有引线表面组装元件（leaded surface mount component）　封装体周围和下面有外接引线的元器件。

（34）无引线表面组装元件（leadless surface mount component）　一种无引线的封装体，靠自身的金属化端点与外部连接的元器件。

3. 材料术语

（1）软钎焊剂（flux）　一种能通过化学和物理作用去除基体金属和焊料上的氧化膜与其他表面膜，使焊接表面达到必要清洁度的活性物质。它能使熔融焊料润湿被焊接的表面，也能防止焊接期间表面的再次氧化和降低焊料与基体金属间的界面张力，简称焊剂。

（2）无机焊剂（inorganic flux）　由无机酸和盐组成的水溶性焊剂。

（3）焊剂活性（flux activity）　焊剂促进熔融焊料润湿金属表面的能力。

（4）活性松香焊剂（activated rosin flux）　一种由松香和少量有机卤化物或有机酸活化剂配制的焊剂。

（5）非活性焊剂（nonactivated flux）　指由天然树脂或合成树脂制成的不含有提高活性的活化剂制成的焊剂。

（6）水溶性焊剂（water-soluble flux）　指焊剂和焊剂的残留物能够溶解在水中，可用水清洗的一种焊剂。

（7）树脂焊剂（resin flux）　以天然和合成树脂为基本成分的焊剂的总称，分松香基和非松香基树脂两类。

（8）合成活性焊剂（synthetic activated flux）　一种高活性的有机焊剂，其焊后残留物可溶于卤化溶剂中。

（9）活化剂（activator）　一种可去除焊接表面氧化物，改善焊剂性能的物质，通常是有机和无机酸，胺和受热易分解的有机卤素化合物或胺类卤酸盐。

（10）阻焊剂（solder resist）　用于局部区域的耐热涂覆材料，在焊接中可避免焊料铺展到该局部区域。

（11）焊接油（防护层）（soldering oil，blanket）　在浸焊或波峰焊中，一种为了少生浮渣和降低表面张力，浮在静止槽和波峰焊槽上面的混合液体成分。

（12）软钎料（solder）　熔点温度低于427℃（800 °F）的钎料合金。电子工业中常称焊料。

（13）solder paste solder cream　由焊料颗粒、焊剂、溶剂和添加剂均匀组成的膏状混合物。

（14）焊料粉末（solder powder）　　在惰性气体中，将熔融焊料雾化制成的微细粒状金属，一般为球形和近球形或不定型。

（15）触变性（thixotropy）　　流体的黏度随着时间、温度、切变力等因素而发生变化的特性。

（16）金属（粉末）百分含量（percentage of metal）　　一定体积（或质量）的焊膏中，焊前或焊后焊料合金所占体积（或质量）的百分比。

（17）焊膏工作寿命（paste working life）　　焊膏从被施加到印制电路板上至焊接之前的不失效时间。

（18）储存寿命（shelf life）　　焊膏/贴片胶丧失其工作寿命之前的保存时间。

（19）焊膏分层（paste separating）　　焊膏中较重的焊料粉末与较轻的焊剂、溶剂、各种添加剂的混合物互相分离的现象。

（20）免清洗焊膏（no-clean solder paste）　　焊后只含微量无副作用的焊剂残留物而无须清洗组装板的焊膏。

（21）贴片胶（adhesives）　　能将材料通过表面附着而黏结在一起的物质。在表面组装技术中，在焊前用于暂时固定元器件的胶黏剂。

（22）皂化剂（saponifier）　　含有添加剂的有机碱或无机碱的水溶液，可促进松香型焊剂和/或水溶性焊剂残留物的去除。

4. 工艺与设备术语

（1）丝网印刷（screen printing）　　用刮板将焊膏/贴片胶通过制有印刷图形的丝网挤压到被印表面的工艺。

（2）漏印板印刷（stencil printing）　　用刮板（刮刀）将焊膏/贴片胶通过有孔的模板挤压到被印表面的工艺。

（3）金属漏印板（metal stencil）　　用金属薄板经照相蚀刻法、激光切割法或直接用电铸法制成的漏印板。

（4）柔性金属漏印板（flexible stencil）和柔性金属模板（flexible metal mask）　　用聚酰亚胺膜经激光切割制成的金属漏印和直接用电铸法制成的漏印板。

（5）脱网高度（snap off distance）　　印刷时，丝网板或柔性金属网板的下表面与承印物上表面之间的静态距离。

（6）滴涂（dispensing）　　表面组装时，以液滴方式在印制电路板上施加焊膏或贴片胶的一种工艺方法。

（7）注射式滴涂（syringe dispensing）　　使用手动或有动力源的注射针管，往印制电路板表面规定位置施加贴片胶或焊膏的一种工艺方法。

（8）拉丝（stringing）　　注射滴涂焊膏或贴片胶时，因注射嘴（针头）与焊盘表面分离欠佳而在嘴上粘连有少部分焊膏或贴片胶，并使已点胶点出现"拉丝"的现象。

（9）贴装（pick and place）　　将元器件从供料器中拾取并贴放到印制电路板表面规定位置上的手动、半自动或自动的操作。

（10）贴装头（placement head）　　贴装机的关键部件，是贴装元器件的执行机构。

（11）吸嘴（nozzle）　　贴装头中利用负压产生的吸力来抬取元器件的零件。

（12）定心爪（centering jaw）　　贴装头上与吸嘴同轴配备的用于给元器件定位的镊钳式机构。

（13）定心台（centering unit）　　设置在贴装机机架上，用于给元器件定中心的机构。

（14）供料器（feeder）　　向贴装头供给元器件，储存元器件并向贴装头供料的机构。

（15）带式供料器（tape feeder）　　适用于编带包装元器件的供料器。

（16）杆式供料器（stick feeder）　　管式供料器，适用于杆式包装元器件的供料器。它靠元器件自重和振动进行定点供料。

（17）盘式供料器（tray feeder）　　适用于盘式包装元器件的供料器。它是将引线较多或封装尺寸较大的元器件预先编放在矩阵格子盘内，由贴装头分别到各器件位置拾取。

（18）散装式供料器（bulk feeder）　　适用于散装元器件的供料器。一般采用微倾斜直线振动槽，将储存的尺寸较小的元器件输送至定点位置。

（19）供料器架（feeder holder）　　贴装机中安装和调整供料器的部件。

（20）贴装精度（placement accuracy）　　贴装元器件时，元器件焊端或引脚偏离目标位置的最大偏差，包括平移偏差和旋转偏差。它是一个统计概念。

（21）平移偏差（shifting deviation）　　指贴装机贴片时，在 $X-Y$ 方向上所产生的偏差。

（22）旋转偏差（rotating deviation）　　贴装头贴片时在旋转方向上产生的偏差。

（23）分辨率（resolution）　　贴装机驱动机构平稳移动的最小增量值。

（24）重复性（repeatability）　　指贴装机贴片时的重复能力，又称重复精度。

（25）贴装速度（placement speed）　　贴装机在最佳条件下，单位时间内贴装的元器件的数目，也可用贴装一个元器件所需的时间表系。

（26）贴装机（placement equipment）和贴片机（pick and place equipment）　　完成表面组装元器件贴装功能的设备。

（27）低速贴装机（low speed placement equipment）　　一般指贴装速度小于 9 000 片/小时的贴装机。

（28）中速贴装机（general placement equipment）　　一般指贴装速度在 9 000～15 000 片/小时的贴装机。

（29）高速贴装机（high speed placement equipment）　　一般指贴装速度在 15 000～40 000 片/小时的贴装机。

（30）顺序贴装（sequential placement）　　按预定贴装顺序逐个拾取、逐个贴放的贴装方式。

（31）同时贴装（simultaneous placement）　　两个以上贴装头同时拾取与贴放多个元器件的贴装方式。

（32）流水线式贴装（in-line placement）　　多台贴装机同时工作，每台只贴装一种或少数几种元器件的贴装方式。

（33）贴装压力（placement pressure）　　贴装头吸嘴在贴放表面组装元器件时，施加于元器件上的力。

（34）贴装方位（placement direction）　　贴装头主轴旋转角度。

（35）飞片（flying）　　贴装头在拾取或贴放元器件时，元器件丢失的现象。

（36）系教式编程（teach mode programming）　　在贴装机上，操作者根据所设计的贴片顺序，经显示器（CRT）上给予操作者一定的指导提示，模拟贴装一遍，贴装机同时自动逐条输入所设计的全部贴装程序和数据，并自动优化程序的简易编程方式。

（37）脱机编程（off-line programming）　　不是在贴装机上编制贴装程序，而是在另一台计算机上进行的编程方式。

（38）光学校准系统（optic correction system）　　使用光学系统摄像和图像的分析技术对贴装位置进行校准的系统。

（39）固化（curing）　　在一定的温度、时间条件下，将涂覆有贴片胶的元器件加热，以使元器件与印制电路板暂时固定在一起的工艺过程。

（40）焊缝（fillet）　　焊接的金属表面的相交处的软钎料，通常为凹形表面。

（41）升温段（preflow）　　再流焊温度曲线上，预热后未达到峰值温度前的温度上升段部分。焊料会逐渐熔化并润湿铺展。

（42）润湿（wetting）　　指液态焊料和被焊基体金属表面之间产生相互作用的现象。即熔融焊料在基底金属表面扩散形成完整均匀覆盖层的现象。

（43）半润湿（dewetting）　　熔融焊料涂覆在基底金属表面后，焊料回缩，遗留下不规则的焊料疙瘩，但不露某底金属。

（44）不润湿（焊料）（nonwetting）（solder）　　指焊料在基体金属表面没有产生润湿，接触角趋向于180°，余弦值趋向于-1。

（45）虚焊点（cold solder connection）　　由于焊接温度不足，焊前清洁不佳或焊剂杂质过多，使焊接后出现润湿不良，焊点呈深灰色针孔状的表面。

（46）弯液面（meniscus）　　在润湿过程中，由于表面张力的作用，在焊料表面形成的轮廓。

（47）焊料遮蔽（solder shadowing）　　采用波峰焊焊接时，某些元器件受其本身或它前方较大体积元器件的阻碍，得不到焊料或焊料不能润湿其某一侧甚至全部焊端或引脚，从而导致漏焊的原因。

（48）焊盘起翘（lifted land）　　焊盘本身或连同树脂全部或局部脱离基体材料。

（49）焊料芯吸（solder wicking）　　因元器件引线升温过快，使焊料过多沿引线润湿铺展，导致接头焊料不足，这是一种缺陷。

（50）空洞（void）　　局部区域缺少物质而形成的焊点内部的腔穴，主要因焊料再流时气体释放或固化前所包围的焊剂残留物所形成。

（51）焊剂残留物（flux residue）或焊剂残余物　　焊后残存在焊接表面上或焊点周围的焊剂杂质。

（52）浮渣（dross）　　焊料槽熔融焊料表面上形成的氧化物和其他杂质。

（53）墓碑现象（tomb stone effect）　　再流焊接后，片式元件的一端离开焊盘表面，整个元件呈斜立或直立，状如石碑的缺陷。

（54）塌落（slump）　　焊膏/贴片胶印刷后，在一定条件下，焊膏/贴片胶自然流淌或铺展。

（55）过热焊点（overheated solder connection）　焊料表面呈灰暗、颗粒状、多孔、疏松的焊点。

（56）锡珠（solder ball）　焊料在层压板、阻焊层或导线表面形成的小颗粒（一般在波峰焊接或再流焊接后出现）。

（57）桥接（solder bridging）　导线之间由焊料形成的多余导电通路，是一种缺陷。

（58）手工软轩焊（hand soldering）　使用钎料和烙铁或其他手持人工控制式焊接工具进行的焊接。在板级组装中简称"手工焊"。

（59）群焊（mass soldering）　对印制电路板上所有的待焊接的焊点同时加热进行软钎焊的操作。

（60）浸焊（dip soldering）　将装有元器件的印制电路板的待焊接面，浸于静态的熔融焊料表面，对许多端点同时进行焊接。

（61）波峰焊（wave soldering）　将熔化的软钎焊料，经泵喷流成设计要求的焊料波峰，使预先装有电子元器件的印制电路板通过焊料波峰，实现元器件焊端或引脚与印制电路板焊盘之间机械与电气连接的软钎焊。

（62）再流焊（reflow soldering）　通过重新熔化预先分配到印制电路板焊盘上的膏状软钎焊料，实现元器件焊端或引脚与印制电路板焊盘之间机械与电气连接的软钎焊。

（63）热板再流焊（hot plate reflow soldering）　利用热板进行传导加热的再流焊。

（64）红外再流焊（IR reflow soldering infrared reflow soldering）　利用红外辐射热进行加热的再流焊，简称红外焊。

（65）热风再流焊（hot air reflow soldering）　以强制循环流动的热气流进行加热的再流焊。

（66）热风红外再流焊（hot air/IR reflow soldering）　按一定热量比例和空间分布，同时采用红外辐射和热风循环对流进行加热的再流焊。

（67）激光再流焊（laser reflow soldering）　采用激光辐射能量进行加热的再流焊，是局部软钎焊方法之一。

（68）光束再流焊（beam reflow soldering）　采用聚集的可见光辐射热进行加热的再流焊，是局部软钎焊方法之一。

（69）气相再流焊（vapor phase soldering，VPS）　利用高沸点工作液体的饱和蒸汽的气化潜热，经冷却时的热交换进行加热的再流焊，简称气相焊。

（70）自定位（self alignment）　在表面张力作用下，元器件自动被拉回到近似目标位置。

（71）免清洗焊接（no-clean soldering）　使用专门配制的、其残余物不需清洗的低固体焊膏的一种工艺。

（72）焊后清洗（post-soldering cleaning）　印制电路板完成焊接后，用溶剂、水或其蒸气进行清洗，以去除焊剂残留物和其他污染物的工艺过程，简称清洗。

（73）超声波清洗（ultrasonic cleaning）　在清洗介质中，利用超声波引起微振荡的一种浸入式清洗方法。

（74）溶剂清洗（solvent-cleaning）　使用极性和非极性混合有机溶剂去除有机和无

机污物。

（75）水清洗（aqueous cleaning）　采用水基清洗剂进行清洗的方法，包括中和剂、皂化剂、表面活性剂、分散剂和防（消）泡剂。

（76）半水清洗（semi aqueous cleaning）　使用溶剂进行清洗，然后用热水进行漂洗，再进行干燥处理的一种工艺。

（77）离子洁净度（ion cleanliness）　以单位面积上离子数或离子量表示的表面洁净度。

5. 测试与检验及其他术语

（1）自动光学检验（automated optical inspection, AOI）　利用光学成像和图像分析技术，自动检查目标物。

（2）在线检测（in‐circuit test, ICT）　在表面组装过程中，对印制电路板上个别的或几个组合的元器件分别输入测试信号，并测量相应输出信号，以判定是否存在某种缺陷及其所在位置的方法。

（3）贴装检验（placement inspection）　表面组装元器件贴装时或完成后，对于有否漏贴、错位、贴错、元器件损坏等情况进行的质量检验。

（4）施膏（胶）检验（paste/adhesive application inspection）　用目检或机器检验方法。对焊膏或贴片胶施加于印制电路板上的质量状况进行的检验。

（5）焊后检验（post‐soldering inspection）　印制电路板完成后焊接的质量检验。

（6）目检（visual inspection）　用肉眼或按规定的放大倍数对物理特征进行的检验。

（7）机器检验（machine inspection）　泛指所有利用检测设备进行组装板质量检验的方法。

（8）返修工作台（rework station）　能对组装板进行返工和修理的专用设备或系统。

（9）拆焊（desoldering）　把焊接的元器件拆卸下来进行修理或更换，方法包括用吸锡带吸锡、真空（焊锡吸管）和热拔。

（10）基准标志（fiducial mark）　在印制电路板照相底版或印制电路板上，为制造印制电路板或进行表面组装备工序，提供精密定位所设置的特定几何图形。

（11）局部基准标志（local fiducial mark）　印制电路板上针对个别或多个细间距、多引线、大尺寸表面组装器件的精确贴装，设置在其相应焊盘的角部，供光学定位校准用的特定几何图形。

（12）印制电路组件（printed circuit assembly, PCA）　印制电路板和元器件、相关材料及其他硬件组合而成的一种电路组件。

附录6　本书专业英语词汇

1. A

AXI（Automatic X‐ray Inspection）　自动X射线检测　AOI　自动光学检测

2. B

BUS　总线

BGA（Ball Grid Array）　球状栅格阵列

3. C

CAD（Computer Aided Design） 计算机辅助设计

CASIO 卡西欧（日本公司名称及产品品牌）

CBGA（Ceramic BGA） 陶瓷 BGA 封装

CSP（Chip Size Package 或 Chip Scale Package） 芯片尺寸封装

convection–dominant 强制对流（加热）

CTE 热膨胀系数

CIMS 计算机集成制造系统

CCL 覆铜箔层压板

4. D

DIP 双列直插封装

DRC（Design Rule Cheek） 设计规则检测法

DSP 数字信号处理

dip soldering 浸焊

Design for excellent 优化设计

5. E

ESD 静电放电

ERP（Enterprise Resource Planning） 企业资源计划

6. F

FC（Flip Chip） 倒装芯片

feeder 供料架、进料器（SMT 贴片机的配件）

flow soldering 流动焊接

FMS 柔性制造系统

FUJI 富士（日本公司名称及产品品牌）

7. I

IC 集成电路

inch（in） 英寸（长度单位）

Intel 英特尔（美国电脑公司及产品品牌）

I/O（Input/Output） 输入/输出（电极引脚）

ICT 在线测试仪

IR（Infra Red ray re–flow） 红外线辐射再流焊

ISO 国际标准化组织

IEC 国际电工委员会

LCCC（Leadless Ceramic Chip Carrie） 无引线陶瓷载体

LSI（Large Scale Integration） 大规模集成电路

8. M

MCM（Multi Chip Model） 多芯片组件

MSI（Medium Scale Integration） 中规模集成电路

MPT（Microelectronic Packaging Technology） 微组装技术
MR（Manufacturing Resource Planning） 制造资源计划系统
Mark 定位识别标志
mil 密耳（1 mil＝0.001 in，1 in＝25.4 mm）
9. P
PCB（Printed Circuit Board） 印制电路板
pad 焊盘
Panasonic 松下（日本公司名称及产品品牌）
PBGA（Plastic BGA） 塑料 BGA 封装
Philips 飞利浦（荷兰公司名称及产品品牌）
PLCC（Plastic Leaded Chip Carrie） 带引脚塑料芯片载体
PQFP（Plastic QFP） 塑料 QFP 封装 PDM 产品数据管理
Pentium 计算机 CPU 一个系列的名称，中文译为"奔腾"
10. Q
QFP（Quad Flat Package） 四方形扁平封装
QC 质量控制
QFD 质量功能配置
11. R
Re-flow soldering 再流焊
Re-ball 芯片植球、植珠
ROHS 《电气、电子设备中限制使用某些有害物质指令》
12. S
SMT 表面组装技术
SMC 表面组装元件
SMD 表面组装器件
SMA 表面组装组件
SMB 表面组装印制电路板
Smobc 裸铜表面覆阻焊膜（一种双面印制电路板制造工艺）
Siemens 西门子（德国公司名称及产品品牌）
SOIC（Short Outline Integrated Circuit） 短引线集成电路
SOJ（Small Outline J） J 形引脚小型封装
SONY 索尼（日本公司名称及产品品牌）
SANYO 三洋（日本公司名称及产品品牌）
SOP（Small Outline Package 或 Short Outline Package） 短引线封装，小型封装
SOT（Small Outline Transistor 或 Short Outline Transistor） 短引线小型晶体管
SSI（Small Scale Integration） 小规模集成电路
SSOP（Shrink SOP） 缩小型封装
SSD（Static Sensitive Device） 静电敏感器件

Self – alignment 自定位效应、自对中效应
SQC 统计质量控制
Shore 邵氏（硬度单位）
Soldering Pasts 焊锡膏
13. T
THT 通孔插装技术
TSSOP（Thin Shrink SOP） 薄缩小型封装
TQFP（Thin QFP） 薄四方形扁平封装 TQC 全面质量控制 TQM 全面质量管理
14. U
ULSI（Ultra Large Scale Integration） 极大规模集成电路
Universal 环球（日本公司名称及产品品牌）
15. V
VLSI（Very Large Scale Integration） 超大规模集成电路
Vapor Phase Re – flow 气相再流焊
16. W
WEEE 电子垃圾，废弃电气电子设备
Wave Soldering 波峰焊
17. Y
YAMAHA 雅马哈（日本公司名称及产品品牌）

参 考 文 献

[1] 王加祥，曹闹昌，雪洪利，等．基于 Altium Designer 的电路板设计［M］．西安：西安电子科技大学出版社，2015．

[2] 胡宴如，耿苏燕．模拟电子技术基础［M］．第 2 版．北京：高等教育出版社，2010．

[3] 蒋立平．数字逻辑电路与系统设计［M］．第 2 版．北京：电子工业出版社，2013．

[4] 沈月荣．现代 PCB 设计及雕刻工艺实训教程［M］．北京：人民邮电出版社，2015．

[5] 郭锁利，刘延飞，李琪，等．基于 Multisim 的电子系统设计、仿真与综合应用［M］．第 2 版．北京：人民邮电出版社，2012．

[6] 申继伟．电子线路仿真与设计［M］．北京：北京理工大学出版社，2016．

[7] 张金，左修伟，黄国锐，等．电子设计工程师之路［M］．北京：电子工业出版社，2014．

[8] 聂典，李北雁，聂梦晨，等．Multisim 12 仿真设计［M］．北京：电子工业出版社，2014．

[9] ［美］赛尔吉欧·佛朗哥．基于运算放大器和模拟集成电路的电路设计［M］．刘树棠，朱茂林，荣玫．译．西安：西安交通大学出版社，2009．

[10] 张金．现代电子系统设计［M］．北京：电子工业出版社，2011．

[11] ［美］普拉特．爱上制作：电子元器件百宝箱（第 1 卷）［M］．赵正，译．北京：人民邮电出版社，2013．

[12] ［美］阿什比．电子电气工程师必知必会［M］．第 3 版．尹华杰，译．北京：人民邮电出版社，2013．

[13] ［美］保罗·舍茨．经典译丛·实用电子与电气基础：实用电子元器件与电路基础［M］．第 3 版．夏建生，王仲奕，刘晓晖，等，译．北京：电子工业出版社，2014．

[14] ［美］休斯．电子工程师必读：元器件与技术［M］．李薇濛，译．北京：人民邮电出版社，2016．

[15] 胡斌，胡松．电子工程师必备：元器件应用宝典（强化版）［M］．北京：人民邮电出版社，2012．

[16] 李响初．新型贴片元器件应用速查［M］．北京：机械工业出版社，2013．

[17] 宁铎，马令坤，郝鹏飞，等．电子工艺实训教程［M］．第 2 版．北京：西安电子科技大学出版社，2013．

[18] 陈有卿．实用 555 时基电路 300 例［M］．北京：中国电力出版社，2005．